普通高等教育能源动力类系列教材

热工测量

主　编　万金庆
副主编　陈占秀　关　欣
参　编　王国强　周颖越　周继军　赵虎城
主　审　郁鸿凌

机械工业出版社

本书系统地阐述了热工过程中主要参数的测试原理、测试方法，以及测量传感器、误差分析与自动检测的基本知识，反映了近年来检测领域中的新技术和新方法，强调基础性与实用性。全书共分 12 章：第 1 章介绍测试系统的基本概念，仪表的主要性能指标，计量的基本知识及误差分析的基础知识，实验数据的整理方法；第 2~6 章介绍基本热工参数温度、湿度、压力、流速、流量的测量；第 7、8 章介绍热量测量和液位测量；第 9、10 章介绍动力机械基本参数转速、功率、振动、噪声的测量；第 11、12 章介绍气体成分分析和自动检测技术的基本原理与方法。

本书为能源与动力工程类各专业本科生教材，也可供该领域从事试验研究、设计、制造等工作的工程技术人员参考。

图书在版编目（CIP）数据

热工测量/万金庆主编．—北京：机械工业出版社，2013.8（2025.7重印）
普通高等教育能源动力类系列教材
ISBN 978-7-111-43190-9

Ⅰ.①热… Ⅱ.①万… Ⅲ.①热工测量—高等学校—教材 Ⅳ.①TK3

中国版本图书馆 CIP 数据核字（2013）第 146031 号

机械工业出版社（北京市百万庄大街 22 号　邮政编码 100037）
策划编辑：蔡开颖　责任编辑：蔡开颖　孙　阳　任正一
版式设计：霍永明　责任校对：肖　琳
封面设计：张　静　责任印制：张　博
北京机工印刷厂有限公司印刷
2025 年 7 月第 1 版第 7 次印刷
184mm×260mm · 15.5 印张 · 379 千字
标准书号：ISBN 978-7-111-43190-9
定价：39.80 元

电话服务　　网络服务
客服电话：010-88361066　机　工　官　网：www.cmpbook.com
010-88379833　机　工　官　博：weibo.com/cmp1952
010-68326294　金　书　网：www.golden-book.com
封底无防伪标均为盗版　机工教育服务网：www.cmpedu.com

前　言

本书按照能源与动力工程专业的教学要求，讲述了测量和计量的基础知识，误差分析和数据处理。从实用角度出发，对热工过程中涉及的温度、湿度、压力、流速、流量、液位、热量、转速、功率、振动、噪声和气体成分等参数的测量方法、测试仪表的原理及应用，进行了全面系统的阐述。为学生将来从事设计、安装、运行管理及科学研究打下坚实的基础。本书在编写中参考了大量相关教材、专业书籍和期刊资料，注意融入现代新技术成果和应用经验，力求向读者提供较大的信息量，特别强调基础性与适用性。

本书为能源与动力工程类各专业本科生教材，也可供该领域从事试验研究、设计、制造等工作的工程技术人员参考。

本书由上海海洋大学万金庆（第2、3章和附录）、河北工业大学陈占秀（第4~6章）、上海理工大学关欣（第1、9、10章）、上海海洋大学王国强（第12章）、周颖越（第11章）、周继军（第7章）、江苏焱鑫科技股份有限公司赵虎城（第8章）编写。全书由万金庆主编并统稿，由上海理工大学郁鸿凌主审。

由于时间仓促和编者水平有限，错误和不妥之处在所难免，敬请读者批评指正。

编　者

目　录

第 1 章　测量概论及误差分析

1.1　测量的基本知识

测量是人们对客观事物取得数量概念的一种认识过程。在这一过程中，人们借助于专门工具，通过试验和对试验数据的分析计算，求得被测量的值，获得对客观事物的定量概念和内在规律的认识。

所谓测量就是用实验的方法，把被测量的物理量与同性质的标准量进行比较，确定二者的比值，从而得到被测量的量值。测量方法一般可以分为直接测量、间接测量和组合测量。使被测量直接与选用的标准量进行比较，或者用预先标定好的测量仪表进行测量，从而直接求得被测量的数值的测量方法称为直接测量。通过对与被测量有确定函数关系（可以是公式、曲线、表格）的其他物理量进行直接测量，然后将所测得的数值代入函数关系式进行计算（查图、查表）求得被测量数值的方法，称为间接测量。测量中使各个未知量以不同组合形式出现（或改变测量条件以获得不同组合），根据直接测量或间接测量的数据，通过解联立方程组来求得未知量数值的测量方法称为组合测量。

1.2　测量系统的组成

测量系统由测量设备和被测对象组成。测量系统中的测量设备一般由传感器、转换器（变送器）、传输通道和显示装置组成，如图 1-1 所示。

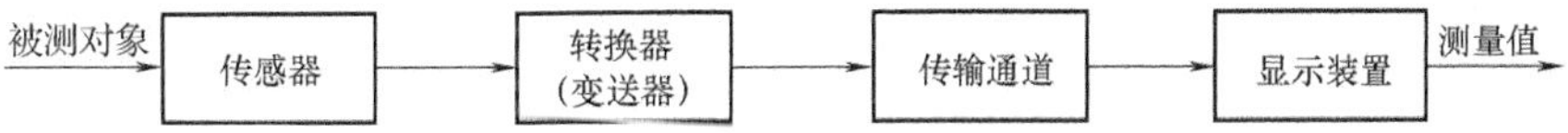

图 1-1　测量系统的组成

传感器是与被测对象直接产生联系的部分，又称为一次仪表。它是将被测量（物理量、化学量、生物量等）按一定规律转换成便于处理和传输的另一物理量（一般多为电量）。

转换器是将传感器输出的信号变换成显示装置易于接收的信号，这种信号变换可能是物理性质的变换，也可能是将同性质的物理量加以放大。

显示装置通常有模拟式、数字式和屏幕式三种基本形式，是与观测者直接产生联系的部分，又称为二次仪表。它将被测量信号变成能为人们感官识别的形式。

传输通道有电缆连接、光导纤维连接和管道连接等方式，将测量各环节间的输入、输出信号连接起来。

1.3　测量仪表

测量的质量在很大程度上取决于测量系统的特性，测量系统的特性通常可以分为静态特性和动态特性。在静态测量条件下，测量系统的输入量和输出量之间的对应关系称为系统的静态特性。测量系统的动态特性是在动态条件下（即输入信号为动态信号时），系统的响应特性，它是以用于测量动力学为基础的动态特性指标来衡量动态测量过程的品质。

实际上测量系统的静态特性也同样影响动态测量条件下的测量品质。然而，同时考虑静态特性的影响将使描述测量系统动态关系的微分方程的求解变得非常复杂。因此在讨论测量系统的动态特性时，忽略摩擦、滞后、空隙等影响测量系统静态特性的因素，而测量系统的总的性能则由系统的静态特性和动态特性共同决定。

描述测量系统在静态测量条件下的测量品质的静态性能指标主要有以下几种：

1. 灵敏度

灵敏度是测量系统静态特性的一个基本参数。其定义为：当输入量变化很小时，测量系统输出量的变化 Δy 与引起这种变化的相应输入量的变化 Δx 之比。若用 S 表示灵敏度，则

$$S = \lim_{\Delta x \to 0} \frac{\Delta y}{\Delta x} \tag{1-1}$$

对于线性测量系统，其灵敏度是常量；而对于非线性测量系统，其灵敏度将随输入量的变化而变化。由于灵敏度对测量品质影响很大，所以一般测量系统或仪表均给出灵敏度值。

2. 分辨率

分辨率是与灵敏度有关的另一静态性能指标，它是指测量系统能够检测出被测量最小变化量的能力。在数字测量系统中，分辨率比灵敏度更为常用。一般仪器的分辨率应小于仪器允许的绝对误差的一半。

3. 量程

测量系统所能测量的最大输入量与最小输入量之间的范围，称为该测量系统的量程。组成测量系统时正确选择仪表量程是十分重要的。通常使被测量落在系统量程的 2/3 ~ 3/4 处为最佳。如果量程选择太小，被测量的值有可能超过测量的量程，使系统因过载而受损；如果量程选择太大，则会使测量精确度下降。

4. 基本误差

测量系统的基本误差，是指在规定的标准条件下，用标准设备进行静态标定时，测量系统在全量程中所产生的最大绝对误差的绝对值与系统量程之比。如果用 R 表示基本误差，则

$$R = \frac{|\delta_{\max}|}{A} \times 100\% \tag{1-2}$$

式中，A 为系统量程；δ 为绝对误差。

5. 精度

精度由准确度和精密度综合决定。准确度是仪器显示值与被测量物理量真值的偏离程度，它反映了测量装置的系统误差大小。而精密度是仪器测量结果的分散程度。一个测量系统准确度高，未必精密度就高。而精确度才能真正反映仪器的综合性能，这个概念可以借用子弹射击的事件来加深理解，如图 1-2 所示。

图 1-2a 说明子弹射击中靶准确度高，但是精密度低；图 1-2b 说明子弹中靶准确度低，但是精密度高；图 1-2c 说明子弹中靶准确度高精密度也高，综合起来则为精确度高。

一般的仪器设备都要标出它的精确度等级，普通热工仪表将精确度分为 0.1、0.2、0.5、1.0、1.5、2.5、5.0 共七级。

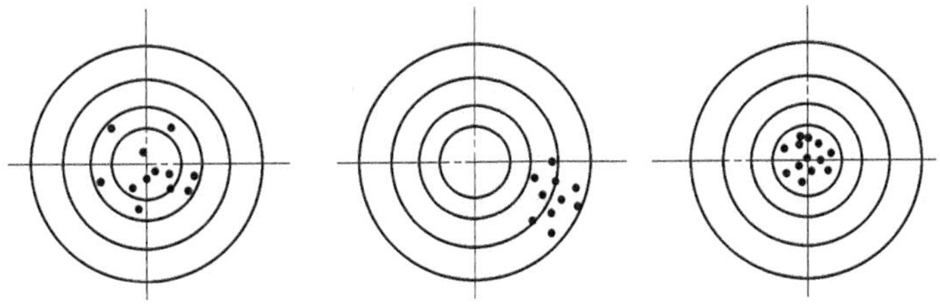

图 1-2　子弹射击中靶的准确度、精密度和精确度示意图

显然，精确度等级级数越低，档次越高。精确度大小反映了该仪器所能允许的误差大小。例如精确度等级为 1.0 的仪表，表示了该仪器的允许误差值不超过满量程的 ±1%。

在精确度相同的条件下，选择仪器的量程不宜过大。因为量程越大，其绝对误差也越大。估计最大测量值在满量程的三分之二左右较为合适。

6. 迟滞误差

测量系统的输入量从量程下限增至量程上限的测量过程称为正行程；反之，输入量从量程上限减至量程下限的测量过程称为反行程。理想测量系统的正、反行程的输入-输出关系曲线应是完全重合的。但实际测量系统对于同一输入量，其正、反行程的输出量往往并不相等，这种现象称为迟滞。正、反行程造成的输出量之间的差值则称为迟滞差值。图 1-3 表示了这种迟滞现象和迟滞差值。将全量程中的最大迟滞差值 ΔH_{max} 与满量程输出值 Y_{max} 之比，定义为测量系统的迟滞误差，记作 ξ_H，即

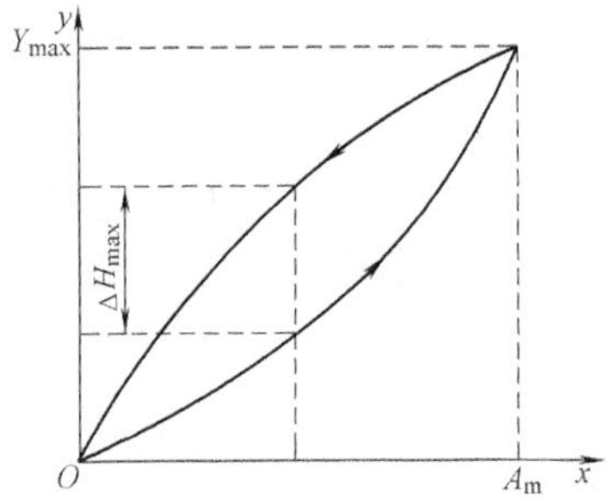

图 1-3　迟滞误差

$$\xi_H = \frac{\Delta H_{max}}{Y_{max}} \times 100\% \tag{1-3}$$

迟滞误差通常是由测量系统中的弹性元件、磁性元件等的滞后现象引起的，也可能由于测量系统中存在的摩擦或间隙引起。迟滞误差又称为回差或变差。

7. 线性度

理想测量系统的输入-输出关系是线性的，但实际测量系统并非如此。测量系统的线性度，是全量程范围内的实际特性曲线与理想特性曲线之间的最大偏差值 ΔL_{max} 与满量程输出值 Y_{max} 之比，它反映实际特性曲线与理想特性曲线之间的符合程度。线性度也称为非线性误差，记作 ξ_L，即

$$\xi_L = \frac{\Delta L_{max}}{Y_{max}} \times 100\% \tag{1-4}$$

8. 温度漂移

工作环境温度会对测量系统的特性产生影响。因环境温度变化所引起的测量系统输出量的变化称为温度漂移，通常用环境温度偏离标准温度（一般为 20℃）时的输出值与环境温度下的输出值之差与温度变化率之比来表示，记作 ξ_t，即

$$\xi_t = \frac{y_t - y_{20}}{\Delta t} \tag{1-5}$$

式中，Δt 为测量系统环境温度 t 与标准温度（20℃）之差；y_t 为环境温度 t 时系统的输出

值；y_{20}为标准温度（20℃）下系统的输出值。

温度漂移对测量系统静态特性的影响主要表现为：

1）使静态特性曲线平移，但斜率不变。这种影响称为热零点漂移或温度零点漂移。

2）使静态特性曲线斜率变化。这种影响称为热灵敏度漂移或温度灵敏度漂移。

1.4 计量的基本知识

1. 计量概念

计量是将物理量与其单位的定义作比较的一种实验科学，它是测量的一种特殊形式。

当我们测量某工件的尺寸时，使用的是米尺、卡尺、螺旋测微器等量具，我们没有用米的长度定义（等于氪 86 原子的 $2P_{10}$ 和 $5d_5$ 能级之间跃迁所对应的辐射在真空中的 1 650 763.73个波长的长度）去比较。那么，这米尺与米的定义值是否吻合呢？不难设想从物理量的单位定义到工作量具之间有一系列的量值传递过程。开展计量工作的目的就在于保障测量量值的准确一致，保证测量设备的准确统一，并使之获得所要求的精度。

2. 单位制

国际单位制代号为SI，它包括：

（1）国际制单位　国际制基本单位和辅助单位的代号与定义见表 1-1。国际制导出单位中有些单位具有专门名称和代号（例如力的单位“千克米每秒平方”的专门名称是“牛顿”，国际代号是“N”中文代号是“牛”）。这些专门名称和代号也可以用来表示其他国际制导出单位。

表 1-1　国际制基本单位和辅助单位的代号与定义

	量的名称	单位名称	单位代号		定　义
			国际	中文	
基本单位	长度	米	m	米	米等于氪 86 原子的 $2P_{10}$ 和 $5P_5$ 能级之间跃迁所对应的辐射在真空中的 1 650 763.73 个波长的长度
	质量	千克（公斤）	kg	千克（公斤）	千克是质量单位，等于国际千克原器的质量
	时间	秒	s	秒	秒是铯－133 原子基态的两个超精细能级之间跃迁所对应的辐射的 9 192 631 770 个周期的持续时间
	电流	安培	A	安	安培是一恒定电流，若保持在处于真空中相距 1m 的两无限长而圆截面可忽略的平行直导线内，则在此两导线之间产生的力在每米长度上等于 2×10^{-7}N
	热力学温度	开尔文	K	开	开尔文是水三相点热力学温度的 1/273.16
	物质的量	摩尔	mol	摩	1. 摩尔是一系统的物质的量，该系统中所包含的基本单元数与 0.012kg 碳－12 的原子数目相等 2. 在使用摩尔时，基本单位应予指明，可以是原子、分子、离子、电子及其他粒子，或是这些粒子的特定组合
	发光强度	坎德拉	cd	坎	坎德拉是在 101 325Pa 压力下，处于铂凝固温度的黑体的 1/600 000m^2 表面垂直方向上的光强度

（续）

	量的名称	单位名称	单位代号		定　义
			国　际	中　文	
辅助单位	平面角	弧度	rad	弧度	弧度是一个圆内两条半径之间的平面角，这两条半径在圆周上截取的弧长与半径相等
	立体角	球面度	sr	球面度	球面度是一个立体角，其顶点位于球心，而它在球面上所截取的面积等于以球半径为边长的正方形面积

（2）国际制词冠　将 10 的各个整数幂冠以名称和代号。

（3）国际制单位的十进倍数单位与分数单位　由国际制词冠加在国际制单位之前构成。但质量的十进倍数单位与分数单位是由词冠加在“克”的前面而成。

国际制单位的倍数单位和分数单位按以下原则选用：使量的数值尽可能处在 0.1～1000 的范围内。例如，10 万 kW 最好用 100MW；1401Pa（帕）可以写成 1.401kPa（千帕）。

3. 计量基准

从法制规定的基本单位的定义出发，用最先进的科学技术和工艺手段建立起来的复现单位定义而且具有最高精度的计量设备称为基准。由于基本单位有七个，因此相应地有七个基准器，它可以是计量装置，也可以是计量器具（实物基准）。其他由七个基本单位导出的物理单位量值的基准称为标准。

基准器共分为三级：

（1）一级基准器　又可称为主基准器、原始基准器。它是同一计量单位中精度最高的基准器。一级基准器经国家鉴定合格后称为国家基准器，并作为全国计量单位量值的最高依据。由国际协议所承认的原始基准器称为国际基准器。

（2）二级基准器　它是由一级基准器确定其量值的基准器，又称为副基准器，其功能是：

1）作证基准。用以检验主基准的稳定性和完善性，并在其损坏或失效时代替主基准的副基准。

2）比较基准。精度比较接近的（同一物理量）基准互相比较其量值的过程称为比对。对不能直接互相比对的基准进行间接比对时所用的副基准称为比较基准。

3）参考基准。是用来将量值传递给工作基准的一种副基准。

（3）三级基准器　它是将单位量值传递给精度较高的标准测量设备而用的一种基准器，或称为工作基准器。

测量设备或仪表按国家规定的精度要求又分为若干等级标准。

4. 量值传递

任何物理量由其基准向工作基准、各级标准或单一物理量的精密测量设备逐级传递单位量值并确定其精度，为此而建立的一系列精度、测量程序、方法、设备、机构所构成的整个体系称为量值传递体制。显然，这样一套严密的体制使测量量值的准确一致和测量设备的准确统一得到了保证。有时，将由工作基准、各级标准向日常用的测量设备传递量值的体系称为检定体制。

所有新生产的测量设备在出厂以前都要经国家计量业务机构作全面的鉴定。鉴定的一种形式是由国家业务部门对某项新产品组织召开鉴定会或定型会。在会上用集体审查的方法，核实产品表演所达到的全面指标，并给予切实的评语，对合格者发给合格证书。出厂后的测量设备在使用中必须定期检定，以判断测量设备的精度、稳定度、可靠性是否仍保持出厂水平。

在整个量值传递体制中，按精度的高低，仪器仪表又可划分为若干个等级。例如，压力表、电流表等分为七级，并用0.1，0.2，0.5，1.0，1.5，2.5及5.0来表示。这些数字代表仪器示值（或满刻度时）所包含的相对误差范围。任何一只仪表的表盘或说明书上都应注有精度等级。显然，相对误差越小的仪表其精度越高。

1.5 误差分析和数据处理

1. 误差概念与分类

被测量的某个物理量在某一时刻的数值可以分为静态值和动态值。静态值是指在测量过程中其值不随时间变化，或者随时间变化非常小。动态值则与之相反，其值会随时间不断变化，呈现非稳态的特性。

对某一物理量（不论是静态值还是动态值）进行测量，通过测量手段所获得的测量结果相对于其客观存在的真值而言，都是一种近似。因此不论测量系统的精确度有多高，多么完善，相对真值其测量值总是存在一定的误差。

将某一物理量的测量值与其真值之差定义为绝对误差，记为 δ，它可以是正值也可以是负值。

$$\delta = X - X_0 \tag{1-6}$$

式中，X 为测量值；X_0 为真值。

定义绝对误差与真值之比为相对误差，记为 η

$$\eta = \frac{\delta}{X_0} \times 100\% \tag{1-7}$$

在测量时用同一仪器设备，按照同一方法，由同一观测者在同一环境条件下所进行的测量称为等精度测量。在等精度测量过程中，根据误差的来源的不同，可以将误差分为系统误差、随机误差和粗大误差。

2. 系统误差

系统误差是指在同一测量条件下，多次重复测量同一量时，测量误差的绝对值和符号都保持不变，或在测量条件改变时按一定规律变化的误差。

系统误差是由固定不变的或按确定规律变化的因素造成的，这些因素主要有：

（1）测量仪器方面的因素　包括仪器机构设计原理的缺点；仪器零件制造偏差和安装不正确；电路的原理误差和电子元器件性能不稳定等。如把运算放大器作为理想运放，而被忽略的输入阻抗、输出阻抗等引起的误差。

（2）环境方面的因素　测量时的实际环境条件（温度、湿度、大气压、电磁场等）相对于标准环境条件的偏差，以及测量过程中温度、湿度等按一定规律变化引起的误差。

（3）测量方法的因素　采用近似的测量方法或近似的计算公式等引起的误差。

（4）测量人员方面的因素　由于测量人员的个人特点，在刻度上估计读数时，习惯偏于某一方向；动态测量时，记录快速变化信号有滞后的倾向。

系统误差表明测量结果的正确度，系统误差越小，测量结果越接近被测量的实际值。系统误差可以根据其产生的原因采取措施减小或消除。

3. 随机误差

随机误差是指在等精确度的测量条件下，由于大量的偶然因素，多次测量同一物理量的测量结果或大或小，而且符号都不固定，具有随机变量的特点。不过测量结果总体上服从一定的统计规律（如服从正态分布），可以通过数理统计的方法处理。随机误差越大，测量精确度越差。

（1）随机误差的特点

1）单峰性。绝对值小的误差比绝对值大的误差出现的概率多。

2）对称性。绝对值相等的正负误差出现的概率相等。

3）有界性。有极大误差的上限。

4）抵偿性。各次测量的随机误差的代数和随 $n\to\infty$ 而趋于 0，即

$$\lim_{n\to\infty}\sum_{i=1}^{n}\delta_i = 0,\quad 或者 \sum_{i=1}^{n}\delta_i = 0 \tag{1-8}$$

高斯于 1795 年提出随机误差的概率密度分布规律，表达式见式（1-9），曲线如图 1-4 所示。

$$y = \frac{1}{\sigma\sqrt{2\pi}}e^{-\frac{\delta^2}{2\sigma^2}} \tag{1-9}$$

式中，δ 为测量值的绝对误差；σ 为均方误差或标准偏差；y 为随机误差的概率密度。

曲线下任何一个范围 $x_1 < x < x_2$ 的面积，就是误差大于 x_1 而小于 x_2 出现的概率，即

$$\int_{x_1}^{x_2} y\mathrm{d}x = \int_{x_1}^{x_2}\frac{1}{\sigma\sqrt{2\pi}}e^{-\frac{\delta^2}{2\sigma^2}}\mathrm{d}x \tag{1-10}$$

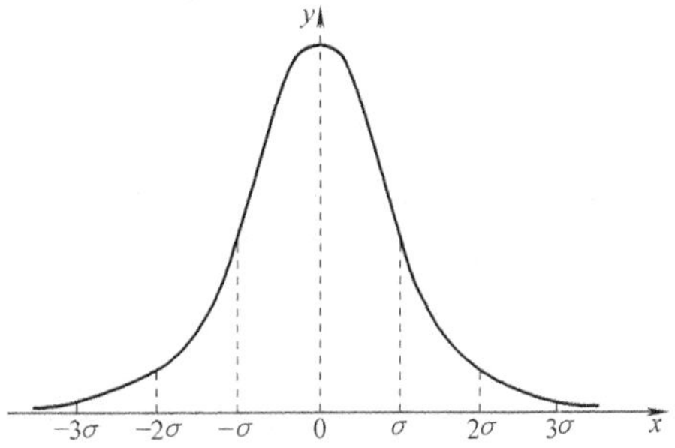

图 1-4　概率密度分布规律

而曲线下的全部面积就是误差大于 $-\infty$ 而小于 $+\infty$ 出现的概率，即

$$\int_{-\infty}^{+\infty} y\mathrm{d}x = \int_{-\infty}^{+\infty}\frac{1}{\sigma\sqrt{2\pi}}e^{-\frac{\delta^2}{2\sigma^2}}\mathrm{d}x \tag{1-11}$$

概率密度分布规律说明：σ 越小，曲线越尖，随机误差的离散性越小，或者说小误差出现的概率越多，表明测量的精确度越高；反过来，σ 越大，曲线越平坦，随机误差的离散性越大，测量精确度越低。这恰恰是常用 σ 作为判断测量精确度标准的原因。

（2）标准偏差的计算方法　在实际的测量中，真值无法测量到，除了用高一级精确度的仪器测量结果代替以外，还可以取一个与真值最接近的最佳值。这个值就是测量次数无限大时等精确度测量下的算术平均值，记为

$$\overline{X} = \frac{1}{n}\sum_{i=1}^{n}X_i \tag{1-12}$$

式中，X_i 为各测量值，$i=1, 2, 3, \cdots, n$；$\overline{X}$ 为等精确度测量算术平均值。

当测量次数足够多时，标准偏差为

$$\sigma=\sqrt{\frac{\sum_{i=1}^{n}v_i^2}{n}} \tag{1-13}$$

$v_i=X_i-\overline{X}$ 为各测量值的残余误差，也称为残差，式（1-13）就是用于计算标准偏差的贝塞尔公式。

实际上测量次数是有限的，一般将有限次测量求得的算术平均值近似看成真值，此时标准偏差为

$$\sigma=\sqrt{\frac{\sum_{i=1}^{n}v_i^2}{n-1}}=\sqrt{\frac{\sum_{i=1}^{n}(X_i-\overline{X})^2}{n-1}} \tag{1-14}$$

为了快速估算标准偏差可采用最大残差法。即在一系列的残差值中取其最大值，可表示为

$$\sigma=k_n\,|v_i|_{\max} \tag{1-15}$$

式中，k_n 为极差系数，与测量的次数 n 有关系，见表 1-2。

表 1-2　极差法系数

n	2	3	4	5	6	7	8	9	10	15	20	25	30
k_n	1.77	1.02	0.83	0.74	0.68	0.64	0.61	0.59	0.57	0.51	0.48	0.46	0.44

还可利用算术平均值计算标准偏差，若用 σ_a 表示利用算术平均值计算的标准偏差，则其计算公式为

$$\sigma_a=\frac{\sigma}{\sqrt{n}}=\sqrt{\frac{\sum_{i=1}^{n}v_i^2}{n(n-1)}}=\sqrt{\frac{\sum_{i=1}^{n}(X_i-\overline{X})^2}{n(n-1)}} \tag{1-16}$$

它是贝塞尔公式计算的标准偏差的$\frac{1}{\sqrt{n}}$倍。由此可见，增加测量次数，可以提高测量精确度，但当测量次数超过 10 次以上时，提高的作用便不明显了。

4. 可疑测量数据的剔除

粗大误差也称为过失误差，是指测量结果中有非常明显错误的误差，如数据读错了或者记录错误等。这种误差没有任何规律可循，必须从测量结果中剔除掉。

剔除测量列中异常数据的标准包括 3σ 准则、肖维准则、格拉布斯准则等。

（1）3σ 准则　统计理论表明，测量值的偏差超过 3σ 的概率已小于 1%。因此，可以认为偏差超过 3σ 的测量值是其他因素或过失造成的，为异常数据，应当剔除。剔除的方法是将多次测量所得的一系列数据，算出各测量值的偏差 Δx_i 和标准偏差 σ，把其中最大的 Δx_j 与 3σ 比较，若 $\Delta x_j>3\sigma$，则认为第 j 个测量值是异常数据，舍去不计。剔除 x_j 后，对余下的各测量值重新计算偏差和标准偏差，并继续审查，直到各个偏差均小于 3σ 为止。

（2）肖维准则　假定对一物理量重复测量了 n 次，其中某一数据在这 n 次测量中出现的概率不到半次，即小于$\frac{1}{2n}$，则可以肯定这个数据的出现是不合理的，应当予以剔除。

根据肖维准则，应用随机误差的统计理论可以证明，在标准误差为 σ 的测量列中，若

某一个测量值的偏差等于或大于误差的极限值 K_σ，则此值应当剔出。不同测量次数的误差极限值 K_σ 列于表 1-3。

表 1-3　肖维系数表

n	K_σ	n	K_σ	n	K_σ
4	1.53σ	10	1.96σ	16	2.16σ
5	1.65σ	11	2.00σ	17	2.18σ
6	1.73σ	12	2.04σ	18	2.20σ
7	1.79σ	13	2.07σ	19	2.22σ
8	1.86σ	14	2.10σ	20	2.24σ
9	1.92σ	15	2.13σ	30	2.39σ

1.6　误差传递

间接测量是指被测量的数值是由测得的与被测量有一定函数关系的直接测量量经计算求得，由此可知，间接测量误差不仅与直接测量量的误差有关，而且还与它们之间的函数关系有关。

1. 一次测量时，间接测量误差的计算

受条件限制，实验时对被测量只进行一次测量的情况是经常遇到的。这时只能根据所采用的测量仪表的允许误差来估算测量结果中所包含的极限误差，看它是否超过所规定的误差范围。实测的读数可能出现的最大相对误差为

$$\delta_{\max}=\delta\frac{A_0}{A}\% \tag{1-17}$$

式中，δ 为仪表的精确度等级；A_0 为仪表的量程；A 为实测时仪表读数。

由式（1-17）可见，采用一定量程的仪表，测量小示值的相对误差比测量大示值的相对误差要大，因此，选择测量仪表的量程，应尽可能使示值接近于满刻度，这样可以得到较为精确的测量结果。

设间接测量中的被测量为 Y，随机误差为 y；直接测量的被测量为 X_1，X_2，…，X_n，它们之间相互独立，随机误差为 x_1，x_2，…，x_n。

Y 和 X_1，X_2，…，X_n 有如下函数关系：

$$Y=f(X_1,X_2,\cdots,X_n) \tag{1-18}$$

考虑误差后则有

$$Y+y=f[(X_1+x_1),(X_2+x_2),\cdots,(X_n+x_n)] \tag{1-19}$$

把等式右边用泰勒级数展示，并忽略高阶项，得

$$\begin{aligned}&f[(X_1+x_1),(X_2+x_2),\cdots,(X_n+x_n)]\\&=f(X_1,X_2,\cdots,X_n)+\frac{\partial Y}{\partial X_1}x_1+\frac{\partial Y}{\partial X_2}x_2+\cdots+\frac{\partial Y}{\partial X_n}x_n\end{aligned} \tag{1-20}$$

比较式（1-18）、式（1-19）和式（1-20），得

$$y=\frac{\partial Y}{\partial X_1}x_1+\frac{\partial Y}{\partial X_2}x_2+\cdots+\frac{\partial Y}{\partial X_n}x_n \tag{1-21}$$

或写成

$$\frac{y}{Y}=\frac{\partial Y}{\partial X_1}\frac{x_1}{Y}+\frac{\partial Y}{\partial X_2}\frac{x_2}{Y}+\cdots+\frac{\partial Y}{\partial X_n}\frac{x_n}{Y} \tag{1-22}$$

式（1-21）和式（1-22）称为间接测量的误差传递公式，用误差传递公式可以完成两方面工作，一是用直接测量量的误差来计算间接测量量的误差；二是根据所给出的被测量的允许误差来分配各直接测量量的误差，并以此选择合适仪表。为计算方便，将常用函数的绝对误差和相对误差列于表1-4。

表 1-4　常用函数的绝对误差和相对误差

函　　数	绝对误差 y	相对误差 y/Y
$Y=X_1+X_2$	$\pm(x_1+x_2)$	$\pm(x_1+x_2)/(X_1+X_2)$
$Y=X_1-X_2$	$\pm(x_1+x_2)$	$\pm(x_1+x_2)/(X_1-X_2)$
$Y=X_1X_2$	$\pm(X_1x_1+X_2x_2)$	$\pm\left(\frac{x_1}{X_1}+\frac{x_2}{X_2}\right)$
$Y=X_1X_2X_3$	$\pm(X_1X_2x_3+X_2X_3x_1+X_1X_3x_2)$	$\pm\left(\frac{x_1}{X_1}+\frac{x_2}{X_2}+\frac{x_3}{X_3}\right)$
$Y=aX$	$\pm ax$	$\pm x/X$
$Y=X^n$	$\pm nX^{n-1}x$	$\pm n\frac{x}{X}$
$Y=\sqrt[n]{X}$	$\pm\frac{1}{n}X^{\frac{1}{n}-1}x$	$\pm\frac{1}{n}\frac{x}{X}$
$Y=X_1/X$	$\pm(X_2x_1+X_1x_2)/X_2^2$	$\pm\left(\frac{x_1}{X_1}+\frac{x_2}{X_2}\right)$
$Y=\lg X$	$\pm0.43429\frac{x}{X}$	$\pm0.43429\frac{x}{X\lg X}$
$Y=\sin X$	$\pm x\cos X$	$\pm x\cot X$
$Y=\cos X$	$\pm x\sin X$	$\pm x\tan X$
$Y=\tan X$	$\pm x/\cos^2 X$	$\pm 2x/\sin(2X)$
$Y=\cot X$	$\pm x/\sin^2 X$	$\pm 2x/\sin(2X)$

例 1-1　用量程为 0～10A 的直流电流表和量程为 0～250V 的直流电压表，测量直流电动机的输入电流和电压，示值分别为 9A 和 220V，两表的精确度皆为 0.5 级，试问电动机输入功率可能出现的最大误差为多少？

解　电流实测的读数可能出现的最大相对误差为

$$\delta_{\mathrm{Imax}}=\delta\frac{A_0}{A}\%=\pm0.556\%$$

最大绝对误差为

$$9\times(\pm0.556\%)\mathrm{A}=\pm0.05\mathrm{A}$$

电压实测的读数可能出现的最大相对误差为

$$\delta_{\mathrm{Vmax}}=\delta\frac{A_0}{A}\%=\pm0.5\times\frac{250}{220}\%=\pm0.568\%$$

最大绝对误差为

$$220\times(\pm0.568\%)\text{V}=\pm1.25\text{V}$$

电动机输入功率可能出现的最大误差为

$$\Delta P=\pm(I\Delta V+V\Delta I)=\pm(9\times1.25+220\times0.05)\text{W}=\pm22.25\text{W}$$

2. 多次测量时，间接测量误差的计算

设函数

$$Y=f(X_1,X_2,\cdots,X_n)$$

式中，Y 为间接测量值；X_1，X_2，…，X_n 为直接测量值，它们是相互独立的。

设在测量中对 X_1，X_2，…，X_n 作了 n 次测量，则可算出 n 个 Y 值：

$$\begin{gathered}Y_1=f(X_{11},X_{21},\cdots,X_{n1})\\Y_2=f(X_{12},X_{22},\cdots,X_{n2})\\\vdots\\Y_n=f(X_{1n},X_{2n},\cdots,X_{nn})\end{gathered}$$

根据式（1-21），每次测量的误差分别为

$$\begin{gathered}y_1=\frac{\partial Y}{\partial X_1}x_{11}+\frac{\partial Y}{\partial X_2}x_{21}+\cdots+\frac{\partial Y}{\partial X_n}x_{n1}\\y_2=\frac{\partial Y}{\partial X_1}x_{12}+\frac{\partial Y}{\partial X_2}x_{22}+\cdots+\frac{\partial Y}{\partial X_n}x_{n2}\\\vdots\\y_n=\frac{\partial Y}{\partial X_1}x_{1n}+\frac{\partial Y}{\partial X_2}x_{2n}+\cdots+\frac{\partial Y}{\partial X_n}x_{nn}\end{gathered}\tag{1-23}$$

根据误差分布规律，等值的正负误差的数目相等，故式（1-23）各项平方和中的非平方式可以抵消，得

$$\sum y_i^2=\left(\frac{\partial Y}{\partial X_1}\right)^2\sum x_{1i}^2+\left(\frac{\partial Y}{\partial X_2}\right)^2\sum x_{2i}^2+\cdots+\left(\frac{\partial Y}{\partial X_n}\right)^2\sum x_{ni}^2$$

将上式两端同除以 n，得

$$\frac{\sum y_i^2}{n}=\left(\frac{\partial Y}{\partial X_1}\right)^2\frac{\sum x_{1i}^2}{n}+\left(\frac{\partial Y}{\partial X_2}\right)^2\frac{\sum x_{2i}^2}{n}+\cdots+\left(\frac{\partial Y}{\partial X_n}\right)^2\frac{\sum x_{ni}^2}{n}$$

即

$$\sigma_y^2=\left(\frac{\partial Y}{\partial X_1}\right)^2\sigma_{x_1}^2+\left(\frac{\partial Y}{\partial X_2}\right)^2\sigma_{x_2}^2+\cdots+\left(\frac{\partial Y}{\partial X_n}\right)^2\sigma_{x_n}^2\tag{1-24}$$

式中，σ_{x_1}，σ_{x_2}，…，σ_{x_n} 为各直接测量值的标准误差。

间接测量值多次测量时的极限误差为

$$\delta_y=3\sigma_y\tag{1-25}$$

例 1-2　某动力力学性能试验中，同时对额定工况下转矩 M 和转速 n 各进行 8 次等精确度测量，所测数值列于表 1-5 中，试求该工况下的有效功率及其误差。

表 1-5　额定工况下的各测量值

n/(r/min)	3002	3004	3000	2998	2995	3001	3006	3002
M/(N·m)	15.2	15.3	15.0	15.2	15.0	15.2	15.4	15.3

解 求出转速 n 和转矩 M 的算术平均值为

$$\bar{n} = \sum_{i=1}^{8} n_i/8 = 3001\text{r/min}$$

$$\overline{M} = \sum_{i=1}^{8} M_i/8 = 15.2\text{N} \cdot \text{m}$$

依式（1-14）求出转速 n 和转矩 M 的均方根误差为

$$\sigma_n = \sqrt{\frac{\sum_{i=1}^{8}(n_i - \bar{n})^2}{8-1}} = 3.4\text{r/min}$$

$$\sigma_M = \sqrt{\frac{\sum_{i=1}^{8}(M_i - \overline{M})^2}{8-1}} = 0.146\text{N} \cdot \text{m}$$

依式（1-16）求出转速 n 和转矩 M 的算术平均值的均方根误差为

$$\sigma_{\bar{n}} = \frac{\sigma_n}{\sqrt{8}} = 1.2\text{r/min}$$

$$\sigma_{\overline{M}} = \frac{\sigma_M}{\sqrt{8}} = 0.05\text{N} \cdot \text{m}$$

有效功率为

$$P = \overline{M}\,\overline{\omega} = \overline{M}\frac{2\pi\bar{n}}{60} = \frac{\overline{M}\,\bar{n}}{9.55} = 4776\text{W}$$

有效功率 P 的均方根误差为

$$\sigma_p = \sqrt{\left(\frac{\partial P}{\partial n}\right)^2\sigma_{\bar{n}}^2 + \left(\frac{\partial P}{\partial M}\right)^2\sigma_{\overline{M}}^2} = \sqrt{\left(\frac{\overline{M}}{9.55}\right)^2\sigma_{\bar{n}}^2 + \left(\frac{\bar{n}}{9.55}\right)^2\sigma_{\overline{M}}^2}$$

$$= \sqrt{\left(\frac{15.2}{9.55}\right)^2 \times 1.2^2 + \left(\frac{3001}{9.55}\right)^2 \times 0.05^2}\text{W} = 15.8\text{W}$$

有效功率 P 的极限误差为

$$\delta_p = 3\sigma_p = 47.4\text{W}$$

这样，试验所得有效功率为

$$P = (4776 \pm 47.4)\text{W}$$

1.7 不确定度

在测量过程中，当对同一物理量进行多次重复测量时，影响测量结果不准确的原因很多，例如：测量仪器不准确，测量方法不完善，对被测量定义的方法不完整、不理想或不完善，赋予计量标准的值和标准物质的值不准确，测量人员的主客观因素及环境的影响等，使得测量结果只能是近似值。实践证明，测量误差是客观存在的，由于真值未知，因此也就不可能确切地得到测量误差，由此引出了用测量不确定度来说明和衡量测量结果的质量。

不确定度是误差理论发展和完善的产物，是建立在概率论和统计学基础上的新概念，目的是为了澄清一些模糊的概念和便于使用。它表示由于测量误差的影响而对测量结果的不可信程度或对其有效性的怀疑程度，或称为不能肯定的程度。它是定量说明测量结果质量的一个参数。测量值在某个区域内以一定的概率分布，表示被测量分散性的参数就是测量不确定度，它不说明测量结果是否接近真值。

不确定度是说明测量结果的参数，它用于表达被测量值可能的分散程度。这个参数既可以用标准偏差表示，也可以用标准偏差的倍数或置信区间的半宽度表示。根据计算及表示方法的不同，有以下几个专用术语：

1. 标准不确定度

测量结果的不确定度由多种原因引起，一般来源于随机性或模糊性。所有这些不确定度的来源都会影响测量结果，其综合效应是使测量结果的可能值服从某种概率分布。用概率分布的标准偏差表示的不确定度就称为标准不确定度，用符号 u 表示。

因为测量不确定度往往是由多种原因产生的，对每个不确定度来源评定的标准偏差，称为标准不确定度分量，用 u_i 表示。标准不确定度有两类评定方法：A 类评定和 B 类评定。

（1）A 类标准不确定度　用统计方法得到的不确定度，称为 A 类标准不确定度。用符号 u_A 表示。

（2）B 类标准不确定度　用非统计方法得到的不确定度，即根据资料或假设的概率分布估计的标准偏差表示的不确定度，称为 B 类标准不确定度，用符号 u_B 表示。

A 类标准不确定度和 B 类标准不确定度仅仅是评定方法不同。

2. 合成标准不确定度

由各不确定度分量合成的标准不确定度，称为合成标准不确定度。当间接测量时，即测量结果是由若干其他量求得的情况下，测量结果的标准不确定度等于各其他量的方差和协方差相应和的正平方根，用符号 u_C 表示。合成标准不确定度仍然是标准（偏）差，表示测量结果的分散性。合成的方法，常被称为“不确定度传播律”。

3. 扩展不确定度

扩展不确定度是由合成标准不确定度的倍数表示的测量不确定度。它用包含因子 k 乘以合成标准不确定度得到的一个区间半宽度来表示测量不确定度。包含因子是为获得扩展不确定度，而与合成标准不确定度相乘的数字因子，它的取值决定了扩展不确定度的置信水平。扩展不确定度是测量结果附近的一个置信区间，被测量的值以较高的概率落在该区间内，用符号 U 表示。通常测量结果的不确定度都用扩展不确定度表示。

当说明具有置信水平为 P 的扩展不确定度时，可以用 U_P 表示，此时包含因子可用 k_P 表示。例如，$U_{0.95}$表示测量结果落在以 U 为半宽度区间的概率为 0.95。

U 和 u_c 单独定量表示时，数值前可不加正负号。注意测量不确定度也可以用相对形式表示。

4. 误差与不确定度的区别

误差虽然是客观存在的，但不能准确得到，它是属于理想条件下的一个定性的概念，反映测量误差大小的术语准确度也是一个定性的概念。

测量不确定度反映的是对测量结果的不可信程度，是可以根据试验、资料、经验等信息定量评定的量。

误差是不以人的认识程度而改变的客观存在，而测量不确定度与人们对被测量和影响量及测量过程的认识有关。

过去所谓的“误差传播定律”，所传播的其实并不是误差，而是不确定度。现在已改称为“不确定度传播定律”。

必须要注意 A 类或 B 类标准不确定度与随机误差、系统误差之间不存在简单的对应关系。

随机误差、系统误差是表示两种不同性质的误差，测量不确定度评定时一般不必区分其性质。A 类和 B 类不确定度是表示两种不同的评定方法。在需要区分不确定度性质的情况下，可用“由随机影响引起的不确定度分量”和“由系统影响引起的不确定度分量”两种表述方法。这两种表述方法不表明不确定度分量用什么方法评定，即不确定度分量既可能用 A 类也可能用 B 类评定方法得到，性质与评定方法间没有对应关系。

另外，测量数据中不应包括异常数据。对测量数据应进行异常数据判别，一旦发现有异常数据应剔除，不应包括在测量结果的范围内。因此在不确定度的评定前要将异常数据剔除。

1.8 有效数字

1. 有效数字的位数

由于存在误差，所以测量结果总是近似值，它通常由可靠数字和欠准数字两部分组成。例如，由电流表测得电流为 12.6mA，这是个近似数，其中 12 是可靠数字，而末位 6 为欠准数字，即 12.6 为三位有效数字。有效数字对测量结果的科学表述极为重要。

有效数字的位数是由最左面第一个非零数字开始到全部数字的结尾所包含的位数。如 0.013257 和 1.3257，它们的有效数字都是 5 位。测量记录数据时，通常只保留有效数字，表示误差时，一般取 1 ~ 2 位有效数字。0 很特殊，它既是无效数字，又是有效数字。当它在非 0 数据中间时，为有效数字，如 28.05，为 4 位有效数字。

2. 数据舍入规则

为了使正、负舍入误差出现的机会大致相等，现已广泛采用“小于 5 舍，大于 5 入，等于 5 时取偶数”的舍入规则。即：

1）若保留 n 位有效数字，当后面的数值小于第 n 位的 0.5 单位就舍去。

2）若保留 n 位有效数字，当后面的数值大于第 n 位的 0.5 单位，就在第 n 位数字上加 1。

3）若保留 n 位有效数字，当后面的数值恰为第 n 位的 0.5 单位，则当第 n 位数字为偶数（0，2，4，6，8）时应舍去后面的数字（即末位不变），当第 n 位数字为奇数（1，3，5，7，9）时，第 n 位数字应加 1（即将末位凑成为偶数）。

这样，由于舍入概率相同，当舍入次数足够多时，舍入的误差就会抵消。同时，这种舍入规则使有效数字的尾数为偶数的机会增多，能被除尽的机会比奇数多，有利于准确计算。

3. 测量结果的有效数字表示

当测量误差已知时，要注意测量结果的有效数字与测量误差保持一致性。如测量某压力值为 200.626kPa，测量误差为 ±0.25kPa，这时测量结果应该写成（200.63 ±0.25）kPa。

4. 有效数字的运算规则

当测量结果需要进行中间运算时，有效数字的取舍，原则上取决于参与运算的各数中精度最差的那一项。一般应遵循以下规则：

1）当几个近似值进行加、减运算时，在各数中（采用同一计量单位）以小数点后位数最少的那一个数（如无小数点，则为有效位数最少者）为准，其余各数均舍入至比该数多一位后再进行加减运算，结果所保留的小数点后的位数，应与各数中小数点后位数最少者的位数相同。

2）进行乘除运算时，在各数中，以有效数字位数最少的那一个数为准，其余各数及积（或商）均舍入至比该因子多一位后进行运算，而与小数点位置无关。运算结果的有效数字的位数应取舍成与运算前有效数字位数最少的因子相同。如 $1.205\times24.32\times2.6936$ 应该处理成

$$1.205\times24.32\times2.694=78.95$$

3）将数平方或开方后，结果可比原数多保留一位。如 $13.7^2=187.7$，$\sqrt[3]{7.93}=1.994$。

4）用对数进行运算时，所取数的有效数字要与真数的有效数字位数相等。如 $\lg5.37=0.730$。

5）若计算式中出现如 e、π 等常数时，可根据具体情况来决定它们应取的位数。

1.9　测量数据的处理

测量获得的大量数据，只有通过正确的数据处理方法，才能得到可靠的测量结果。最常用的数据处理方法有列表法和作图法。

1. 列表法

在记录和处理数据时，经常把数据列成表格，这是最基本和最常用的方法。列表法的作用有两方面：一是记录实验数据；二是能显示出物理量间的对应关系。其优点是能对大量的杂乱无章的数据进行归纳整理，使之既有条不紊，又简明醒目；既有助于表现物理量之间的关系，又便于及时地检查和发现实验数据是否合理，减少或避免测量错误；同时也为作图奠定了基础。

一般来讲，在用列表法处理数据时，应遵从如下原则：① 表的上方应有表头，写明所列表格的名称；② 标题栏目要简单明了，便于看出有关量之间的关系，便于进行计算处理；③ 各标题栏目必须标明物理量的名称和单位，名称应尽量用符号表示，单位和数量级写在该符号的标题栏中；④ 表格中的数据要正确反映测量结果的有效数字；⑤ 必要时应写明有关参数，并作简要的说明。

用列表的方法记录和处理数据是一种良好的科学工作习惯，要设计出一个栏目清楚、行列分明的表格，也需要在实验中不断训练，逐步掌握、熟练，并形成习惯。

利用列表法处理的数据，采用前面的诸多计算公式即可得到测量的最佳值、标准偏差和测量精度等。

2. 作图法

作图法就是用图像来表示数据之间的关系。其优点是能够直观、形象地显示各个物理量之间的数量关系，便于比较分析。例如，可以依据作图法所画出的图线得到相应的物理量之间的经验公式。因此，作图法也是处理实验数据的常用方法。

要想将测量数据制成一幅完整而正确的图线，必须遵循如下原则及步骤：

1）选择合适的坐标。

2）确定坐标的分度值和标记，一般用横轴表示自变量，纵轴表示因变量，并标明各坐标轴所代表的物理量及其单位（可用相应的符号表示），且坐标轴的分度值要根据实验数据的有效数字及对结果的要求来确定。

3）根据测量获得的数据，用一定的符号在坐标纸上描出坐标点，通常一张图上画几条实验曲线时，每条曲线应采用不同的标记，以免混淆。

4）绘制一条与标出的实验点基本相符的图线，图线尽可能多的通过实验点，由于测量误差，某些实验点可能不在图线上，应尽量使其均匀地分布在图线的两侧。图线应是直线、光滑的曲线或折线。

5）注解和说明。应在图上标出图的名称，有关符号的意义和特定实验条件。

作图法可利用已经作好的图线，定量地求出待测量或待测量和某些参数之间的经验关系式。如果作图法得到的是直线，则求其函数表达式的方法就很简单，因此对于非线性关系的图线，通常也通过变量变换的方法将原来的非线性关系化为新变量的线性关系。

当图线为直线时，求解其线性关系式的一般步骤为：

1）在图线上选取两个点，所选点一般不用实验点，并用与实验点不同的符号标记，此两点应尽量在直线的两端。如记为 $A(x_1, y_1)$ 和 $B(x_2, y_2)$，并用“+”表示实验点，用“⊙”表示选点。

2）根据直线方程 $y=kx+b$，将两点坐标代入，可解出图线的斜率为

$$k=\frac{y_2-y_1}{x_2-x_1} \tag{1-26}$$

3）求与 y 轴的截距。可解出

$$b=\frac{x_2y_1-x_1y_2}{x_2-x_1} \tag{1-27}$$

4）求与 x 轴的截距。记为

$$X_0=\frac{x_2y_1-x_1y_2}{y_2-y_1} \tag{1-28}$$

3. 测量数据的曲线拟合

通过实验获得测量数据后，为了获得有关物理量之间关系的经验公式，需要对测量数据进行曲线拟合。从几何上看，就是要选择一条曲线，使之与所获得的实验数据都能很好地吻合。因此，求取经验公式的过程也是曲线拟合的过程。

（1）最小二乘法　用作图法处理数据虽有许多优点，但它是一种粗略的数据处理方法。不同的人用同一组数据作图，由于在拟合直线（或曲线）时有一定的主观随意性，因而拟合出的直线（或曲线）往往是不一样的。由一组实验数据找出一条最佳的拟合直线（或曲线），更严格的方法是最小二乘法。由最小二乘法计算所得的变量之间的函数关系称为回归方程。下面简要介绍其原理及在一元线性和非线性拟合中的应用。

设在实验中获得了自变量 x_i 与因变量 y_i 的若干组对应数据 (x_i, y_i)，在使偏差平方和 $\sum[y_i-f(x_i)]^2$ 取最小值时，找出一个已知类型的函数 $y=f(x)$（即确定关系式中的参数）。这种求解 $f(x)$ 的方法称为最小二乘法。

（2）一元线性拟合　设一元线性关系为

$$y = a + bx, \tag{1-29}$$

实验获得的 n 对数据为（x_i，y_i）（$i = 1$，2，…，n）。由于误差的存在，当把测量数据代入所设函数关系式时，等式两端一般并不严格相等，而是存在一定的偏差。为了讨论方便起见，设自变量 x 的误差远小于因变量 y 的误差，则这种偏差就归结为因变量 y 的偏差，即

$$v_i = y_i - (a + bx_i) \tag{1-30}$$

根据最小二乘法，获得相应的最佳拟合直线的条件为

$$\frac{\partial}{\partial a}\sum_{i=1}^{n} v_i^2 = 0 \tag{1-31}$$

$$\frac{\partial}{\partial b}\sum_{i=1}^{n} v_i^2 = 0 \tag{1-32}$$

若记

$$I_{xx} = \sum (x_i - \bar{x})^2 = \sum x_i^2 - \frac{1}{n}\left(\sum x_i\right)^2 \tag{1-33}$$

$$I_{yy} = \sum (y_i - \bar{y})^2 = \sum y_i^2 - \frac{1}{n}\left(\sum y_i\right)^2 \tag{1-34}$$

$$I_{xy} = \sum (x_i - \bar{x})(y_i - \bar{y}) = \sum (x_i y_i) - \frac{1}{n^2}\sum x_i \sum y_i \tag{1-35}$$

代入方程组可以解出

$$a = \bar{y} - b\,\bar{x} \tag{1-36}$$

$$b = \frac{I_{xy}}{I_{xx}} \tag{1-37}$$

由误差理论可以证明，最小二乘一元线性拟合的标准差为

$$S_a = \sqrt{\frac{\sum x_i^2}{n\sum x_i^2 - \left(\sum x_i\right)^2}}\,S_y \tag{1-38}$$

$$S_b = \sqrt{\frac{n}{n\sum x_i^2 - \left(\sum x_i\right)^2}}\,S_y \tag{1-39}$$

$$S_y = \sqrt{\frac{\sum (y_i - a - bx_i)^2}{n-2}} \tag{1-40}$$

为了判断测量点与拟合直线符合的程度，需要进行显著性检验。显著性检验通常采用相关系数法计算相关系数 γ，其计算公式为

$$\gamma = \frac{I_{xy}}{\sqrt{I_{xx} I_{yy}}} \tag{1-41}$$

相关系数 γ 表示两个变量之间的关系与线性函数符合的程度。γ 值总是在 0 与 ±1 之间。若 $\gamma = \pm 1$，表示变量 x 、y 完全线性相关，拟合直线通过全部实验点；相反，如果 $|\gamma|$ 远小于1，而接近于零，说明 x 与 y 不相关，不能用线性函数拟合。$\gamma > 0$ 时，拟合直线的斜率为正，称为正相关；$\gamma < 0$ 时，拟合直线的斜率为负，称为负相关。

从上面的讨论可知，回归直线一定要通过点（$\bar{x}$，$\bar{y}$），这个点叫做该组测量数据的重心。注意，此结论对于我们用图解法处理数据是很有帮助的。

一般来讲，使用最小二乘法拟合时，要计算上述六个参数，即 a、b、S_a、S_b、S_y、γ。最小二乘法原理是一种在多学科领域中获得广泛应用的数据处理方法。应通过实验要求掌握最小二乘法基本原理、正规方程以及组合测量的最小二乘法处理办法。

（3）一元非线性拟合　当两变量之间呈现复杂的非线性关系时，最小二乘法也可以求出非线性回归方程。若非线性问题可以用下述方程描述，即

$$y = a_0 + a_1 x + a_2 x^2 + \cdots + a_n x^n \tag{1-42}$$

通常首先要将非线性问题化解为线性问题，这样可以使复杂的问题变得容易解决。典型的非线性方程变换见表 1-6。线性化后即可用前述一元线性拟合的方法进行曲线拟合。

表 1-6　一元线性化变换

非线性方程	线性化方程	线性化变量
$y = a + b\ln x$	$y' = a + bx'$	$y' = y$，$x' = \ln x$
$y = 1 - e^{-ax}$	$y' = \ln\dfrac{1}{1-y} = ax'$	$y' = \ln\dfrac{1}{1-y}$，$x' = x$
$y = e^{(a+bx)}$	$y' = \ln y = a + bx'$	$y' = \ln y$，$x' = x$

（4）用科学计算软件绘制曲线　由于计算机技术的进步，现在可直接采用一些科学计算软件将测量出的数据绘制成各种形式的曲线或图形。常用的科学计算绘图软件有 Origin，MATLAB 等，特别是 MATLAB 的图形功能更加强大。

思考题与习题

1-1　在实验中有哪些测量方法？直接测量与间接测量有哪些不同之处？

1-2　表征测量精度水平常用的指标是什么？

1-3　说明误差的分类，各类误差的性质、特点及对测量结果的影响。

1-4　什么是标准偏差？它的大小对概率分布有什么影响？

1-5　不确定度的意义是什么？它与误差有什么区别？

1-6　用精度为 0.5 级、量程为 0～10MPa 的弹簧管压力表测量某动力机械流体的压力，示值为 8.5MPa，试问测量值的最大相对误差和绝对误差各为多少？

1-7　用精度为 0.5 级、量程为 0～10A 的直流电流表和量程为 0～250V 的直流电压表来测量某直流电动机的输入功率，各测量结果见表 1-7。

表 1-7　测量值

I/A	8.5	8.6	8.65	8.72	8.7	8.63	8.6	8.4
V/V	216	218	220	221	221	219	218	217

试求电动机的输入功率及误差。

1-8　求拟合直线的常用方法有哪几种？各有什么优缺点？

第2章　温度测量

2.1　测温原理及温标

温度是一个很重要的物理量。物质的物理性质，物体的特征参数都与温度有密切的关系。在日常生活、工农业生产和科学研究的各个领域，温度的测量和控制都占有十分重要的地位。

1. 测温原理

温度表征着物体的冷热程度。温度的宏观概念建立在热平衡的基础上，假定有两个热力学系统，它们分别与第三个热力学系统处于热平衡，则它们彼此间也必定处于热平衡，在此状态下它们一定拥有某种共同的宏观性质，人们将这一决定系统热平衡的宏观性质称为温度，这就是热力学第零定律。从微观上讲，温度是物体内部分子热运动激烈程度的标志，是度量分子运动平均动能大小的指标。

由于温度本身是一个抽象的物理量，对温度的测量也与其他测量有很大不同。温度不像长度、质量和时间等量，它不能直接与标准量比较而测出，必须通过测量某些随温度而变化的物体的性质来反映，这些物体的性质包括几何尺寸、弹性、电导率、热电势和辐射强度等。通过测出某个参数的变化就可以间接地得到被测物体的温度，这就是温度计的测温原理。

温度测量的方法很多，一般根据传感器是否与被测介质直接接触，分为接触式测温和非接触式测温两大类。

（1）接触式测温　接触式测温通过传感器与被测对象直接接触进行热交换来测量物体的温度。按测温原理分为膨胀式、压力式、热电阻式和热电偶式四类。接触式测温简单、可靠，而且测温精度较高，因此应用广泛。但是由于测温元件需要与被测介质进行充分接触才能达到热平衡，需要一定的时间，因而会产生滞后现象，而且可能与被测对象发生化学反应。另外，由于耐高温材料的限制，接触式测温一般难以用于高温测量。

（2）非接触式测温　非接触式测温是通过接收被测物体发出的辐射热来测定温度的，测温原理主要是辐射测温。非接触式测温由于传感器不与被测对象接触，因而测温范围很广，测温上限不受限制，测温速度较快，而且可以对运动的物体进行测量。但是受到物体的热发射率、被测对象到仪表之间的距离、烟尘和水汽等其他介质的影响，一般测温误差较大、精度较低，通常用于高温测量。

表2-1列出了各种常用测温仪表的测温原理和基本特性。

2. 温标

温标是用某一标尺的数值来表示温度的方法，所谓建立温标就是采取一套方法和规则给出温度数值的概念。

（1）经验温标　华氏温标是德国物理学家G. D. Fahrenheit于1714年提出，规定：标准大气压下纯水的冰点为32华氏度，沸点为212华氏度，中间划分为180等份，每一等份为1

华氏度，符号为℉。

表 2-1 常用测温仪表的分类及性能

测量方式	仪表名称	测温原理	精度	特点	测量范围/℃
接触式测温仪表	双金属温度计	利用固体受热时产生膨胀的特性	1~2.5	结构简单，读数方便；精度较低，不便远传	一般-80~600
	压力表式温度计	气（汽）体、液体在定容条件下，压力大小随温度变化	1~2.5	结构简单可靠，可较远距离传送（小于50m）；精度较低，受环境温度影响较大	一般-50~550
	玻璃管液体温度计	利用液体受热时产生膨胀的特性	0.5~2.5	结构简单，精度较高，读数不便，不能远传	一般-100~600
	热电阻温度计	金属或半导体电阻值随温度变化	0.5~3.0	精度高，便于远传，结构复杂，需外加电源	一般-200~650
	热电偶温度计	热电效应	0.5~1.0	测温范围大，精度高，便于远传，低温测量精度较低	一般-200~1800
非接触式测温仪表	光学高温计	物体单色辐射强度及亮度随温度变化	1.0~1.5	结构简单，携带方便，不破坏温度场；易产生目测主观误差，外界反射辐射会引起测量误差	一般300~3200
	辐射高温计	物体全辐射能随温度变化	1.5	结构简单，稳定性好；光路上环境介质吸收辐射，易产生测量误差	一般700~2000

摄氏温标是瑞典科学家 A. Celsius 于 1742 年提出，规定：标准大气压下纯水的冰点为 0 摄氏度，沸点为 100 摄氏度，中间划分为 100 等份，每一等份为 1 摄氏度，符号为℃。

华氏温标与摄氏温标之间的换算关系为

$$C=\frac{5}{9}(F-32) \tag{2-1}$$

式中，C 为摄氏温度值；F 为华氏温度值。

（2）热力学温标　热力学温标是建立在热力学基础上的一种理论温标，根据热力学中的卡诺定理，如果在温度为 T_1 的热源与温度为 T_2 的冷源之间实现了卡诺循环，则存在下列关系式：

$$\frac{T_1}{T_2}=\frac{Q_1}{Q_2} \tag{2-2}$$

式中的 Q_1 和 Q_2 分别是热源给予热机的传热量及热机传给冷源的传热量。如果在式(2-2)中再规定一个条件，就可以通过卡诺循环中的传热量来完全地确定温标。1954 年，国际计量会议选定水的三相点为 273.16，并以它的 1/273.16 为一度，这样热力学温标就完全确定了，即 $T=273.16\left(\frac{Q_1}{Q_2}\right)$。这样的温标单位叫开尔文，简称开，符号为 K。

热力学温标与实现它的工质性质无关，是理想的温标。卡诺循环实际上是不存在的，因而热力学温标也无法直接实现。在热力学中已从理论上证明，热力学温标与理想气体温标是完全一致的，但实际上是用近似理想气体的惰性气体做出定容式气体温度计，并根据热力学第二定律定出对这种气体温度计的修正值，从而可用气体温度计来实现热力学温标。然而气体温度计结构复杂，价格昂贵，故通常仅在国家计量标准实验中，作为复现热力学温标用。

（3）国际温标　实现国际温标需要三个条件：一是要有定义温度的固定点，一般是利用水、纯金属及液态气体的状态变化；二是要有复现温度的标准器，通常是用标准铂电阻、标准铂铑热电偶及标准光学高温计；三是要有固定点之间计算温度的内插方程式。

第一个国际温标（ITS—27）于 1927 年开始使用，随着生产和科学进步的发展，国际温标已经过了多次修改和补充，到 1989 年第 27 届国际计量委员会确定了 1990 国际温标 ITS—90，自 1990 年 1 月 1 日起实施。

ITS—90 国际温标指出，热力学温度（符号为 T）是基本物理量，单位是开尔文，符号为 K。规定水三相点温度为 273. 16K，定义 1K（开尔文度）等于水三相点热力学温度的 1/273. 16。通常将比水的三相点低 0. 01K 的温度值规定为摄氏零度，国际开尔文温度（符号为 T_{90}）和摄氏温度（符号为 t_{90}）的关系为

$$\frac{t_{90}}{℃}=\frac{T_{90}}{\mathrm{K}}-273.15 \tag{2-3}$$

ITS—90 国际温标，是以定义固定点温度指定值以及在这些固定点、分度点的基准仪器来实现热力学温标的，各固定点之间的温度是依据内插公式来使基准仪器的示值与国际温标的温度值相联系的。

（4）温标的传递　与国际温标有关的基准仪器都由国家规定机构保存，省、市各级计量机构起传递作用。国际温标中温度的正确数值要传递到实用的测温仪表，需要有一个温度传递系统，即通过上一级仪表对下一级仪表的分度与规定，传递过程可用图 2-1 所示。

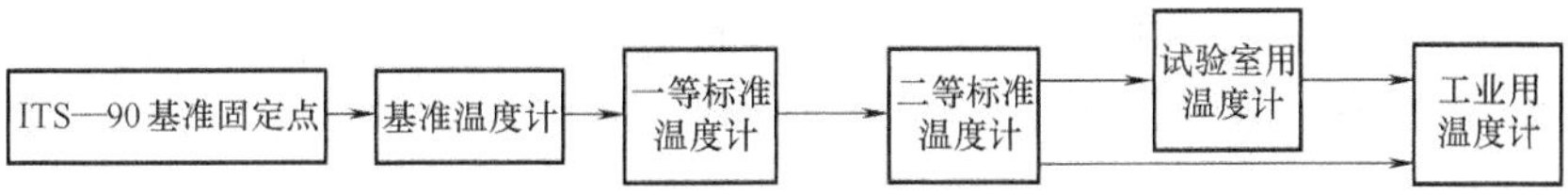

图 2-1　温标传递示意图

可以看出，测温仪表可分成三类：基准器、标准器和工作仪表。通常国家计量机构保存基准温度计，省市计量机构保存标准温度计。直接用于测量的温度计按国家规定应定期进行校验，校验合格后方可继续使用。

2. 2　玻璃管式液体温度计

玻璃管式液体温度计是最常用的温度测量装置之一，也是日常生活中最常见的一种，它是根据液体热胀冷缩的性质制造的。通常将物体温度变化 1℃ 所引起的体积改变与它在 0℃ 时体积的比称为平均体膨胀系数，用 β 来表示。当温度由 t_1 变化到 t_2 时，有

$$\beta=\frac{V_{t_2}-V_{t_1}}{(t_2-t_1)V_0} \tag{2-4}$$

式中，V_{t_1} 与 V_{t_2} 为 t_1 和 t_2 时液体的体积；V_0 为液体在 0℃ 时的体积。

对于玻璃管式液体温度计，若液体工作介质和玻璃的平均体膨胀系数分别为 β_1 和 β_g,则温度由 t_1 变化到 t_2 时，可以觉察到的液体的平均体膨胀系数 β_e 为两者之差，即

$$\beta_e=\beta_1-\beta_g \tag{2-5}$$

式（2-5）中，β_e 称为视膨胀系数。相应地，此时液体的膨胀称为视膨胀。玻璃管式液

体温度计就是通过液体的视膨胀与温度之间的函数关系来进行温度测量的。

根据用途不同，玻璃管式液体温度计的结构有多种形式。但都包括感温泡、感温液、毛细管、标尺四个基本单元，如图 2-2 所示。

感温泡位于温度计的下端，内装全部或大部分感温液，是温度计的感温部分。感温液是封装在感温泡中的感温介质。毛细管位于感温泡上方，是与感温泡相通的玻璃细管。测温时，感温液在毛细管中上下移动。标尺包括分度线、数字和温标符号。

有的温度计还有安全泡，安全泡是指位于毛细管顶端的扩大泡。其作用是避免一旦被测温度过高，感温液过度膨胀将温度计胀破，并便于接上中断的液柱。

另外，有的温度计还在标尺的零点和感温泡之间带有中间泡，这可以缩短温度计的长度和提高指示值的精度。

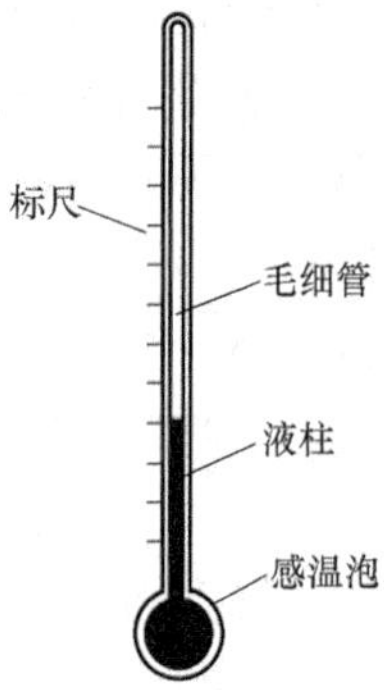

图 2-2　玻璃管式液体温度计的基本结构

玻璃管式液体温度计具有价格便宜、使用方便和精度高的优点，广泛用于科学研究和工业生产等各个领域。其缺点是测温范围窄，而且不能远传和记录，使其在自动控制和调节中的应用受到限制。

2.3　热电偶测温技术

热电偶结构简单，测温范围宽，准确度高，热惯性小，能够将输入的信号转换成电信号输出，便于信号的远传和转换，因此，热电偶应用广泛。

1. 热电偶测温的基本原理

(1) 热电效应　由两种不同的导体 A 、B 组成的闭合回路称为热电偶，如图 2-3 所示。导体 A 、B 为热电极，当两接点的温度不同时，回路中将产生电流，称为热电流，产生热电流的电动势称为热电动势。这一现象称为热电现象，这是塞贝克在 1821 年发现的，故又称为塞贝克效应。

经研究表明，热电势是由温差电势和接触电势组成的。

(2) 温差电势　温差电势是在同一根导体中因两端的温度不同而产生的热电动势。由于导体两端温度不同，例如 $T>T_0$（见图 2-4），则两端电子的能量也不同。由于高温端的电子能量比低温端的电子能量大，因而从高温端跑到低温端的电子数比从低温端跑到高温端的要多，结果，高温端因失去电子而带正电荷，低温端因得到电子而带负电荷，从而在高、低温端之间形成一个从高温端指向低温端的静电场，静电场将阻止高温端电子跑向低温端，同时加速低温端电子跑向高温端，最后达到一动平衡状态，在导体两端便产生一个相应的电位差，该电位差称为温差电势，其方向是由低温端指向高温端，此电势只与导体性质和导体两端温度有关，可用下式表示

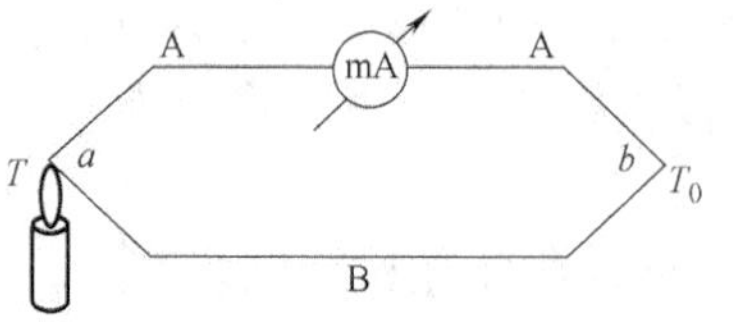

图 2-3　塞贝克效应示意图

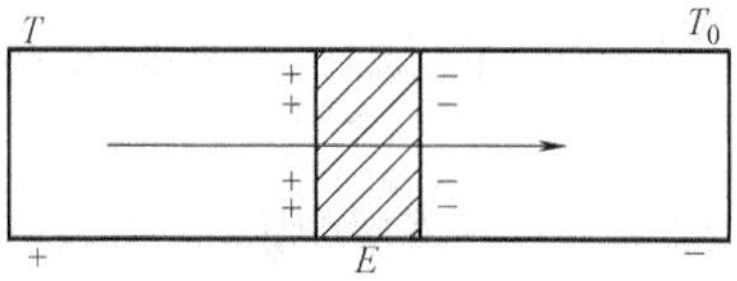

图 2-4　温差电势原理图

$$E_A(T,T_0) = \frac{k}{e}\int_{T_0}^{T}\frac{1}{N_A(T)}\mathrm{d}[N_A(T)\cdot T] \tag{2-6}$$

$$E_B(T,T_0) = \frac{k}{e}\int_{T_0}^{T}\frac{1}{N_B(T)}\mathrm{d}[N_B(T)\cdot T] \tag{2-7}$$

式中，e 为单位电荷量；k 为玻耳兹曼常数；N_A、N_B为金属导体 A、B 的自由电子密度；T、T_0为接触处的热力学温度。

（3）接触电势　接触电势是在两种不同的导体 A 和 B 接触处产生的一种热电势。当两种不同的导体 A 和 B 连接在一起时，由于两者有不同的电子密度 N_A、N_B，接触处会发生自由电子的扩散，若 $N_A > N_B$，则电子在两个方向上扩散的速率就不同，在单位时间内，由导体 A 扩散到导体 B 的电子数就会比导体 B 扩散到导体 A 的多，导体 A 因失去电子带正电，导体 B 因得到电子而带负电，因此在 A、B 导体的接触面上便形成一个从 A 到 B 的静电场，如图 2-5 所示，这个静电场将阻碍扩散作用的继续进行，同时加速电子向相反方向转移。在某一温度下，电子的扩散能力与静电场的阻力达到动态平衡，此时在接触处形成的电动势称为接触电势，用符号 $E_{AB}(T)$ 表示，并用下面的数学式来表示

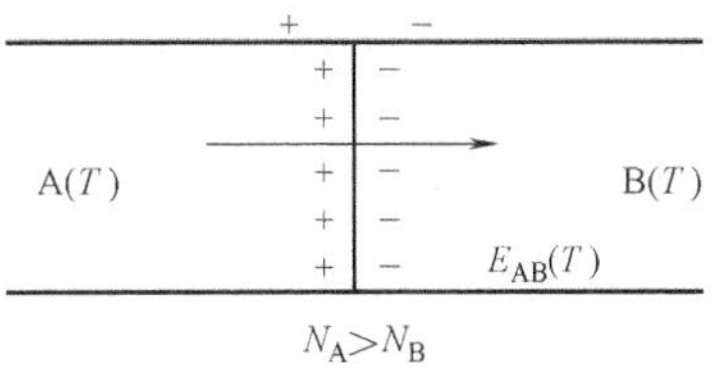

图 2-5　接触电势原理图

$$E_{AB}(T) = \frac{kT}{e}\ln\frac{N_A(T)}{N_B(T)} \tag{2-8}$$

$$E_{AB}(T,T_0) = E_{AB}(T) - E_{AB}(T_0) + E_B(T,T_0) - E_A(T,T_0) \tag{2-9}$$

经整理得

$$E_{AB}(T,T_0) = \frac{k}{e}\int_{T_0}^{T}\ln\frac{N_A(T)}{N_B(T)}\mathrm{d}T \tag{2-10}$$

由于 N_A、N_B是温度的单值函数，上式的积分式可表示为

$$E_{AB}(T,T_0) = f(T) - f(T_0) \tag{2-11}$$

根据式（2-10）、式（2-11）可得出结论：

1）热电偶回路热电势的大小只与组成热电偶的材料及两端的温度有关，它与热电偶的长度、粗细无关。

2）只有用不同性质的导体或半导体才能组合成热电偶，相同材料不会产生热电势。因为当 A、B 两种材料是同一种材料时，$\ln\frac{N_A(T)}{N_B(T)} = 0$，则 $E_{AB}(T, T_0) = 0$。

3）只有当热电偶两端温度不同、热电偶的两根材料不同时，才能有热电势产生。

4）材料确定后，热电势的大小只与热电偶两端的温度有关。如果使 $f(T_0)$ = 常数，则回路热电势 $E_{AB}(T, T_0)$ 就只与温度 T 有关，而且是 T 的单值函数，这就是利用热电偶测温的原理。

闭合回路中的热电势如图 2-6 所示。

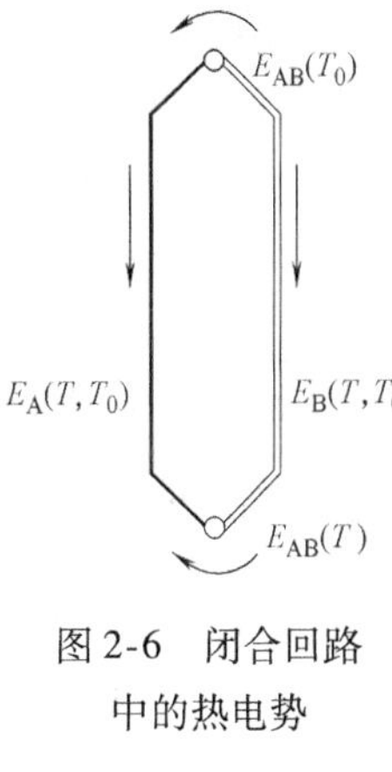

图 2-6　闭合回路中的热电势

各种热电偶温度与热电势的函数关系可以用函数形式表示，也可以用列表格的形式表示。通常将温度较高的一端称为热端或工作

端，将温度低的一端称为冷端或自由端。

2. 热电偶基本定律

在使用热电偶测温时，还会应用到热电偶的三条基本定律，这些定律可以由式（2-10）和式（2-11）引出与证明。

（1）均质导体定律　任何一种均质导体组成的闭合回路，不论其各处的截面积如何，也不论其是否存在温度梯度，都不可能产生热电势。

实际生产中，可以利用该定律检验热电偶材料是否均质。

（2）中间导体定律　在热电偶回路中接入第三种导体，只要与第三种导体相连接的两端温度相同，接入第三种导体后，对热电偶回路中的总电势没有影响。其证明如下：

图 2-7 所示是把热电偶冷端分开后引入显示仪表 M（或第三根导体 C），如果被分开后的两点 2、3 的温度相同且都等于 T_0，那么热电偶回路的总电势为

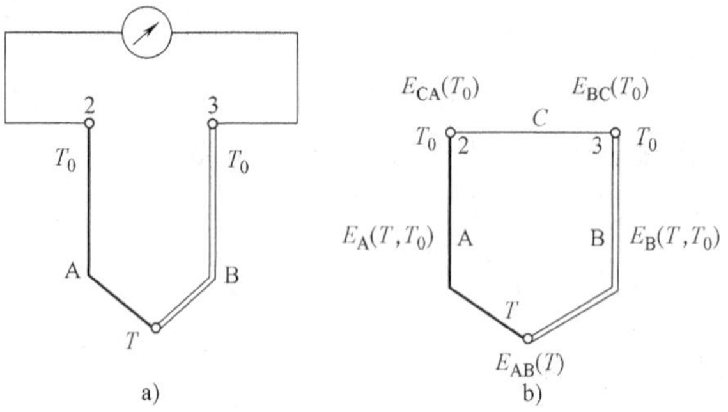

图 2-7　热电偶回路接入第三种导体

$$E_{ABC}(T,T_0)=E_{AB}(T)+E_B(T,T_0)+E_{BC}(T_0)+E_C(T_0,T_0)+E_{CA}(T_0)-E_A(T,T_0) \tag{2-12}$$

式中，$E_C(T_0,\ T_0)=0$；$N_A>N_B>N_C$；$T>T_0$。此外，导体 B 与 C、A 与 C 在接点温度为 T_0 处的接触电势之和为

$$E_{BC}(T_0)+E_{CA}(T_0)=\frac{kT_0}{e}\ln\frac{N_B(T_0)}{N_C(T_0)}+\frac{kT_0}{e}\ln\frac{N_C(T_0)}{N_A(T_0)}=\frac{kT_0}{e}\ln\frac{N_B(T_0)}{N_A(T_0)}=-E_{AB}(T_0)$$

将上式代入式（2-12），得到热电偶回路的总电势为

$$E_{ABC}(T,T_0)=E_{AB}(T)-E_{AB}(T_0)+E_B(T,T_0)-E_A(T,T_0)=E_{AB}(T,T_0) \tag{2-13}$$

由中间导体定律可以得出以下结论：

1）可将电位差计等测量仪表接入热电偶回路中，只要它们接入热电偶回路的两端温度相同，那么仪表的接入对热电偶总的热电势没有影响，而且对于任何热电偶接点，只要接触良好，温度均一，则不论用何种方法构成接点，都不影响热电偶回路的热电势。

2）如果两种导体 A、B 对另一种参考导体 C 的热电势为已知，则由这两种导体组成的热电偶的热电势是它们对参考导体热电势的代数和，即

$$E_{AB}(T,T_0)=E_{AC}(T,T_0)+E_{CB}(T,T_0) \tag{2-14}$$

若将热电极 C 作为参考电极（一般为纯铂丝），并已知各种热电极与参考电极配成热电偶的热电特性，便可按此结论计算出任意两个热电极 A、B 配成热电偶后的热电特性，这样就大大简化了热电偶的选配工作。

(3) 中间温度定律　热电偶 AB 在接点温度 T、T_0时的热电势 $E_{AB}(T,\ T_0)$ 等于热电偶 AB 在接点温度 T、T_N和 T_N、T_0时的热电势 $E_{AB}(T,\ T_N)$ 和 $E_{AB}(T_N,\ T_0)$ 的代数和，用数学式可表示为

$$E_{AB}(T,T_0)=E_{AB}(T,T_N)+E_{AB}(T_N,T_0) \tag{2-15}$$

其证明如下：

根据热电偶测温原理可知

$$E_{AB}(T,T_N)=f_{AB}(T)-f_{AB}(T_N)$$
$$E_{AB}(T_N,T_0)=f_{AB}(T_N)-f_{AB}(T_0)$$

以上两式相加得

$$E_{AB}(T,T_N)+E_{AB}(T_N,T_0)=f_{AB}(T)-f_{AB}(T_0)=E_{AB}(T,T_0)$$

如果 $T_0=0℃$，则式（2-15）变为

$$E_{AB}(T,0)=E_{AB}(T,T_N)+E_{AB}(T_N,0) \tag{2-16}$$

由中间温度定律可以得出如下结论：

1）中间温度定律为制定热电偶分度表奠定了基础。各种热电偶的分度表都是在冷端温度为0℃时制定的，如果在实际应用中热电偶的冷端不为0℃而是某一中间温度 T_N时，这时显示仪表指示的热电势值为 $E_{AB}(T,\ T_N)$。而 $E_{AB}(T_N,\ 0)$ 值可从分度表上查得，将二者相加，即得出 $E_{AB}(T,\ 0)$ 值，按照该电势值再查相应的分度表，便可得到测量端温度 T 的大小。

2）和热电偶具有同样特性的补偿导线可以引入热电偶的回路中，这就为工业测温中应用补偿导线提供了理论依据。这样便可使热电偶的冷端远离热源而不影响热电偶的测量精度，同时节省了贵重金属材料。

例 2-1　用镍铬-镍硅（K 型）热电偶测量炉温，热电偶的冷端温度为 40℃，测得的热电势为 35.72mV，问被测炉温为多少？

解　查 K 型热电偶分度表可知：$E_K(40,\ 0)=1.611\text{mV}$，测得 $E_K(t,\ 40)=35.72\text{mV}$，则 $E_K(t,\ 0)=E_K(t,\ 40)+E_K(40,\ 0)=35.72+1.611\text{mV}=37.33\text{mV}$。

据此再查上述分度表可知，37.33mV 所对应的温度为 $t=900.1℃$。

3. 热电偶冷端补偿

根据热电偶测温原理可知，热电偶热电势的大小只在冷端温度为恒定和已知时，才能反映测量端的温度。在实际应用时，热电偶的冷端总是放置在温度波动的环境中，或是处在距热端很近的环境中，因而冷端温度难以保持恒定。为消除冷端温度变化对测量的影响，一般都采用冷端温度补偿的方法。热电偶温度的补偿依据的是三个基本定律。常用的热电偶冷端温度补偿方法有：补偿导线法、计算修正法、冰点法、补偿电桥法等。

(1) 补偿导线法　补偿导线是指在一定的温度范围内（如 0～100℃）和所连接的热电偶具有相同热电特性的连接导线。将补偿导线和测温热电偶冷端连接，如图 2-8 所示，将冷端延伸，连同显示仪表一起放置在恒温或温度波动较小的仪表室或集中控制室中，使热电偶的冷端免受热设备或管道中高温介质的影响，既节省了贵重金属热电极材料，也保证了测量的准确性。

(2) 计算修正法　由于热电偶的温度-热电势曲线（热电偶分度表）是在冷端温度为 0℃ 时制定的，与它配套使用的仪表又是根据这一关系曲线刻度的，因此尽管使用补偿导线

使热电偶冷端延伸到温度恒定的地方，但只要冷端温度不为0℃，就必须对仪表的指示值加以修正。如果测温热电偶的热端温度为 T，冷端温度为 T_n 而不是0℃，测得热电偶的输出电势为 $E(T, T_n)$，根据中间温度定律：$E(T, 0)=E(T, T_n)+E(T_n, 0)$ 来计算热端温度 T、冷端为0℃时的热电势，然后从分度表中查得热端温度 T。应该注意的是：由于热电偶温度电势曲线的非线性，上面所说的相加是热电势的相加，而不是简单的温度相加。

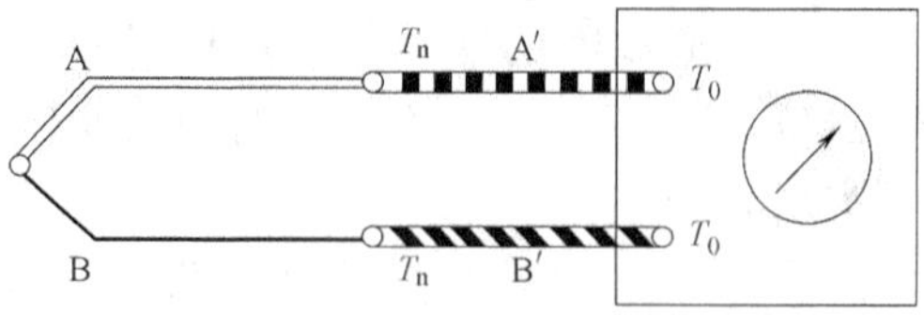

图2-8　补偿导线在测量回路中的连接

A、B—热电偶　A′、B′—补偿导线

T_n—热电偶原冷端温度　T_0—热电偶原热端温度

例如：用镍铬-镍硅热电偶测温，热电偶的冷端温度 $T_n=30℃$，测得冷端为30℃时的热电势 $E(T,T_n)=40.347\text{mV}$，由分度表查得热端30℃、冷端0℃时热电势 $E(T_n,0)=1.203\text{mV}$，则 $E(T,0)=E(T,T_n)+E(T,0)=40.347+1.203=41.55\text{mV}$，同样由分度表查得 $T=1010℃$。

（3）冰浴法　此法是将冷端直接置于0℃下，而不需进行冷端温度补偿的方法。清洁的冰和清洁的水共存混合物的温度为0℃，按此方法制成一冰点槽，将冷端置于此槽内。实际应用时可利用一广口保温瓶，将捣碎的冰块和水混合倒入瓶内，再将装有变压器油的玻璃试管通过瓶盖上的孔插入瓶内，试管的直径不应大于15mm，插入深度不小于100mm。使用时，将两根热电极的冷端分别插入两支试管中，如图2-9所示。冰点法是一个准确度很高的冷端处理方法，但使用起来比较麻烦，需要保持冰、水两相共存，因此这种方法只用于实验室，工业生产中一般不用。

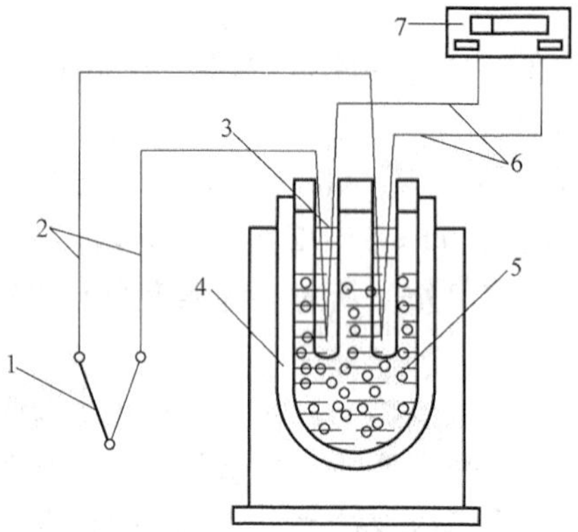

图2-9　冰点槽

1—热电偶　2—补偿导线　3—盛有变压器油的试管　4—保温瓶　5—冰水混合体　6—铜导线　7—显示仪表

（4）电桥补偿法　又称为冷端温度补偿法。由前面热电势计算修正法中可知，当热电偶的冷端温度 T_n 偏离规定值0℃时，热电势的修正量为 $E(T, 0)$，如果能在热电偶的测量回路中串接一个等于 $E(T_n, 0)$ 的直流电压 U，则热电偶回路的总电势为

$$E(T,T_n)+U=E(T,T_n)+E(T_n,0)=E(T,0) \tag{2-17}$$

式（2-17）说明，当热电偶接点温度为 T、T_n 时，热电势为

$$E(T,T_n)=E(T,0)-E(T_n,0)=E(T_n,0)-U$$

这样，就可以消除冷端温度变化的影响而得到完全补偿，从而直接得到正确的测量值。显然，直流电压 U 应随冷端温度 T_n 而变化，并在补偿的温度范围内具有与所配用的热电偶热电特性相一致的变化规律。

常用的冷端温度补偿器是一个补偿电桥，实际是在热电偶回路中接入一个直流信号为 $E(T_n,\ 0)$ 的毫伏发生器，如图2-10所示。利用不平衡电桥产生电压，将此电压经导线与热电偶串联，热电偶的冷端与桥臂热电偶处于同一环境温度中，从而达到补偿热电偶冷端温度变化而引起的热电势变化。

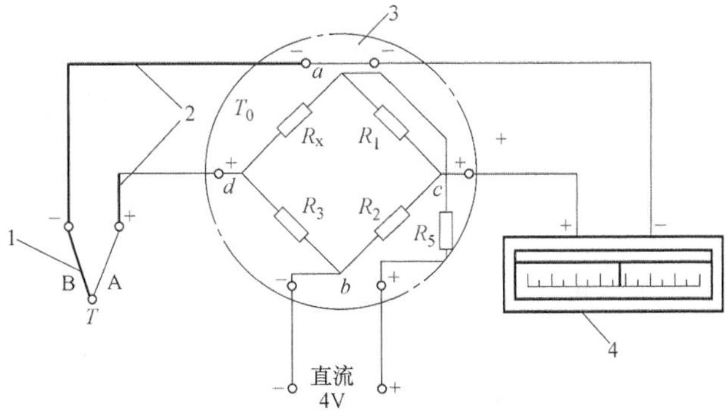

图2-10 冷端温度补偿器电路

1—热电偶 2—补偿导线 3—冷端补偿器 4—显示仪表

在电桥中三个桥臂 R_1、R_2、R_3 是由电阻温度系数很小的锰铜绕制的，其电阻值稳定，一般都等于1Ω，且其阻值不随温度而变化，电桥的另一个桥臂电阻 $R_{Cu}(R_X)$ 是由电阻温度系数较大的铜线绕制的，其阻值随温度的升高而变化，电桥通常在20℃时处于平衡状态，即20℃时，$R_{Cu}^{20}=1\Omega$，电桥的电源由外接4V直流电源经限流电阻 R_5 供给，R_5 也由锰铜线绕制。电桥的输出端c、d串接在热电偶的回路中。热电偶通过补偿导线与冷端温度补偿器相接，热电偶冷端与桥臂电阻 R_{Cu} 处于同一温度 T_n 之下。

当热电偶的冷端温度 $T_n=20$℃时，电桥处于平衡状态，$U_{cd}=0$，这时热电偶回路的热电势为 $E_{AB}(T,\ 20)$，这时冷端温度补偿器只是以电桥等效电阻的形式存在于线路中，温度显示仪表的机械零点温度刻度值应等于电桥平衡时的温度20℃。

当冷端温度 T 偏离20℃时，桥臂电阻 R_{Cu} 的阻值将随着温度的变化而变化，使电桥失去平衡，如果适当选择桥臂电阻和限流电阻的阻值可使电桥输出的不平衡电压 U_{cd} 恰好等于冷端温度 T_n 偏离20℃时的热电势修正值，即 $U_{cd}=E(T,\ 20)$，这个电压与热电偶的热电势 $E_{AB}(T,T_n)$ 相叠加，使回路的总电势仍为 $E_{AB}(T,\ 20℃)$，从而补偿了冷端温度变化的影响。

电桥的工作电压为4V的直流电源，R_5 是限流电阻，只要选择不同的限流电阻 R_5 就可以与各种热电偶相配套，R_5 不同桥臂电压就不同，可改变补偿量 U_{cd} 的大小，从而适应热电特性不同的各种被补偿的热电偶。

当电桥所处温度变化时，电桥输出不平衡电压，其电压方向在超过20℃时与热电偶的热电势方向相同，低于20℃时与热电偶的热电势方向相反；当电桥所处温度等于20℃时，直流电压 $U_{cd}=0$，即热电偶冷端温度20℃时不需补偿。因此在使用冷端温度补偿器时，必须把显示仪表的起点调到20℃的位置。

采用冷端温度补偿器的补偿法比其他修正法方便，其补偿精度也能满足工程测量的要求，它是目前广泛采用的热电偶温度处理方法。

使用冷端温度补偿器时应注意其只能在规定的温度补偿范围内和与其相应型号的热电偶配用，接线时正负极性不能接错，温度显示仪表的机械零点必须和冷端温度补偿器电桥平衡时的温度相一致，其补偿误差不得超过规定的范围。

4. 热电偶的分类

从理论上讲，任意两种导体或半导体都可以组成热电偶，但实际上为了使热电偶具有稳定性和足够的灵敏度、可互换性以及具有一定的机械强度等性能，对热电极材料必须进行选择。

常用热电偶可分为标准化热电偶和非标准化热电偶。国际标准化热电偶是指生产工艺成熟、能成批生产、性能稳定、应用广泛、具有统一的分度表（主要分度表见附录）、并已列入国际专业标准中的热电偶。目前国际标准化热电偶共有 8 种，它们有与其配套的显示仪表可供选用。

下面对国际标准化热电偶作简单说明。

（1）铂铑 10-铂热电偶（S 型） S 型热电偶的正热电极（SP）为含 10% 质量分数铑的铂，负热电极（SN）是铂，其物理化学性能稳定，精度高，常用于精密温度测量和作为基准温度计使用。通常使用范围为 300～1300℃，价格昂贵。

（2）铂铑 13-铂热电偶（R 型） R 型热电偶的正热电极（RP）为含 13% 质量分数铑的铂，负热电极（RN）是铂。与 S 型热电偶相比，R 型热电偶的正热电极的铑含量提高了 3%，所以 R 型热电偶比 S 型热电偶有更高的稳定性和更高的热电势率，适合在高温氧化性气氛中使用。

（3）铂铑 30-铂铑 6 热电偶（B 型） B 型热电偶的正热电极（BP）为含 30% 质量分数铑的铂，负热电极（BN）是含 6% 质量分数铑的铂。由于两电极都是铂铑合金，所以也被称为双铂铑热电偶。这种热电偶的热电势较小，需配用灵敏度较高的显示仪表。

（4）镍铬-镍铝（硅）热电偶（K 型） K 型热电偶以镍铬为正极，镍铝（硅）为负极，其化学性能很稳定，灵敏度高，价格低廉，适合中、高温测量，常用工作范围为 100～1000℃，是工业上常用的热电偶。

（5）镍铬-康铜热电偶（E 型） E 型热电偶以镍铬为正极，康铜为负极，适合在氧化与还原环境中使用，热电动势较大，性能也较稳定，测温范围为 -200～900℃。

（6）铁-康铜热电偶（J 型） J 型热电偶的正热电极（JP）是纯度为 99.5% 的商用铁，含有少量其他杂质。负热电极（JN）是康铜，其成分为：铜的质量分数约为 55%、镍的质量分数约为 45% 以及少量其他元素。尽管 J 型热电偶和 E 型热电偶的负极都是康铜，但成分并不完全相同，所以 JN 和 EN 不能相互替换。J 型热电偶的测温范围为 -40～750℃。

（7）铜-康铜热电偶（T 型） T 型热电偶的正热电极（TP）是纯度为 99.95% 的纯铜，含有少量其他杂质。其负热电（TN）是康铜，成分为：铜的质量分数约为 55%、镍的质量分数约为 45% 以及少量其他元素。T 型热电偶的实际测温范围是 -200～350℃。由于铜在 500℃时会很快被氧化，故将其限制在 400℃温度以下使用。这种热电偶灵敏度高，热电动势稳定，故测温精度较高，在中、低温区是科研工作首选的测温仪表之一。

（8）镍铬硅-镍硅热电偶（N 型） N 型热电偶的正热电极（NP）的化学成分为：镍的

质量分数约为84%、铬的质量分数为14%～14.4%、硅的质量分数为1.3%～1.5%、另含少量其他元素。负热电极（NN）的化学成分为：镍的质量分数约为95%、硅的质量分数为4.2%～4.6%、镁的质量分数为0.5%～1.5%。N型热电偶的主要优点是抗氧化性强，能在1200℃的氧化气氛中可靠地使用；其热稳定性优于K型、E型、J型等热电偶，测温范围为-270～1300℃。

随着热电偶的标准化，补偿导线也形成了标准系列。常用补偿导线见表2-2，型号第一个字母与配用热电偶的分度号相对应；型号第二个字母“X”表示延伸型补偿导线；字母“C”表示补偿型补偿导线。

表2-2 常用补偿导线

补偿导线型号	配用热电偶分度号	补偿导线		绝缘层颜色	
		正 极	负 极	正 极	负 极
SC	S	SPC（铜）	SNC（铜镍）	红	绿
KC	K	KPC（铜）	KNC（铜镍）	红	蓝
KX	K	KPX（镍铬）	KNX（镍硅）	红	黑
EX	E	EPX（镍铬）	ENX（铜镍）	红	棕
JX	J	JPX（铁）	JNX（铜镍）	红	紫
TX	T	TPX（铜）	TNX（铜镍）	红	白

非标准化热电偶适用于一些特定的温度测量场合，如用于测量超高温、超低温、高真空和有核辐射等被测对象。非标准化热电偶还没有统一的分度，使用时对每支热电偶都应进行标定。目前已使用的非标准化热电偶主要有钨-铼系热电偶、钨-铱系热电偶、镍铬-金铁热电偶以及非金属热电偶等。

另外，根据使用习惯有以下几种不同的分类方法：

1）按其热电势与温度的关系以及使用性能分为常用热电偶和特殊热电偶。

2）按其适应的温度范围不同分为高温、中温和低温热电偶。

3）按其结构形式不同分为铠装式、插入式和裸线式热电偶。

2.4 热电阻测温技术

在温度测量领域中，除了广泛使用热电偶之外，电阻温度计也是应用非常广泛的测温仪表，尤其在低温测量中，电阻温度计应用较为普遍。目前使用的国际温标就规定从13.81K至630℃温区以铂电阻温度计作为基准仪器。

电阻温度计具有的主要优点是：

1）测量精度高，测量范围广，复现性好。

2）由于是电信号传递，有利于实现远距离检测、控制，也易于实现多点切换。

3）灵敏度高，不需冷端，输出信号强，便于显示仪表识别、检测。

电阻温度计由热电阻、显示仪表和连接导线组成。根据热电阻材料的不同，电阻温度计测温范围在0.3～900K之间。

1. 电阻测温原理

物理学指出，各种材料的电阻率都随温度而变化。在电阻温度计中，热电阻是测量温度的敏感元件，它之所以能用来测量温度，是因为用于制作热电阻的导体或半导体都具有电阻率随温度的变化而变化的性质。也就是说，导体或半导体的电阻值是温度的函数。只要事先知道这种函数关系，而且有办法把导体或半导体的电阻值测量出来，就能够知道热电阻本身的温度，从而得到该热电阻所处的环境或介质的温度。这就是热电阻测量温度的基本原理，测温用的热电阻主要分为金属电阻和半导体两大类。

通过大量的实验可知，金属导体在一定的温度范围内，其电阻和温度有以下的关系：

$$R_T = R_0[1 + \alpha(T - T_0)] \tag{2-18}$$

式中，R_T为温度为 T 时的电阻值；R_0为温度 T_0时的电阻值；α 为电阻温度系数。α 的定义为温度变化 1℃时电阻值的相对变化量，1/℃，即

$$\alpha = \frac{\mathrm{d}R/R_0}{\mathrm{d}T} = \frac{1}{R_0} \times \frac{\mathrm{d}R}{\mathrm{d}T} \tag{2-19}$$

大多数金属的电阻温度系数不是常数，但在一定的温度范围内可取其平均值作为常数值。

作为测量热电阻的阻值而间接测量温度的仪表，其显示值就是按照以上的规律进行刻度的。因此，要得到线性刻度，就要求电阻温度系数 α 在 $T_0 \sim T$ 的范围内（测量范围内）保持常数。

热电阻的温度系数越大，表明热电阻的灵敏度越高。一般情况下，材料的纯度越高，热电阻的温度系数越高。通常纯金属的温度系数比合金要高，所以多采用纯金属来制造热电阻。热电阻的温度系数还与制造工艺有关。在使用热电阻材料拉制金属丝的过程中，会产生内应力，并由此引起电阻温度系数的变化。因此，在制作热电阻时必须进行退火处理，以消除内应力的影响。

当热电阻在参比温度 T_0下的电阻值 R_0和电阻温度系数 α 均为已知时，便可通过测量热电阻的阻值 R_T来反映测点的温度 T。

虽然大多数的金属导体均有其阻值随温度变化而变化的性质，但并不是所有的金属导体都能作为测量温度的热电阻。作为测温热电阻的材料应满足：

1）电阻温度系数大且与温度无关，这样才能保证良好的灵敏度和线性度。

2）电阻率大。这样可使电阻体的体积较小，因而热惯性也较小，对温度变化的响应比较快。

3）在测温范围内，应具有稳定的物理和化学性质，确保测量结果的稳定性。

4）电阻与温度的关系最好近似线性，或为平滑的曲线，以简化测量数据处理与显示的难度。

5）复现性好，易于加工复制，价格低廉。

一般纯金属的电阻温度系数都较大，目前应用最广泛的热电阻是铂电阻和铜电阻。这两种金属热电阻由于其良好的使用性，已被列为可标准化、系列化的热电阻。所谓标准化、系列化，是指热电阻的生产应用可依据国家统一颁布的标准进行。在标准的规范下，热电阻有规定的温度为0℃时的电阻值和电阻温度系数，有一定的允许误差，有统一的电阻阻值温度分度表，并且可配用统一的配套仪表。

2. 热电阻的材料与结构

（1）铂电阻　由于铂具有很高的化学稳定性，容易提纯，便于加工，所以它是电阻温度计中最常用的材料。但铂电阻在还原性环境中，特别是在高温下，很容易被还原性气体污染，导致铂丝变脆，并使原有电阻与温度之间的对应关系改变。在这种情况下，必须用保护套管将电阻体与有害的气体隔离。在不同的温度范围内铂电阻与温度的对应关系不同。

铂电阻的纯度常以 R_{100}/R_0 来表示，作为标准仪器的铂电阻，R_{100}/R_0 不得小于 1.3925，并且规定在 0 ~ 850℃范围内，铂电阻与温度的关系可近似表示为

$$R_T = R_0(1 + AT + BT^2) \tag{2-20}$$

式中，A、B 为常数，$A = 3.90802 \times 10^{-3}℃^{-1}$，$B = -5.802 \times 10^{-7}℃^{-2}$；$R_0$、$R_T$ 为 0℃和 T℃时的电阻值。

在 -200 ~ 0℃的范围内，铂的电阻值与温度的关系可用下式表示

$$R_T = R_0[1 + AT + BT^2 + C(T - 100)T^3] \tag{2-21}$$

式中，C 为常数，$C = -4.27350 \times 10^{-12}℃^{-4}$。

目前国内生产的标准铂热电阻有 R_0 为 100Ω、50Ω、300Ω 三种，其分度号分别为 Pt100、Pt50、Pt300，其中工业常用铂电阻是 Pt100。书后附录 4 给出了铂电阻的分度表。

工业用热电阻的外形结构与普通热电偶外形结构基本相同，特别是保护管和接线盒，很难区分，可是内部结构不同。使用时应加以注意，以免不慎弄错。

铂电阻感温元件的结构如图 2-11 和图 2-12 所示。它主要由四部分组成：

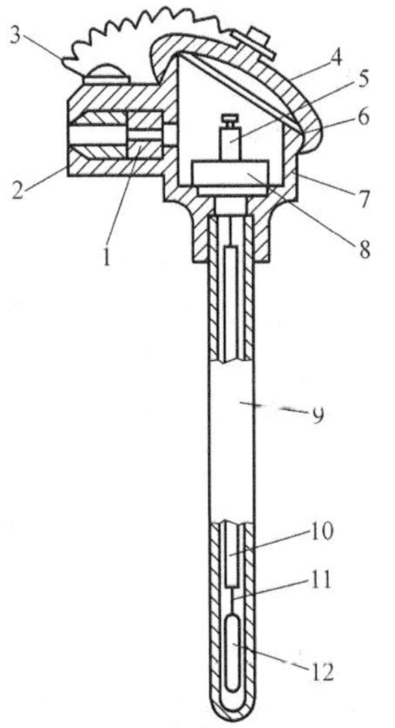

图 2-11　工业用热电阻结构

1—出线密封圈　2—出线螺母　3—小链　4—盖　5—接线柱　6—密封圈　7—接线盒　8—接线座　9—保护管　10—绝缘管　11—引出线　12—感温元件

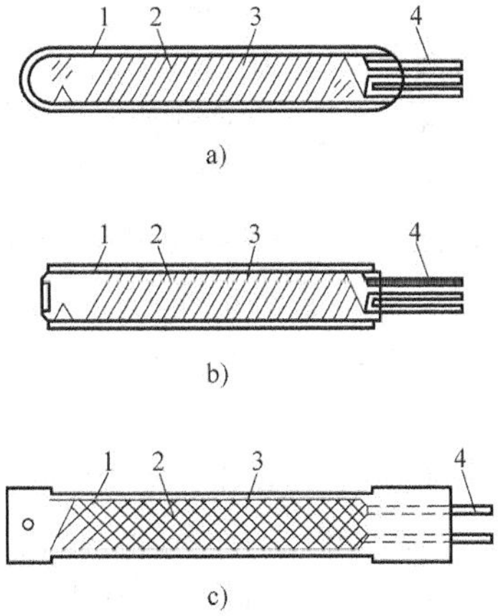

图 2-12　铂热电阻感温元件的几种典型结构

1—外壳或绝缘片　2—铂丝　3—骨架　4—引出线［a)、b) 为三线制元件］

1）电阻丝——常用直径为 0.03 ~ 0.07mm 的纯铂丝单层绕制，采用双绕法，又称无感绕法。

2）骨架——热电阻丝绕在骨架上，骨架用来绕制和固定电阻丝，常用云母、石英、陶

瓷、玻璃等材料制成，骨架的形状多是片状和棒形的。

3）引线——引线是热电阻出厂时自身具备的，其功能是使感温元件能与外部测量线路相连接。引线通常位于保护管内。因保护管内的温度梯度大，引线要选用纯度高、不产生热电势的材料。对于工业铂电阻，中、低温用银丝作引线，高温用镍丝。对于铜、镍热电阻，其引线一般都用铜、镍丝。为了减少引线电阻的影响，其直径往往比电阻丝的直径大很多。

热电阻引线有两线制、三线制和四线制三种，如图 2-13 所示。

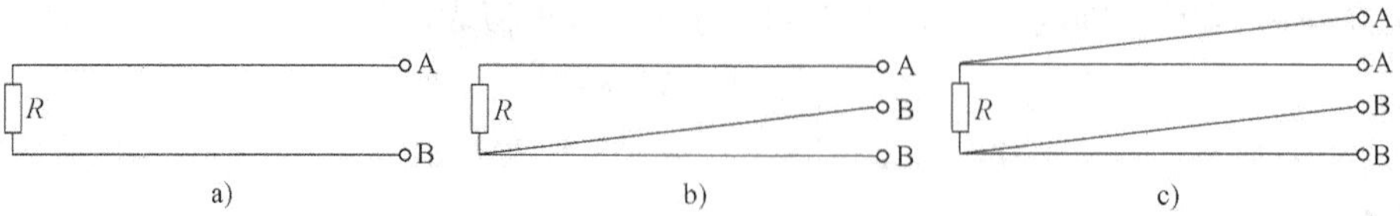

图 2-13　感温元件的引线形式

两线制：在热电阻感温元件的两端各连一根导线的引线形式为两线制。这种两线制热电阻配线简单、费用低，但要考虑引线电阻的附加误差。

三线制：在热电阻感温元件的一端连接两根引线，另一端连接一根引线，此种引线形式称为三线制。它可以消除引线电阻的影响，测量精度高于两线制，所以应用广泛。特别是在测温范围窄、导线长、架设铜导线途中温度发生变化等的情况下，必须采用三线制热电阻。

四线制：在热电阻感温元件的两端各连两根引线称为四线制。在高精度测量时，要采用四线制引线。这种引线可以消除引线电阻的影响，而且在连接导线阻值相同时，还可消除连接导线电阻的影响。

4）保护管——是用来保护已经绕制好的感温元件免受环境损害的管状物，其材质有金属、非金属等多种材料。连接方法是将热电阻装入保护管内同时和接线盒相连。其初始电阻有两种，分别为 10Ω 和 100Ω。

（2）铜电阻　铜电阻价格便宜，电阻温度系数大，容易获得高纯度的铜丝，互换性好，电阻与温度的关系几乎是线性的。其缺点是电阻率小，所以要制造一定电阻值的热电阻，铜丝的直径要很细，这会影响其机械强度，而且铜丝的长度要很长，这样制成的热电阻体积较大；另外，铜在温度超过 150℃时易氧化，故只能在 −50 ~ 150℃ 范围内使用。铜电阻的电阻与温度关系如下：

$$R_T = R_0(1 + AT + BT^2 + CT^2) \tag{2-22}$$

式中，R_T、R_0为铜电阻在温度为 T℃和 0℃时的电阻值；A、B、C 为常数。

铜电阻的结构如图 2-14 所示，一般是在直径为 6mm、长为 40mm 的塑料或胶木骨架上，用直径为 0.1mm、长为 266mm、纯度为 99.9% 的铜丝绕制而成。我国工业上使用的铜电阻分度号为 Cu100（R_0 = 100Ω）和 Cu50（R_0 = 50Ω），其分度表见书后附录 5。

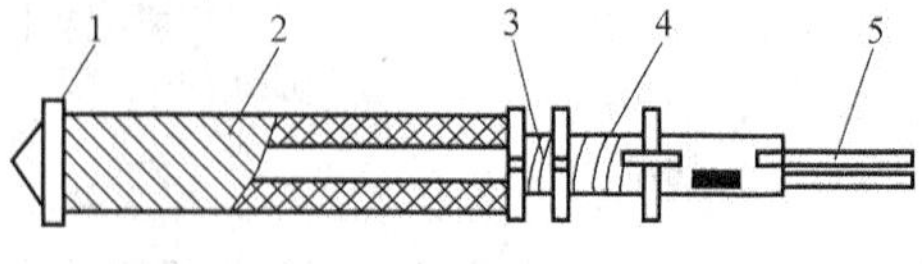

图 2-14　铜热电阻感温元件

1—骨架　2—漆包铜线　3—扎线　4—补偿绕组　5—引出线

（3）镍电阻　镍电阻的电阻温度系数 α 较铂大，约为铂的1.5倍，使用温度范围为 $-50\sim300$℃，但温度在200℃左右时，α 具有特异点，故多用于150℃以下的温度测量，其电阻与温度的关系为

$$R_T = 100 + 0.5485T + 0.665 \times 10^{-3} T^2 + 2.805 \times 10^{-9} T^4 \qquad (2\text{-}23)$$

我国虽已规定其为标准化的热电阻，但还未制定出相应的分度表，故目前多用于温度变化范围小、灵敏度要求高的场合。

（4）半导体热敏电阻　半导体热敏电阻的阻值随温度的升高而减小，具有负的温度系数，它的特性曲线如图2-15所示。用半导体材料做成的温度计，可以弥补金属电阻温度计在低温下电阻值和灵敏度降低的缺陷，半导体电阻有时称为半导体热敏电阻。它通常是用铁、镍、锰、铝、钛、镁、铜等一些金属材料的氧化物做原料制成的。

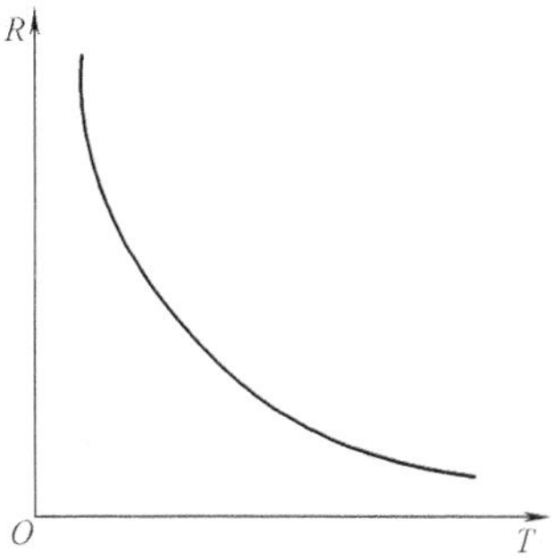

图2-15　半导体热敏电阻的温度特性

热敏电阻成为工业用温度计以来，大量用于家电及汽车用温度传感器。目前已深入到各种领域，发展极为迅速。在接触式温度计中，它仅次于热电偶、热电阻，销售量极大。它的测温范围一般为 $-40\sim350$℃，在许多场合已经取代传统的温度传感器。热敏电阻的灵敏度高，它的电阻温度系数 α 较金属热电阻大10～100倍，因此，可采用精度较低的显示仪表。

热敏电阻的电阻值高。它的电阻值较铂热电阻高1～4个数量级，并且与温度的关系不是线性的，可用如下经验公式来表示：

$$R_T = A\mathrm{e}^{B/T} \qquad (2\text{-}24)$$

式中，T 为温度；R_T为温度 T 时的电阻值；e为自然对数的底；A、B 为取决于热敏电阻材料和结构的常数，A 取电阻的量纲，B 取温度的量纲。

半导体温度计的主要缺点是互换性差，特性曲线非线性严重，性能不稳定，测温精度低。随着半导体工业的发展，半导体温度计的特性将会得到进一步的改善。

3. 热电阻的测量

原则上讲，凡是电工测量中有关测量电阻的方法都可以用来测量热电阻。在实验室精密测量中，常用电位差计和电桥法等仪器来测量热电阻；在工业测量中，与热电阻配套的仪表主要有电子自动平衡电桥和采用不平衡电桥的动圈式仪表，应注意防止通过热电阻的工作电流超过允许值，控制焦耳热的影响，尽量消除或减小线路电阻和接触电阻对测量结果的影响。

（1）平衡电桥

1）手动平衡电桥。用平衡电桥测量电阻值时，被测电阻接在电桥的待测臂上。用来调整电桥平衡的可调电阻作为调整臂（或称为比较臂）。图2-16a所示为采用两线制的平衡电桥测量热电阻的原理图。当热电阻置于被测介质中，显示仪表内的平衡电桥的平衡状态被破坏，经调节 R_H后，使电桥重新处于平衡状态，测量支路中的电流 $I_G=0$，读出滑动电阻 R_H 动触点对应的阻值，就可知 R_T的值，进而可换算出被测温度值。滑动电阻 R_H跨接在两个相邻的桥臂之间，当移动其滑动触点时，将会同时改变触点两侧相邻的桥臂电阻，从而可提高调整电桥不平衡的速度，同时还可以消除滑动电阻滑动触点的接触电阻对测量的影响。

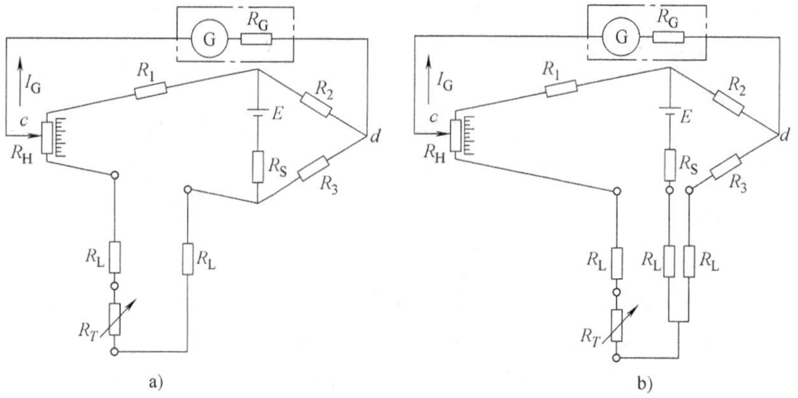

图 2-16　平衡电桥原理线路图

所谓两线制是指热电阻用两根引线与显示仪表相连接。由于热电阻安装在被测介质的现场，显示仪表安装在仪表室内，环境温度变化导致连接导线的电阻 R_L 也变化，使平衡电桥被破坏，产生附加误差。为减少线路电阻 R_L 随环境温度变化而带来的测量误差，可以采用三线制，即热电阻用三根导线与显示仪表连接，如图 2-16b 所示。

当线路电阻相等，且电桥平衡时，桥臂电阻有以下的关系

两线制
$$(R_T+2R_L+R_{H1})R_2=R_3(R_1+R_{H2}) \tag{2-25}$$

在讨论线路电阻时暂不考虑 R_H 的影响，则有

$$(R_T+2R_L)R_2=R_3R_1 \quad 即 \quad R_T=\frac{R_3R_1}{R_2}-2R_L \tag{2-26}$$

三线制
$$(R_T+R_L+R_{H1})R_2=(R_3+R_L)(R_1+R_{H2}) \tag{2-27}$$

不考虑 R_H 有 $(R_T+R_L)R_2=(R_3+R_L)R_1$，即

$$R_T=\frac{R_3R_1}{R_2}+\frac{R_L}{R_2}(R_1-R_2) \tag{2-28}$$

由式（2-26）可知，测量电阻不但与桥臂阻值有关而且与线路电阻有关，而若采用三线制测量，一般情况下桥臂电阻都选择相等，即 $R_1=R_2$，这样在测量结果中可以消除线路电阻的影响。至于接电源的第三根导线电阻的变化，它主要影响电源支路间的电平，可通过调节 R_S 进行补偿。

2）自动平衡电桥。若恢复电桥的平衡由仪表自动完成，就称为自动平衡电桥。它的工作原理与自动电位差计相似，也是用放大器代替原理线路中的检流计 G 来检查测量桥路输出的不平衡电压的大小和极性，并将不平衡信号放大以驱动可逆电动机，带动平衡机构去改变电桥滑动电阻滑动触点的位置，使电桥达到平衡，同时根据滑动触点的位置显示出被测的电阻值或温度值。图 2-17 给出了自动平衡电桥的测量电路原理。电桥上支路中的 R_T 为热电阻，被测温度经热电阻传感器转换为 R_T，R_T 在桥路中与已知电阻比较，如电桥失去平衡，就输出不平衡电压 U_{cd}，U_{cd} 经检查-放大环节辨别极性和放大后，驱动可逆电动机转动并带动滑动电阻 R_H 的动触点移动至电桥恢复平衡，即 $U_{cd}=0$，同时由可逆电动机带动指针，指示出温度的数值。仪表和热电阻的连接也采用三线制的接法，可减小导致电阻因环境温度变化而变化所造成的误差。

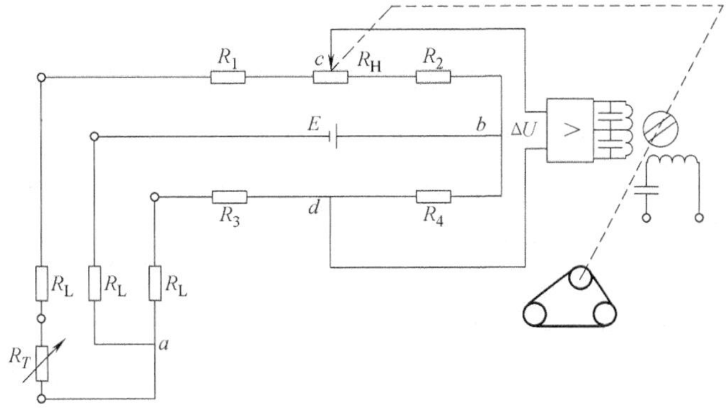

图 2-17 自动平衡电桥的测量电路原理

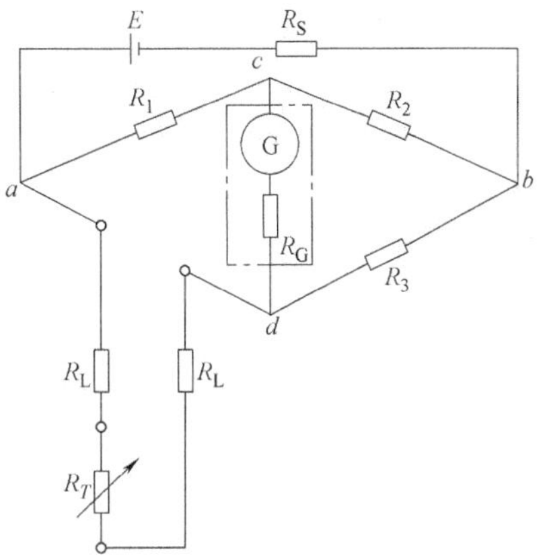

图 2-18 不平衡电桥原理

（2）不平衡电桥 在平衡电桥中，电源电压的变化不直接影响测量的结果，它既不包含外加电压，也不包含电流，这是它的最大优点。平衡电桥是具有较高精度的仪表，但是平衡过程很麻烦，即使是自动平衡电桥也不能瞬时完成。对于快速变化信号的测量或测量精度要求不高的场合，还可用不平衡电桥产生的电压或者电流输出作为热电阻变化的一种量度。图2-18所示为不平衡电桥的原理图，当热电阻置于被测介质中，且被测介质的温度发生变化时，电桥的平衡状态就被破坏，测量对角线上输出不平衡电压 U_{cd}，微安计指示不平衡电流，其电流与热电阻 R_T成一定的对应关系，读出电流值便可知相应的电阻值，即可知被测介质的温度。被测温度越高，电桥的不平衡程度越大，这时电流表的偏转角度也越大。

由于不平衡电桥在测量过程中不需要调节桥臂电阻值，因此，它与平衡电桥相比有较好的动态特性，但这类仪表因受到电流表精度和电源电压稳定度等的影响，一般测量精度不高，主要适用于工业中的温度测量。

在实际测量中，由于存在连接导线的电阻随温度变化而引起的误差，三线制连接对于不平衡电桥，只有在仪表刻度的起始点（也就是电桥处于平衡状态）时，才能使附加误差得到全补偿。但在仪表的其他刻度点，由于电桥处于不平衡状态，连接导线的附加温度误差依然存在，不过由于采用了三线制连接，在仪表规定的使用条件下使用时，其最大附加误差可以控制在仪表允许的精度范围内。

2.5 非接触测温

接触式测温虽然被广泛采用，但不适于测量运动物体的温度和极高的温度，为此发展了非接触式测温方法。

非接触式温度测量仪表分为两类：一类是光学辐射式高温计，包括单色光学高温计、光电高温计、全辐射高温计和比色高温计等；另一类是红外辐射仪，包括全红外辐射仪、单红外辐射仪和比色仪等。

这种测温方法的特点是，感温元件不与被测介质接触，因而不破坏被测对象的温度场，也不受被测介质的腐蚀等影响。由于感温元件不用与被测介质达到直接热平衡，其传感器本身温度可以大大低于被测介质的温度，因此，从理论上说，这种测温方法的测温上限不受限制。另外，它的动态特性好，可测量处于运动状态的对象温度和变化着的温度。

以下重点介绍应用较多的全辐射高温计、红外温度计和热像仪。

1. 热辐射测温的基本原理

非接触式测温采用检测热辐射强度的方法间接测量物体的温度。热辐射是热物体通过电磁波向外传递能量的。电磁波按其产生的原因不同，分为不同的频率及表现形式。无线电波是一种电磁波，此外还有红外线、可见光、紫外线、X 射线及 γ 射线等各种电磁波。由于热的原因而产生的电磁波称为热辐射。

热辐射理论是辐射式测温仪表的理论依据。任何热力学温度不为 0K 的物体，其内部带电粒子受激励时都会向外放射不同波长的电磁波，人们把热能以电磁波的形式向外辐射称为热辐射。物体温度越高，带电粒子被激励得越剧烈，向外发出的辐射能就越强。粒子运动的频率不同，放射出的电磁波波长就不同，在温度测量中，主要涉及的波长范围是可见光与 0.76 ~ 20μm 的红外光区。

2. 全辐射高温计

（1）构造和原理　全辐射高温计是根据黑体的全辐射定律制作的。全辐射定律指出绝对黑体的全辐射能量和其热力学温度的四次方成正比，即

$$E_0 = \sigma_0 T^4 \tag{2-29}$$

式中，E_0 为波长从 0 ~ ∞ 的全部辐射能量的总和；σ_0 为斯蒂芬-玻耳兹曼常数，$\sigma_0 = 5.67 \times 10^{-12} \mathrm{W/(cm^2 \cdot K^4)}$。

由式（2-29）可知，当知道黑体的全辐射能量 E_0后，就可以知道温度 T。全辐射高温计示意图如图 2-19 所示。物体的全辐射能由物镜聚焦后经光栏使焦点落在热电堆上。热电堆是由四支镍铬-考铜热电偶串联起来的，四支热电偶的热端被夹在十字形的铂箔内，铂箔涂成黑色以增加其吸收系数。当辐射能被聚焦到铂箔上时热电偶热端感到高温，串联后的热电势输到显示仪表上，仪表指示或记录被测物体的温度。四支热电偶的冷端夹在云母片中，这里的温度比热端低得多。在调节聚焦的过程中，观察者可以在目镜处观察，目镜前加有灰色玻璃以削弱光的强度保护人的眼睛。整个外壳内壁面涂成黑色以便减少杂光的干扰造成黑体条件。

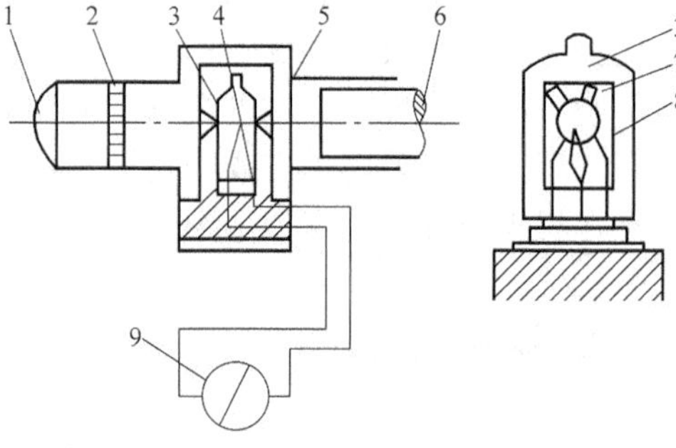

图 2-19　全辐射高温计

1—物镜　2—光栏　3—玻璃泡　4—电热堆　5—灰色滤光片　6—目镜　7—铂箔　8—云母片　9—显示仪表

全辐射高温计按绝对黑体对象进行分度。用它测量辐射率为 ε 的实际物体温度时，其示值并非真实温度，而是被测物体的“辐射温度”。辐射温度的定义为：温度为 T 的物体，其全辐射能量 E 等于温度为 T_P的绝对黑体全辐射能量 E_0时，则温度 T_P叫做被测物体的辐射温度。

按定义 $E_0 = \varepsilon\sigma_0 T^4$，$E_0 = \sigma_0 T_P^4$，当 $E = E_0$时，有

$$T = T_P \sqrt[4]{\frac{1}{\varepsilon}} \tag{2-30}$$

由于 ε 总是为小于1 的数，因此 T_P总是低于 T。因为全辐射高温计是按黑体刻度的，在测量非黑体温度时，其读数是被测物体的辐射温度 T_P，要用式（2-30）计算出被测物体的真实温度 T。

（2）使用全辐射高温计的注意事项

1）全辐射体的辐射率 ε 随物体的成分、表面状态、温度和辐射条件的不同而不同，因此应尽可能准确地确定被测物体的 ε，以提高测量的准确度。

2）被测物体与高温计之间的距离 L 和被测物体的直径 D 之比（L/D）有一定的限制。每一种型号的全辐射高温计对 L/D 的范围都有规定，使用时应按规定去做，否则会引起较大的测量误差。

3）使用时环境温度不宜太高，否则会引起热电堆参比端温度升高而增加测量误差。

3. 红外温度计

红外温度计的测温范围为 0 ~ 200℃，它主要由光学系统、红外探测器和电子测量线路等组成，其结构原理如图 2-20 所示。

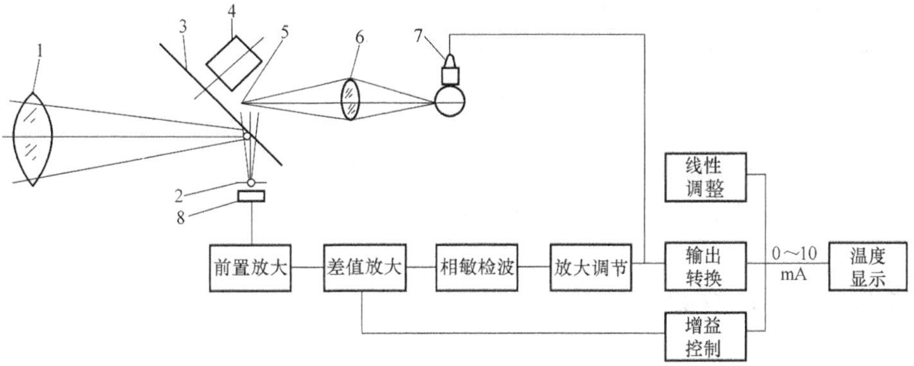

图 2-20 红外温度计结构原理

1—物镜 2—滤光片 3—调制盘 4—激励电动机 5—反光镜 6—聚光镜 7—参比灯 8—红外探测器

红外温度计的物镜采用卡塞洛林双反射系统，被测对象的辐射由物镜聚焦于红外探测器上，其上带有硫化锌材料做的窗口，可透过波段为 2 ~ 15μm 的可见光。在物镜和探测器之间插入一块倾斜 45°的硅单晶滤光片（透过波段为 2 ~ 15μm），它与硫化锌组合后，使仪表检测波段局限于中红外。辐射调制由红外探测器前方的调制盘来实现，调制频率为 30 Hz。

红外探测器是接收被测物体红外辐射能并转换成电信号的器件。热敏型的红外探测器使用热敏电阻，它在接收红外辐射后，温度升高，从而引起电阻值的变化。

红外温度计的电子测量线路框图见图 2-20。探测红外线的热敏电阻的输出接成桥路形式，当探测器接收辐射后，阻值变化，桥路失去平衡，由此产生的交流电信号经放大、相敏检波、放大调节及输出转换后，由表头指示温度。

4. 热像仪

热像仪是测量物体表面温度分布的仪器，它所依据的基本测温原理与红外测温相同。与

一般红外温度计不同的是，热像仪中使用了自动扫描技术来测量物体表面温度的分布，并通过热成像技术给出物体的二维温度分布图，即热像图。

图 2-21 所示为热像仪的基本结构框图。在进行测量时，目标扫描系统对被测物体的一定区域进行扫描，获得温度面分布的光信号。此光信号在控制程序作用下逐点投向探测器进行光电转换，获得与光信号正比的信号电流。此电信号经放大电路放大并经电光转换后，由成像扫描系统在显示器上显示出目标的热像画面。

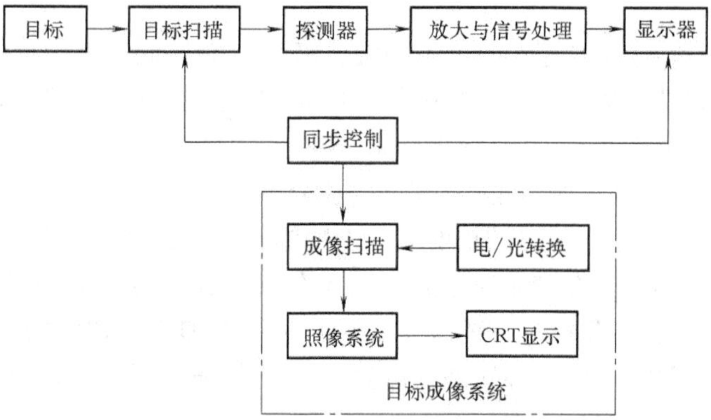

图 2-21　热像仪基本结构框图

热像仪常用的扫描系统有两种，一种是光机扫描系统；另一种是红外扫描系统。光机扫描系统的扫描机构是可运动的精密光学部件；红外扫描采用的是光子检测器吸收目标发出的辐射光子，并在极短的时间内将它转换成电子视频信号。

与其他测温方法相比，热像仪在以下两种情况下具有明显的优势：

1）温度分布不均匀的大面积目标的表面温度场的温度测量。

2）在有限的区域内快速确定过热点或过热区域的测量。

现在，热像仪已应用于高压输电线路故障隐患点的测定，半导体元器件、印制电路、集成电路的温度检测，热力设备的温度分布检测，疾病诊断等领域。

此外，热像仪也是军事、公安等部门的重要装备。

2.6　温度仪表的校验

1. 热电偶的校验

热电偶在使用前应预先进行校验或检定，标准热电偶必须进行个别分度。热电偶经一段时间使用后，由于其高温挥发、氧化、外来腐蚀和污染、晶粒组织变化等原因，会使热电偶的热电特性逐渐发生变化，在使用中产生测量误差，有时此测量误差会超过允许范围。为了保证热电偶的测量精度，必须进行定期检定。热电偶的检定方法有两种：比较法和定点法。工业上常采用比较法，因此，这里只介绍比较法。

用被检热电偶和标准热电偶同时测量同一对象的温度，然后比较两者的示值，以确定被检热电偶的基本误差等质量指标，这种方法称为比较法。用比较法检定热电偶的基本要求，是要制造一个均匀的温度场，使标准热电偶和被检热电偶的测量端感受到相同的温度。均匀的温度场沿热电极必须有足够的长度，以使沿热电极的导热误差可以忽略。工业和实验室用热电偶都把管状炉作为检定的基本装置。为了保证管状炉内有足够长的等温区域，要求管状炉内腔长度与直径之比至少为 20∶1。为使被检热电偶和标准热电偶的热端处于同一温度环境中，可在管状炉的恒温区放置一个镍块，在镍块上钻孔，以便把各支热电偶的热端插入其中，从而进行比较测量。用比较法在管状炉中检定热电偶的系统如图 2-22 所示，其主要装置有管状电炉、冰点槽、转换开关、手动直流电位差计和标准热电偶。

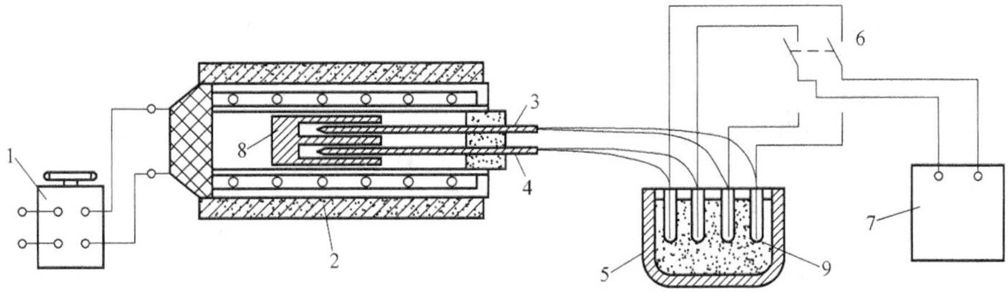

图 2-22 热电偶校定系统

1—调压变压器 2—管状电炉 3—标准热电偶 4—被校定热电偶 5—冰点槽 6—切换开关 7—直流电位差计 8—镍块 9—试管

热电偶在正式检定之前应先进行外观检查，观察热端焊接是否牢固，贵金属热电极是否有色斑或发黑现象，廉金属热电极是否有腐蚀或脆弱现象。为了减少校验工作量，对于各种不同热电偶检定点的温度都有规定，见表 2-3。为了避免被检热电偶污染标准热电偶，在检定镍铬-镍硅等热电偶时需将标准铂铑-铂热电偶装在石英管中，然后将被检热电偶的热端与该石英管的头部用镍铬丝扎在一起，插到管状炉的均匀温度场中或插到上述镍块的钻孔中进行检定。在检定时，需将各支热电偶的冷端均置于冰点槽中以保持 0℃。在每一个校验点上，每支热电偶的读数不得少于四次，取其平均值。要求读数时炉内温度变化每分钟不得超过 0. 2℃。

表 2-3 热电偶的检定点

热电偶名称	检定点/℃			
铂铑-铂	600	800	1000	1200 （±10℃以上）
镍铬-镍硅	400	600	800	1000 （±10℃以上）
镍铬-康铜	300	400 或 500	600	1000 （±10℃以上）

检定时取等时间间隔，按照标准→被检 1→被检 2→…被检 n→…，被检 n→…被检 2→被检 1→标准的循环顺序读数，一个循环后标准与被检各有两个读数，一般进行两个循环的测量，得到四次读数，最后进行数据处理和误差分析，求得它们的算术平均值，比较标准与被检的测量结果，如果各个检定点被检热电偶的允许误差都在规定范围之内，则认为它们是合格的。

热电偶检定是一项精确和细致的工作，而且十分费时。如今，一种用单片机温控和进行自动检定热电偶的检定装置已经得到应用，它大大节省了热电偶的检定工作的时间和精力，提高了检定工作的效率和自动化程度。

2. 热电阻的校验

热电阻温度计的检定一般采用定点法或比较法。

（1）定点法 定点法，就是通过测量热电阻在国际温标定义的温度固定点下的电阻值来确定其精度的方法。

经常选择的温度固定点为金属的凝固点和三相点。高温检定使用的金属凝固点的高温炉如图 2-23 所示，低温检定使用的三相点容器和低温炉如图 2-24 所示。

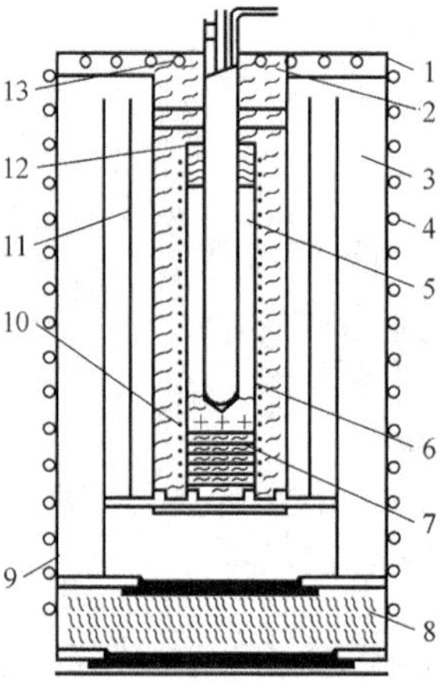

图 2-23　金属凝固点高温炉

1—不锈钢顶盖　2—氧化硅棉　3—膨胀氧化硅胶　4—冷却管　5—因康镍块　6—Kanthal A-1 加热器　7—因康镍辐射屏　8—派勒克斯玻璃棉　9—铅壳　10—端部加热器　11—不锈钢屏　12—因康镍圆筒　13—因康镍屏

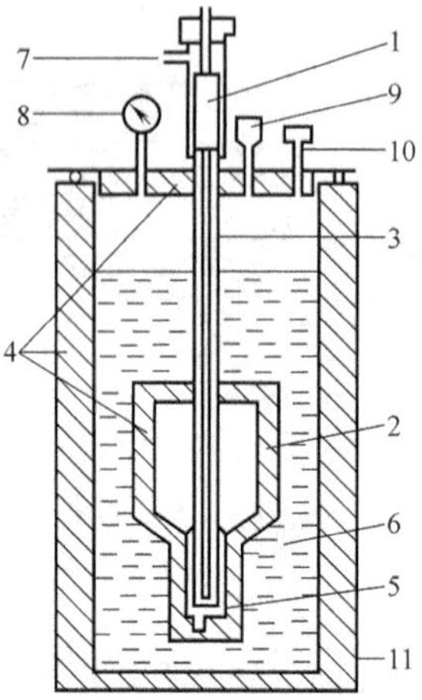

图 2-24　氩密封三相点容器和低温炉

1—温度计　2—不锈钢容器　3—温度计支撑管　4—泡沫塑料　5—固态氩　6—液氩　7—氩气入口　8—压强计　9—调节阀门　10—液氩输入口　11—低温炉

使用金属凝固点进行检定时，由于金属在凝固过程中会出现过冷现象，其冷却曲线如图 2-25 所示。在检定过程中，应确定热电阻的温度处于平台温度 t_{EC} 时，才能进行电阻值的测量。

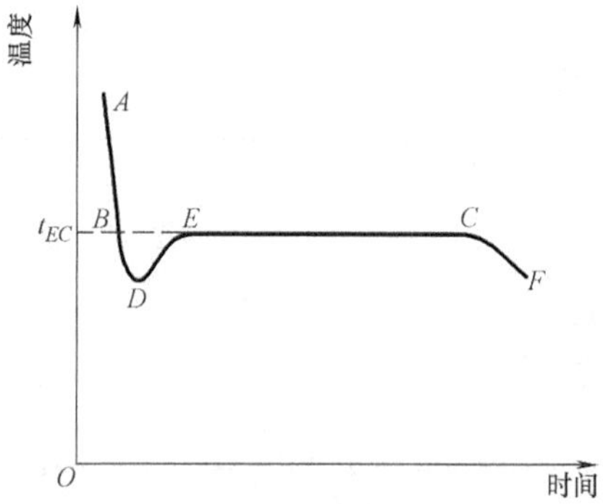

图 2-25　纯金属冷却曲线

用定点法检定温度计的优点是可以获得较高的精度，但是这种方法需要使用若干个特别的密封容器，实验操作过程复杂，时间长，代价高，对于一般的实验室来说有一定的难度。因此，此法通常仅用于国家级标准或高精确度电阻温度计的检定和分度。

（2）比较法　对于精确度要求不高或工业电阻温度计可以采用比较法进行检定。

比较法是将标准电阻温度计或蒸气压温度计的感温元件与被检定电阻温度计的感温元件放在同一均匀温度场内，通过逐点比较实现检定。

另外，在热电阻检定过程中，要适当地选择标准温度计的级别和电阻测量仪器。

思考题与习题

2-1　什么是温标？目前采用的国际温标有哪几个要素？

2-2　常用的温度测量仪表有哪些？

2-3　什么是热电效应？

2-4　在热电偶的回路中接入热电势的测量仪表，对于电势值有无影响？为什么？

2-5　什么是补偿导线？使用补偿导线时应注意哪些问题？

2-6 用热电阻测温，测量线路采用三线制接法的作用是什么？为什么？

2-7 现有金属电阻温度计和半导体电阻温度计各一支，要进行动态温度测量，你认为选用哪种温度计比较好？为什么？

2-8 和全辐射感温器配用的显示仪表，其读数是否就是被测物体的真实温度？使用全辐射高温计时应注意什么？

2-9 用铜-康铜热电偶测某介质温度，测得电势 $E(T_0,\ t)=2.5\text{mV}$，已知 $T_0=260\text{K}$，试求被测介质温度 t。

2-10 若被测温度不变，而K分度热电偶冷端温度从原来的40℃降到10℃，求热电势改变了多少？

2-11 已知K分度热电偶的热电势为 $E(100,\ 0)=4.095\text{mV}$，$E(30,\ 20)=0.405\text{mV}$，$E(20,\ 0)=0.798\text{mV}$，求：1) $E(100,\ 30)=?$ 2) $E(100,\ 20)=?$

第3章 湿度测量

3.1 概述

空气湿度是表示空气干湿程度的物理量，是反映空气中水蒸气含量多少的尺度。在通风与空调工程中，空气湿度与温度是两个相关的热工参数，它们具有同等的重要意义。在很多部门，如气象、科研、农业、暖通、纺织、机房、航空航天、电力等，都需要对湿度进行测量和控制。要能有效地控制湿度，只有对湿度进行准确的测量方能实现。

1. 空气湿度的表示方法

常用来表示空气湿度的方法有：绝对湿度、含湿量、相对湿度和露点温度。大多数湿度测量仪表都是直接或间接地测量空气中的相对湿度。

（1）绝对湿度　绝对湿度定义为1个立方米的湿空气，在标准状态下（即0℃、1.01325×10^5Pa）水蒸气的含量。

（2）含湿量　含湿量定义为对应于1kg干空气的湿空气中的水蒸气含量，其数学表达式是

$$d = 1000\,\frac{m_s}{m_w} \tag{3-1}$$

式中，d为含湿量（g/kg）；m_s为湿空气中水蒸气的含量（kg）；m_w为湿空气中干空气的含量（kg）；

（3）相对湿度　相对湿度定义为湿空气中水蒸气分压力与同温度下饱和水蒸气压力之比，并用百分数表示，其数学表达式为

$$\varphi = \frac{p_s}{p_b}\times100\% \tag{3-2}$$

式中，p_s为湿空气中水蒸气分压力（Pa）；p_b为饱和水蒸气压力（Pa），是空气干球温度的单值函数。

饱和水蒸气压力p_b（mbar，1mbar = 100Pa）可以根据干球温度t_w（空气温度）利用下述函数关系求得

$$\begin{aligned}\lg p_b = {}&10.79574(1-T_0/T)-5.0281\lg(T/T_0)+1.50475\times10^{-4}[1-10^{-8.2969(T/T_0-1)}]\\&+0.42873\times10^{-3}[10^{4.76955(1-T/T_0)}-1]+0.78614\end{aligned} \tag{3-3}$$

式中，$T_0=273.15$K；$T=(T_0+t_w)$K；t_w为空气温度（℃）。

从相对湿度的定义可以得出，相对湿度φ的大小表示了空气中所含水蒸气的饱和程度，φ值小，空气的饱和程度小，吸收水蒸气的能力强，它不仅与空气中所含水蒸气量的多少有关，而且还与空气所处的温度有关。因此，即使空气中水蒸气含量不变，如果空气的温度发生变化，空气的相对湿度也随之改变。

（4）露点温度　露点是指保持压力一定，将含水蒸气的空气冷却，当降到某温度时，

空气中的水蒸气达到饱和状态，开始从气态变为液态，称为结露，此时的温度称为露点，单位是℃。空气的露点温度只与含湿量有关。当含湿量不变时，露点温度也是定值。空气中的相对湿度越高，越容易结露，其露点温度也越高。因此，空气的露点温度可以作为空气中水蒸气含量多少的一个尺度。所以，空气的相对湿度又可以表示为

$$\varphi=\frac{p_{\mathrm{bl}}}{p_{\mathrm{b}}}\times 100\% \tag{3-4}$$

式中，p_{bl}为湿空气在露点温度下的饱和水蒸气压力（Pa）；p_{b}为湿空气在干球温度下的饱和水蒸气压力（Pa）。

2. 测量湿度的方法和仪表

目前，空气相对湿度的测量方法主要有以下三种：

（1）干湿球法　普通干湿球湿度计、电动干湿球湿度计等就是依据干湿球法测量空气湿度的仪表。

（2）露点法　露点湿度计、光电式露点湿度计、氯化锂露点湿度计等是按露点法测量空气湿度的仪表。

（3）吸湿法　属于吸湿法测量湿度的仪表有毛发湿度计、氯化锂电阻湿度计、金属氧化物膜湿度传感器、电容式湿度传感器以及高分子湿度传感器。

3.2 干湿球法湿度测量

1. 基本原理

干湿球温度法湿度测量是根据干湿球温度差效应原理来测定空气的相对湿度 φ。所谓干湿球温度差效应是指在潮湿物体表面的水分蒸发而冷却的效应，冷却的程度取决于周围空气的相对湿度、大气压力 B 以及风速 c。

水蒸气分压力 p_{s}与湿球温度 t_{s} 对应的饱和水蒸气压力 p_{bs}之间满足下列函数关系：

$$p_{\mathrm{s}}=p_{\mathrm{bs}}-A(t_{\mathrm{w}}-t_{\mathrm{s}})B \tag{3-5}$$

式中，A 为与风速有关的一个常数，$A=0.000\,01\left(65+\frac{6.75}{c}\right)$（$c$ 为风速，单位为 m/s）；B 为大气压力（mbar）。

将式（3-5）代入式（3-4），得到

$$\varphi=\frac{p_{\mathrm{bs}}-A(t_{\mathrm{w}}-t_{\mathrm{s}})B}{p_{\mathrm{b}}}\times 100\% \tag{3-6}$$

式（3-6）中，p_{b}和 p_{bs}可分别根据空气的干球温度 t_{w}和湿球温度 t_{s}代入式（3-3）中求得。因此，在大气压力 B 与风速 c 一定的条件下，空气的相对湿度 φ 与空气的干、湿球温度 t_{w}和 t_{s}具有确定的函数关系。只要测量出空气的干、湿球温度 t_{w}和 t_{s}，就可以计算得到空气的相对湿度 φ，或者根据 t_{w}和 t_{s}在焓-温图中查得 φ。干湿球温度差值越大，则空气的相对湿度越小。

下面介绍两种常用的干湿球温度法的测湿仪表。

2. 普通干湿球湿度计

普通干湿球湿度计是测定湿度的一种常用仪表，它由两支相同的温度计组成，其中一支

温度计的感温球部包有潮湿的纱布，称为湿度温度计。由于湿球温度计球部潮湿纱布的水分蒸发，带走了热量，使其温度降低，而温度降低的程度取决于湿球温度计球部所包潮湿纱布的水分蒸发强度，蒸发强度又取决于周围空气的气象条件。周围空气的饱和差越大，湿球温度计上的水分蒸发就越强，这样湿球温度计所指示的温度与干球温度计指示的空气温度之间的差值就越大（即湿球温度越低）。干湿球湿度计就是利用干湿球温度差及干球温度来测量空气相对湿度的。

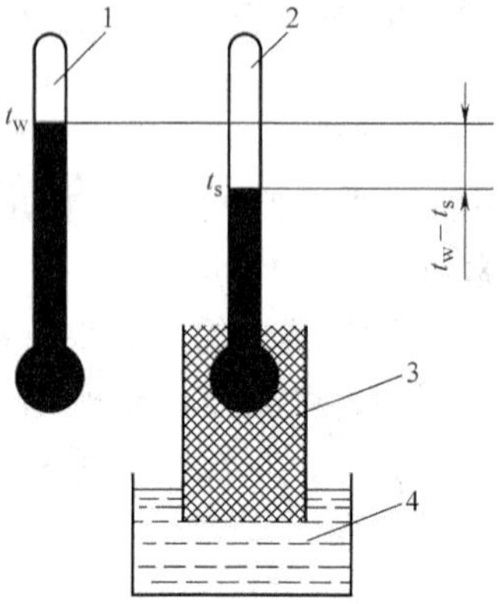

图 3-1　普通干湿球湿度计

1—干球温度计　2—湿球温度计

3—纱布　4—水杯

普通干湿球湿度计如图 3-1 所示，是将两支温度计安装在同一支架上，其中湿球温度计球部的纱布一端置入装有蒸馏水的杯中。安装时要求温度计的球部离开水杯上沿至少 2～3cm，目的是使杯的上沿不会妨碍空气的自由流动，并使干湿球温度计球部周围不会有湿度增高的空气。为了不使蒸馏水被灰尘污染，水杯应加不锈钢材料制成的盖子。使用中注意向水杯加水和防止水污染。

为了减小风速变化造成的测量误差，制成了通风湿度计，其上装有微型轴流风机，造成大于或等于 2.5m/s 的固定风速，此表又称阿斯曼湿度计。

3. 电动干湿球湿度计

为了能自动显示空气的相对湿度和便于远距离传送信号，可采用电动干湿球湿度计。它是利用两支电阻温度计分别感受干、湿球温度，把湿度变化转换成电信号输出的湿度传感器，如图 3-2 所示。

如图 3-3 所示，电动干湿球湿度计的整个测量线路是由两个不平衡电桥连接在一起组成的一个复合电桥。图中左侧电桥为干球温度的测量电桥，其中 R_W 为干球热电阻，图中右侧为湿球温度的测量电桥，R_S 为湿球热电阻。干球电桥输出的不平衡电压是干球温度的函数，而湿球电桥输出的不平衡电压是湿球温度的函数。两电桥输出信号通过补偿可变电阻 R 连接，R 上的滑动点为 D。湿球电桥输出信号小于干球电桥输出信号。

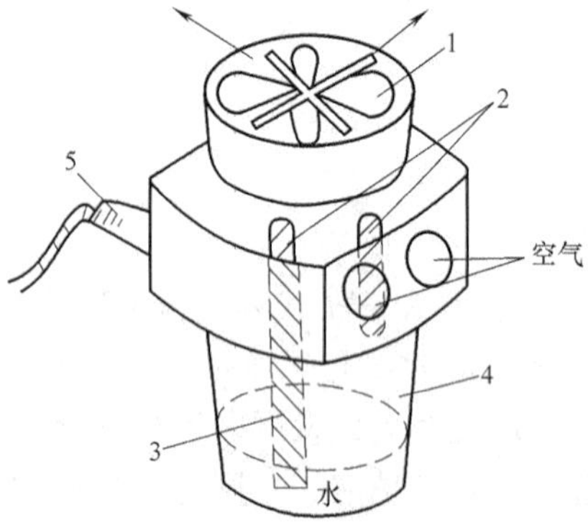

图 3-2　干湿球电信号湿度传感器

1—风机　2—镍电阻　3—纱布

4—水杯　5—接线端子

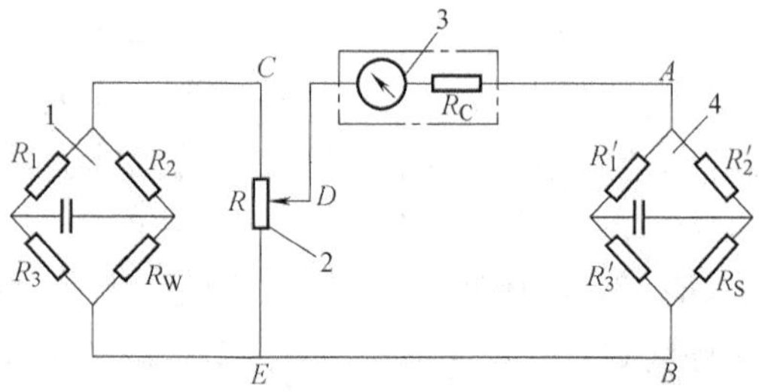

图 3-3　复合电桥测量回路

1—干球温度测量桥路　2—测量桥路补偿可变电阻

3—检流计　4—湿球温度测量桥路

当湿球电桥上输出电压与干球电桥上输出的部分电压（R_{DE}上的电压）相等时，检流计上无电流，此时称双电桥处于平衡状态。

在双电桥平衡时，D点位置反映了干、湿球电桥输出的电压差，也间接地反映了干、湿球温差。故可变电阻R上的滑动点D的位置反映了相对湿度，根据计算和标定，可在R上标出相对湿度值。测量时，靠手动调节R的滑动点D，使双电桥处于平衡，即检流计3中无电流，此时R上的指针读出相对湿度值。如果作为调节仪表，则可变电阻R作为相对湿度的给定值，通过旋钮改变D点位置，即改变了给定值。此时双电桥的不平衡信号，则作为调节器的输入信号。

4. 干湿球湿度计的主要缺点

1）由于湿球温度计潮湿物体表面水分的蒸发强度受周围风速的影响较大，风速高，蒸发强度大，湿球温度就低，因此，测量得到的相对湿度值就要比实际值低；反之亦反。由于风速的变化会导致附加的测量误差，为了提高测量精度，就要有一套附加的风扇装置，使湿球部分保持在一定的风速范围内，以克服风速变化对测量值的影响。

2）测量范围只能在0℃以上，一般在10～40℃。

3）为保证湿球表面湿润，需要配置盛水器或一套供水系统，而且还要经常保持纱布的清洁，因此平时维护工作比较麻烦，否则会带来一定的附加误差。

3.3 露点法湿度测量

1. 露点法的测量原理

露点法测量相对湿度的基本原理是：先测定露点温度t_1，然后确定对应于t_1的饱和水蒸气压力p_{b1}。显然，p_{b1}即为被测空气的水蒸气分压力，可用式（3-4）求出相对湿度。露点温度的测定方法是：先把一物体表面加以冷却，一直冷却到与该表面相邻近的空气层中的水蒸气开始在表面上凝结成水分为止。开始凝结水分的瞬间，其邻近空气层的温度，即为被测空气的露点温度。所以保证露点法测量湿度精度的关键，是如何精确地测定水蒸气开始凝结的瞬间空气温度。用于直接测量露点的仪表有经典的露点湿度计与光电式露点湿度计，前者对露点温度的测量一般不易测准，造成较大的测量误差，下面介绍光电式露点湿度计。

2. 光电式露点湿度计

光电式露点湿度计是使用光电原理直接测量气体露点温度的一种电测法湿度计。它的测量准确度高，而且可靠性高，适用范围广，尤其是对低温与低湿状态，更宜使用。光电式露点湿度计的工作原理如图3-4所示。

由图3-4可知，光电式露点湿度计的核心是一个可以自动调节温度且能反射光的金属露点镜及光学系统。当被测的采样气体通过中间通道与露点镜相接触时，如果镜面温度高于气体的露点温度，镜面的光反射性能好，来自白炽灯光源的斜射光束经露点镜反射后，大部分射向反射光敏电阻，只有很少部分为散射光敏电阻所接受，二者通过光电桥路进行比较，将其不平衡信号经过平衡差动放大器放大后，自动调节输入半导体热电制冷器的直流电流值。半导体热电制冷器的冷端与露点镜相连，当输入制冷器的电流值变化时，其制冷量随之变化，电流越大，制冷量越大，露点镜的温度也越低，当降至露点温度时，露点镜面开始结露，来自光源的光束射到凝露的镜面时，受凝露的散射作用反射光束的强度减弱，而散射光

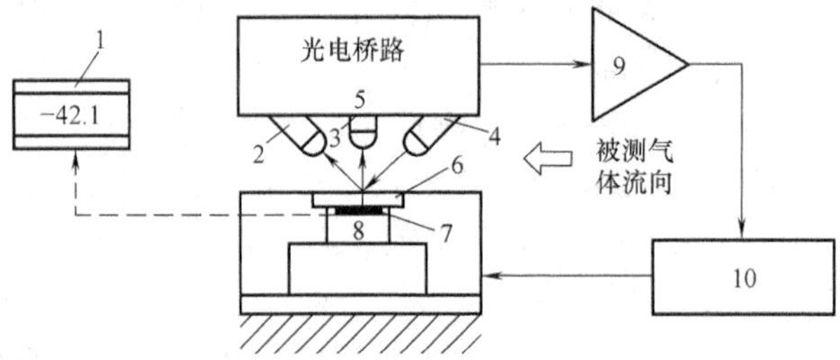

图 3-4　光电式露点湿度计工作原理

1—露点温度指示器　2—反射光敏电阻　3—散射光敏电阻　4—光源　5—光电桥路　6—露点镜　7—铂电阻
8—半导体热电制冷器　9—放大器　10—可调直流电源

的强度有所增加，经两组光敏电阻接受并通过光电桥路进行比较后，放大器与可调直流电源自动减小输入半导体热电制冷器的电流，以使露点镜的温度升高，当不结露时，又自动降低露点镜的温度，最后使露点镜的温度达到动态平衡时，即为被测气体的露点温度。然后通过安装在露点镜内的铂电阻及露点温度指示器即可直接显示被测的露点温度值。

光电式露点湿度计要有一个高度光洁的露点镜面以及高精度的光学与热电制冷调节系统，这样的冷却与控制可以保证露点镜面上的温度值在 -0.05 ~0.05℃的误差范围内。

测量范围广与测量误差小是对仪表的两个基本要求。一个特殊设计的光电式露点湿度计的露点测量范围为 -40 ~100℃。典型的光电式露点湿度计露点镜面可以冷却到比环境温度低 50℃。最低的露点能测到 1% ~2% 的相对湿度。光电式露点湿度计不但测量精度高，而且还可测量高压、低温、低湿气体的相对湿度。但采样气体不得含有烟尘、油脂等污染物，否则会直接影响测量精度。

3. 氯化锂露点湿度计

氯化锂露点湿度测量的原理是传感器并不是直接测量相对湿度，而是测量与空气露点温度有一定函数关系的平衡温度。通过平衡温度计算露点温度，再根据干球温度和露点温度计算相对湿度。氯化锂露点湿度计就是利用这样的原理和氯化锂溶液吸湿后电阻减小的基本特性来测量空气相对湿度的，是一种可以直接指示和调节空气相对湿度的电测湿度仪表。

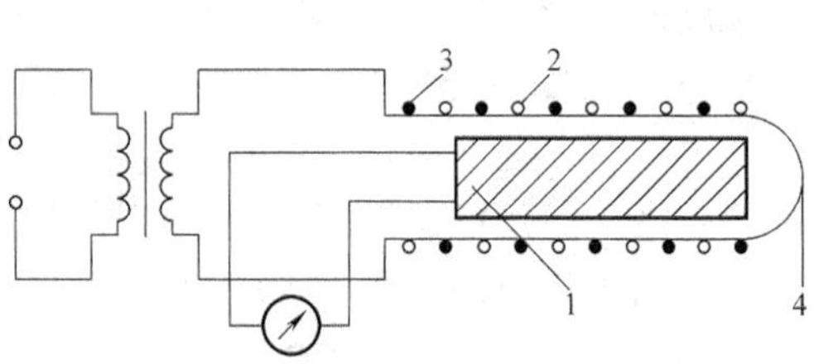

图 3-5　氯化锂露点湿度计结构示意图

1—铂电阻温度计　2—玻璃丝布套
3—铂丝　4—绝缘管

氯化锂露点湿度计由氯化锂（LiCl）湿度测量头、铂电阻温度计以及电气线路等部分组成，其结构示意如图 3-5 所示。仪表的主要部件是用做感湿的氯化锂湿度测量头，其用途是测量空气的露点温度。仪表根据测得的露点温度及空气温度两个参数信号通过电气线路组合成一个湿度信号，可以从仪表上直接读出空气的相对湿度，并且有正比于空气相对湿度的标准直流电流信号输出。如果再加上调节电路部分，还可实现湿度的位式或连续调节。仪表的应用范围广，当温度在 55℃以下，相对湿度 φ =15% ~100% 时，都能进行测量，测量精度为 2% ~4%。

图 3-5 中，测头黄铜套内放置测温用的铂电阻温度计 1，外面套上玻璃丝布套 2，在玻

璃丝布套上平行绕两根铂丝 3 作为加热电极，涂在测头上的氯化锂溶液使玻璃丝布浸透。测头的测湿作用利用了氯化锂盐的吸湿特性。

氯化锂具有强烈的吸收水分的特性。将它配成饱和溶液后，在每一点温度时都有相对应的饱和蒸汽压力。当它与空气相接触时，若空气中的水蒸气分压力等于或低于氯化锂盐的饱和蒸汽压时，氯化锂盐保持固态，不吸收空气中的水分；相反，若水蒸气分压力比氯化锂盐的饱和蒸汽压高时，氯化锂盐就会吸水并逐渐潮解成溶液。图 3-6 所示为纯水和氯化锂饱和溶液的饱和蒸汽压力曲线。

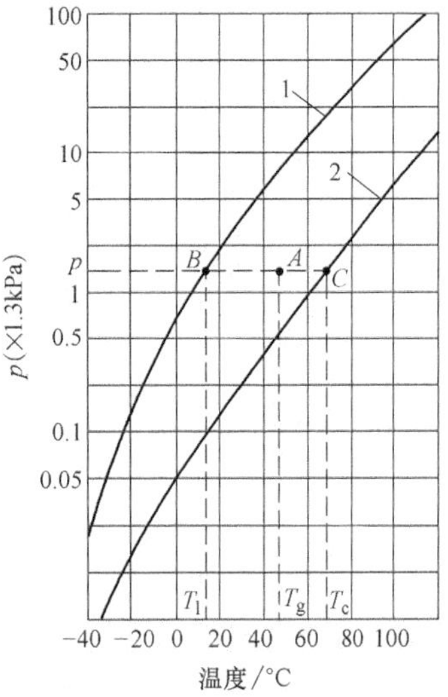

图 3-6 纯水和氯化锂饱和溶液的饱和蒸汽压力曲线
1—纯水 2—氯化锂

在图 3-6 中，曲线 1 是纯水的饱和蒸汽压力曲线，线上任意一点表示该温度下的饱和水蒸气压力数值，而曲线下方的任一点表示该温度下的水蒸气呈未饱和状态的分压力。曲线 2 是氯化锂饱和溶液的饱和蒸汽压力曲线，线上的点也表示该温度下氯化锂盐溶液的饱和蒸汽压力数值，而位于曲线 2 上方的点，表示所接触空气的水蒸气分压力高于该温度下氯化锂溶液的饱和蒸汽压力，此时盐液将吸收空气中的水分。位于曲线 2 下方的点表示所接触空气的水蒸气压力低于该温度下氯化锂饱和溶液的饱和蒸汽压力，此时溶液向空气中蒸发水分。

当空气的相对湿度 φ 超过 12% 时，测头内开始有电流流过，电流的热效应使测头的温度升高，导致氯化锂液的饱和蒸汽压也升高。当此蒸汽压尚小于大气中的水蒸气分压时，氯化锂吸湿而潮解。由于两铂丝间涂有氯化锂，故两铂丝间的电阻随氯化锂潮解而减小。在外加电压的作用下，测头流过的电流增大，其温度继续升高，氯化锂饱和蒸汽压也随之升高，氯化锂吸湿量随之减少。吸湿量减少的结果是使两铂丝间的电阻值增加，电流减小，温度升高减慢。当测头温度升高至氯化锂饱和蒸汽压与空气中的水蒸气分压力相等时，氯化锂水分全部蒸发完毕，电阻值剧增，电流为零，测头温度下降，氯化锂又开始吸潮，金属丝间电阻又减小，电流增大，最后测头达到热平衡状态，测头维持在一定的温度值。只要测出这个维持不变的温度，也就知道了空气的水蒸气分压力。

假定在某种空气状态下，水蒸气分压力为 p，温度为 T_g，它在图 3-6 中即为 A 点。由 A 点向左作横坐标轴的平行线与纯水的饱和蒸汽压曲线 1 交于 B 点，由 B 点向下引垂线与横坐标交于一点，得某一温度值为 T_1，显然 T_1 为空气的露点温度。由 A 点向右作横坐标轴的平行线与氯化锂饱和溶液的饱和蒸汽压曲线 2 交于 C 点，再由 C 点向下引垂线交横坐标于一点，得某一温度值为 T_c，这就是氯化锂溶液的平衡温度，此时它的饱和蒸汽压力也等于 p。因此，如果将氯化锂溶液在上述空气中，设法使其温度上升到 T_c，使氯化锂液的饱和蒸汽压等于 A 点空气的水蒸气分压力，则测出 T_c 的温度值，根据水和氯化锂饱和溶液饱和蒸汽压力曲线的关系即可得到空气的露点。若指示仪表将测得的 T_c 值按 T_1 值刻度，则仪表就直接指示出被测空气的露点温度，即可计算出相对湿度。

设 T_g 为空气温度，T_1 为露点温度，则空气中的水蒸气分压力 p 与饱和水蒸气压力 p_b 与热力学温度的关系可近似表示为

$$p = De^{-\frac{B}{T_1}} \tag{3-7}$$

$$p_b = De^{-\frac{B}{T_g}} \tag{3-8}$$

式中，T_1、T_g 分别为绝对露点温度和绝对干球温度；D、B 分别为在确定温度范围内近似为常数。

则相对湿度为

$$\varphi = \frac{p}{p_b} \times 100\% = e^{-B\left(\frac{1}{T_1}-\frac{1}{T_g}\right)} \tag{3-9}$$

又 $T_1 = AT_c + C$（T_c 为平衡温度）故可得下列的相对湿度表达式

$$\ln\varphi = -B\frac{1}{AT_c + C} - \frac{1}{T_g} \tag{3-10}$$

式中，A、B、C 均为近似常数。

使用氯化锂露点湿度计时应注意，测头周围的空气温度（被测空气的温度）应在被测空气的饱和温度（即露点温度）与平衡温度之间。

3.4 氯化锂电阻式湿度计

某些盐类放在空气中，其含湿量与空气的相对湿度有关，而含湿量大小又会引起本身电阻的变化。因此，可以通过这种传感器将空气相对湿度转换为对其电阻值的测量。

氯化锂在大气中不分解、不挥发、也不变质，是一种具有稳定的离子型结构的无机盐，其吸湿量与空气相对湿度成一定函数关系，随着空气相对湿度的增加，氯化锂的吸湿量也随之增加，从而使氯化锂中导电的离子数也随之增加，最后导致它的电阻率降低而使电阻减小。当氯化锂的蒸气压高于空气的水蒸气分压时，氯化锂就放出水分，导致电阻率升高而使它的电阻增大。只有当氯化锂的蒸气压等于周围空气的水蒸气分压时，才处于吸、放湿的平衡状态。氯化锂电阻式湿度计的传感器就是根据这一原理工作的。

1. 氯化锂电阻式湿度传感器

氯化锂电阻式湿度传感器分片状和柱状两种。如图 3-7 所示，片状传感器是将梳状的金属箔丝粘在绝缘板上，柱状是用两根平行的铂丝或铱丝绕在绝缘板上，在绝缘表面上再涂上氯化锂溶液，形成氯化锂薄膜层而制成。梳状平行的金属箔或两根平行线圈并不接触只靠氯化锂盐层导电，构成回路。将传感器置于被测空气中，当相对湿度改变时，氯化锂溶液中的含水量也改变，氯化锂溶液层的电阻值就随空气中相对湿度的变化而产生变化，随之湿度传

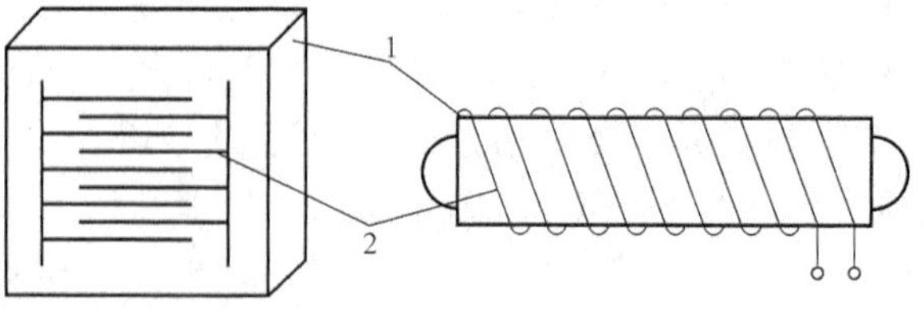

a) b)

图 3-7 氯化锂电阻式湿度传感器

a）片状 b）柱状

1—绝缘板（上面附有感湿膜） 2—金属电极

感器的两梳状金属箔片间的电阻值也发生变化，将此回路当做一桥臂接入交流电桥。电桥输出的不平衡电压与空气的相对湿度变化相对应，因此将此随湿度变化的电阻值输入显示或调节仪表进行标定后，只需测出电桥对角线上的电位差即可确定相应的空气相对湿度值。

为避免氯化锂电阻式湿度传感器上的氯化锂溶液发生电解，电极两端应接交流电，而决不允许使用直流电源。另外，氯化锂溶液的电阻值还受温度的影响，在使用中需注意温度的补偿。

氯化锂电阻式湿度计还可与调节器配合，对空气的相对湿度进行自动控制，其优点是结构简单、体积小、灵敏度高，可以测出 $\varphi=\pm 0.14\%$ 的变化，因此高精度的湿度调节系统常采用氯化锂电阻式湿度计作为传感器与调节器配合使用。氯化锂电阻式湿度计的缺点是：每个测头的湿度测量范围较小，一般只有 15% ~20%；测头的互换性差；使用时间长后，氯化锂测头会产生老化问题；耐热性差、不能用于露点以下，当测头在空气参数 $T=45℃$、$\varphi=95\%$ 以上的高湿区使用时更易损坏。

由于每种测湿传感器的量程较窄，一般相对湿度在 5% ~95% 测量范围内，需要制成几种不同氯化锂浓度涂层的测头，即采用多片氯化锂感湿元件的组合，分别适应不同的相对湿度。一般将相对湿度 φ 从 5% ~ 95% 分成四个测量范围：5% ~ 38%、15% ~50%、35% ~75%、55% ~95%。最高安全工作温度为 55℃。使用时按需要选择合适的测头，除应遵守其使用要求外，还需定期更换。感湿元件组合原理如图 3-8 所示。

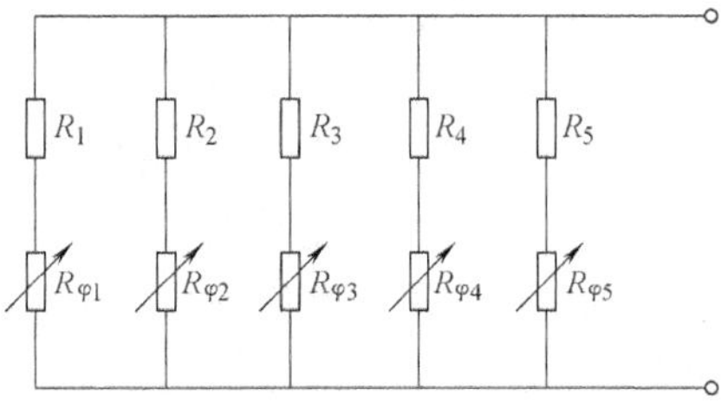

图 3-8 氯化锂多片感湿元件组合

R_1 ~ R_5—电阻 $R_{\varphi1}$ ~ $R_{\varphi5}$—测湿电阻

涂有不同浓度的氯化锂感湿元件 $R_{\varphi1}$、$R_{\varphi2}$、$R_{\varphi3}$……分别适应不同的相对湿度 φ_1、φ_2、φ_3……的范围，随着相对湿度 φ 的逐渐增高，$R_{\varphi1}$、$R_{\varphi2}$、$R_{\varphi3}$……随着湿度增大而相继投入工作。输出总电导将是投入工作的各支路电导值之和，据此可按需要组成不同测量范围的感湿元件，若对 R_φ 上对应的串联电阻 R 选择合适，则既能保证感湿元件输出的线性化，又可调节 R_φ 各值的总值大小。

2. 变送器

图 3-9 所示为氯化锂温、湿变送器的框图。将氯化锂传感器 R_φ 接入交流测量电桥，此电桥将传感器电阻信号转换为交流电压信号 $u(\varphi)$，再经放大、检波电路转换为与相对湿度相对应的直流电压 $U(\varphi)$。为了获得 DC0 ~10mA 的标准信号，需经电压-电流转换器，将 $U(\varphi)$ 转换成 DC0 ~10mA 信号 $I(\varphi)$，此 $I(\varphi)$ 即变送器的输出。

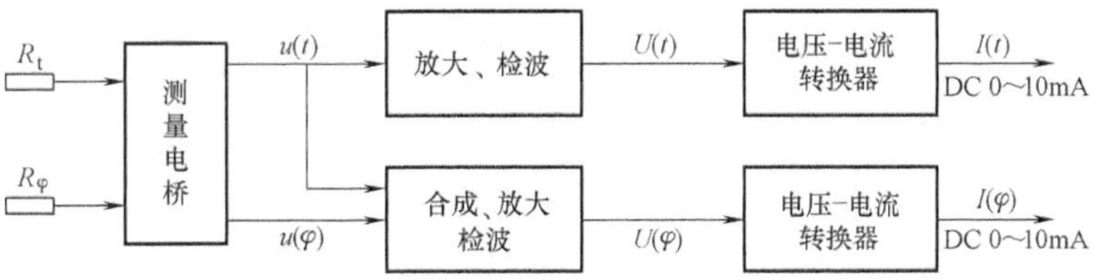

图 3-9 氯化锂温、湿变送器框图

实践表明，氯化锂传感器的电阻值与其温度有关，为消除温度对测量精度的影响，采取温度补偿措施，即将温度传感器 R_t 接入另一交流电桥，其输出的交流信号接入湿度变送器中的放大器的输入端，用以抵消温度对湿度测量的影响。温度信号也经变送器变送为 DC0～10mA 信号 $I(t)$。温、湿度变送器输出的标准信号便于远距离传送、记录和调节，测量和调节精度高，可用于自动湿度控制系统，以对房间空气的相对湿度进行自动控制。

3.5 其他湿度传感器

1. 金属氧化物膜式湿度传感器

Cr_2O_3、Fe_2O_3、Fe_3O_4、Al_2O_3、Mg_2O_3、ZnO 及 TiO_2 等金属氧化物的细粉，它们吸附水分后有极快的速干特性，利用这种现象可以研制生产出多种金属氧化物膜式湿度传感器。

这类传感器的结构如图 3-10 所示。在陶瓷基片上先制作钯银梳状电极，然后采用丝网印制、涂布或喷射等工艺方法，将调制好的金属氧化物的糊状物加工在陶瓷基片及电极上，采用烧结或烘干方法使之固化成膜。这种膜可以吸附或释放水分子而改变其电阻值，通过测量电极间的电阻值即可检测相对湿度。

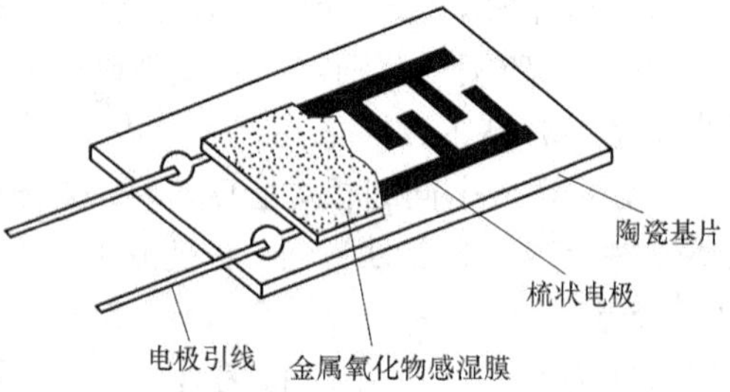

图 3-10　金属氧化物膜式湿度传感器结构图

这类传感器的特点是传感器电阻的对数值与湿度呈线性关系，具有测湿范围及工作温度范围宽的优点，使用寿命在 2 年以上，是一种有发展前途的湿度传感器。

表 3-1 列出了一些国产金属氧化物膜式传感器的基本参数。

表 3-1　国产金属氧化物膜式传感器的基本参数

项　　目	BTS-208 型	CM8-A 型
湿度测量范围（%）	0～100	10～98
工作温度范围/℃	−30～150	−35～100
湿度测量精度（%）	±4	±2
湿　滞（%）	2～3	1
响应时间/s	≤60	≤10
工作频率/Hz	100～200	40～1000
工作电压/V	<20（AC）	1～5（AC）
湿度温度系数/(%/℃)	0.12	0.12
稳定性/(%/年)	<4	<1～2
成分及结构	氧化镁、氧化铬厚膜	硅镁氧化物薄膜

2. 电容式湿度传感器

大约从 20 世纪 70 年代开始使用电容原理制成的湿度计，其变送器将相对湿度转换为 0～10V的直流标准信号，传送距离可达 1000m，性能稳定，维护简单。目前，它被认为是一种比较好的湿度变送器。它包括金属电容式湿度传感器和高分子膜电容式湿度传感器。这里主要介绍金属电容式湿度传感器。

金属电容式湿度传感器是通过电化学方法在金属铝表面形成一层氧化膜，进而在膜上沉积一薄层透气的金属膜。这种铝基体和金属膜便构成一个电容器。氧化铝吸附水气之后会引起介电常数的变化，湿度计就是基于这样的原理工作的。

传感器核心部分是吸水的氧化铝层，其上布满平行且垂直于其平面的管状微孔，它从表面一直深入到氧化层的底部。氧化铝层具有很强的吸附水气的能力。对这样的空气、氧化膜和水组成的体系的介电性质的研究表明，在给定的频率下，介电常数随水气吸附量的增加而增大。氧化铝层吸湿和放湿程度随着被测空气的相对湿度的变化而变化，因而其电容量是空气相对湿度的函数。因此，利用这种原理制成的传感器称为电容式湿度传感器。

电容式湿度传感器的结构如图 3-11 所示，氧化铝层 1 上的电极膜可采用石墨和一系列金属，其中铂和金具有良好的化学稳定性。一般采用喷涂或真空镀膜法成膜。电极膜非常薄，能允许水蒸气直接穿过电极膜进入氧化铝层。传感器有两个接线柱与仪表相接。其中铝基的导线可用铝条咬合，并用环氧树脂粘接固定。

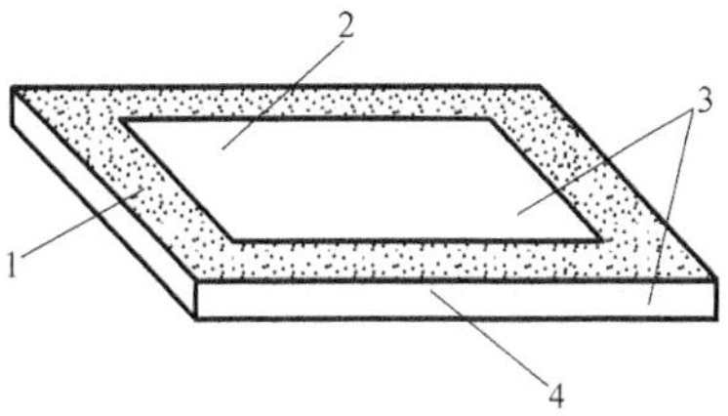

图 3-11 电容式湿度传感器结构图
1—氧化铝层 2—镀膜电极
3—接线柱 4—咬合铝基极导线

近年研制的高分子电容式湿度传感器与上述电容式湿度传感器基本相似，只是吸湿的氧化铝层 1 由吸湿的高分子薄膜代替，大多采用醋酸丁酸纤维作高分子薄膜材料。

电容湿度变送器具有许多优点，例如工作温度和压力范围较宽（温度可达 50℃）；精度高、反应快（响应时间可达 1～2s）；不受环境条件的影响；便于远距离指示和调节湿度。但目前价格较贵。

3. 高分子湿度传感器

这里简要介绍高分子电解质类聚苯乙烯磺酸锂湿度传感器。通过聚合物的化学反应，可将适当的功能团引入聚合物中，使所生成的新的聚合物具有某些“功能”，这种聚合物称为功能性高分子聚合物。如果以聚苯乙烯作为基片，而在其表面上通过化学反应引入一个酸性基团的话，则在聚苯乙烯的表面上就形成了一层酸性阳离子交换树脂。聚苯乙烯是一种具有一定机械强度和绝缘性能的憎水性高分子聚合物，但在其表面上所形成的酸性阳离子交换树脂却是亲水性的。这样，就在憎水性的基片表面上制备了一层亲水层。

为了提高亲水层的感湿特性，进一步把吸湿很强的锂离子交换到酸性阳离子交换树脂-磺化聚苯乙烯上去，于是，就得到一个感湿性很强的感湿膜-聚苯乙烯磺酸锂感湿膜。

聚苯乙烯磺酸锂是一种强电解质，具有极强的吸水性，吸水后电离，在其水溶液中就含有大量的锂离子。如果在其上制备一对金属电极，通电后锂离子可参与导电，被测湿度越高，其电阻值越小。

这种湿度传感器的测湿范围较宽，在半对数坐标纸上绘出的特性曲线接近为直线。湿滞回差也较小，吸湿和脱湿时相对湿度指标的最大值为 3%～4%，稳定性较好。

这种湿度传感器的湿度温度系数较大，具有负温度系数。

思考题与习题

3-1 空气湿度有哪几种表示方法?

3-2 空气相对湿度的测量方法有哪几种？

3-3 干湿球测湿法和露点测湿法各有什么特点？试述它们的工作原理。

3-4 风速变化会导致普通干湿球湿度计怎样的附加测量误差？

3-5 氯化锂露点湿度测量的原理是什么？如何确定测头的平衡温度？

3-6 氯化锂电阻式湿度传感器有哪几种形式？各有什么特点？

3-7 金属氧化物膜式湿度传感器有什么特点？

3-8 金属电容式湿度传感器的工作原理是什么？

第 4 章　压 力 测 量

4.1　概述

压力是热工测量的重要参数之一。准确的压力测量是锅炉设备、供热及空调系统等运行安全及经济性的必要保障。工业生产中许多生产工艺过程经常要求在一定压力下或一定压力范围内运行，如锅炉的汽包压力、炉膛压力、烟道压力、化工生产中的反应釜压力、加热炉压力等。因此，准确地测量和控制压力是保证生产过程良好地运行，达到优质高产、低能耗的重要环节。

1. 压力概念与表示方法

（1）压力的概念　工程技术中的压力也就是物理学中的压强，即垂直作用在物体单位面积上的力的大小。

（2）压力的表示方法　压力的表示方法以其参考零点压力的不同而不同，可以分为绝对压力和表压力。

1）绝对压力。以绝对压力零位为参考零点所表示的压力称为绝对压力。

2）表压力。以大气压力为参考零点所表示压力称为表压力。

任意两个压力值的差值，称为压差。表达式为

$$\Delta p = p_1 - p_2$$

绝对压力 p_a、表压力 p_g 与当地大气压力 p_0 的关系为

$$p_a = p_g + p_0$$

当绝对压力高于大气压力时，表压力为正压力，即

$$p_g = p_a - p_0$$

当绝对压力低于大气压力时，表压力为负压力，简称负压或真空（度），用 p_v 表示，即

$$p_v = p_0 - p_a$$

（3）三者之间的关系（见图 4-1）

2. 压力测量仪表的分类

按测量信号原理不同，压力测量仪表大致可分为四类：

（1）液柱式压力计　根据流体静力学原理，将被测压力转换为液柱高度差进行测量，例如 U 形管压力计、单管压力计及斜管微压计等。

（2）弹性式压力计　根据弹性元件受力变形，将被测压力转换成位移来实现测量的，例如弹簧管压力计、波纹管压力计及膜盒式压力计等。

（3）电气式压力计　利用敏感元件将被测压力转换成各种电量信号，例如压阻式压力计、应变式压力

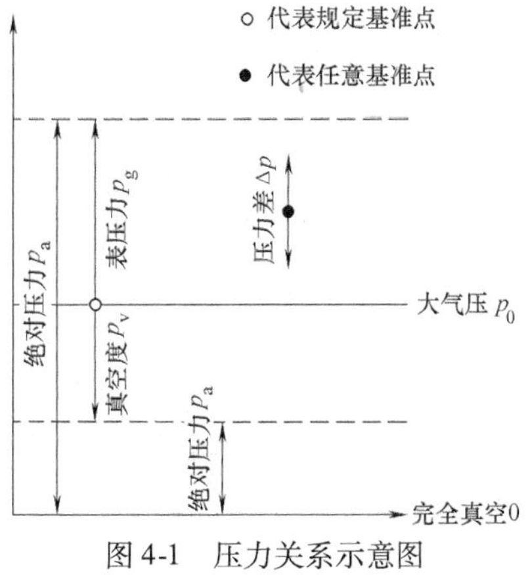

图 4-1　压力关系示意图

计、电容式压差变送器、霍尔片压力变送器以及电感式压力变送器等。该方法具有较好的动态响应，量程大且线性好，可以进行压力信号的传输。

（4）活塞式压力计　根据水压机液体传送压力的原理，将被测压力转换成活塞面积上所加平衡砝码的质量。它普遍地被作为标准仪器用来校验或刻度弹性式压力计。

4.2 液柱式压力计

液柱式压力计是利用液柱所产生的压力与被测压力平衡，并根据液柱高度来确定被测压力大小的压力计。

其测量原理是利用一定高度的液柱所产生的压力平衡被测压力，用相应的液柱高度显示被测压力。所用的液体称为封液，常用封液有水、酒精、水银等。液柱式压力计具有结构简单、显示直观、使用方便、精度较高、价格便宜等优点，但由于结构和显示上的原因，液柱式压力计的测压上限不高，一般显示的液柱高度上限为2m。当液柱内的封液为水银时，其测压上限可达到2000mmHg（1mmHg = 133.322Pa）。液柱式压力计主要适用于小压力、真空及压差的测量。

液柱式压力计分为U形管压力计、单管压力计、多管压力计、斜管微压计、补偿式微压计、差动式微压计、钟罩式压力计和水银气压计等。本书主要介绍U形管压力计、单管压力计和斜管微压计。

1. U形管压力计

（1）结构　U形管压力计如图4-2所示。它的结构组成有三部分：U形玻璃管、标尺及管内的工作液体（即为封液）。U形管的两个平行的直管又称为肘管。精密的U形管压力计尚有游标对线装置、水准器、铅锤等。

（2）工作原理　如图4-2a所示，取0-0、1-1和2-2三个截面，在2-2截面建立左、右两个肘管的平衡面。设两侧测压管液体上面的流体密度分别为ρ_1与ρ_2，工作液体的密度为ρ。如图4-2b所示，在当地大气压为p_B时，对等压面2-2处可列出如下平衡方程式：

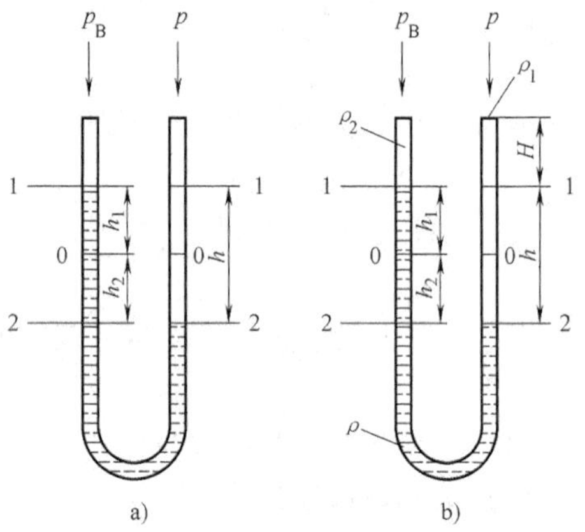

图4-2　U形管压力计

$$p+\rho_1 g(H+h)=\rho_2 gH+\rho gh+p_B \tag{4-1}$$

$$p_g=p-p_B=(\rho_2-\rho_1)gH+(\rho-\rho_1)gh \tag{4-2}$$

式中，H为测压点距大气压力之间的垂直距离（m）；p为被测压力（Pa）。

如果用U形管压力计测量同一介质的两个压差，因$\rho_2=\rho_1$，则有

$$\Delta p=(\rho-\rho_2)gh \tag{4-3}$$

（3）结构和使用中引起的测量误差　U形管压力计在测量时要进行两次读数，读数时要注意液体表面的弯月面情况，要求读到弯月面顶部位置处。测量时，U形管中的工作液面高度差h，必须分别读取两管内液面高度h_1和h_2，然后再相加。若只读一侧管内液面的高度如h_1，并用$2h_1$代替h_1+h_2，则当两边管子截面A_1、A_2不等时，会带来误差$\Delta h=2h_1-$

$(h_1+h_2)=h_1-h_2$，可以通过 $h_2=\frac{A_1}{A_2}h_1$，计算得到 $\Delta h=h_1\left(1-\frac{A_1}{A_2}\right)$。

2. 单管压力计

单管压力计是U形管压力计的变形仪表，又称杯形压力计，单管压力计是由一个宽容器（杯形容器）、一支肘管、标尺、封液等构成的。标尺可以是单独的，也可以是直接刻在肘管的玻璃上。作为实验室仪表，一般都是把分度线刻到肘管的玻璃上。单管压力计可测量小压力、真空及压差等。

（1）结构 单管压力计如图4-3所示。

如图4-3所示，右边杯形容器的内径 D 远大于左边管子的内径 d，由于右边杯形容器内工作液体体积的减小量始终与左边管内工作液液体体积的增加量相等，所以右边液面的下降量将远小于左边液面的上升量（即 $h_2\ll h_1$），有

$$\frac{\pi}{4}D^2h_2=\frac{\pi}{4}d^2h_1$$

$$h_2=\frac{d^2}{D^2}h_1 \tag{4-4}$$

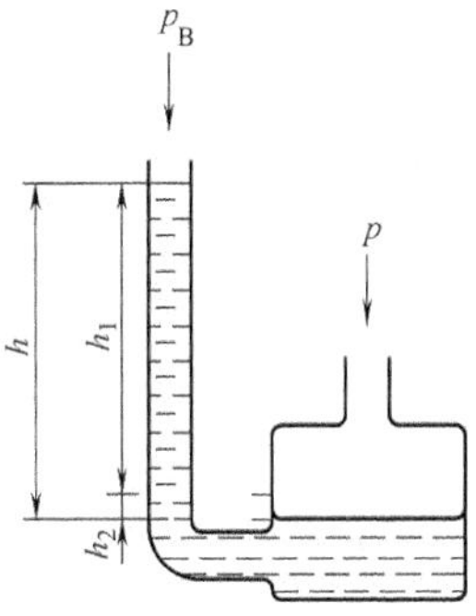

图4-3 单管压力计

（2）工作原理 单管压力计的工作原理与U形管压力计是相同的。根据流体静力学，将式（4-4）代入式（4-2），得表压力为

$$p_g=\rho gh=\rho g(h_1+h_2)=\rho g\left(1+\frac{d^2}{D^2}\right)h_1 \tag{4-5}$$

由于 $D\gg d$，故 $\frac{d^2}{D^2}$ 可以忽略不计，则式（4-5）可写成

$$p_g=\rho gh_1 \tag{4-6}$$

（3）结构和使用中的误差 单管压力计在测量正压力时，宽容器接被测压力，肘管通大气。测量负压力时，肘管接被测负压，宽容器通大气。测量压差时，宽容器接通压力较高一侧的管子，肘管接通压力较低一侧的管子。若工业液体的密度 ρ 一定，则测量管内的工作液体上升的高度即可得知被测压力的大小，也就是说，单管压力计只需要一次读数便可得到测量结果。

单管压力计的型号为TG，其精度等级可达0.02～1级。当进行精密测量或用作标准仪表时，要进行密度和重力加速度的修正。

3. 斜管微压计

斜管微压计是一种测量微小压力的测量仪表。它可以测量微小正压、负压及压差。它的一支肘管可以倾斜，使用方便。斜管微压计除用于检定和校检其他类型的压力表外，也被广泛应用于现场锅炉的烟、风道各段压力与通风空调系统各段压力的测量。

斜管微压计由杯形容器、肘管、弧形支架、标尺、封液等组成，如图4-4所示。其工作原理

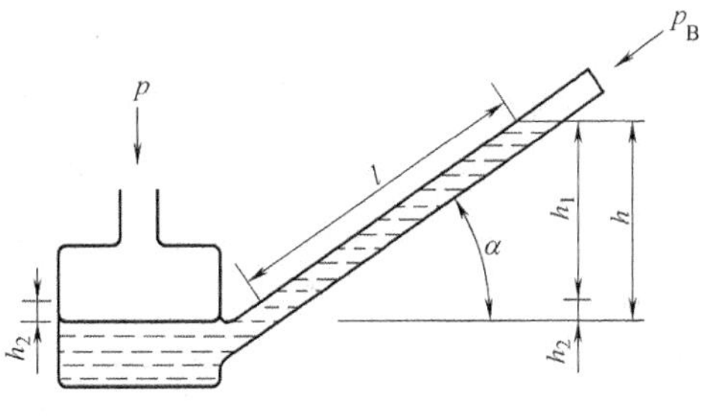

图4-4 斜管微压计

与 U 形管压力计相同。当被测压力与封液液柱产生的压力平衡时，则有

$$h_1 = l\sin\alpha$$

$$h = h_1 + h_2 = l\left(\sin\alpha + \frac{d^2}{D^2}\right)$$

若 $p > p_B$，则表压力 p_g 为

$$p_g = \rho gh = \rho gl\left(\sin\alpha + \frac{d^2}{D^2}\right) \tag{4-7}$$

$$p_g = Al \tag{4-8}$$

式中，A 为系数，$A = \rho g\left(\sin\alpha + \frac{d^2}{D^2}\right)$。

d 、D、ρ 均为定值，若倾斜角 α 也一定，则 A 为常数，所以读出 l 值即可求出压力值。

改变 α 值即可改变 A 值，以适应不同的测量范围，斜管微压计的使用范围为 100 ~ 2500Pa。

在测量微压时，为了提高灵敏度，可将单管压力计的测量管倾斜放置，但倾斜角 α 不可太小（一般不小于 15°），否则，液注内封液容易被冲散，读数较困难，增大误差，这种倾斜管液注式压力计，又称倾斜管微压计，它可以测量到 0.98Pa 的微压。为了进一步提高微压计的精度，应选用密度小的酒精作为工作液体。

由于测量管是倾斜安装的，对于同样的液注高度，微压计上可使测量的液注长度增加，因而就使其灵敏度和精度提高。

由式（4-8）可知，影响其测量准确度的因素较多，如大气压力 p_B、重力加速度 g、温度、工作液体密度 ρ 和标尺分度等，其中任何一个因素发生变化，都会造成测量误差。为了减少毛细现象的影响，通常要求测量管的内径一般不小于 10mm；在测量过程中也要考虑读数引起误差。

4.3 弹性式压力计

弹性式压力计是工业生产过程中使用最为广泛的一类压力计，具有结构简单、操作方便、性能可靠、价格便宜，可以直接测量气体、液体（油、水等）、蒸汽等介质的压力。其测量范围很宽，可以从几十帕到几十吉帕，可测量正压、负压和压差。

弹性式压力计利用各种不同形状的弹性元件，在压力作用下使弹性元件变形，弹性元件受压（或受拉）后产生的形变（位移），可以通过传动机构带动指针指示压力，也可以通过某种电气元件组成变送器，实现压力信号的远传。

弹性式压力计的核心器件是弹性元件，弹性元件把被测量的压力转换成弹性位移信号输出。当结构、材料一定时，在弹性限度内弹性元件发生弹性形变而产生的弹性位移与被测量的压力值有确定的对应关系。弹性式压力计从应用上可分为抗振型、抗冲击型、防水型、防爆型和防腐型等。金属弹性式压力计的精度可达到 0.16 级、0.25 级、0.4 级。工业生产过程中使用的弹性式压力计，其精度大都是 1.5 级、2.0 级、2.5 级。

1. 弹簧管式压力表

（1）弹性元件的结构形式　弹性式压力计中的弹性元件主要有膜片、膜盒、弹簧管、

波纹管等。每种弹性元件在结构上又有不同的形式，如膜片分为平面膜片、波纹膜片和挠性膜片等。

（2）弹簧管测压原理　如图4-5所示，弹簧管式压力表可做成不同形状，但其核心元件是弹簧管。单圈弹簧管式压力表的传感器弯成圆弧形的空心管子。图4-6所示是单圈弹簧管受压后的形变情况，管子截面呈椭圆形或扁圆形，椭圆形的长半轴为 a，短半轴为 b，管子的开口端 A 固定在仪表接头座上，称固定端，压力信号由接头座引入弹簧管内。管子的另一端封闭，称自由端，即位移输出端。

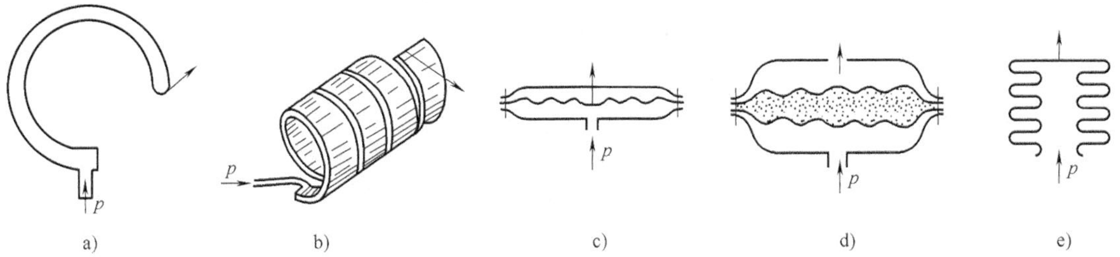

图4-5　弹性元件示意图

a）单圈弹簧管　b）多圈弹簧管　c）膜片　d）膜盒　e）波纹管

当固定端通入被测压力时，弹簧管承受内压，因为压力顺着椭圆（或扁圆）截面的短轴方向，使椭圆（或扁圆）内表面面积增大，因为受力沿着短轴方向，使短轴伸长，故管截面趋于圆形，使弹簧管产生向外挺直的扩张形变，迫使自由端产生位移（B 端移到 B'），但管子的总长度不变，只是中心角发生变化，即中心角随之减小。根据弹性形变原理可知，中心角的相对变化值 $\Delta\gamma/\gamma_0$ 与被测压力在弹性限度内成如下比例关系：

$$\Delta\gamma/\gamma_0=\frac{\gamma_0-\gamma}{\gamma_0}=Kp \tag{4-9}$$

式中，γ_0 为原始中心角；γ 为任意压力作用下的中心角；p 为被测压力；K 为与弹簧管材料、壁厚和几何尺寸等有关的系数。

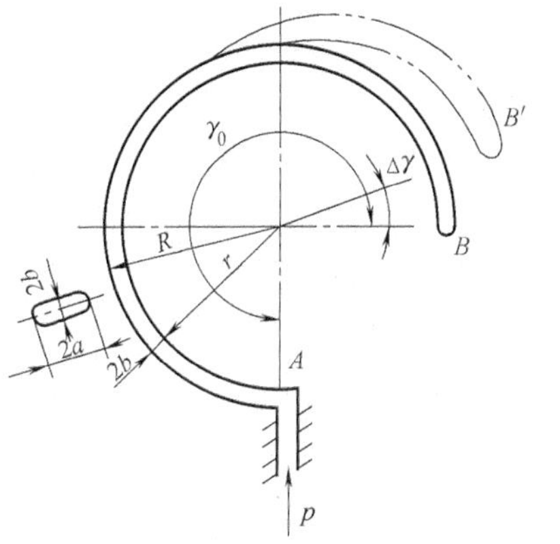

图4-6　单圈弹簧管受压后的变形情况

（3）普通弹簧管压力表　普通单圈弹簧管式压力表的结构如图4-7所示，被测压力由接头9通入，迫使弹簧管1的自由端 B 向右上方扩张。自由端 B 的弹性变形位移由拉杆2使扇形齿轮3作逆时针偏转，进而带动中心齿轮4作顺时针偏转，使与中心齿轮同轴的指针5也作顺时针偏转，从而在面板6的刻度标尺上显示出被测压力 p 的数值。由于自由端的位移与被测压力之间具有比例关系，因此弹簧管式压力表的刻度标尺是线性的。游丝7用来克服因扇形齿轮和中心齿轮间的间隙而产生的仪表变差。改变调整螺钉8的位置（即改变机械传动的放大系数），可以实现压力表量程的调整。

（4）电接点信号压力表。在化工生产过程中，常需要把压力控制在某一范围内，即当压力低于或高于某给定范围时，就会破坏正常工艺条件，甚至可能发生危险。此时就要采用带有报警或控制触点的压力表。将普通弹簧管压力表稍加变化，便可改造成为电接点信号压

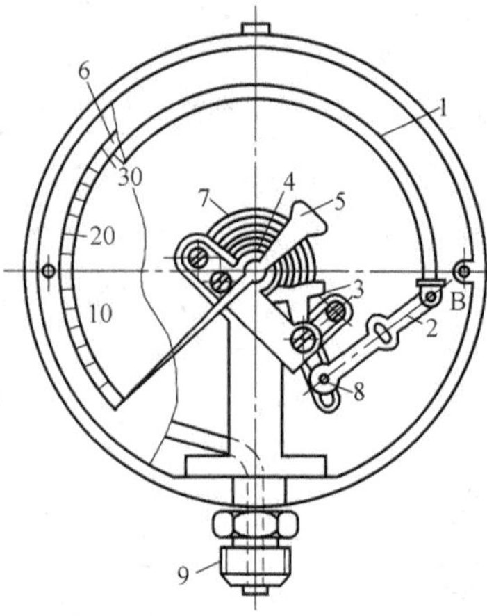

图 4-7　普通单圈弹簧管式压力表结构图

1—弹簧管　2—拉杆　3—扇形齿轮　4—中心齿轮　5—指针　6—面板　7—游丝　8—调整螺钉　9—接头

力表，它能在压力偏离给定范围时，及时发出信号，以提醒操作人员注意或通过中间继电器实现压力的自动控制。

图 4-8 所示为电接点信号压力表，此压力表指针上有动触点 2，表盘上另有两根可调节指针，上面分别有静触点 1 和 4。当压力超过上限给定数值时，动触点 2 和静触点 4 接触，红灯 5 的电路被接通，红灯发亮。若压力低到下限给定数值时，动触点 2 与静触点 1 接触，接通了绿灯 3 的电路。静触点 1、4 的位置可根据需要灵活调节。

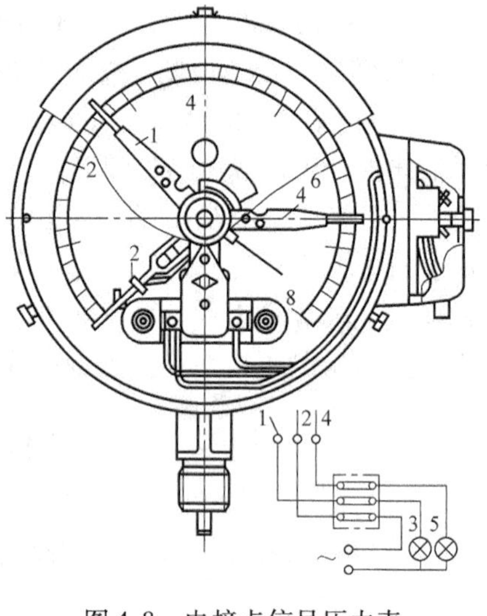

图 4-8　电接点信号压力表

1、4—静触点　2—动触点

3—绿灯　5—红灯

当弹簧管自由端 B 的位移量较小时，直接显示存在困难，一般需要通过放大机构才能指示出来。

弹性元件的材料有铜、磷青铜、不锈钢等。弹簧管的材料因被测介质的性质和被测压力的高低而不同，一般当 $p<20\text{MPa}$ 时，采用磷铜；当 $p>20\text{MPa}$ 时，则采用不锈钢或合金钢。但是，在选用压力表时，必须注意被测介质的化学性质。例如：测量氨气压力必须采用不锈钢弹簧管，而不能采用易被腐蚀的铜质材料；测量氧气压力时，则严禁沾有油脂，以免着火甚至爆炸。

目前，我国出厂的弹簧管压力表量程有 0.1MPa、0.16MPa、0.25MPa、0.4MPa、0.6MPa、1MPa、1.6MPa、2.5MPa、4MPa、6MPa、10MPa、16MPa、25MPa、40MPa、60MPa 等。

2. 膜式压力计

膜式压力计分膜片压力计和膜盒压力计两种，前者主要用于测量腐蚀性介质或非凝固、非结晶的粘性介质的压力，后者常用于测量气体的微压和负压。它们的敏感元件分别是膜片和膜盒，膜片和膜盒的形状如图4-9所示。

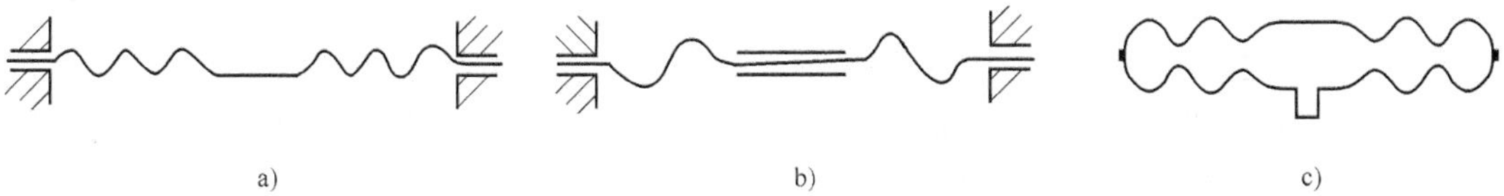

图4-9　膜片和膜盒

a）弹性膜片　b）挠性膜片　c）膜盒

（1）膜片压力计　膜片可分为弹性膜片和挠性膜片两种。弹性膜片一般由金属制成，常用的弹性波纹膜片是一种压有环状同心波纹的圆形薄片，通入压力后，膜片将向压力低的一面弯曲，其中心产生一定的位移（即挠度），通过传动机构带动指针转动，指示出被测压力。挠度与压力的关系主要由波纹的形状，数目，深度和膜片的厚度、直径决定。压力对膜片边缘部分的波纹影响较大，其变形情况基本上决定了膜片的特性，而对中部波纹的影响较小。

图4-10所示为膜片压力计。当被测介质从接头传入膜室后，膜片下部承受被测压力，上部为大气压，因此膜片产生向上的位移。此位移借固定于膜片中心的球铰链5及顶杆6传至扇形齿轮8，从而使齿轮9及固定在其轴上的指针10转动。在刻度盘上就可以读出相应的压力值。

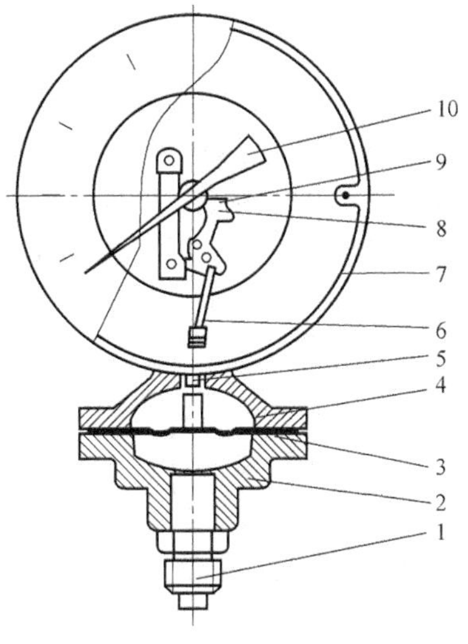

图4-10　膜片压力计

1—接头　2—膜片下盖　3—膜片　4—膜片上盖　5—球铰链　6—顶杆　7—表壳　8—扇形齿轮　9—中心齿轮　10—指针

膜片压力表的最大优点是可用来测量粘度较大的介质压力。当膜片如下盖采用不锈钢材料制作或膜片和下盖内侧涂以适当的保护层（如F-3氟塑料），还可以用来测量某些腐蚀性介质的压力。

（2）膜合压力计　为了增大中心的位移，提高仪表的灵敏度，可以把两片金属膜片的周边焊接在一起，成为膜盒。甚至可以把多个膜盒串接在一起，形成膜盒组。

如图4-11所示，膜盒压力计的核心部件为膜盒部分，膜盒由两个同心波纹膜片焊接在一起，构成空心的膜盒。当被测介质从管接头16引入波纹膜盒时，波纹膜盒受压扩张产生位移。此位移通过弧形连杆8，带动杠杆架11使固定在调零板6上的转轴10转动，通过连杆12和杠杆14驱使指针轴13转动，固定在转轴上的指针5在刻度板3上指示出压力值。

指针轴上装有游丝15用以消除传动机构之间的间隙。在调零板6的背面固有限位螺钉7，以避免膜盒过度膨胀而损坏。为了补偿金属膜盒受温度的影响，在杠杆架上连接着双金属片9。在机座下面装有调零螺杆，旋转调零螺杆1可将指针调至初始零位。

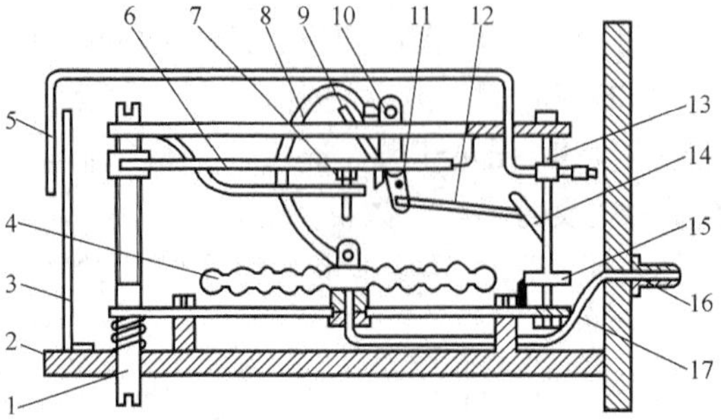

图4-11　膜盒压力计

1—调零螺杆　2—机座　3—刻度板　4—膜盒　5—指针　6—调零板　7—限位螺钉　8—弧形连杆　9—双金属片　10—轴　11—杠杆架　12—连杆　13—指针轴　14—杠杆　15—游丝　16—管接头　17—导压管

3. 波纹管式压力计

波纹管是一种具有等间距同轴环状波纹，外周沿轴向有深槽形波纹状褶皱，而可沿轴向伸缩的薄壁管子。如图4-12所示，其用金属薄管制成，受压时的线性输出范围比受拉时的大，故常在压缩状态下使用。为了改善仪表性能，提高测量精度，便于改变仪表量程。实际应用时波纹管常和刚度比它大几倍的弹簧结合起来使用，其性能主要由弹簧决定。

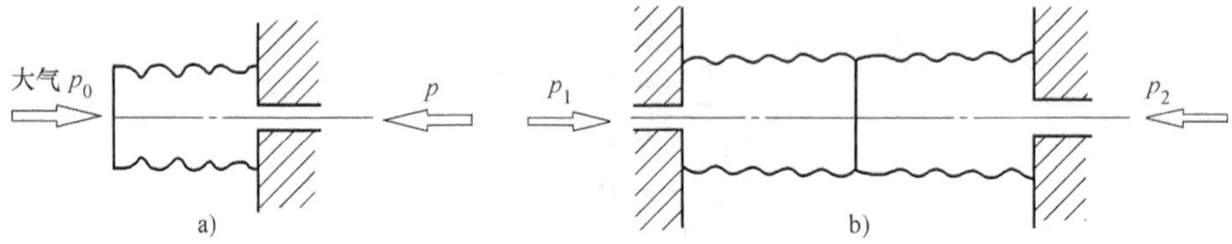

图4-12　波纹管受压示意图

波纹管式压力计在结构上可分为单波纹管（图4-13）和双波纹管（图4-14）两种，在受到压力作用下，其膜面产生的机械位移，位移量不是依靠膜面的弯曲形变，而主要依靠波纹柱面的舒展或屈服来带动膜面中心作用点的移动。

图4-14所示为双波纹管压力计的结构示意图。当从高低压引入口，引入压力 p_1、p_2，且 $p_1>p_2$ 时，连接轴1固定在波纹管 B_1、B_2 上，连接轴1和波纹管 B_1、B_2 被刚性地连接在一起。B_1、B_2 通过阻尼环11与中心基座8间的环形间隙，以及中心基座上的阻尼旁路10相通。量程弹簧组7在低压室，它两端分别固定在连接轴和中心基座上。接入被测压差后，B_1 被压缩，其中的填充液就通过环形间隙和阻尼旁路流向 B_1、B_2，波纹管 B_1、B_2 伸长，量程弹簧组7被拉伸，直至压差在 B_1、B_2 两个端面上形成的力与量程弹簧及波纹管产生的弹

性力相平衡为止。这时连接轴系统向低压侧转移，挡板3推动摆杆4，带动扭力管5转动，使一端与扭力管固定在一起的心轴6发生扭转，此转角反映了被测压差的大小。

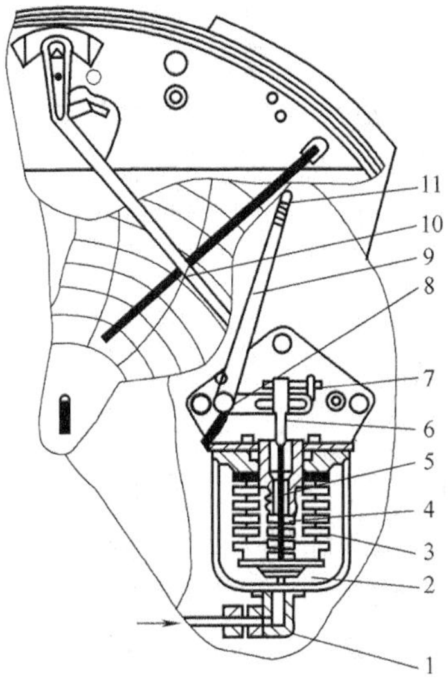

图4-13 波纹管式压力计

1—细铜管 2—测压室 3—波纹管 4、8—弹簧 5—传动导杆 6—滑块 7—调整螺钉 9—角形杠杆 10—记录笔 11—拉杆

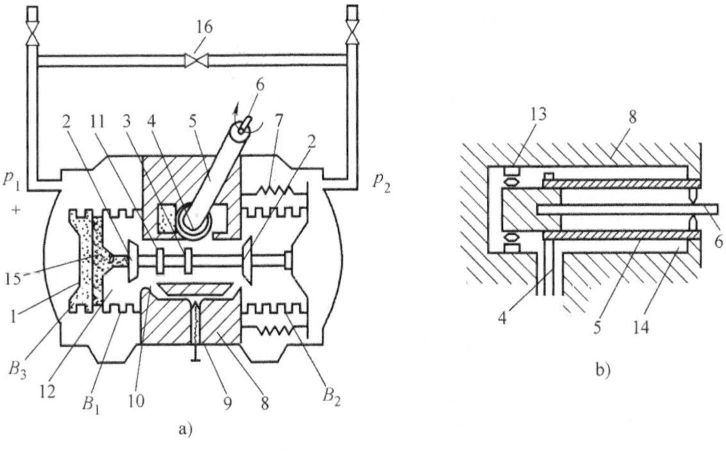

图4-14 双波纹管压差计结构示意图

a）内部结构 b）扭力管部分

1—连接轴 2—单向受压的保护阀 3—挡板 4—摆杆 5—扭力管 6—心轴 7—量程弹簧组 8—中心基座 9—阻尼阀 10—阻尼旁路 11—阻尼环 12—填充液 13—滚针轴承 14—玛瑙轴承 15—隔板 16—平衡阀

波纹管B_3有小孔和B_1相通，当温度变化引起B_1、B_2内填充液的体积变化时，由于B_1、B_2的体积基本不变，多余或不足部分的填充液就会通过小孔流进或流出B_3，起到温度补偿作用。

阻尼阀9起到控制填充液在阻尼旁路10中的流动阻力的作用，防止仪表迟延过大或压力变化频繁引起的振荡，单向受压的保护阀2保护仪表在压差过大或单向受压时不致损坏。

4. 弹性压力计产生误差的因素

由于环境的影响，仪表的结构、加工和弹性材料性能的不完善等，都会对压力测量带来误差。误差的形式很多，有来自在相同压力下，同一弹性元件正反行程的变形量不一样而产生迟滞误差；还有由于弹性元件变形落后于被测压力变化，而引起的弹性后效误差；由仪表的各种活动部件之间有间隙，示值与弹性元件的变形不完全对应，而产生的间隙误差；仪表的活动部件运动时，相互间有摩擦力，也会产生的误差；还有环境温度改变会引起金属材料弹性模量的变化，而产生的误差。基于以上各种误差的存在，一般的弹性压力计要达到0.1%的精度是非常困难的。

4.4 电气式压力检测仪表

电气式压力检测仪表是利用压力敏感元件（简称压敏元件）将被测压力转换成各种电量信号，如电阻、频率、电荷量等信号实现测量的。该方法具有较好的静态和动态性能，量程大，线性好，便于进行压力的自动控制，尤其适合用于压力变化快和高真空、超高压的测量。电气式压力检测仪表主要有压电式压力计、电阻式压力计等。

1. 压电式压力计

压电式压力计是基于某些电介质的压电效应原理制成的。其主要用于测量内燃机气缸、进排气管内的压力，航空领域的高超音速风洞中的冲击波压力，枪、炮膛中击发瞬间的膛内压力变化和炮口冲击波压力，以及瞬间压力峰值等。

（1）压电效应　一些晶体在受压时发生机械变形（压缩或伸长），则在其两个相对表面上就会产生电荷分离，使一个表面带正电荷，另一个表面带负电荷，并相应地有电压输出，当作用在其上的外力消失时，形变也随之消失，其表面的电荷也随之消失，晶体又重新回到不带电时的状态，这种现象称为压电效应。压电式压力传感器就是利用压电效应把压力信号转换为电信号，达到测量压力的目的。

能产生压电效应的材料可分为两类，一类是天然或人造的单晶体，如石英、酒石酸钾钠。另一类是人造多晶体——压电陶瓷，如钛酸钡、锆钛酸铅。石英晶体的性能稳定，其介电常数和压电系数的温度稳定性很好，在常温范围内几乎不随温度变化。另外，它的机械强度高，绝缘性能好，但价格昂贵，一般只用于精度要求很高的传感器中。压电陶瓷受力作用时，在垂直于极化方向的平面上产生电荷，其电荷量与压电系数和作用力成正比，压电陶瓷的压电系数比石英晶体的大，且价格便宜，因此被广泛用作传感器的压电元件。

以石英晶体为例来说明压电效应及其性质。图4-15a所示是石英晶体的外形，它是一个正六面体。在晶体学中可以用3根互相垂直的轴来表示石英晶体的压电特性：纵向轴 z-z 称为光轴，经过正六面体棱线并与光轴垂直的 x-x 称为电轴。而垂直于正六面体棱面，同时与光轴和电轴垂直的 y-y 轴称为机械轴，如图4-15b所示。当外力沿电轴 x-x 方向作用于晶体时产生电荷的压电效应称为纵向压电效应，而沿机械轴 y-y 方向作用于晶体产生电荷的压电效应称为横向压电效应。当外部力沿光轴 z-z 方向作用于晶体时，不会有压电效应产生。

从晶体上沿 y-y 轴方向切下一片薄片称为压电晶体切片，如图4-15c所示。当晶体片在沿 x 轴的方向上受到压力 F_x 作用时，晶体切片将产生厚度变形，并在与 x 轴垂直的平面上产生电荷 Q_x，它和压力 p 的关系为

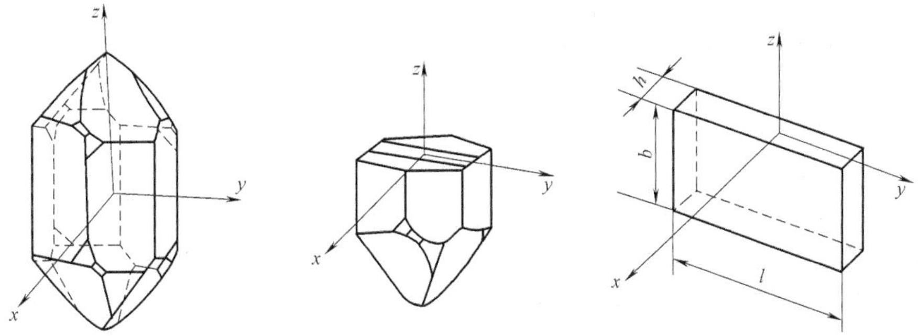

图 4-15 石英晶体

a）石英晶体外形 b）石英晶体坐标系 c）石英晶体切片

$$q_x = k_x F_x = k_x AP \tag{4-10}$$

式中，q_x 为压电效应所产生的电荷量（C）；k_x 为晶体在电轴 x-x 方向受力的压电系数（C/N）；F_x 为沿晶体电轴 x-x 方向所受的力（N）；A 为垂直于电轴的加压有效面积（m^2）。

从式（4-10）可以看出，当晶体切片受到 x 方向的压力作用时，q_x 与作用力 F_x成正比，而与晶体切片的几何尺寸无关。受力方向和变形不同时压电系数 k_x也不同。

（2）压电式压力传感器 图 4-16 所示为一种压电式压力传感器的结构示意图。压电元件被夹在两块性能相同的弹性元件（膜片）之间，膜片的作用是把压力收集转换成集中力，再传递给压电元件。压电元件的一个侧面与膜片接触并接地，另一侧面通过引线将电荷量引出。弹簧的作用是使压电元件产生一个预紧力，可用来调整传感器的灵敏度。当被测压力均匀作用在膜片上，压电元件就在其表面产生电荷。电荷量一般用电荷放大器或电压放大器放大，转换为电压或电流输出，其大小与输入压力成正比关系。

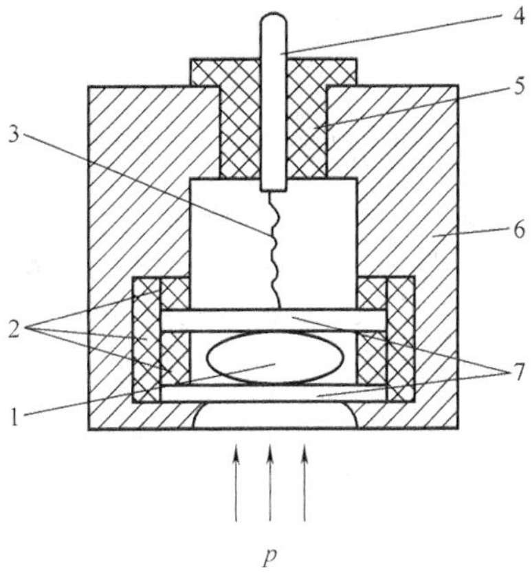

图 4-16 压电式压力传感器结构

1—压电元件 2、5—绝缘体 3—弹簧 4—引线 6—壳体 7—膜片

更换压电元件可以改变压力的测量范围。在配用电荷放大器时，可以用将多个压电元件并联的方式提高传感器的灵敏度。在配用电压放大器时，可以用将多个压电元件串联的方式提高传感器的灵敏度。

（3）特点 压电传感器产生的信号非常微弱，输出阻抗很高，必须经过前置放大，把微弱的信号放大，并把高输出阻抗变换成低输出阻抗，才能为一般的测量仪器所接受。压电式传感器用于动态压力测量，被测压力变化的频率太低，环境温度和湿度的改变，都会改变传感器的灵敏度，造成测量误差。另外，压电陶瓷的压电系数是逐年减低的，故压电元件的传感器应定期校正其灵敏度，以保证测量精度。

2. 电阻式压力计

（1）测量原理 测量原理主要是压阻效应，即金属或半导体材料在受力作用下，电阻值发生变化。电阻式压力计通过测量电路中阻值的变化，从而计算受力情况。

金属导体或半导体材料制成的电阻体，其电阻值在受到压力或拉力作用下，几何尺寸和电阻率都会发生变化，受力之间的电阻值可以表示为

$$R=\rho\frac{L}{A}$$

式中，ρ 为电阻的电阻率（$\Omega\cdot m$）；L 为电阻的轴向长度（m）；A 为电阻的横向截面面积（m^2）。

当电阻丝在拉力（压力）F 作用下，长度 L 增加，截面积 A 减小，电阻率 ρ 也相应变化，所有这些都将引起电阻值的变化，其相对变化量为

$$\frac{\Delta R}{R}=\frac{\Delta\rho}{\rho}+\frac{\Delta L}{L}-\frac{\Delta A}{A} \tag{4-11}$$

对于半径为 r 的电阻丝，截面面积 $A=\pi r^2$，由材料力学可知

$$\frac{\Delta A}{A}=2\frac{\Delta r}{r}=-2\mu\frac{\Delta L}{L} \tag{4-12}$$

式中，μ 为电阻材料的泊松比。

电阻轴向长度的相对变化量称为应变，一般用 ε 表示，即 $\varepsilon=\Delta L/L$。则电阻的相对变化量可写成

$$\frac{\Delta R}{R}=(1+2\mu)\varepsilon+\frac{\Delta\rho}{\rho} \tag{4-13}$$

对于金属材料，电阻率 $\Delta\rho/\rho$ 相对变化较小，影响电阻相对变化较大因素是几何尺寸 $\Delta L/L$ 和 $\Delta A/A$ 的改变；对于金属材料，以应变效应为主，被称为金属电阻应变片，并制成应变片式压力计；对于半导体材料，以压阻效应为主，被称为半导体应变片，并制成压阻式压力计。

（2）应变片式压力计　应变片式压力计有很多种结构，其中 BPR-2 传感器的结构如图 4-17a所示。其特点是被测压力不直接作用在贴有应变片的弹性元件上，而是传到一个测

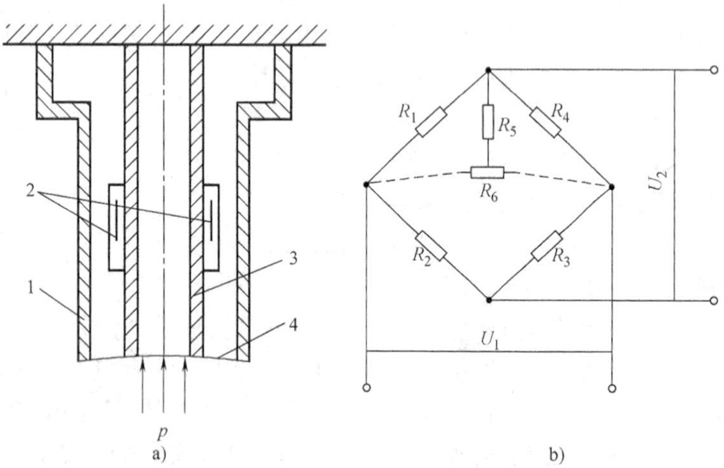

图 4-17　应变片式压力计

a）传感器结构　b）应变片测量桥路

1—外壳　2—应变片　3—应变筒　4—密封膜片

力应变筒上。被测压力经膜片转换成相应大小的集中力，这个力再传给测力应变筒。应变筒的应变由贴在它上边的应变片测量。

应变筒的上端与外壳固定在一起，它的下端与不锈钢密封膜片紧密接触，两片康铜丝应变片 R_1 和 R_4 用特殊胶合剂贴紧在应变筒的外壁。R_1 沿应变筒的轴向贴放，作为测量片；R_4 沿径向贴放，作为温度补偿片。当被测压力 p 作用于不锈钢膜片而使应变筒作轴向受压变形时，沿轴向贴放的 R_1 随之产生轴向压缩应变，使 R_1 阻值减小；与此同时，沿径向贴放的 R_4 则产生拉伸变形，使 R_4 阻值增大，且 R_1 的减小量将大于 R_4 的增大量。应变片的测量电桥如图 4-17b 所示。其中 $R_2=R_3$ 为固定电阻，电阻 R_5 和滑动电阻 R_6 起调零作用。

此外，也可采用 4 片应变片组成电桥，每片处在同一电桥的不同桥臂上，温度升降将使这些应变片电阻同时增减，从而不影响电桥平衡。当有压力时，相邻两臂的阻值一增一减，使电桥有较大的输出。但尽管这样，应变片式压力计仍然有比较明显的温漂和时漂。因此，这种压力计多用于动态压力检测中。

（3）压阻式压力计　金属电阻应变片虽然有不少优点，但灵敏系数低是它的最大弱点。半导体应变片的灵敏系数比金属电阻高约 50 倍。它是利用半导体材料在外加应力作用下，电阻率发生变化，称为压阻效应，优点是可以直接测量很微小的应变。

1）工作原理。当外部应力作用于半导体时，压阻效应引起的电阻变化大小不仅取决于半导体的类型和载流子浓度，还取决于外部应力作用于半导体晶体的方向。如果沿所需的晶轴方向（压阻效应最大的方向）将半导体切成小条制成半导体应变片，让其只沿纵向受力，则作用应力与半导体电阻率的相对变化关系为

$$\frac{\Delta\rho}{\rho}=\pi\sigma \tag{4-14}$$

式中，π 为半导体应变片的压阻系数（Pa^{-1}）；σ 为纵向所受应力（Pa）。

由胡克定律可知，材料受到的应力和应变。之间的关系为

$$\sigma=E\varepsilon \tag{4-15}$$

将式（4-15）代入式（4-14）得

$$\frac{\Delta\rho}{\rho}=\pi E\varepsilon \tag{4-16}$$

式（4-16）说明半导体应变片的电阻变化率 $\Delta\rho/\rho$ 正比于其所受的纵向应变 ε。

将式（4-16）代入式（4-13）得

$$\frac{\Delta R}{R}=(1+2\mu+\pi E)\varepsilon \tag{4-17}$$

设 $K=1+2\mu+\pi E$，定义 K 为应变片灵敏系数，对于半导体应变片，压阻系数 π 很大，约为 50～100，故半导体应变片以压阻效应为主，其电阻的相对变化率等于电阻率的相对变化，即 $\Delta R/R=\Delta\rho/\rho$。

2）压阻式传感器。利用具有压阻效应的半导体材料可以做成粘贴式的半导体应变片进行压力检测。随着半导体集成电路制造工艺的不断发展，人们利用半导体制造工艺的扩散技术，将敏感元件和应变材料合二为一制成扩散型压阻式传感器。由于这类传感器的应变电阻和基底都是用半导体材料——硅制成的，所以又称为扩散硅压阻式传感器。它既有测量功能，又起弹性元件的作用，形成了高自振频率的压力传感器。在半导体基片上还可以很方便

地将一些温度补偿、信号处理和放大电路等集成在一起，构成集成传感器或变送器。所以，扩散硅压阻式传感器一经出现就受到人们的普遍重视，发展很快。

图4-18a所示是扩散硅压阻式传感器的结构示意图，它的核心部分是一块圆形的单晶硅膜片，既是压敏元件，又是弹性元件。在硅膜片上，用半导体制造工艺中的扩掺杂法做成四个阻值相等的电阻，构成平衡电桥，相对桥臂电阻对称布置，再用压焊法与外引线相连。膜片用一个圆形硅固定，用两个气腔隔开。膜片的一侧是高压腔，与被测对象相连接；另一侧是低压腔，当测量表压时，低压腔和大气相连通；当测量压差时，低压腔与被测对象的低压端相连。当膜片两边存在压差时，膜片发生变形，产生应力，从而使扩散电阻的阻值发生变化，电桥失去平衡，输出相应电压。如果忽略材料几何尺寸变化对阻值的影响，则该不平衡电压大小与膜片两边的压差成正比。为了补偿温度效应的影响，一般还在膜片上沿对压力不敏感的径向增加一个电阻，这个电阻只感受温度变化，不承受压力，可接入桥路作为温度补偿电阻，以提高测量精度。

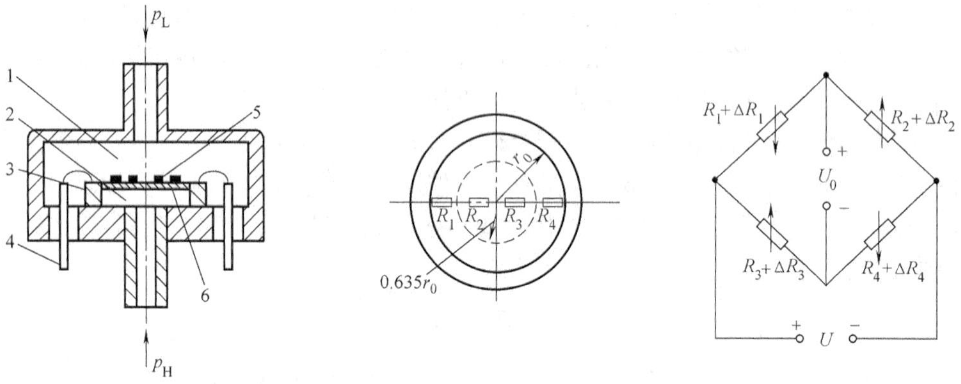

图4-18 扩散硅压阻式压力计

a）传感器结构 b）半导体应变片布置图 c）测量电桥

1—低压腔 2—高压腔 3—硅杯 4—引线 5—扩散电阻 6—硅膜片

由于硅膜片是各向异性材料，它的压阻效应大小与作用力方向有关，所以在硅膜片承受外力时，必须同时考虑其纵向（扩散电阻长度方向）压阻效应和横向（扩散电阻宽度方向）的压阻效应。鉴于硅膜片在受压时的形变非常微小，其弯曲的挠度远远小于硅膜片厚度，而膜片一般是圆形的，因而其压力分布可近似为弹性力学中的小挠度圆形板。

设均匀分布在硅膜片上的压力为 p，则膜片上各点的应力与其半径 r 的关系为

$$\sigma_r=\frac{3p}{8h^2}[r_0^2(1+\mu)^2-r^2(3+\mu)] \tag{4-18}$$

$$\sigma_\tau=\frac{3p}{8h^2}[r_0^2(1+\mu)^2-r^2(1+3\mu)] \tag{4-19}$$

式中，σ_r、σ_τ 为半导体应变片所承受的径向、切向应力（Pa）；h 为硅膜片厚度（m）；r_0为膜片工作面半径（m）；r 为应力作用半径，即电阻距硅膜片中心的距离（m）；μ 为泊松比，硅的泊松比 $\mu=0.35$。

由式（4-18）和式（4-19）可见，当 $r=0$ 时，应力 σ_r 和 σ_τ 达到最大值，随着 r 的增

加，σ_r和σ_τ逐渐减小。当$r=0.63r_0$或$r=0.812r_0$时，σ_r和σ_τ分别为零。此后随着r的进一步增加，σ_r和σ_τ进入负值区，直至$r=r_0$时，σ_r和σ_τ均分别达到负最大值。这说明均匀分布压力p产生的应力是不均匀的，且存在正应力区和负应力区。利用这一特性，在硅膜片上选择适当的位置布置电阻，如图4-18b所示。使R_1和R_4布置在负应力区，R_2和R_3布置在正应力区，让这些电阻在受力时其阻值有增有减，并且在接入电桥的四阻臂中，使阻值增加的两个电阻与阻值减小的两个电阻分别相对，如图4-18c所示。这样不但提高了输出信号的灵敏度，又在一定程度上消除了阻值随温度变化带来的不良影响。

4.5 压力变送器

压力变送器主要由测压元件传感器（也称压力传感器）、测量电路和过程连接件三部分组成。它能将测压元件传感器感受到的气体、液体等物理压力参数转变成标准的电信号（如DC4～20mA等），以可供给指示报警仪、记录仪、调节器等二次仪表进行测量、指示和过程调节，可以测量压力或压差。常用的有电容式压力变送器、霍尔式压力变送器、电感式压力变送器等。

1. 电容式压力变送器

电容式压力变送器由电容器组成，电容器的电容量由两个极板的大小、形状、相对位置和电介质的介电常数决定。

（1）基本原理　两平行板组成的电容器，如不考虑边缘效应，其电容量为

$$C=\frac{\varepsilon S}{d} \tag{4-20}$$

式中，C为平行极板的电容量（F）；d为平行极板间的距离（m）；ε为平行极板间的介电常数（F/m）；S为极板面积（m^2）。

电容式压力、压差变送器是通过弹性膜片的位移引起电容量的变化，从而测出压力、压差的。图4-19所示是差动式电容压力变送器结构示意图，左右对称的不锈钢基座上下两边外侧焊上了波纹密封隔离膜片，不锈钢基座内有玻璃绝缘层，不锈钢基座和玻璃绝缘层中心开有小孔。玻璃层内侧的凹形球面上除边缘部分外镀有金属膜作为固定电极，中间被夹紧的弹性膜片作为可动测量电极，上、下面固定电极和测量电极组成了两个电容器，其信号经引线引出。测量电极将空间分隔成上、下两个腔室，其中充满硅油。当隔离膜片感受两侧压力的作用时，具有不可压缩性和流动性的硅油将压差信号传递到弹性测量膜片的两侧，从而使膜片产生位移Δd，如图4-19中的虚线所示，此时，$p_2>p_1$。则一个电容的极距变小，电容量增大；而另一个电容的极距变大，电容量则减小，每个电容的电容变化量分为

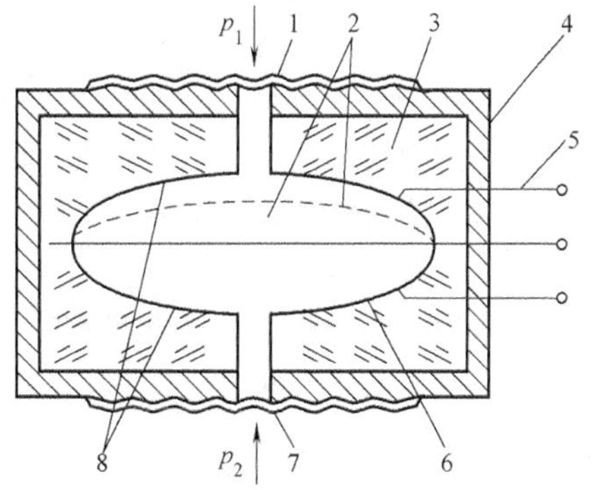

图4-19　差动式电容压力变送器结构示意图
1、7—隔离膜片　2—可动极板　3—玻璃绝缘层
4—基座　5—引线　6—硅油　8—固定极板

$$\Delta C_1 = \frac{\varepsilon S}{d-\Delta d} - \frac{\varepsilon S}{d} = C_0 \frac{\Delta d}{d-\Delta d} \tag{4-21}$$

$$\Delta C_2 = \frac{\varepsilon S}{d+\Delta d} - \frac{\varepsilon S}{d} = C_0 \frac{\Delta d}{d+\Delta d} \tag{4-22}$$

所以，差动电容的变化量为

$$\Delta C = \Delta C_1 - \Delta C_2 = 2C_0 \frac{\Delta d}{d}\left[1 + \left(\frac{\Delta d}{d}\right)^2 + \cdots\right] \tag{4-23}$$

由式（4-23）可看出，差动式电容压力变送器与单极板电容压力变送器相比，非线性得到很大改善，灵敏度也提高近1倍，并减小了由于介电常数受温度影响引起的不稳定性。该方法不仅可测量压差，而且若将一侧抽成真空，还可用于测量真空度和微小绝对压力。

（2）电容式压力变送器的特点　电容式压力变送器的测量范围为 $-1\times10^7 \sim 5\times10^7$Pa，可在 $-46\sim100$℃的环境温度下工作，其优点是：

1）需要输入的能量极低。

2）灵敏度高，电容的相对变化量可以很大。

3）结构可做得刚度大而质量小，因而固有频率高，又由于无机械活动部件，损耗小，所以可在很高的频率下工作。

4）稳定性好，测量准确度高，其准确度可达 ±0.25%。

5）结构简单、抗振、耐用，能在恶劣环境下工作。

其缺点是：分布电容影响大，必须采取措施设法减小其影响。

2. 霍尔式压力变送器

霍尔式压力变送器是基于“霍尔效应”制成的，把在压力作用下产生的弹性元件的位移信号转变成电势信号，通过测量电势进而获得压力的大小。它具有结构简单、体积小、重量轻、功耗低、灵敏度高，频率响应宽、动态范围（输出电势的变化）大、可靠性高、易于微型化和集成电路化等优点。但信号转换效率较低，对外部磁场敏感，抗振性较差，受温度影响也较大，使用时应注意进行温度补偿。

（1）霍尔效应　电流 I（y 轴方向）通过垂直于外磁场 B（z 轴方向）通过导体或半导体薄片时，导体中的载流子（电子）在磁场中受到洛伦兹力（其方向由左手定则判断）的作用，其运动轨迹有所偏离，如图4-20中虚线所示。这样，薄片的左侧因电子的累积而带负电荷，相对的右侧带正电荷，于是在薄片的 x 轴方向的两侧表面之间就产生了电位差。这一物理现象称为霍尔效应，其形成的电势称为霍尔电势，能够产生霍尔效应的器件称为霍尔元件。当电子积累所形成的电场对载流子的作用力 F_E 与洛伦兹力 F_0 相等时，电子积累达到动态平衡，其霍尔电势 V_H 为

$$V_H = K_H IBf\left(\frac{L}{b}\right)/h \tag{4-24}$$

式中，V_H 为霍尔电势（mV）；K_H 为霍尔常数；B 为垂直作用于霍尔元件的磁感应强度（T）；I 为通过霍尔元件的电流，又称控制电流（mA）；h 为霍尔元件的厚度（m）；L 为霍尔元件的长度（m）；b 为霍尔元件的宽度（m）。

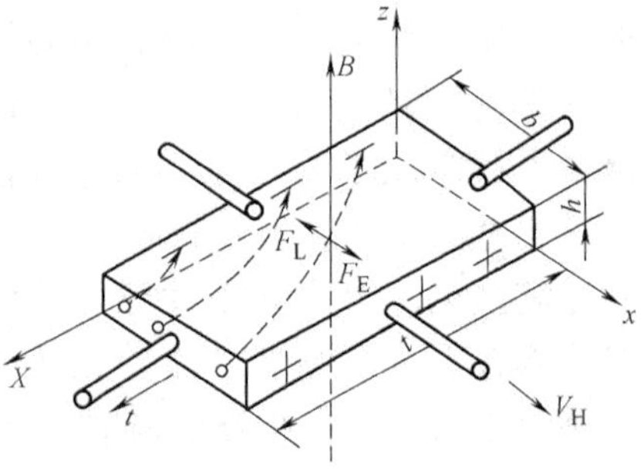

图4-20　霍尔效应原理图

式（4-24）表明，当霍尔片材料、结构确定时，霍尔电动势的大小正比于控制电流 I 和磁感应强度 B 的乘积。由于半导体（尤其是N型半导体）的霍尔常数 K_H 要比金属的大得多，因此霍尔元件主要由硅（Si）、锗（Ge）、砷化铟（InAs）等半导体材料制成。此外，元件的厚度 d 对灵敏度的影响也很大，元件越薄，灵敏度就越高，所以霍尔元件一般都比较薄。

由式（4-24）还可看出，当控制电流的方向或磁场的方向改变时，输出电动势的方向也将改变。但当磁场与电流同时改变方向时，霍尔电动势并不改变原来的方向。

（2）霍尔压力变送器　图4-21为霍尔压力变送器结构示意图。弹簧管一端固定在接头上，另一端（即自由端）上装有霍尔元件。在霍尔元件的上、下方垂直安放两对磁极，一对磁极所产生的磁场方向向上，另一对磁极所产生的磁场方向向下，这样使霍尔元件处于两对磁极所形成的一个线性不均匀差动磁场中。为得到较好的线性分布，磁极端面做成特殊形状的磁靴。

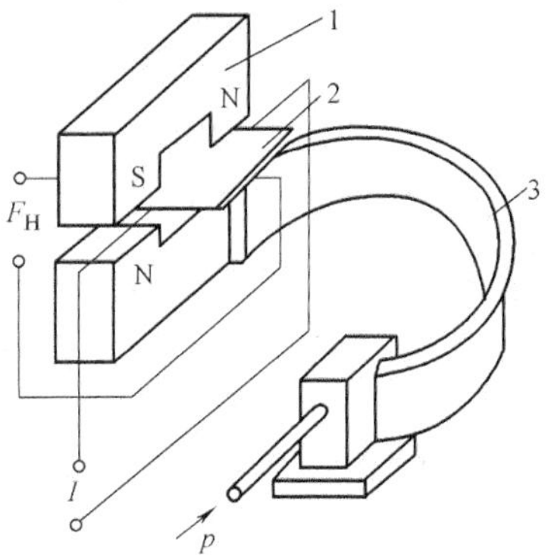

图4-21　霍尔压力变送器结构图
1—磁钢　2—霍尔元件　3—弹簧管

在无压力引入情况下，霍尔元件处于上下两磁钢中心即差动磁场的平衡位置，霍尔元件两端通过的磁通方向相反、大小相等，所产生的霍尔电势代数和为零。当被侧压力 p 引入弹簧管固定端时，与弹簧管自由端相连接的霍尔元件由于自由端的伸展而在非均匀磁场中运动，从而改变霍尔元件在非均匀磁场中的平衡位置，也就是改变了磁感应强度 B，根据霍尔效应，霍尔元件便产生相应的霍尔电势。由于沿霍尔元件偏移方向磁感应强度的分布呈线性增长状态，所以霍尔元件的输出电势与弹簧管的变形伸展也为线性关系，即与被测压力 p 呈线性关系。霍尔压力变送器实质上是一个位移-电势的变换元件。

另外还有霍尔微压变送器，它的弹性元件采用膜盒，上述两种霍尔变送器输出信号均为DC0～20mV。由于霍尔电势对温度变化比较敏感，一般实际使用时都需要增加温度补偿措施。

3. 电感式压力传感器

电感式压力传感器利用电磁感应原理，通过线圈内磁通介质的磁导率变化，把弹性元件的位移量转换为电路中电感量的变化或互感量的变化，再通过测量线路转变为相应的电流或电压信号。

图4-22a所示为气隙型电感压力传感器的原理示意图。线圈2由恒定的交流电源供电后产生磁场，衔铁1、铁心3和气隙组成闭合磁路，由于气隙的磁阻比铁心和衔铁的磁阻大得多，线圈的电感量 L 可表示为

$$L=\frac{N^2\mu_0 S}{2\delta} \tag{4-25}$$

式中，N 为线圈的匝数；μ_0 为空气的磁导率；S 为气隙的截面积；δ 为气隙的宽度。

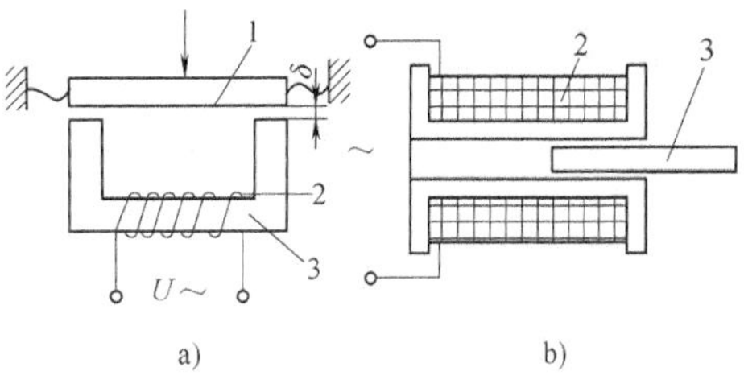

图4-22　电感压力传感器原理示意图
a）气隙式　b）螺管式
1—衔铁　2—线圈　3—铁心

弹性元件与衔铁相连，弹性元件感受到压力产生位移，使气隙宽度 δ 发生变化，从而使电感量 L 发生变化。

在实际工作中，N、μ_0、S 都是常数，电感 L 只与气隙宽度 δ 有关。由于 L 和 δ 成反比关系，因此，为了得到较好的线性特性，必须把衔铁的工作位移限制在较小的范围内。若 δ_0 为传感器的初始气隙，$\Delta\delta$ 为衔铁的工作位移，则一般取

$$\Delta\delta = (0.1 \sim 0.2)\delta_0$$

当弹性元件的位移较大时，可采用图 4-22b 所示的螺管式电感传感器，它由绕在骨架上的线圈 2、沿着线圈轴向移动并与弹性元件相连的铁心 3 组成。它实质上是个调感线圈。

这种传感器结构简单，但驱动衔铁或铁心的压力比较大，线圈电阻的温度误差不易补偿，所以实际应用较少，而往往采用图 4-23 所示的差动式电感传感器，其中图 4-23a 所示为差动气隙式，图 4-23b 所示为差动螺管式，它们实际上是由共用一个衔铁或铁心的两个简单传感器组合而成的，它们不但克服了上述简单传感器的缺点，且增大了线性工作范围。

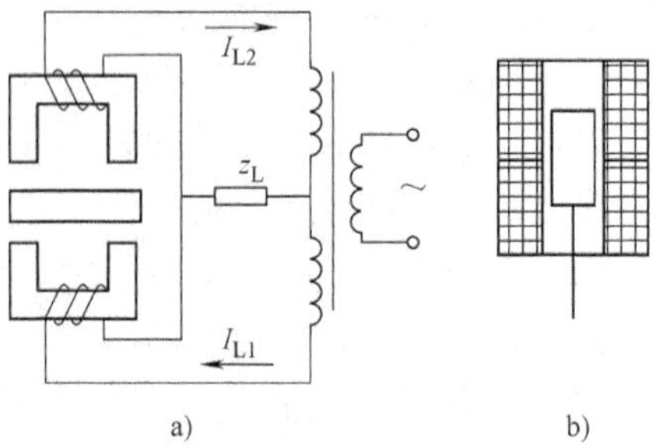

图 4-23　差动式电感传感器

a）差动气隙式　b）差动螺管式

在各种电感式压力传感器中，以差动变压器式的应用最广泛。图 4-24 所示为差动变压器的工作原理示意图。两个二级绕组对称地分布在一级绕组的两边，它们的电气参数相同，几何尺寸一致，并按电势反向串联在一起。圆柱形铁心一端与感应压力的弹性元件相连，使之在线圈架中心沿轴向移动。当一级绕组接上频率、幅度一定的交流电源后，二级绕组即产生感应电压信号。由于差动变压器输出的是两个二级绕组的感应电压之差，因此输出电压的大小和正负则反映了被测压力的大小和正负；被测压力为零时，铁心处于中间位置，输出为零；当弹性元件感受压力产生位移，引起铁心位置改变，进而使互感发生变化时，两个二级绕组的感应电压也随之发生相应的变化，两者之差反映了被测压力的大小和正负。

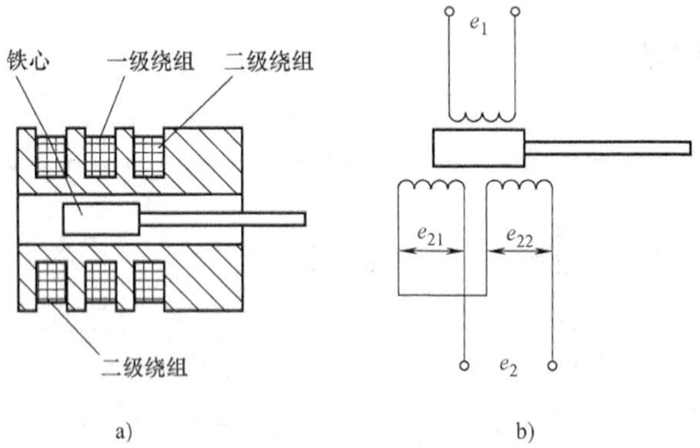

图 4-24　差动变压器的工作原理

a）差动变压器结构　b）电路简图

电感式压力传感器的特点是灵敏度高、输出功率大、结构简单、工作可靠，并且它的二次仪表为毫伏或自动平衡电子差动仪，可以把输出信号转换为统一的电流或电压信号，与电

动单元组合仪表联用。电感式压力传感器产生误差的主要原因是外界环境温度的变化，使用时应考虑温度补偿的问题；对电源电压和频率的波动反应较慢，不适合测量高频脉动压力，还有线圈的电气参数、几何参数不对称与导磁材料的不对称、不均质等产生的误差；结构比较笨重，精度等级一般为0.5～1级。

思考题与习题

4-1 试述压力的定义。何谓大气压力、绝对压力、表压力、负压力和真空度？

4-2 一个密闭的容器在海口市抽成真空度为30kPa，将其安全运抵吉林市后，这时真空值是否有变化？为什么？

4-3 判断下述几种测压仪表中哪种在测压时示值不受重力加速度的影响：

1）U形管、单管、斜管液体压力计；

2）弹簧管压力计；

3）波纹管压差计。

4-4 试分析影响液柱压力计测量准确度和灵敏度的主要因素有哪些。

4-5 有一容器用工作液为水银的U形管压力计测得压力如图4-25所示，水银柱高度 $h=200$mm，已知大气压力为101 325Pa，求容器内的绝对压力和表压力（水银在20℃时的密度为13 545kg/m^3）

4-6 用充注水银的U形管压力计测量某容器中的气体压力，在水银柱上加注一段水柱，水柱高 $h_1=500$mm，水银柱高 $h_2=800$mm，如图4-26所示。求容器内气体的压力（水在20℃时的密度为998.2kg/m^3）

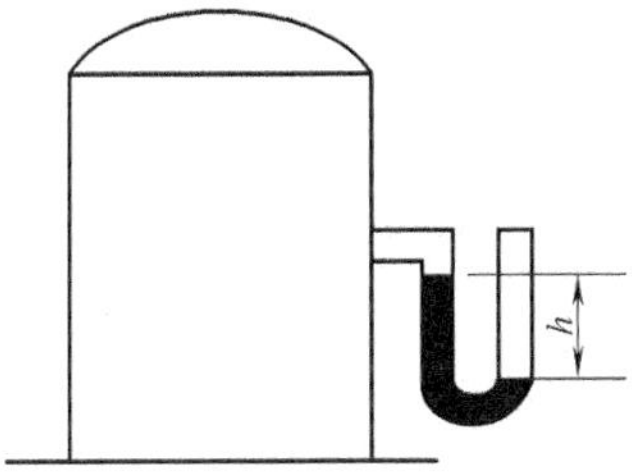

图 4-25

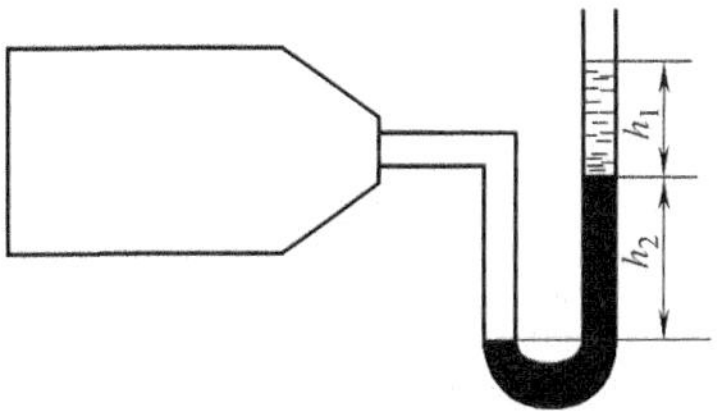

图 4-26

4-7 U形管压力计两肘管的内径分别为 $d_1=6$mm、$d_2=6.5$mm，管内工作液为水，被测压力作用于较细肘管，使水柱从零位下降195mm。如果以该值的2倍作为被测压力值，试确定由没有读取较粗肘管的水柱从零位的升高值所造成的测量误差。

4-8 用单管压力计测量某压力，当工作液是密度 $\rho_1=810$kg/m^3 的染色酒精时，其示值 $h_1=3.9$mm，如果改用工作液密度 $\rho_2=850$kg/m^3 的酒精，问此时的示值为多少？

4-9 单管压力计的宽容器内径 $D=50$mm，肘管的内径 $d=5$mm，试计算：

1）未考虑宽容器液面变化所产生的误差；

2）为了使该误差不超过0.25%，设肘管的内径不变，问宽容器的内径应为多少？

4-10 如果某反应器最大压力为0.8MPa，允许最大绝对误差为0.01MPa。现用一只测量范围为0～1.6MPa，准确度等级为1级的压力表来进行测量，那么是否符合工艺要求？若其他条件不变，换用测量范围为0～1.0MPa的压力表，结果又如何？试说明其理由。

4-11 何谓压电效应？压电式压力计的特点是什么？

4-12 差动式电容压力变送器的优点是什么？为什么？

4-13 应变片式压力计和压阻式压力计的工作原理是什么？二者有何异同点？

第5章　流速测量

气流速度是热力机械中工质运动状态的重要参数之一，常用的流速测量仪表主要有各种测压管、热线风速仪以及激光多普勒测速仪等。

5.1　测压管测量流速的大小

随着现代科学技术的发展，测量气流速度的方法越来越多，目前最常用的方法还是空气动力测压法，其典型仪表就是各种测压管。测压管可分为总压管、静压管、动压管、方向管和复合管，测压管是利用气流速度和压力的关系测量速度的。

1. 测量原理

在气流速度小于声速时，伯努利方程给出了同一流线上气流速率和气流其他状态参数的关系。

气流流速低，不考虑其可压缩性，由伯努利方程得

$$p+\frac{1}{2}\rho v^2=p^*$$

即

$$v=\sqrt{\frac{2}{\rho}(p^*-p)} \tag{5-1}$$

式中，p^*、p 分别为气流的总压和静压。

当气流流速比较高时，需要考虑其可压缩性，可压缩气体等熵流动的伯努利方程为

$$\frac{k}{k-1}\frac{p}{\rho}+\frac{v^2}{2}=\frac{k}{k-1}\frac{p^*}{\rho^*}$$

即

$$v=\sqrt{2\frac{k}{k-1}\left(\frac{p^*}{\rho^*}-\frac{p}{\rho}\right)} \tag{5-2}$$

利用气体绝热过程的状态方程，可得

$$v=\sqrt{2\frac{k}{k-1}RT\left[\left(\frac{p^*}{\rho}\right)^{\frac{k-1}{k}}-1\right]} \tag{5-3}$$

也可表示为

$$v=\sqrt{2\frac{k}{k-1}RT^*\left[1-\left(\frac{p}{\rho^*}\right)^{\frac{k-1}{k}}\right]} \tag{5-4}$$

考虑气体压缩性对流速的影响，引入马赫数 Ma 可得

$$p^*=p\left[1+\frac{k-1}{2}Ma^2\right]^{\frac{k}{k-1}} \tag{5-5}$$

把上式右侧展开，得到

$$p^*-p=\frac{\rho v^2}{2}\left(1+\frac{1}{4}Ma^2+\frac{2-k}{24}Ma^4+\cdots\right)=\frac{\rho v^2}{2}(1+\varepsilon) \tag{5-6}$$

$$v=\sqrt{\frac{2(p^{*}-p)}{\rho(1+\varepsilon)}} \tag{5-7}$$

式中，ε 为气体的压缩性修正系数，它表示了气体的压缩效应的影响。

一般情况测量气流速率时，$Ma>0.3$ 以后，应考虑气体的压缩效应。则

$$v=\sqrt{\frac{2}{\rho}(p^{*}-p)}=\sqrt{\frac{2}{\rho}(p^{*\prime}-p')\xi}$$

式中，$p^{*\prime}$、p'分别为动压管总压和静压的读数；ξ 为动压管的校准系数，即 $\xi=\dfrac{p^{*}-p}{p^{*\prime}-p'}$。

考虑气体的压缩效应时，应为

$$v=\sqrt{\frac{2(p^{*\prime}-p')}{\rho(1+\varepsilon)}\xi} \tag{5-8}$$

2. 测压管

设计测压管最主要的要求是：尽一切可能保证总压孔和静压孔所接受到的压力是真正被测点的总压和静压。

（1）毕托管（动压测量管） 如图 5-1 所示，从流体绕流考虑，N 点的流动状态既受上游毕托管头部绕流的影响，还受下游毕托管立杆绕流的影响。通过实验研究发现，当静压孔 N 开在某一适当位置时，这两种影响有可能相互抵消，使得该处的压力恰好等于未插入毕托管时的静压。

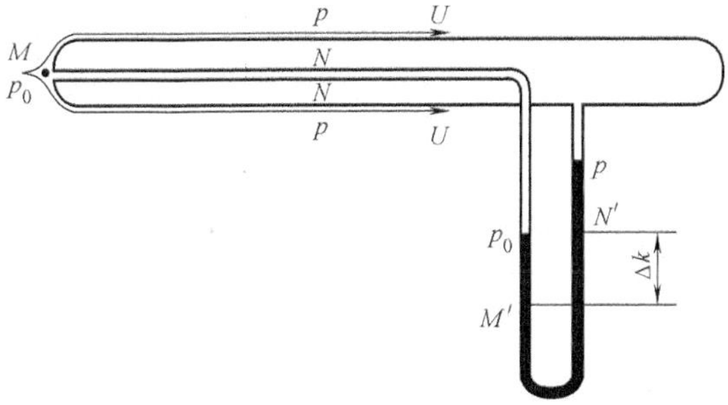

图 5-1 毕托管工作原理图

在毕托管设计中，既要考虑静压孔的位置，还要考虑静压孔的数量与形状、毕托管的头部形状、总压孔的大小、探头与立杆的连接方式等，它们都会影响毕托管的测量结果。

毕托管有多种形式，测量原理都是相同的。图 5-2 所示为三种基本毕托管的结构图。它是一个弯成 90°的同心管，主要由感测头、管身及总压和动压引出管组成。感测头端部呈锥形、圆形或椭圆形，总压孔位于感测头端部，与内管连通，用来测量总压。在外管表面靠近感测头端部的适当位置有一圈小孔，称为静压孔，用来测量静压，它的总压孔和静压孔不是在同一点上，甚至不在流道的同一界面上，所以得到的读数有可能不能准确地反映气流速率的大小，而应加以修正。

（2）S 形毕托管 图 5-3 所示为 S 形毕托管。它由两根相同弯曲的金属细管焊接而成，而总压、静压分别由管口迎着气流方向和背着气流方向的管子引出，它的校准系数 $\xi<1$。它的优点是结构简单、制造容易、横截面积小，缺点是不敏感偏流角小、轴向尺寸大，可用

于测量含尘浓度较高的空气流速，但不适于在轴向速度变化较大的场合应用。

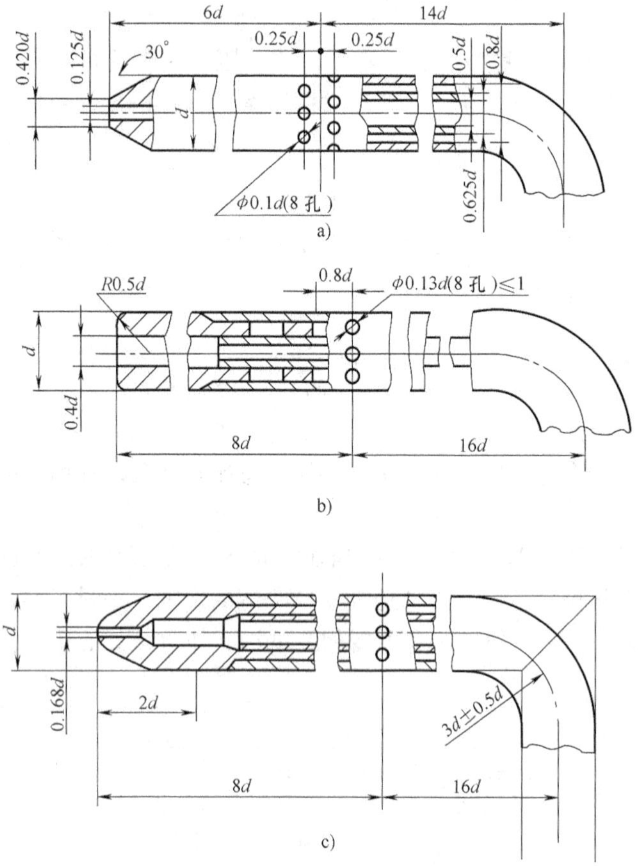

图 5-2　基本毕托管结构图

a）锥形头　b）球形头　c）椭圆头

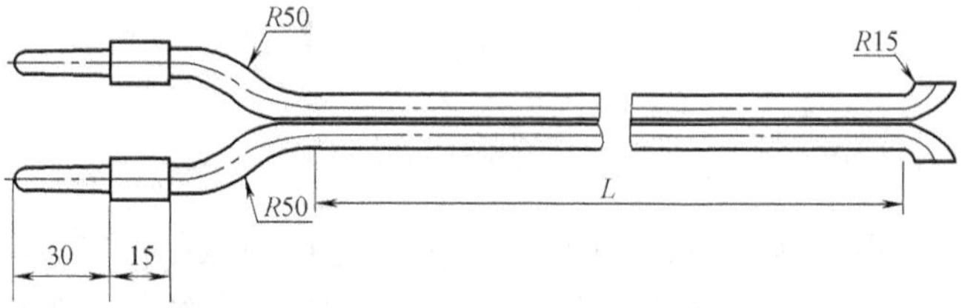

图 5-3　S 形毕托管

（3）笛形动压管　笛形动压管可以测出多点压力而得到平均风速，适用于大尺寸流道内的测量。如图 5-4 所示，按一定规律开孔的笛形管垂直安装在流道内，小孔迎着气流方向，得到气流的平均总压。静压孔开在流道壁面上，与笛形管一起组成了笛形动压管，在保证刚度的前提下，笛形管的直径 d 要尽量小，常取 $d/D=0.04\sim0.09$，总压孔的总面积一般不应超过笛形管内截面的 30%。

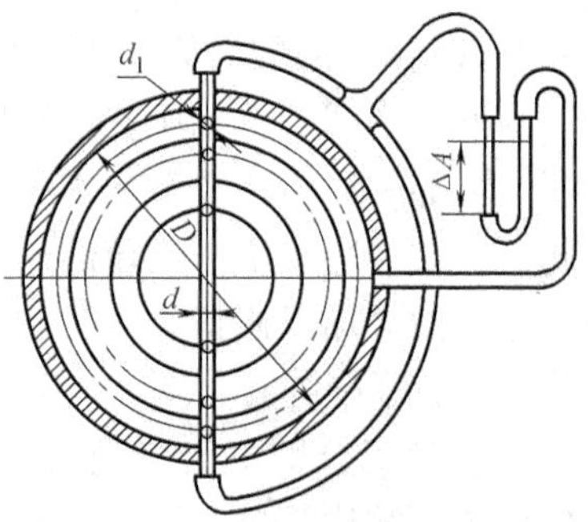

图 5-4　笛形动压管

测量中发现总压孔误差比较小，而静压孔处误差较大。原则上说，只要适当选择位置，毕托管头部绕流和立杆绕流给静压孔带来的影响可以相互抵消，但是，流体绕流固体的状况，除了几何因素以外，还与流动因素有关，例如来流的横向流速梯度、雷诺数、湍流度等。这样，要保证静压孔不受头部和立杆绕流的影响就很困难。静压孔的形状、大小、孔数以及加工的质量也会影响它测得真正的静压。这些因素不能完全避免。因此，对于精确测量来说，毕托管在使用之前，需要经过标定。

3. 测压管的标定

测压管在出厂前或使用一段时间之后都需要进行校验，以保证其准确度在一定范围之内，用于校验的实验装置称为风洞。

(1) 风洞的原理和结构　风洞具有一定形状的管道，在管道中造成具有一定参数的气流，被校验的测压管与标准测压管仪表在其中进行对比实验。

风洞的结构如图5-5所示，主要由风机段1、扩散段2、测量段3、细收缩段4、工作段5、粗收缩段6和稳定段7组成。

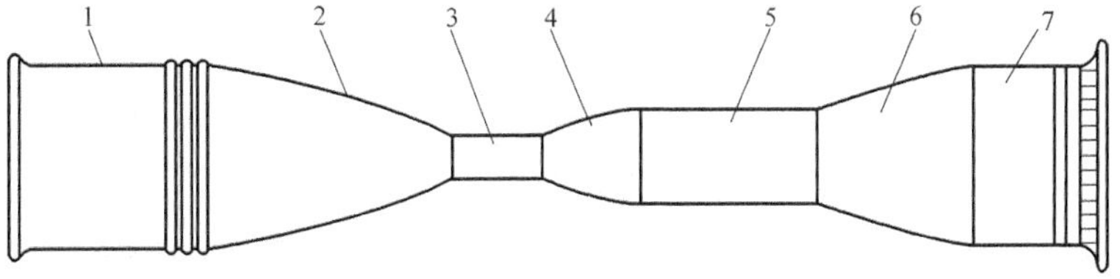

图5-5　风洞结构简图

1—风机段　2—扩散段　3—测量段　4—细收缩段　5—工作段　6—粗收缩段　7—稳定段

风机段1包括由可调速直流电动机驱动的轴流风机及导流器，它是产生具有一定参数气流的动力。稳定段7包括蜂窝器、阻尼网和一定长度的直管段。气流由稳定段7导入，经导直整流形成流场稳定的气流。工作段5是校验中速测压管的直管段。经粗收缩段6的气流进入工作段5，工作段5流场均匀度小于2%，流场稳定度小于1%。测量段3是校验高速测压管的直管段。经细收缩段4的气流进入测量段，流场均匀度小于2%，稳定度小于1%。为减小能量损失，气流经扩散段2由轴流风机排出风洞。风机段1入口设有导流装置，以保证测量段3的均匀性和稳定度。

(2) 测压管的校验　被校验的测压管与标准测压管读数进行对比实验，以标准表读数为真值做被校验仪表的校验曲线。由于风速与被测气流的温度、湿度及大气压等因素有关，对比实验时，应同时测出这些量作为参考因素。

5.2　流动方向的测量

速度是矢量，不仅有大小，还有方向。方向测量可以分为平面和三维空间气流的检测。本节主要介绍平面气流的测量。平面气流的测量包括气流方向和气流速率的测量。测量气流速率的依据是不可压缩流体对某些规则形状物体的绕流规律；流动方向是通过测量流速在不同方向的变化得到的，可以在测压管得到不同方向的压力来反映速度的变化。

为了准确测出气流的方向，可用方向管或复合管对气流方向的变化来测量，并要求对气流的变化越敏感越好，这恰恰与总压管、静压管测量压力时的要求相反。一般用修正方向特性、总压特性和速度特性的方法修正流体的运动方向。

1. 测量原理

以三孔测压管为例说明方向测量的原理。如图 5-6 所示，由三孔圆心组成的三角形，两侧孔为方向孔，中间孔为总压孔，总压孔的圆心在方向孔与总压孔的角平分线上。把三孔测压管垂直插入均匀平行的气流中，三孔都迎着气流方向，调整方向孔 1 和 3 的压力，当孔 1 和孔 3 的压力相等时，在三个孔决定的平面内，过测压管截面的圆心和气流方向平行的方向，就是测压管的气动轴线。

2. 圆柱三孔复合测压管

圆柱三孔复合测压管的结构如图 5-7 所示，在一个圆柱体上沿径向钻三个小孔，中间 2 为总压孔，其压力由圆柱体的内腔引出，两侧的孔 1、3 为方向孔，其压力由焊接在孔上的针管引出。这种测压管结构简单，制造容易，使用方便，应用广泛。

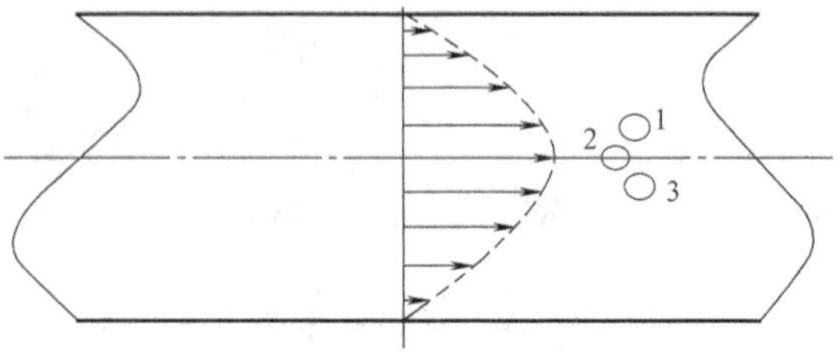

图 5-6　管道内轴线与气流方向一致的图示

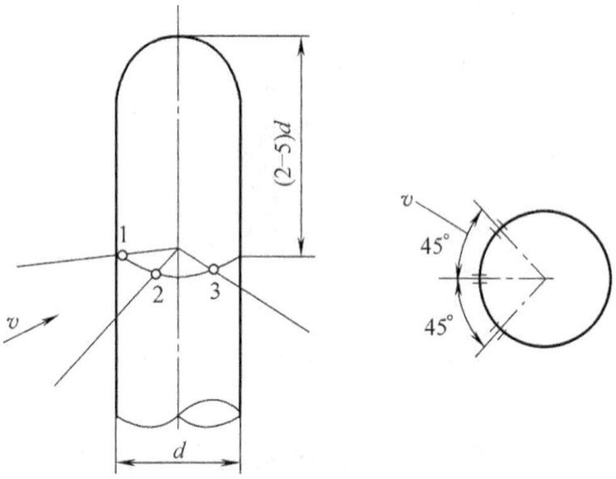

图 5-7　圆柱三孔复合测压管

1、3—方向孔　2—总压孔

为了保证安装测压管的位置及方向，通常都在测压管上焊接一方向块，焊接时尽量使方向块的平面与总压孔 2 的轴线相平行，方向块的平面就作为测压管的原始位置，即几何轴线。

在使用时，几何轴线和气动轴线分别对应于坐标架刻度盘上的一个读数，几何曲线与气动轴线的夹角称为校正角，如图 5-8 所示。校正角和校正曲线一样，是在校正风洞上得到的。由于工艺上的原因，气动轴线、几何轴线及总压孔 2 的轴线三者不一定平行。气流方向与气动轴线的夹角称为气流偏角。气流偏角正负的规定：气流方向在基准方向的左侧，取正号；气流方向在基准方向的右侧，取负号。α 以几何轴线为基准方向，α_c 以气动轴线为基准方向。

每根测压管一般应有方向特性、总压特性和速度特性三条校准曲线。常见形式的校准曲线的基本原理都相同。下面推荐一组特性曲线。

方向特性

$$X_a = \frac{p_1 - p_3}{2p_2 - p_1 - p_3} = f_1(\alpha) \tag{5-9}$$

总压特性

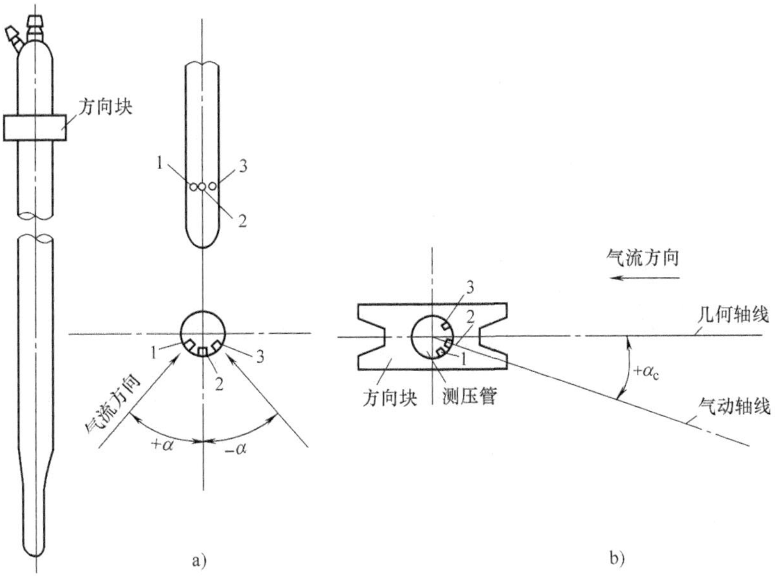

图 5-8 测压管孔号及校正角

a）测压管孔位置 b）校正角

$$X_0 = \frac{p^* - p_3}{2p_2 - p_1 - p_3} = f_2(\alpha) \tag{5-10}$$

速度特性

$$X_v = \frac{p^* - p}{2p_2 - p_1 - p_3} = f_3(\alpha, Ma) \tag{5-11}$$

式中，p^* 和 p 分别为校准风洞中的总压和静压；p_1、p_2、p_3 分别为被校测压管 1、2、3 孔测量到的压力。

速度特性 X_v 受气流马赫数 Ma 影响较大，但在 $Ma<0.3$ 时。可不考虑马赫数 Ma 的影响，即

$$X_v = \frac{p^* - p}{2p_2 - p_1 - p_3} = f_3(\alpha) \tag{5-12}$$

当 $Ma>0.3$ 时，可采用 $p_3/p_2 = f(p/p^*, \alpha)(\alpha>0)$ 或 $p_1/p_2 = f(p/p^*, \alpha)(\alpha \leqslant 0)$，相应的校准曲线如图 5-9 所示，其中 α 角箭头所指方向就是气流流动的方向。

理论分析和实验都表明，中心角为 45°时，方向孔对气流方向的变化最敏感，所以，方向孔在垂直于测压管轴线的平面内径向开孔，夹角为 90°，总压孔开在两个方向孔夹角的角平分线上，为了消除测压管端部对测量的影响，侧孔应离开端部一定距离。

圆柱三孔复合测压管只适于测量平面气流。当气流方向与测压管轴线垂直的平面不平行时，气流方向和平面的夹角称为俯仰角。当俯仰角不为零时，它不影响气流在上述平面内方向的测量，但会影响测量气流的总压和静压大小。例如当俯仰角大于 50°时，测得的静压误差将大于 1%。

3. 两管形方向管

在只需要测量气流方向的场合，可用两根针管制成两管形方向管。其斜角在 45° ~ 60°

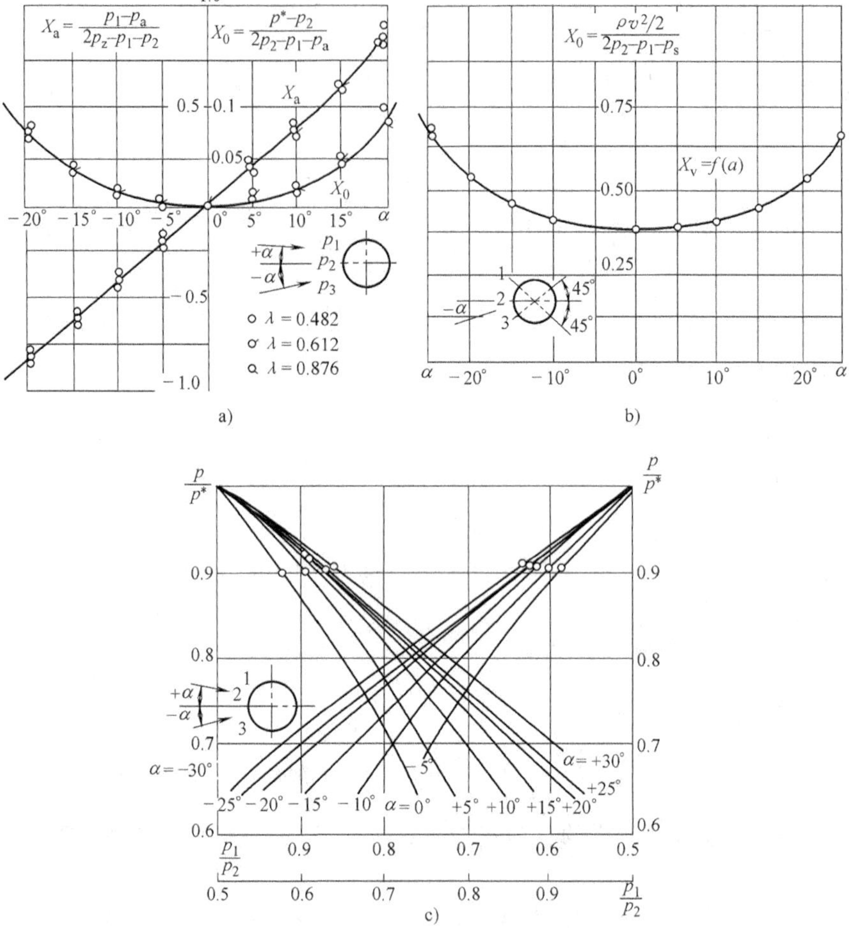

图 5-9　圆柱三孔测压管特性曲线

a）方向、总压特性　b）速度特性（$Ma<0.3$）　c）速度特性（$Ma>0.3$）

之间，两管要尽量对称，以斜角向外的较常用。如图 5-10a 所示，两方向孔的距离小，测量结果受气流横向速度梯度的影响也小，当刚性较差时，方向管的使用方法大致与复合管相同。

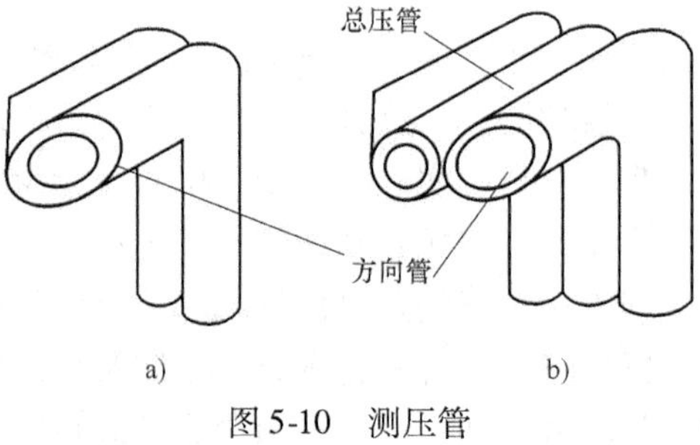

图 5-10　测压管

a）两管形方向管　b）三管形复合测压管

4. 三管形复合测压管

三管形测压管比圆柱三孔管的头部小，可用于气流马赫数 Ma 更高、横向速度梯度更大的场合。

把三根弯成一定形状的小管焊接在一起，就组成了三管形复合测压管。如图 5-10b 所示，两侧方向管的斜角要尽可能相等；斜角可以向外斜，也可以向内斜；总压管可以在两方向管之间，也可以在它们的上方或下方。在相同条件下外斜的测压管比内斜的灵敏度高。总压孔和方向孔尽量垂直迎着气流方向，若不知道气流方向偏于哪一侧，则总压管应安排在两个方向管之间，但这样容易增加方向孔测量误差。为了加强测压管道刚度，可以焊上加强筋。为了避免对流场的干扰，各测压孔到杆柄和加强筋的距离要分别大于6倍和12倍的管子外径。

三管形复合测压管的特性和校准曲线与圆柱形三孔复合测压管的类似，其不足是：刚性较差；由于方向管斜角的存在，气流较易产生脱流，在偏流角较大时压力的示值不易稳定得到。

5.3 热线风速仪

热线风速仪可以用来测量脉动气流的速度，其探头尺寸小，响应速度快，是一种将流速信号转变为电信号的一种测速仪器，测量如果与数据处理系统联用，可以简化繁琐的数据整理工作。

1. 工作原理

热线风速仪是以热丝或热膜（前者大都用钨丝、铂丝制成，后者常用铂丝、铬丝制成）为探头直接暴露在被测的气流中，并把它接入平衡电桥作为一个桥臂，用电流供给热丝进行加热，热丝在气流中的散热量与流速的大小有关，此散热量导致热丝温度变化，进而引起热线电阻的变化，这样就把流速信号转变成电信号，通过测量电信号从而达到测量气体流速的目的。

热线风速仪是利用通电的热线探头在流场中会产生热量损失来进行测量的，如果流过热线的电流为 I，热线的电阻为 R，则热线产生的热量是

$$Q_1 = I^2R \tag{5-13}$$

当热线探头置于流场中时，流体对热线有冷却作用。忽略热线的导热损失和辐射损失，可以认为热线是在对流换热状态下工作的。根据牛顿冷却公式，热线损失的热量为

$$Q_2 = hF(t_w - t_f) \tag{5-14}$$

式中，h 为热线的表面传热系数；F 为热线的换热表面积；t_w 为热线温度；t_f 为流体温度。

在热平衡条件下，有 $Q_1 = Q_2$，因此可写出热线的能量守恒方程，即

$$I^2R = hF(t_w - t_f) \tag{5-15}$$

热线电阻 R 是温度的函数；对于一定的热线探头和流体条件，h 主要与流体的运动速度有关；在 t_f 一定的条件下，流体的速度只是电流和热线温度的函数，即

$$v = f(I, t_w) \tag{5-16}$$

因此，只要固定 I 和 t_w 两个参数中的任何一个，都可以获得流速 v 与另一参数的单值函数关系。若电流 I 固定，则 $v = f(t_w)$，可根据热线温度 t_w 来测量流速 v，此为热线风速仪的恒流工作方式；若保持热线温度 t_w 为定值，则 $v = f(I)$，可根据流经热线的电流 I 测量流速，此为热线风速仪的恒温工作方式或恒电阻工作方式，如图5-11和图5-12所示。此外，还可以始终保持 $t_w - t_f$ 为常数，同样可以根据热线电流 I 来测量流速，这叫恒电流工作方式。无论采用哪种工作方式。都需要对流体实际温度 t_f 与偏离热线标定时的流体温度 t_0 进行修正，这种修正可通过适当的温度补偿电路自动实现。

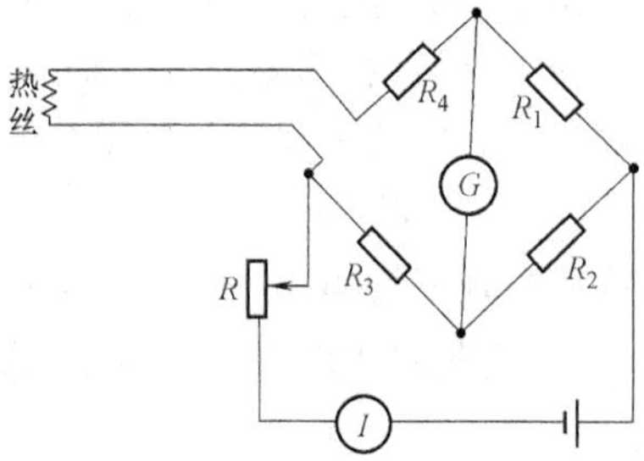

图 5-11　定电阻热线风速测量电路

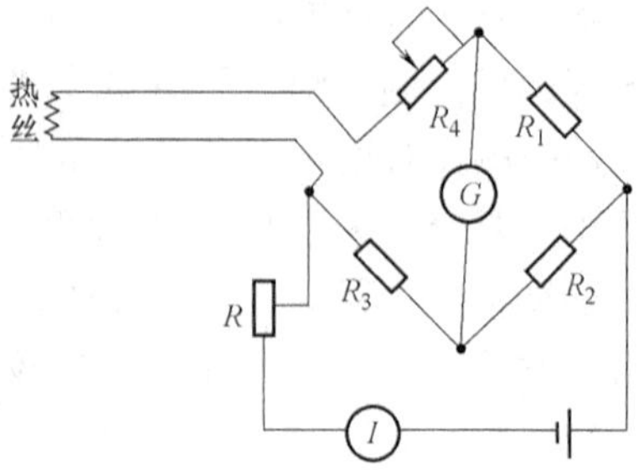

图 5-12　定电流热线风速仪测量电路

热线风速仪的基本原理是基于热线对气流的对流换热，所以它的输出和气流的运动方向有关。当热线轴线与气流速度的方向垂直时，气流对热线的冷却能力最大，即热线的热耗最大，若二者的夹角逐渐减小，则热线的热耗也逐渐减小。根据这一现象，原则上可确定气流速度的方向。

2. 热线方程

假定热线为无限长且表面光滑的圆柱体，流体流动方向垂直于热线，由传热学可知

$$h=\frac{Nu\lambda}{d} \tag{5-17}$$

式中，Nu 为努塞尔数；λ 为流体的热导率；d 为热线直径。

由于热线的直径极小，即使流速很高，例如 $Ma=1$，以 d 为特征尺寸的雷诺数Re_d 也很小，热丝散热属于层流对流换热，根据传热学的经验公式，有

$$Nu=a+bRe_d^n \tag{5-18}$$

式中，a、b 为与流速物性有关的常数；n 为与流速有关的常数。

$$Re_d=\frac{vd}{\nu} \tag{5-19}$$

式中，ν 为流体的运动粘度。

将式（5-19）和（5-20）联立，得到

$$h=a\frac{\lambda}{d}+b\frac{\lambda d^{n-1}}{\nu^n}v^n \tag{5-20}$$

将（5-21）代入（5-17）可得

$$I^2R=\left(aF\frac{\lambda}{d}+bF\frac{\lambda d^{n-1}}{\nu^n}v^n\right)(t_w-t_f) \tag{5-21}$$

当热线已经确定，流体的热导率 λ 和粘度 ν 已知时，上式可化简为

$$I^2R=(a'+b'v^n)(t_w-t_f) \tag{5-22}$$

式中，a'、b'分别为与流体参数和探头结构有关的常数，分别为

$$a'=aF\frac{\lambda}{d}\qquad b'=bF\frac{\lambda d^{n-1}}{\nu^n} \tag{5-23}$$

另外，热线电阻 R 随温度变化的规律为

$$R=R_0[1+\beta(t_w-t_f)] \tag{5-24}$$

$$I^2=\frac{(a'+b'v^n)(t_w-t_f)}{R_0[1+\beta(t_w-t_f)]} \tag{5-25}$$

对于恒流工作方式，目前还没有对热丝的热惯性找到简单易行的补偿方法，这种方式很少用于流速测量。恒温工作方式的控制线路较简单，精度较高，可广泛用于流速的测量，尤其是用于脉动气流的测量。

在恒温工作方式下，由于热线温度 t_w 维持恒定，并且对流体温度 t_f 偏离 t_0 进行修正，采用如下形式：

$$I^2 = a'' + b''v^n \tag{5-26}$$

式中，a''、b''为流体温度有别于 t_0 时的附加修正系数的常数。

在测量线路中，热线探头是惠斯顿电桥的一臂。实际测量时，测量的不是流过热线的电流 I，而是电桥的桥顶电压 U，如图5-13所示。这时有

$$E^2 = A + Bv^n \tag{5-27}$$

式中，A、B 分别为与 a''、b''性质相似的常数。

此式称为克英公式，指数 n 的推荐值为0.5。克英公式是对热线风速仪在恒温工作方式下测量流速的工作原理的一种近似描述，但这是讨论热线应用的一个基础。

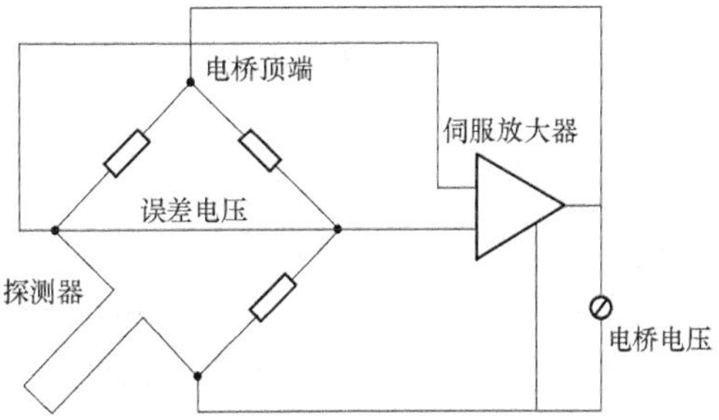

图5-13 恒温式热线风速仪工作原理图

3. 热线风速仪的校准

首先，探针的性能是随着制造工艺、探针尺寸和金属材料的不同而异的，而且即使相同的制造工艺和同样尺寸的材料，其性能也不可能完全一样；其次，探针的性能也和流体的温度、密度等紧密相关；第三，探针的性能还和污染情况、速度范围等其他外部条件有关；第四，探针在测量中并不是孤立的系统，而是和电子仪表结合在一起使用的，因此真正的响应关系是建立在电子仪器的输出电压 U 和流动速度 v 之间的。

鉴于以上原因，对于每一个具体的探针，为了获得其真实的响应关系，就必须随仪器和被测流场进行现场校准，并且这种校准应该在测量的过程中反复进行。

一般来说，校准工作应该在低湍流度的流场或校准设备中进行。这是因为在强湍流场中，必须有足够长的积分时间才能获得其真实平均值，而且还会有非线性误差影响测量结果，从而导致校准曲线部分偏离。

(1) 校准表达式　将风速仪的输出电压 U 和流动速度 v 直接联系在一起，以便给出实用的校准表达式。对于接近于大气压条件下的大多数实用情形，可以忽略密度变化的影响。于是就连续流体而言可引用克英公式来获得如下校准表达式：

$$U^2 = A + Bv^n \tag{5-28}$$

式中，U 为风速仪输出电压；A、B 为依赖于热线尺寸、流体物理特性和流动条件的常数；n 为指数，在一定的速度范围内恒定，在大范围内随速度而变，图5-14所示为指数 n 随速度变化的情况。

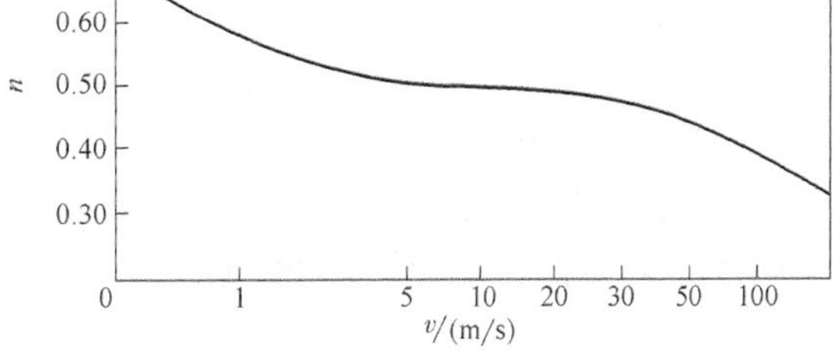

图5-14 指数 n 随速度变化的情况

n 值可由下式确定：

$$n=\frac{\ln\dfrac{U_1^2-U_0^2}{U_2^2-U_0^2}}{\ln\dfrac{v_1}{v_2}} \tag{5-29}$$

式中，v_1、v_2为被测点附近的两个速度值；U_1、U_2为相应于v_1、v_2的风速计输出电压；U_0为零风速时的风速仪输出电压。

如果把温度效应加以分离，则式（5-28）可以改写为

$$U^2=(T_2-T_0)(A+Bv^n) \tag{5-30}$$

戴维斯（Davies）和帕托里克（Patrik）建议使用扩展了的克英公式，即

$$U^2=A+B\sqrt{v}+cv \tag{5-31}$$

式中，c为常数。

这个表达式的速度灵敏度与动态校准所得的结果接近。

（2）校准装置　为了对一个具体的热线探针作出实用的校准曲线，就必须产生已知的流动速度，这样就可以按一个已知速度v，对应地在风速计上读出一个电压值U作$U-v$曲线，也就是校准曲线。产生这种已知速度v的装置称为校准装置。

校准装置的种类很多，常用的有以下几种：

1）校准风洞用U形压力计。图5-15所示为校准风洞示意图，图中的U形压力计是用来测量风洞收缩段两端的压差的。这种装置的校准范围为1～150m/s。

2）校准风洞用激光多普勒测速仪。这种装置实际上就是用激光多普勒测速仪代替U形压力计来直接测量速度。由于激光多普勒测速仪的测量范围很广，因此只要风洞能够产生多宽的速度范围，它就能够校准多宽的速度范围。当然测量精度要受激光多普勒测速仪和风洞品质因素的制约。如果要求具有较高的测量精度，必须要求风洞本身的湍流度要低，风速稳定度要高，流场梯度要小。

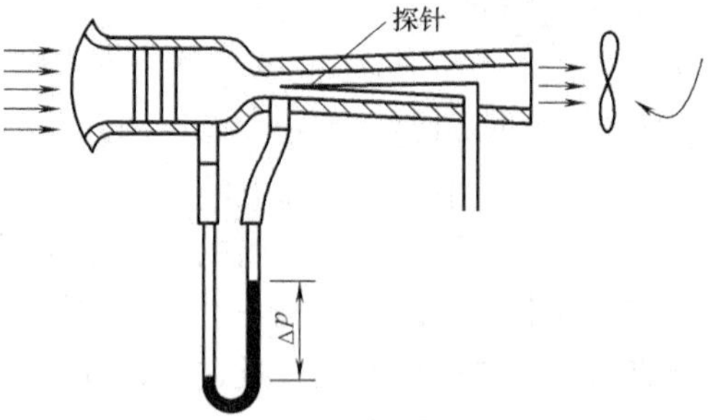

图5-15　校准风洞示意图

1979年美国建成的一个低速校准设备就是属于这种类型的校准装置。校准风洞的喇叭口是可变的，风洞试验段长为6.1m，横截面尺寸为0.91m×0.91m，风速范围为5～16.6m/s，中心湍流度在0.04%以下。

5.4　激光多普勒测速仪

激光多普勒测速仪采用非接触测量，具有不干扰流场的流线、测速范围广、测量精度高、动态响应快的优点，另外它对具有较强损伤性的（酸性、碱性、高温等）流体，湍流和层流边界层流速的测量显示出与传统方法无法比拟的优点。然而，激光多普勒测速法需要激光穿透流体，信号随流体运动的微粒散射传播，这限制了它的应用范围，目前还主要应用于实验室中。

1. 多普勒效应

多普勒效应来源于物理学中一个著名的声学效应。当观察者（可以是人，也可以是某种接收器）向声源运动（向相运动）时，观察者所接收到声波的频率比静止时收到的高，声源好像发出高音调；相反，当观察者远离声源面去（向背运动）时，观察者接收到的声波频率比静止时收到的频率低，声源好像发出低音调。反之当声源运动，观察者不动时，也有同样的效应。

（1）波源静止，观察者相对于介质运动　如图5-16所示，有一个波源（例如声波）S，O为观察者，波源和观察者都静止时，两个相邻等相位面之间的距离是一个波长λ，波的频率为f，即

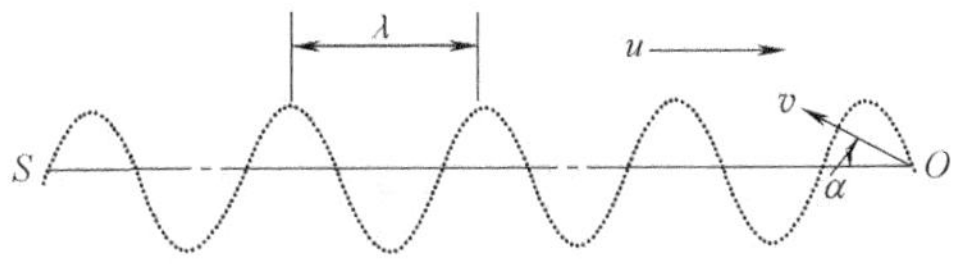

图5-16　波源静止，观察者向相运动

$$\lambda = vT\cos\alpha = \frac{v\cos\alpha}{f} \tag{5-32}$$

1）波源S静止，观察者O以速度$v\cos\theta$向着波源向相运动，波运动的速度为u，如图5-16所示。则有

$$f_1 = \frac{u + v\cos\alpha}{\lambda} = (u + v\cos\alpha)/\left(\frac{u}{f}\right) = f\frac{u + v\cos\alpha}{u} \tag{5-33}$$

由此可见，观察者所接收的频率大于波源的频率。

2）波源S静止，观察者O以速度$v\cos\alpha$远离波源向背运动。则有

$$f_2 = \frac{u - v\cos\alpha}{\lambda} = (u - v\cos\alpha)/\left(\frac{u}{f}\right) = f\frac{u - v\cos\alpha}{u} \tag{5-34}$$

由此可见，观察者所接收的频率小于波源的频率。

（2）观察者不动，波源相对于介质运动

1）波源S向观察者O运动，如图5-17所示。可得波长的变化λ_1

$$\lambda_1 = \lambda - \overline{SC} = uT - vT = (u - v\cos\alpha)T \tag{5-35}$$

由此可得频率的变化为

$$f_1 = \frac{u}{\lambda_1} = u/\left(\frac{u - v\cos\alpha}{f}\right) = f\frac{u}{u - v\cos\alpha} \tag{5-36}$$

由此看见，观察者所接收到的频率升高。

2）波源背离观察者运动，如图5-18所示。

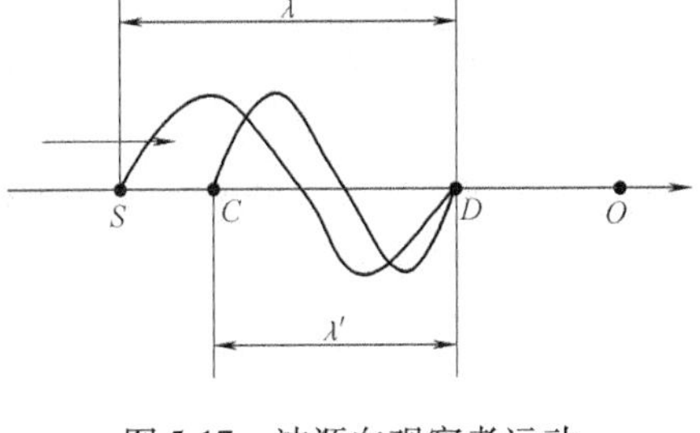

图5-17　波源向观察者运动

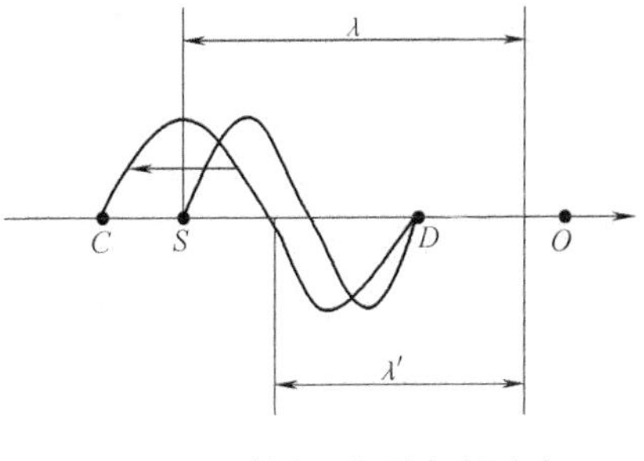

图5-18　波源远离观察者运动

波源以速度$v\cos\alpha$远离观察者，如图5-18所示。所以$\overline{SC} = vt\cos\alpha$，有

$$\lambda_2 = \lambda + \overline{SC} = uT + v\cos\alpha T = (u + v\cos\alpha)T \tag{5-37}$$

由此可得频率的变化为

$$f_2 = \frac{u}{\lambda_2} = u/\left(\frac{u + v\cos\alpha}{f}\right) = f\frac{u}{u + v\cos\alpha} \tag{5-38}$$

由此看见，观察者所接收到的频率降低。

2. 激光多普勒测速原理

激光测速的原理是多普勒效应。当频率为 f 的激光照射到随流体运动着的粒子时，激光被照射到的粒子散射，其散射光的频率 f' 将发生变化。散射光与入射激光的频率差 $|f-f'|$ 与流速 v 成正比，只要测得这个频率差，就可求得流速。

由发射源 S 输出两束强度相同的光，其中一束被加了一个频移，如图 5-19a 所示。即经过 M 反射，再经透镜 L_1，光线 K_{f1} 与 K_{f2} 聚焦于 A，如图 5-19b 所示。

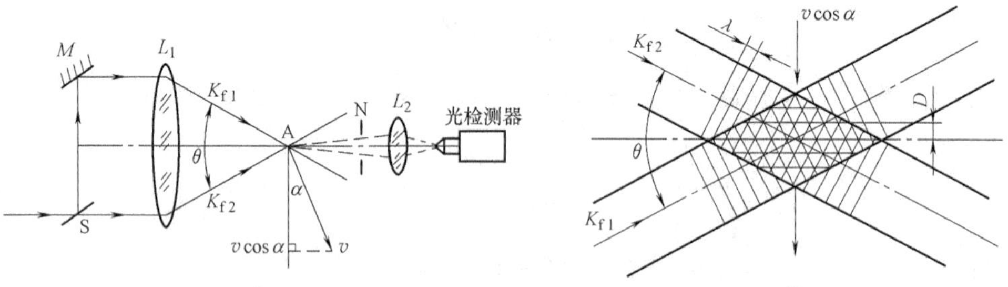

图 5-19　激光多普勒测速工作原理

在探测体内，由于光的干涉现象，光的强度被调整而产生干涉条纹。干涉条纹的距离 D 是由激光的波长和两光束的角度决定的，即

$$D = \frac{\lambda}{2\sin(\theta/2)} \tag{5-39}$$

在测量区域内形成一组固定的干涉条纹。差拍信号的测量利用光干涉的现象。来自同一光源的两束相干光，当它们以 θ 角相交时，在交叉部位产生明暗相间的干涉条纹。当微粒以速度 $v\cos\alpha$ 通过干涉条纹区时，在明纹处散射光强度增大，在暗纹处散射光强度减弱。这样，散射光强度的变化频率为 $v\cos\alpha/D$，它恰好就是光检测器所接收到的差拍信号，即

$$\frac{v\cos\alpha}{D} = \frac{2v\cos\alpha\sin(\theta/2)}{\lambda} = |f-f'| \tag{5-40}$$

可以通过测出散射光强度的变化频率来确定流速分量 $v\cos\alpha$。

光电探测器把发光强度的波动转化成电信号，即多普勒脉冲。多普勒脉冲在信号处理器中被过滤和放大，然后经过频率分析（诸如快速傅里叶变换）确定多普勒频率。

干涉条纹的距离提供了粒子运动距离的信息，多普勒频率提供了时间信息。由于速度等于距离除以时间，即距离乘以频率，从而可以获得粒子的速度信息。

思考题与习题

5-1　如图 5-20 所示，水以 1.417m/s 的流速流动，用毕托管和装有相对密度为 1.25kg/m^3 液体的 U 形管压力计来测量。毕托管的校正系数为 1.0。求压力计液体高度差。

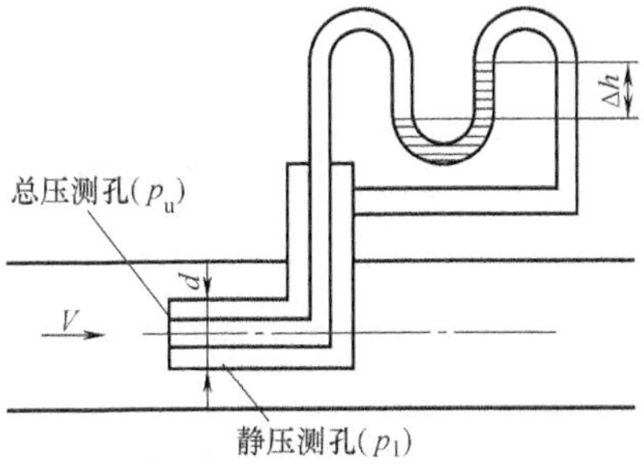

图5-20 题5-1图

5-2 空气流以90m/s的速度流动，气流温度为15℃，密度1.235kg/m^3，静压为100kPa，利用毕托管测量，计算假设空气不可压缩引起滞止点时的压力误差。

5-3 由毕托管测量装置测得压差为19.72kPa，空气流的温度为15℃，分别计算空气在可压缩与不可压缩情况下的流速。

5-4 一支毕托管放在直径为0.15m、内有高压气体流过的管道中心。当气流最大时，毕托管的压差为250kPa，根据下述已知数据：气体密度为5.0kg/m^3，气流粘度5.0Pa·s，试计算

1）最大流速；

2）最大质量流量；

3）最大流量时的雷诺数。

5-5 如何利用伯努利方程推导流速的公式？测压管如何通过测量压力得出流速的大小？

5-6 毕托管如何测量压力的误差？比较用毕托管与笛形动压管测量压力时误差产生的原因。

5-7 为什么测量气体速度时一般要考虑气体的可压缩性？

5-8 速度方向的测量原理如何？测压管测量得到的是一点的速度方向还是流场的速度方向？

5-9 速度方向采用圆柱三孔复合测压管与两管形方向管估算误差时，有何不同？

5-10 热线风速仪的工作原理如何？误差主要由哪几部分组成？

5-11 何为多普勒效应？激光多普勒测速仪测速原理如何？

5-12 采用激光多普勒测速仪测量直径为0.2m钢管内浆液的体积流量，管道外放置两个自振频率为1MHz的晶体。波束和流动方向间夹角为60°，求流量为1130m^3/h时接收和发送的频率之间的差值。

第6章　流量测量

6.1　概述

在工业生产过程中，流量是非常重要的参数，流量测量是实现自动化检测和控制的重要环节。随着科学技术的发展，人们对流量测量的要求越来越高。

流量是一个动态量，其测量过程与流体的流动状态、物理性质、工作条件及流量计前后直管段的长度等因素有关。测量对象遍及高、低粘度以及强腐蚀的流体，可以是单相流、双相流和多相流；测量条件有高温高压、低温低压；流动状态有层流、端流和脉动流等，因此确定流量的测量方法、选择合适的流量仪表时，需要综合考虑上述因素的影响，才能达到理想的测量要求。

1. 流量的定义及表示方法

流体在单位时间内通过流道某一截面的数量称为流体的瞬时流量，简称流量；在一段时间内，比如在时间 t_1 到 t_2 内，对瞬时流量积分得到 t_2-t_1 时间内流体流过的总量，称为累积流量；累积流量除以流通时间，得到平均流量。

按计量流体数量的不同方法，流量可分为质量流量 q_m 和体积流量 q_V，二者满足

$$q_m=\rho q_V$$

式中，ρ 为被测流体的密度。

在国际单位制中，q_m 的单位为 kg/s，q_V 的单位为 m^3/s。因为流体的密度 ρ 随流体的状态参数的变化而变化，故在给出体积流量的同时，需要指明流体所处的状态，特别是对于气体，其密度随压力、温度变化比较显著，为了便于比较，常把工作状态下气体的体积流量换算成标准状态下（温度为20℃，绝对压力为101 325Pa）的体积流量，用 q_{VN} 表示。

2. 流量测量方法

流体流动的动力学参数，如流速、动量等都直接与流量有关，因此这些参数造成的各种物理效应，均可作为流量测量的物理基础。目前，已投入使用的流量计有100多种，流量计有各种不同的分类方法。按工作原理不同，一般可归结为容积法、速度法和质量流量法三种。

（1）容积法　利用容积法制成的流量计相当于一个具有标准容积的容器，它连续不断地对流体进行度量，在单位时间内，度量的次数越多，即表示流量越大，这种测量方法受流动状态的影响较小，因而适用于测量高粘度、低雷诺数的流体，但不宜于测量高温、高压以及脏污介质的流量，其流量测量上限比较小。椭圆齿轮流量计、腰轮流量计、刮板流量计等都属于容积式流量计。

（2）速度法　根据流体的连续性方程，因为体积流量等于截面上的平均流速与截面面积的乘积，如果再有流体密度的信号，便可得到质量流量。在速度法流量计中，节流式流量计历史悠久，技术最为成熟，是目前工业生产和科学实验中应用最为广泛的一种流量计。此外属于速度式流量计的还有涡轮流量计、电磁流量计等。

（3）质量流量法　无论是容积法，还是速度法，都必须给出流体的密度才能得到质量

流量，而流体的密度受流体的状态参数影响，这就不可避免地给质量流量的测量带来误差。解决这个问题的一种方法是同时测量流体的体积流量和密度或根据测量得到流体的压力、温度等状态参数对流体密度的变化进行补偿。当然理想的方法是直接测量得到流体的质量流量，这种方法的物理基础是测量与流体质量流量有关的物理量（如动量、动量矩等），从而直接得到质量流量。这种方法与流体的成分和参数无关，具有明显的优越性，但目前生产的这种流量计都比较复杂，价格昂贵，因而限制了它们的应用。

应当指出，无论哪一种流量计，都有一定的适用范围，对流体的特性以及管道条件都有特定的要求。目前生产的各种容积法和速度法流量计，都要求满足下列条件：

1）流体必须充满管道内部，并连续流动。

2）流体在物理上和热力学上是单相的，流经测量元件时不发生相变。

3）流体的速度一般在声速以下。

6.2　节流式差压流量计

差压式流量计是根据安装在管道中的流量检测元件所产生的压差 Δp 来测量流量的仪表，应用非常广泛，使用量一直居流量仪表的首位，可以用来测量液体、气体或蒸汽流量。

差压式流量计中使用最为广泛的就是节流式差压流量计，节流装置按其标准化程度，可分为标准型和非标准型两大类。所谓标准型是指按照标准文件（如节流装置国际标准 ISO 5167或我国标准 GB/T 2624）进行节流装置设计、制造、安装和使用，无需实际流体校准和单独标定即可确定输出信号（压差）与流量的关系，并已估算了其测量误差。标准节流装置由于具有结构简单并已标准化、使用寿命长和适应范围广的优点，在流量测量仪表中占据重要地位。非标准型节流装置指成熟程度较低、尚未标准化的节流装置。

1. 节流装置测量原理及流量方程

现以不可压缩流体流经孔板为例，分析流体流经节流元件时的压力、速度变化情况。在充满流体的管道中放置一个固定的、有孔的局部阻力件（节流元件），可以形成流束的局部收缩。对一定结构的节流元件，其前后的静压差与流量成一定的函数关系，如图 6-1 所示。

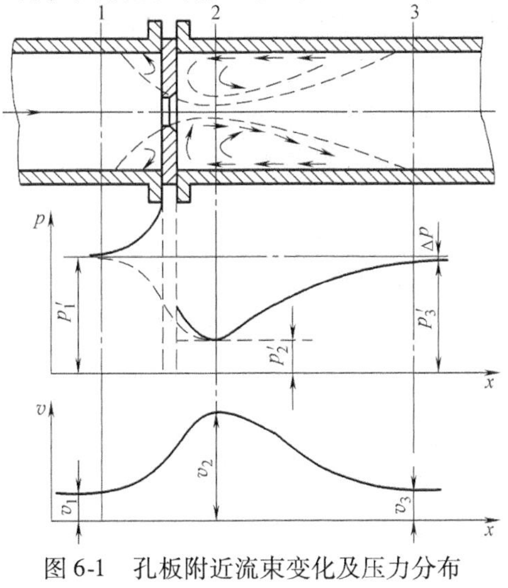

图 6-1　孔板附近流束变化及压力分布

截面 1 位于节流件上游，该截面处流体未受节流元件影响，静压力为 p_1'，平均流速为 $\bar{v}_1$，流束截面的直径（即管内径）为 D，流体的密度为 ρ_1；

截面 2 为流束的最小截面处，它位于标准孔板出口以后的地方，对于标准喷嘴和文丘里管位于其喉管内。此处流体的静压力最低为 p_2'，平均流速最大为 $\bar{v}_2$，流体的密度为 ρ_2，流束直径为 d'。对于孔径为 d 的标准孔板，$d'<d$；对于标准喷嘴和文丘里管，$d'=d$。

在节流件前，流体向中心加速，至截面 2 处流束截面收缩到最小，流动速度最大，静压力最低，然后流束扩张，流动速度下降，静压有所升高，直至在截面 3 处流束又充满管道。由于产生了涡流区，致使流体能量损失，故在截面 3 处静压力 p_3' 不等于原先的数值 p_1'，产生了压力损失 Δp。

设管道水平放置，则有 $z_1=z_2$；对不可压缩流体有 $\rho_1=\rho_2=\rho$；再将能量损失记为 $s_w=\xi\dfrac{\bar{v}_2^{\,2}}{2}$，则对截面 1 和 2，根据伯努利方程可得

$$\frac{p_1'}{\rho}+\frac{c_1\,\bar{v}_1^{\,2}}{2}=\frac{p_2'}{\rho}+\frac{c_2\,\bar{v}_2^{\,2}}{2}+\xi\frac{\bar{v}_2^{\,2}}{2} \tag{6-1}$$

式中，p_1'、p_2' 分别为管道截面 1、2 处流体的静压力（Pa）；c_1、c_2 分别为管道截面 1、2 处的动能修正系数；$\bar{v}_1$、$\bar{v}_2$ 分别为管道截面 1、2 处流体的平均速度（m/s）；ρ 为不可压缩流体的平均密度（kg/s）；ξ 为阻力系数。

由流体的连续性方程可得

$$v_1\frac{\pi D^2}{4}\rho=\bar{v}_2\frac{\pi d'^2}{4}\rho \tag{6-2}$$

式中，D、d' 分别为管道截面 1、2 处的直径（m）。

联立式（6-1）和式（6-2）求解平均流速 $\bar{v}_2$ 得

$$\bar{v}_2=\frac{1}{\sqrt{c_2+\xi-c_1\left(\dfrac{d'}{D}\right)^4}}\sqrt{\frac{2}{\rho}(p'-p_2')} \tag{6-3}$$

对式（6-3）进行如下处理：

1）引入节流装置的重要参数直径比，即 $\beta=d/D$。

2）引入流束的收缩系数 μ，表示流束的最小收缩面积和节流件开孔面积之比，即 $\mu=d'^2/d^2$。

3）引入取压修正系数 ψ。由于流束最小截面 2 的位置随流量变化而变化，而实际取压点的位置是固定的，用固定的取压点处的静压力 p_1、p_2 代替 p_1'、p_2' 时，必须引入一个取压修正系数 ψ，即

$$\psi=\frac{p_1'-p'}{p_1-p_2} \tag{6-4}$$

式中，ψ 为取压修正系数，取压方式不同 ψ 值也不同。

经过以上处理，式（6-3）变为

$$\bar{v}_2=\frac{\sqrt{\psi}}{\sqrt{c_2+\xi-c_1\mu^2\beta^4}}\sqrt{\frac{2}{\rho}(p_1-p_2)} \tag{6-5}$$

用节流件的开孔面积 $\dfrac{\pi}{4}d^2$ 替代 $\dfrac{\pi}{4}d'^2$，则体积流量为

$$q_V = \frac{\sqrt{\psi}}{\sqrt{c_2 + \xi - c_1\mu^2\beta^4}}\frac{\pi}{4}d'^2\sqrt{\frac{2}{\rho}(p_1 - p_2)} \tag{6-6}$$

注意：公式中的 d 和 D 是在工作条件下的直径值。在任何其他条件下所测得的值需根据测量时实际的流体温度和压力对其进行修正。

记静压力差 $\Delta p = p_1 - p_2$，设节流元件的开孔面积 $A_0 = \frac{\pi}{4}d^2$，并定义流量系数为

$$\alpha_0 = \frac{\mu\sqrt{\psi}}{\sqrt{c_2 + \xi - c_1\mu^2\beta^4}} \tag{6-7}$$

则流体的体积流量为

$$q_V = \alpha_0^4 A_0\sqrt{\frac{2}{\rho}\Delta p} \tag{6-8}$$

目前国际上多用流出系数 C 来代替流量系数 α_0，流出系数 C 定义为实际流量值与理论流量值的比值。所谓理论流量值是指在理想工作条件下的流量值。理想情况主要包括：

1）无能量损失，即 $\xi = 0$。

2）用平均流速代替瞬时流速无偏差，即 $c_1 = c_2 = 1$。

3）假定在孔板处流束收缩到最小，则有 $d' = d$，$\mu = 1$。

4）假定截面 1 和截面 2 所在位置恰好为差压计两个固定取压点的位置，则固定点取压值 p_1、p_2分别等于 p_1'、p_2'，即 $\psi = 1$。

则理论流量值 q_{V0}为

$$q_{V0} = \frac{A_0}{\sqrt{1 - \beta^4}}\sqrt{\frac{2}{\rho}\Delta p} \tag{6-9}$$

流出系数 C 的表达式为

$$C = \frac{q_V}{q_{V0}} = \frac{\alpha_0}{E} \tag{6-10}$$

式中，E 为渐近速度系数，$E = \frac{1}{\sqrt{1 - \beta^4}}$。

用流出系数 C 表示的体积流量公式为

$$q_V = \frac{C}{\sqrt{1 - \beta^4}}A_0\sqrt{\frac{2}{\rho}\Delta p} \tag{6-11}$$

用流出系数 C 表示的质量流量 q_m 公式为

$$q_m = \frac{C}{\sqrt{1 - \beta^4}}A_0\sqrt{2\rho\Delta p} \tag{6-12}$$

对于可压缩流体，由于密度随压力或温度的变化而变化，不再满足 $\rho_1 = \rho_2 = \rho$。此时，如果仍用不可压缩流体的流出系数 C，则算出的流量偏大。为方便起见，其流量方程仍取不可压缩流体流量方程的形式，只是规定公式中的 ρ 取节流件前流体的密度 ρ_1，流量系数 α_0 和流出系数 C 也仍取不可压缩时的数值，而把流体可压缩性的全部影响集中用一个流束膨胀修正系数 ε 来考虑。显然，不可压缩流体的 $\varepsilon = 1$，可压缩流体的 $\varepsilon < 1$。可压缩流体的流量公式为

$$q_V = \frac{C\varepsilon}{\sqrt{1-\beta^4}} A_0 \sqrt{\frac{2}{\rho_1}\Delta p} \tag{6-13}$$

$$q_m = \frac{C\varepsilon}{\sqrt{1-\beta^4}} A_0 \sqrt{2\rho_1 \Delta p} \tag{6-14}$$

式中，ε 为可压缩流体的流束膨胀修正系数，简称膨胀系数。

2. 标准节流装置的结构

（1）标准孔板（图6-2）

1）标准孔板的开孔直径 d 是一个非常重要的尺寸，在任何情况都要满足 $d>12.5\text{mm}$，对制成的孔板，应至少取4个大致相等的角度测得直径的平均值，且要求任意一个直径与直径平均值之差不超过直径平均值的0.05%。根据所用标准孔板的取压方式，直径比 $\beta=d/D$ 应满足：$0.20\leqslant\beta\leqslant0.75$。

2）节流孔厚度 e 满足：$e=0.05D\sim0.02D$。孔板厚度 E 应满足 $E=e\sim0.05D$，而当 $50\text{mm}\leqslant D\leqslant64\text{mm}$ 时，孔板厚度 E 只要不大于3.2mm即可。在各处测得的 e 值偏差和 E 值间的偏差均应不大于 $0.001D$。

3）孔板上游端面 A 的平面度（即连接孔板表面上任意两点的直线与垂直于轴线的平面之间的斜度）应小于0.5%，上游端面 A 的表面粗糙度值必须满足：$Ra\leqslant10^{-4}d$。孔板的下游侧应有一个扩散的圆锥表面，该表面的表面粗糙度值无需达到上游端面 Ra 的要求，圆锥面的斜面角度为 $F=45°\pm15°$。

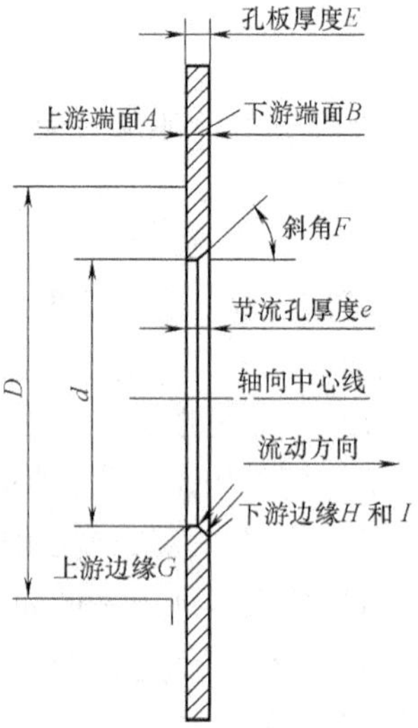

图6-2　标准孔板

4）上游边缘 G 应是尖锐的，即边缘半径不大于 $0.0004D$，无卷口，无毛边，无目测可见的任何异常。

5）标准孔板的进口圆筒部分应与管道同心安装；孔板必须与管道轴线垂直，其偏差不得超过±1°。

标准孔板结构简单、加工方便、价格便宜，但对流体造成的压力损失较大，测量准确度较低，所以一般只适用于洁净流体介质的测量。此外，测量高温、高压介质在大管径管道中流动时，孔板易出现变形现象。

（2）标准喷嘴　喷嘴的轴向截面由圆弧形收缩部分与圆筒形喉部所组成。标准喷嘴是一种以管道轴线为中心线的旋转对称体，有ISA 1932喷嘴和长径喷嘴两种类型。

1）ISA 1932喷嘴。ISA 1932喷嘴的结构如图6-3所示，它包括4个部分；垂直于轴线的入口平面部分 A、由两段圆弧曲面 B 和 C 所构成的入口收缩部分 BC、圆筒形喉部 E 和为防止边缘损伤所需要的保护槽 F。各段型线之间相切，不得有任何不光滑部分，对其具体要求如下：

① 入口平面部分 A 是直径为 $1.5d$ 且与旋转轴（喷嘴轴线）同心的圆周和直径为 D 的管道内圆所限定的平面部分。当 $d=(2/3)D$ 时，该平面的径向宽度为零，且 $H\leqslant0.1D$。当 $d>(2/3)D$ 时，直径为 $1.5d$ 的圆周将大于直径 D 的圆周，则在管内没有平面部分 A，如图6-3b所示。在这种情况下，仍像图6-3a所示一样加工喷嘴，再将在管道内的上游侧喷嘴端面车削去一部分，使平面部分 A 的直径恰好等于管道内径 D。

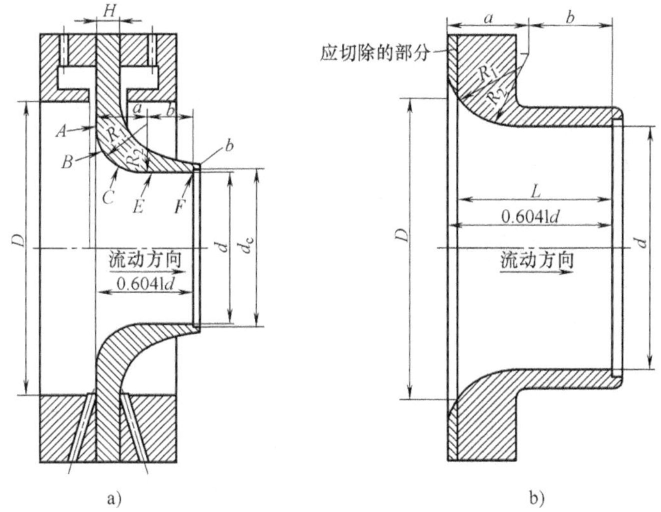

图 6-3　ISA 1932 喷嘴

a) $d<(2/3)D$　b) $d>(2/3)D$

② 收缩部分是由 B、C 两段圆弧组成的曲面。圆弧 B 的圆心与平面部分 A 的距离为 $0.1d$，距喷嘴轴线为 $0.75d$，且圆弧 B 与平面部分 A 相切。圆弧 C 的圆心与平面部分 A 的距离 $a=0.03041d$，距喷嘴轴线为（5/6）d，且圆弧 C 分别与 B 及喉部 E 相切。B、C 的半径 R_1、R_2 分别为

当 $\beta<0.50$ 时，$R_1=0.2d\pm0.02d$；$R_2=d/3\pm0.03d$；

当 $\beta\geqslant0.50$ 时，$R_1=0.2d\pm0.006d$；$R_2=d/3\pm0.01d$。

③ 喷嘴的特征尺寸是其圆筒形喉部 E 的内直径 d，喉部 E 的长度 $b=0.03d$。直径 d 应是在垂直于轴线的平面上至少测 4 个直径的平均值，且各被测直径之间有近似相等的角度。任何截面上的任何直径与平均直径之差不得超过 ±0.05%。

④ 保护槽 F 的直径 d_c 至少应等于 $1.06d$，轴向长度等于或小于 $0.03d$，保护槽的高度为 $(d_c-d)/2$，并且与其轴向长度之比不大于 1.2。出口边缘应是锐利的。

不包括保护槽 F 的喷嘴总长度 L 为

当 $0.30<\beta\leqslant2/3$ 时，$L=0.6041d$；

当 $2/3<\beta\leqslant0.88$ 时，$L=[0.4041+(0.75/\beta^2-0.5225)^{1/2}]d$。

⑤ 喷嘴平面 A 及喉部 E 的表面粗糙度值 $Ra\leqslant10^{-4}d$。喷嘴厚度不得大于 $0.1D$。

2）长径喷嘴。长径喷嘴分为高比值喷嘴（$0.25\leqslant\beta\leqslant0.8$）和低比值喷嘴（$0.2\leqslant\beta\leqslant0.5$）两种类型，分别如图 6-4a、b 所示。当 $0.25<\beta<0.5$ 时，可采用任意一种结构形式的喷嘴。长径喷嘴由入口收缩部分 A、圆筒形喉部 B 和下游端面 C 共 3 部分组成。与 ISA 1932 喷嘴不同的是，进口收缩部分的形状为 1/4 个椭圆的弧段，如图 6-4 中的虚线所示。它适用于下述条件：

1）$50\text{mm}\leqslant D\leqslant630\text{mm}$。

2）$0.20\leqslant\beta\leqslant0.80$。

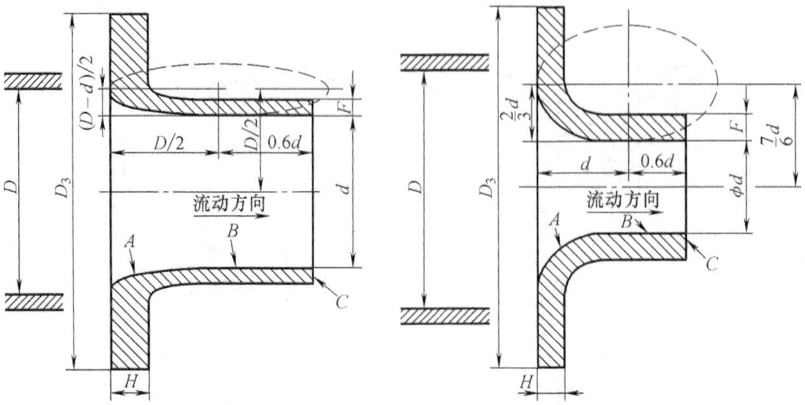

a)　　　　　b)

图 6-4　长径喷嘴

a）高比值喷嘴（$0.25 \leqslant \beta \leqslant 0.8$）　b）$0.25 \leqslant \beta \leqslant 0.5$

3）$10^4 \leqslant Re \leqslant 10^7$。

4）管道相对粗糙度值 $K/D \leqslant 10 \times 10^{-4}$。

与标准孔板相比，标准喷嘴的测量准确度高，压力损失小，所需的直管段也较短。标准喷嘴不容易受到介质的腐蚀、磨损和沾污，使用寿命较长。但结构较复杂、体积较大，比孔板加工困难，成本较高。

（3）文丘里管　文丘里管是轴向截面由入口收缩部分、圆筒形喉部和圆锥形扩散段所组成的节流件。按收缩段的形状不同，又分为经典文丘里管和文丘里喷嘴。

1）经典文丘里管。经典文丘里管是由入口圆筒段 A、圆锥形收缩段 B、圆筒形喉部 C 和圆锥形扩散段 E 所组成。按圆锥形收缩段内表面加工的方法和圆锥形收缩段与喉部圆筒相交的型线的不同，又分为粗糙收缩段式、精加工收缩段式和粗焊铁板收缩段式。经典文丘里管如图 6-5 所示。

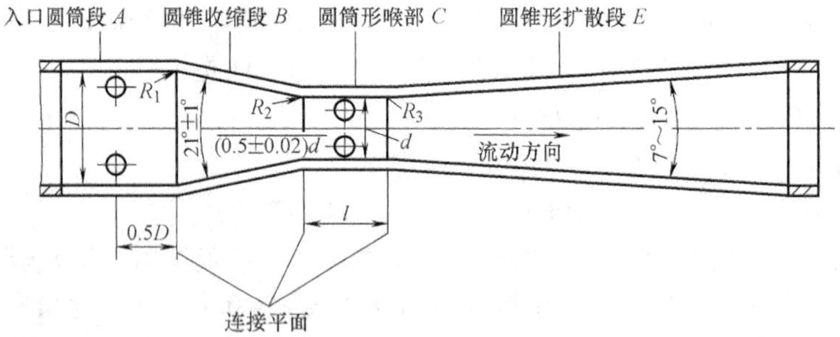

图 6-5　经典文丘里管

现以粗焊铁板收缩段式经典文丘里管为例加以说明。其由入口圆筒段 A、收缩段 B、圆筒形喉部 C 和连接曲面组成，内表面应清洁、无硬皮，可以电镀。内表面焊缝应与表面齐平，且不得靠近任何取压口。经典文丘里管适用的条件为

① 200mm≤D<630mm；

② 0.4≤β≤0.7；

③ 当 $2\times10^5\leqslant Re\leqslant2\times10^6$ 时，流出系数 $C=0.985$。

2）文丘里喷嘴。文丘里喷嘴的结构如图 6-6 所示。它由弧形的收缩段、圆筒形喉部和扩散段组成。

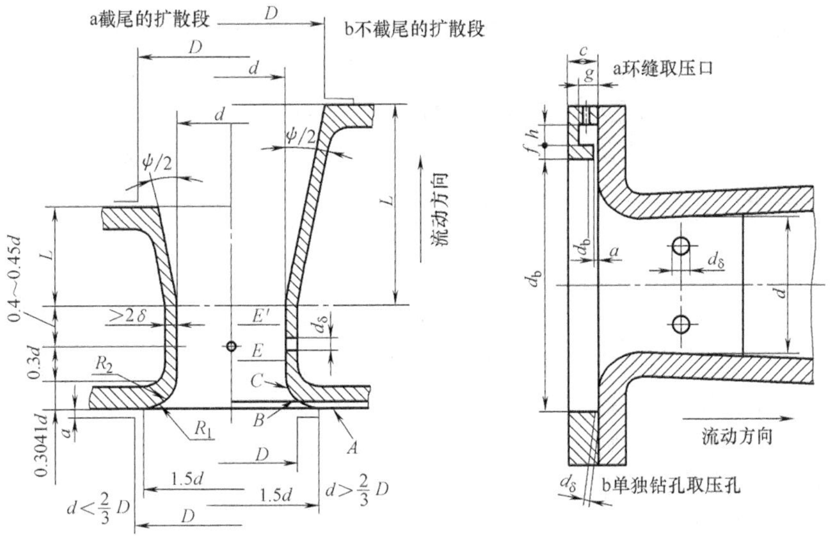

a)　　b)

图 6-6　文丘里喷嘴

a）文丘里喷嘴　b）配置夹持环的文丘里喷嘴

收缩段与 ISA 1932 相同，喉部是由长度为 $0.3d$ 的部分 E 和长度为 $0.45d$ 的部分 E' 所组成。扩散的夹角 ψ 应小于或等于 30°。当扩散段出口直径小于直径 D 时，称为截尾式的文丘里管；如果扩散段出口直径等于直径 D 时，称为非截尾式文丘里管。扩散段长度 L 的长短并不影响流出系数 C，但扩散段的夹角对压力损失有影响。

文丘里管压力损失最低，有较高的测量准确度，对流体中的悬浮物不敏感，可用于脏污流体介质的流量测量，在大管径流量测量方面应用得较多。但尺寸大，笨重，加工困难，成本高，一般用在有特殊要求的场合。

3. 取压

（1）取压方式　取压装置是取压的位置与取压口结构形式的总称。根据节流装置取压口位置可将取压方式分为理论取压、角接取压、法兰取压、D 和 $D/2$ 取压（又称径距取压）与损失取压（又称管接取压）五种，如图 6-7 所示。表 6-1 列出了不同取压方式的取压位置，表中，L_1 和 L_2 分别表示上、下游取压口轴线与节流件前、后端面间距离的名义值。

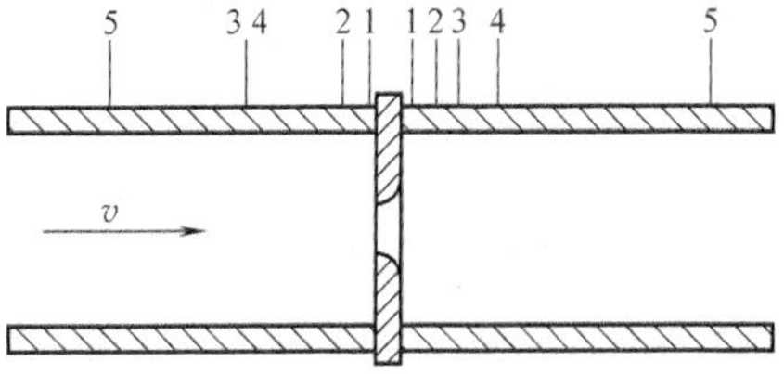

图 6-7　节流装置的取压方式

1—角接取压　2—法兰取压　3—D 和 $D/2$ 取压　4—理论取压　5—损失取压

表 6-1 节流装置不同取压方式的取压位置

	角接取压	法兰取压	D 与 D/2	理论取压	损失取压
L_1	均等于取压口孔径（或取压宽度）的一半	25.4mm	D	D	$2.5D$
L_2		25.4mm	$D/2$①	$0.34 \sim 0.84D$	$8D$

① 表示下游取压口中心与节流件前端面间的距离 L_2。

D 和 $D/2$ 取压法与理论取压的下游取压点均在流束的最小截面区域内，而流束的最小截面是随流量而变的，在流量测量范围内流量系数不是常数，且无均压作用，因而很少采用。但 D 和 $D/2$ 取压方式特别适合大管道的过热蒸汽测量。对于损失取压法，管道的开孔比较简单，但它实际测定的是流体流经节流件后的压力损失，由于压差较小，不便于检测，一般也不采用。目前广泛采用的是角接取压，其次是法兰取压法。角接取压的优点是具有均压作用，准确度和灵敏度高。法兰取压结构比较简单，容易装配，计算也方便，但准确度较角接取压低一些。

各标准节流件的取压方式如下：

1）标准孔板。可以采用角接取压、法兰取压、D 和 $D/2$ 取压。一块孔板可以采用不同的取压方式，如果在同一个取压装置上设置不同取压方式的取压口时，为了避免相互干扰，在孔板一侧的几个取压口的轴线不得处于同一轴向平面内。

2）标准喷嘴。ISA 1932 喷嘴采用角接取压，而长径喷嘴采用 D 和 $D/2$ 取压，其上游取压口轴线与喷嘴前端平面部分间的距离 $L_1 = 1D^{+0.2D}_{-0.1D}$；下游取压口轴线与喷嘴前端平面部分间的距离 $L_1' = 0.50D \pm 0.01D$，但在任何情况下都不得设置在喷嘴出口的下游处。

3）标准文丘里管。经典文丘里管上游取压口位于距收缩段与入口圆筒相交平面的 $(1/2)D$ 处，文丘里喷嘴上游取压口与标准喷嘴相同。它们的下游取压口分别在距圆筒形喉部起始端的 $0.5D$ 处和 $0.3d$（d 为孔径）处。

（2）取压装置　下面以标准孔板为例，介绍两种典型的取压装置。

1）角接取压装置。角接取压装置有环室取压（见图 6-8 的上半部分）和单独钻孔取压（见图 6-8 的下部分）两种。它们可位于管道上、管道法兰上，或位于图 6-8 所示的夹持环上。节流件前后的静压，是从前、后环室和节流件前后端面之间所形成的连续环隙处取得的，其值为整个圆周上静压的平均值。环室有均压作用，压差比较稳定，所以被广泛采用。但当管径超过 500mm 时，环室加工比较麻烦，可以采用单独钻孔取压。

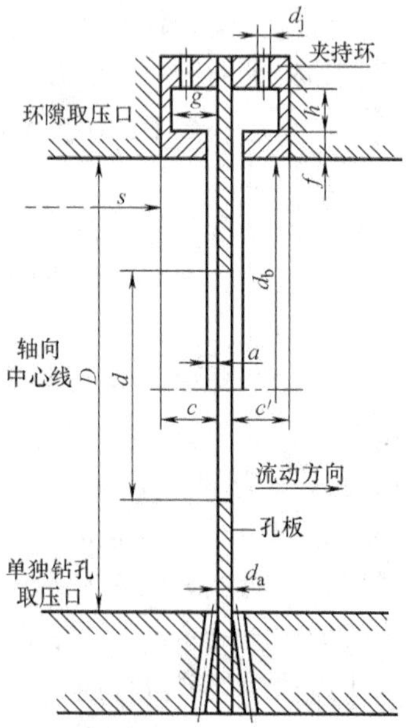

图 6-8　角接取压装置示意图

环隙通常在整个圆周上穿通管道，连续而不中断。否则，每个夹持环应至少由四个开孔与管道内部连通。每个开孔的中心线彼此互成等角度，且每个开孔的面积至少为 12mm^2。如采用单独钻孔取压，则取压口的轴线应尽可能以 90°角与管道轴线相交。

单独钻孔时取压口直径 a 或环隙宽度 a 规定如下：

① 对于清洁流体和蒸汽，当 $\beta \leqslant 0.65$ 时，$0.005D \leqslant a \leqslant$

0.03D；当 $\beta>0.65$ 时，$0.01D\leqslant a\leqslant 0.02D$；

② 对于清洁流体，$1\text{mm}\leqslant a\leqslant 10\text{mm}$。

③ 用环隙取压口测量蒸汽时，$1\text{mm}\leqslant a\leqslant 10\text{mm}$。

④ 用单独钻孔取压口测量蒸汽和液化气体时，$4\text{mm}\leqslant a\leqslant 10\text{mm}$。

夹持环的内径 d_b 必须等于或大于管道直径 D，以保证它不致突入管道内。环室缝隙厚度应满足：$f\geqslant 2a$。

为使环室起到均压作用，环腔的横截面积应大于或等于环隙与管道连通的开孔面积的一半，即满足：$gh\geqslant\frac{1}{2}\pi Da$。

取压口应为圆筒形，其直径 d_j 应取 4～10mm，其长度应大于或等于 $2d_j$，其轴线应尽可能与管道轴线垂直。

2）法兰取压装置。法兰取压装置即为设有取压孔的法兰，其结构如图 6-9 所示。上、下游的取压孔必须垂直于管道轴线。上、下游取压孔的直径 d_b 相同，d_b 值应小于 0.13D，同时应小于 13mm。可以在孔板上下游规定的位置上同时设有几个法兰取压孔，但在同一侧的取压孔应按等角距配置。

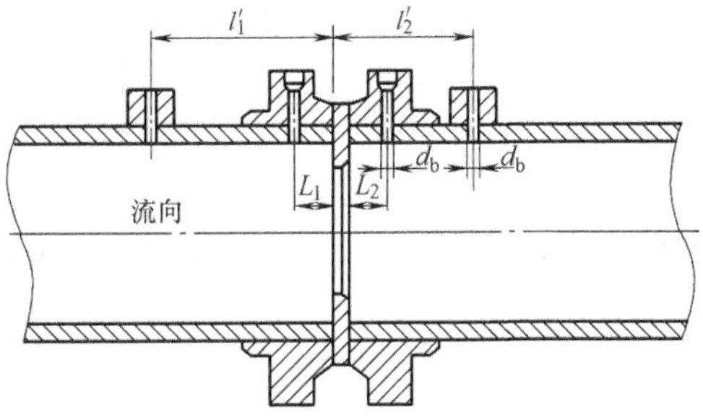

图 6-9　法兰取压、D 和 $D/2$ 取压示意图

上、下游取压口的 L_1 和 L_2 名义上都等于 24.5mm，但在下列数值之间时无需对流量系数进行修正：

① 当 $\beta>0.60$ 和 $D>150\text{mm}$ 时，L_1 和 L_2 的值均应在 24.9～25.9mm 之间。

② 当 $\beta\leqslant 0.60$ 但 $150\text{mm}\leqslant D\leqslant 1000\text{mm}$ 时，L_1 和 L_2 的值均应在 24.4～26.4mm 之间。

4. 节流装置前后直管段

节流装置前后的管段经目测应是直的。节流件计算用的管道直径，在节流件上下游侧 2D 长度范围内必须实测。其方法为在上游侧 0D、（1/2）D、1D 和 2D 处，与管道轴线垂直的截面上各取大致相等的等角距离的 4 个内径的单测值。此 16 个单测值的平均值为计算用的管道内径，并要求任意单测值与平均值间的偏差不得大于 ±0.3%。下游侧的直管段也应如此，但要求较低，任意单测值与平均值间的偏差不得大于 ±2%。

在节流件上游至少 10D 和下游至少 4D 的长度范围内，管道的内表面应清洁，并符合表 6-2～表 6-4 列出的标准孔板、ISA 1932 喷嘴和文丘里喷嘴管道内壁相对粗糙度 K/D 上限值的规定。表 6-2～表 6-4 中，K 值为等效绝对粗糙度，以长度单位表示，它取决于管壁峰谷高度、分布、尖锐度及其他因素。国家标准就是在满足相对粗糙度条件下用实验方法得到的流出系数。因绝对粗糙度 K 与管段直径 D 在单位都为 m 时，两者相差较大，故下表中

K/D均放大10^4倍。

表 6-2 孔板上游管道的相对粗糙度上限值

β	≤0.30	0.32	0.34	0.36	0.38	0.40	0.45	0.50	0.60	0.75
$10^4K/D$	25.0	18.1	12.9	10.0	8.3	7.1	5.6	4.9	4.2	4.0

表 6-3 ISA 1932 喷嘴上游管道的相对粗糙度上限值

β	≤0.35	0.36	0.38	0.40	0.42	0.44	0.46	0.48	0.50	0.60	0.70	0.77	0.80
$10^4K/D$	25	18.6	13.5	10.6	8.7	7.5	6.7	6.1	5.6	4.5	4.4	3.9	3.9

表 6-4 文丘里喷嘴相对粗糙度上限值

β	≤0.35	0.36	0.38	0.40	0.42	0.44	0.46	0.48	0.50	0.60	0.70	0.777
$10^4K/D$	25.0	18.5	13.5	10.6	8.7	7.5	6.7	6.1	5.6	4.5	4.0	3.9

5. 标准节流装置的适用条件

节流装置的流量与压差的关系，是在特定的流体与流动条件下，以及在节流件上游侧1D处已形成典型的湍流流速分布并且无漩涡的条件下通过实验获得的。任何一个因素的改变，都将影响确定的流量与压差的关系，因此标准节流装置对流体条件、流动条件、管道条件和安装要求等都作了明确的规定。

（1）流体条件和流动条件

1）只适用于圆管中单相（或近似单相，如具有高分散度的胶体溶液）、均质的牛顿流体。

2）流体必须充满管道，且其密度和粘度已知。

3）流速小于声速，且流速稳定或只随时间作轻微而缓慢的变化。

4）流体在流经节流件前，应达到充分湍流且其流速与管道轴线平行，不得有漩涡。

5）流体在流经节流装置时不发生相变。

（2）管道条件 节流装置前后直管段l_1和l_2上游侧第一与第二个局部阻力件间的直管段l_0以及压差信号管路，如图6-10所示。

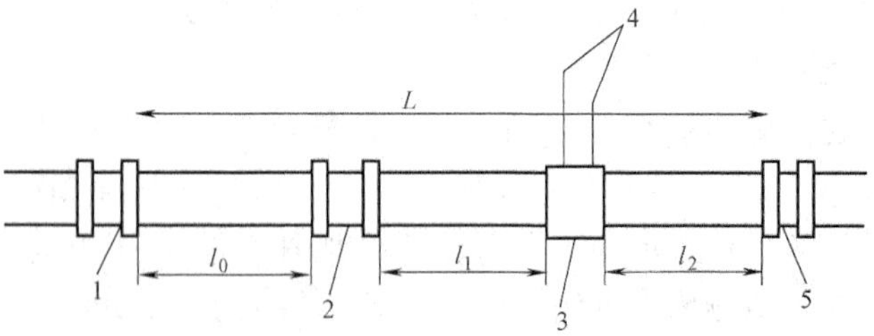

图 6-10 节流件上、下的直管段

1—节流件上游侧第二个局部阻力件 2—节流件上游第一个局部阻力件 3—节流装置
4—压差信号管 5—节流件下游第一个局部阻力件

节流装置应安装在两段有恒定横截面积的圆筒形直管段之间，且在此管段内无流体的流入或流出。节流件上、下游侧最短直管段长度与节流件上、下游侧阻力件、节流件的形式和直径比β值有关，其具体要求见表6-5。使用表6-5时应遵循以下原则：

表6-5 节流件上、下游的最小直管段相对长度

	上游侧第一局部阻力件形式						下游侧阻力件形式
阻力件	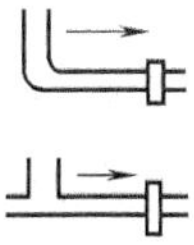 一个90°弯头或只有一个直管流动的三通	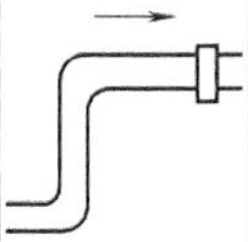 在同一平面内有多个90°弯头	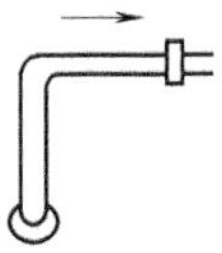 空间弯头（在不同平面内有多个90°弯头）	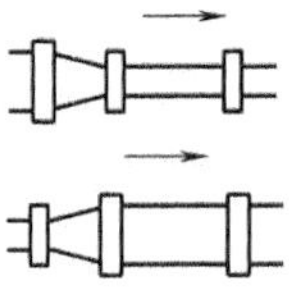 异径管（大变小，$2D \rightarrow D$）长度$\geqslant 3D$，小变大$(1/2)D \rightarrow D$长度$\geqslant 3/2D$	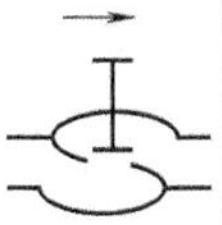 全开截止阀	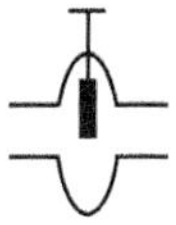 全开闸阀	节流件下游侧最小直管段长度l_2（左面所有的局部阻力件形式）
β	最小直管段相对长度L_1/D						最小直管段相对长度L_2/D
≤0.2	10(6)	14(7)	34(17)	16(8)	18(9)	12(7)	4(2)
0.25	10(6)	14(7)	34(17)	16(8)	18(9)	12(7)	4(2)
0.30	10(6)	16(8)	34(17)	16(8)	18(9)	12(7)	5(2.5)
0.35	10(6)	16(8)	36(18)	16(8)	18(9)	12(7)	5(2.5)
0.40	14(7)	18(9)	36(19)	16(8)	20(10)	12(7)	6(3)
0.45	14(7)	18(9)	38(19)	18(9)	20(10)	12(7)	6(3)
0.50	14(7)	20(10)	40(20)	20(10)	22(11)	12(7)	6(3)
0.55	16(8)	22(11)	44(22)	20(10)	24(12)	14(7)	6(3)
0.60	18(9)	26(13)	48(24)	22(11)	26(13)	14(7)	7(3.5)
0.65	22(11)	32(16)	54(27)	24(12)	28(14)	16(7)	7(3.5)
0.70	28(14)	36(18)	62(31)	26(13)	32(16)	20(8)	7(3.5)
0.75	36(18)	42(21)	70(35)	28(14)	36(18)	24(10)	8(4)
0.80	46(23)	50(25)	80(40)	30(15)	44(22)	30(12)	8(4)

1）l_0的确定。在上游，第一个阻力件与第二个阻力件间的直管段长度l_0，按第二个阻力件的形式和$\beta=0.7$（不论实际的β值是多少）取表6-5所列数值的一半。

2）表6-5所列阀门应全开。所有调节流量的阀门应安装在节流装置的下游。

3）附加不确定度的确定。实际应用时建议采用比所规定的长度更长的直管段。

6.3 速度式流量计

速度式流量计是通过测量管道内流体流动速度来测量流量的。为了保证测量精度，对管道内流体的速度分布有一定的要求，速度式流量计前后必须有足够长的直管段或加装整流器。速度式流量计种类很多，本节主要介绍涡轮流量计、电磁流量计和靶式流量计。涡轮流量计在石油计量中应用广泛，并且发展前景良好。电磁流量计可测量脏污、腐蚀性介质及悬浊性液固两相流体的流量等独特优点而得到越来越多的应用。靶式流量计应用于工业流量的测量，主要用于解决高粘度、低雷诺数流体的流量测量。

1. 涡轮流量计

（1）工作原理和流量方程　涡轮流量计是基于流体动量矩守恒原理工作的。如图6-11

所示，被测流体经导直后沿平行于管道轴线的方向以平均速度 v 冲击叶片，使涡轮转动，在一定范围内，涡轮的转速与流体的平均流速成正比，通过磁电转换装置将涡轮转速变成电脉冲信号，经放大后送给显示记录仪表，即可以推导出被测流体的瞬时流量和累积流量。

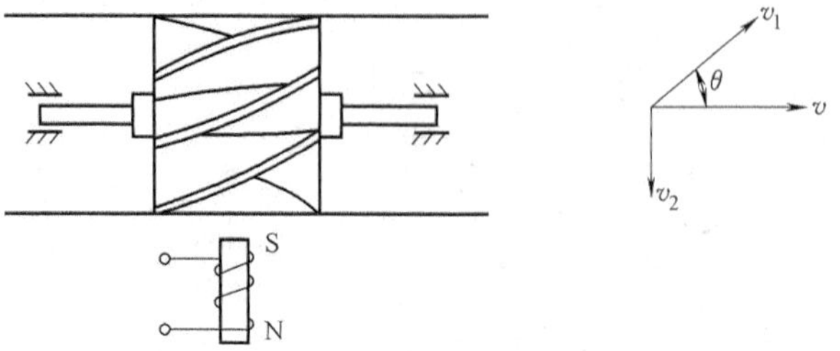

图 6-11　涡轮流量计测量原理示意

涡轮叶片与流体流向成 90°角，流体平均流速 v 与叶片的相对速度 v_1 和切向速度 v_2 的关系如图 6-11 所示，则切向速度 v_2 为

$$v_2 = v\tan\theta \tag{6-15}$$

式中，v_2 为切向速度（m/s）；v 为被测流体的平均流速（m/s）；θ 为流体流向与涡轮叶片的夹角。

当涡轮稳定旋转时，叶片的切向速度为

$$v_2 = 2\pi Rn \tag{6-16}$$

式中，n 为涡轮的转速；R 为涡轮叶片的平均半径。

磁电转换器所产生的脉冲频率 f 为

$$f = nZ \tag{6-17}$$

式中，Z 为涡轮叶片的数目。

联立式（6-15）~式（6-17），可得涡轮流量计的体积流量公式 q_V 为

$$q_V = vA = \frac{2\pi RA}{Z\tan\theta} = \frac{1}{\xi}f \tag{6-18}$$

式中，A 为涡轮形成的流通截面积（m^2）；ξ 为涡轮流量计的流量系数，$\xi = \dfrac{Z\tan\theta}{2\pi RA}$。

（2）涡轮流量计的结构　涡轮流量计一般由涡轮变送器和显示仪表组成，也可做成一体式涡轮流量计。变送器的结构如图 6-12 所示，主要包括壳体、导流器、轴、轴承组件、涡轮和磁电转换器。

1）涡轮。涡轮是检测流量的传感器，其结构由摩擦力很小的轴和轴承组件支撑，与壳体同轴。叶片数视口径大小而定，通常为 2 ~ 8 片。叶片有直板叶片、螺旋叶片和丁字形叶片等几种。涡轮几何形状及尺寸对传感器性能有较大影响，因此要根据流体性质、流量范围、使用要求等进行设计。涡轮的动态平衡很重要，

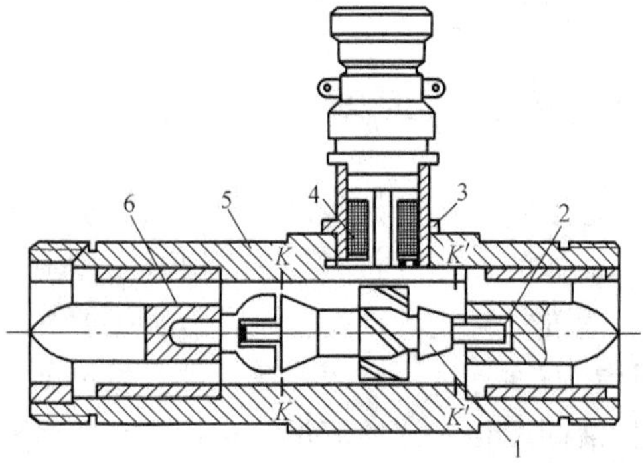

图 6-12　涡轮流量变送器
1—涡轮　2—支承　3—永久磁钢
4—感应线圈　5—壳体　6—导流器

直接影响仪表的性能和使用寿命。为提高对流速变化的响应性，涡轮的质量要尽可能小。

2）导流器。导流器由导向环（片）及导向座组成，使流体在进入涡轮前先导直，以免因流体的漩涡而改变流体与涡轮叶片的作用角度，从而保证流量计的准确度。在导流器上装有轴承，用以支撑涡轮。

3）轴和轴承组件。变送器失效通常是由轴和轴承组件引起的，因此它决定着传感器的可靠性和使用寿命。其结构设计、材料选用以及定期维护至关重要。在设计时应考虑轴向推力的平衡，流体作用于涡轮上的力使涡轮转动，同时也给涡轮一个轴向推力，使轴承的摩擦转矩增大。为了抵消这个轴向推力，在结构上采取各种轴向推力平衡措施，主要有：

① 采用反推力方法实现轴向推力自动补偿。从涡轮轴体的几何形状可以看出，当流体流过 *K-K* 截面积时，流速变大而静压力下降，以后随着流通面积的逐渐扩大而静压力逐渐上升，因而在收缩截面 *K-K* 和 *K′-K′*之间就形成了不等静压场，并对涡轮产生相应的作用力。由于该作用力沿涡轮轴向的分力与流体的轴向推力反向，故可以抵消流体的轴向推力。减小轴承的轴向负荷，进而可提高变送器的寿命和准确度。

② 采用中心轴打孔的方式，通过流体实现轴向力自动补偿。另外，减小轴承磨损是提高测量准确度、延长仪表寿命的重要环节。目前常用的轴承主要有滚动轴承和滑动轴承（空心套轴承）两种。滚动轴承虽然摩擦力矩很小，但对脏污流体及腐蚀性流体的适应性较差，寿命较短。因此，目前仍广泛应用滚动轴承。为了彻底解决轴承磨损问题，我国目前正在研制生产无轴承的涡轮流量变送器。

4）磁电转换器。磁电转换器由感应线圈和永久磁钢组成，安装在流量计壳体上，它可分成磁阻式和感应式两种。磁阻式将永久磁钢放在感应线圈内，涡轮叶片由导磁材料制成。当涡轮叶片旋转通过磁钢下面时，磁路中的磁阻改变，使得通过线圈的磁通量发生周期性变化，因而在线圈中感应出电脉冲信号，其频率就是转过叶片的频率。感应式是在涡轮内腔放置磁钢，涡轮叶片由非导磁材料制成。磁钢随涡轮旋转，在线圈内感应出电脉冲信号。由于磁阻式比较简单、可靠，并可以提高输出信号的频率，所以使用较多。

除磁电转换方式外，也可用光电元件、霍尔元件、同位素等方式进行转换。为提高抗干扰能力和增大信号传送距离，在磁电转换器内装有前置放大器。

（3）流量系数　流量系数 ξ 的含义是单位体积流量通过磁电转换器所输出的脉冲数，它是涡轮流量计的重要特性参数。由图6-13可知，对于一定的涡轮结构，流量系数为常数。因此流过涡轮的体积流量 q_V 与脉冲频率 f 成正比。但应注意，式（6-18）是在忽略各种阻力矩的情况下导出的。实际上，作用在涡轮上的力矩，除推动涡轮旋转的主动力矩外，还包括以下三种阻力矩：

1）由流体粘滞摩擦力引起的粘性摩擦阻力矩。

2）由轴承引起的机械摩擦阻力矩。

3）由于叶片切割磁力线而引起的电磁阻力矩。

因此在整个流量测量范围内流量系数不是常数，它与流量间的关系曲线如图6-13所示。由图可见，在流量很小时，即使有流体通过变送器，涡轮也不转动，只有流量大于某个最小值，克服了各种阻力矩时，涡轮才开始转动。这个最小流量值被称为始动流量值，它与流体的密度呈平方根关系，所以变送器对密度较大的流体敏感。在小流量时，流量系数变化很大，这主要是由于各种阻力矩之和在主动力矩中占较大比例造成的。当流量大于某一数值后，其值才近似为一个常数，这就是涡轮流量计的工作区域。当然，由于轴承寿命和压损等条件的限制，涡轮也不能转得太快，所以涡轮流量计和其他流量仪表一样，也有测量范围的限制。

（4）影响涡轮流量测量精度的因素

1）密度影响。由于变送器的流量系数 ξ 一般是在常温下用水标定的，所以密度改变时应该重新标定。对于液体介质的密度受温度、压力的影响很小，所以可以忽略温度、压力变化的影响。对于气体介质，由于密度受温度、压力影响较大，除影响流量系数外，还直接影响仪表的灵敏度。图6-13所示为气体涡轮流量计在不同压力下变送器的流量系数特性曲线，从中可见，工作压力对流量系数具有较大的影响，使用时应时刻注意其变化。虽然涡轮流量计时间常数很小，很适于测量由于压缩机冲击引起的脉动流量，但是用涡轮流量计测量气体流量时，必须对密度进行补偿。

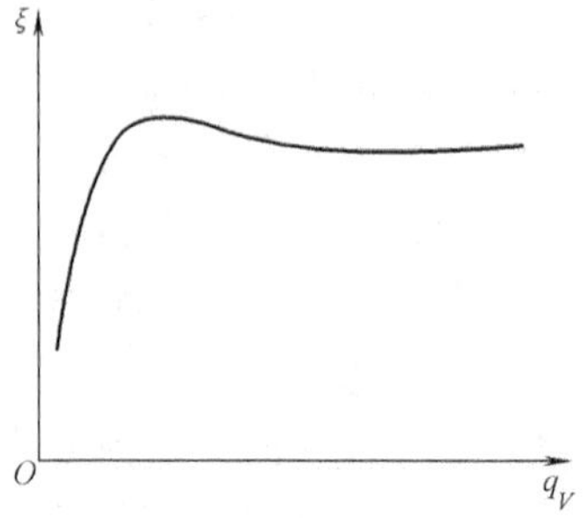

图6-13 涡轮流量变送器特性曲线

2）粘度的影响。涡轮流量计的最大流量和线性范围一般是随着粘度的增大而减小。对于液体涡轮流量计，流量系数通常是用常温水标定的，因此实际应用时，只适于与水具有相似粘度的流体，水的运动粘度为 $10^{-6}m^2/s$，当实际流体运动粘度超过 $5\times10^{-6}m^2/s$ 时，则需要重新标定。

3）仪表的安装方式要求与校验情况相同。一般要求水平安装。仪表受来流流速分布畸变和旋转流等影响较大。例如，由于泵或管道弯曲会引起流体的旋转，而改变了流体和涡轮叶片的作用角度，这样即使是稳定的流量，涡轮的转数也会改变。因此，除在变送器结构上装有导流器外，还必须保证变送器前后有一定的直管段，一般入口直管段的长度取管道内径的20倍以上，出口可取5倍以上，否则需用整流器整流。

2. 电磁流量计

电磁流量计是一种测量导电性流体流量的仪表。测量原理基于电磁感应定律。由于具有压力损失小，可测量脏污、腐蚀性介质及悬浊性液固两相流体的流量等独特优点，现已广泛应用于酸、碱、盐等腐蚀性介质，及化工、冶金、矿山、造纸、食品、药业等工业部门的泥浆、纸浆、矿浆等脏污介质的流量测量。

（1）工作原理　图6-14所示为电磁流量计的工作原理图。根据法拉第电磁感应定律，导电液体在磁场中运动切割磁力线时，在导体两端将产生感应电动势，其方向由右手定则确定，其大小与磁场的磁感应强度 B、导体在磁场内的有效长度及导体垂直于磁场的运动速度成正比。可表示为

$$U_{AB}=BDv \tag{6-19}$$

式中，U_{AB} 为两电极间的感应电势（V）；D 为管道内径（m）；B 为磁场磁感应强度（T）；v 为液体在管道中的平均流速（m/s）。

由此可得电磁流量计的体积流量公式为

$$q_V=\frac{\pi D}{4B}U_{AB} \tag{6-20}$$

（2）励磁方式　励磁方式即产生磁场的方式。励磁系统用于给电磁流量传感器提供均

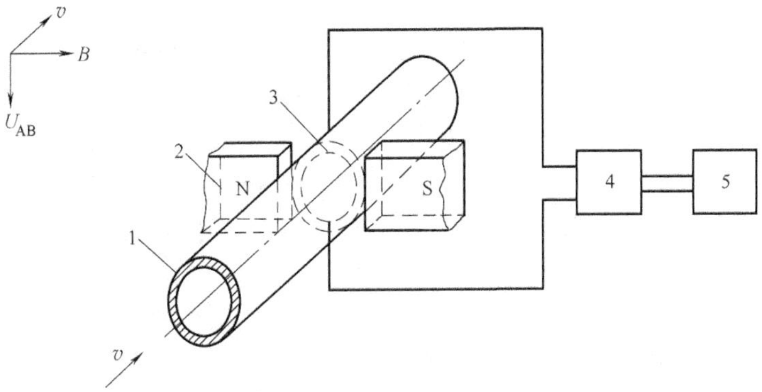

图 6-14 电磁流量计工作原理图

1—测量导管 2—磁极 3—电极 4—转换器 5—显示仪表

匀且稳定的磁场。它不仅决定了电磁流量传感器工作磁场的特征，也决定了电磁流量计流量信号的处理方法，对电磁流量计的工作性能有很大的影响。一般有三种励磁方式，即直流励磁、交流励磁和低频方波励磁。

1）直流励磁。直流励磁方式用直流电产生磁场或采用永久磁铁，它能产生一个恒定的均匀磁场。这种直流励磁变送器的最大优点是受交流电磁场干扰影响很小，因而可以忽略液体中自感现象的影响。但是，使用直流磁场易使通过测量管道的电解质液体被极化，即电解质在电场中被电解，产生正负离子。在电场力的作用下，负离子跑向正极，正离子跑向负极，将导致正、负电极分别被相反极性的离子所包围，严重影响仪表的正常工作。所以，直流励磁一般只用于测量非电解质液体，如液态金属等。

2）交流励磁。对电解性液体，一般采用工频交流励磁传感器励磁绕组供电，即利用正弦波工频（50Hz）电源给电磁流量计传感器激磁绕组供电，其磁感应强度 $B=B_{m}\sin\omega t$，此时，电磁流量计两个电极的感应电势为

$$U_{AB}=B_{m}Dv\sin\omega t \tag{6-21}$$

式中，B_{m} 为交流励磁磁感应强度的幅值（T）；ω 为励磁电流角频率（s^{-1}）。

对应的流量公式为

$$q_{V}=\frac{\pi D}{4B_{m}\sin\omega t}U_{AB} \tag{6-22}$$

交流励磁具有能够基本消除电极表面的极化现象，降低电极电化学电势的影响和传感器内阻，以及便于信号放大等优点。但会带来一系列的电磁干扰问题。

3）低频方波励磁。低频方波励磁兼具直流和交流励磁的优点。从图 6-15 可见，在半个周期内，磁场是恒稳的直流磁场，它具有直流励磁的特点，受电磁干扰影响很小。从整个时间过程看，方波信号又是一个交变的信号，所以它能克服直流励磁易产生的极化现象。因此，低频方波励磁是一种比较好的励磁方式，目前已在电磁流量计上广泛应用。

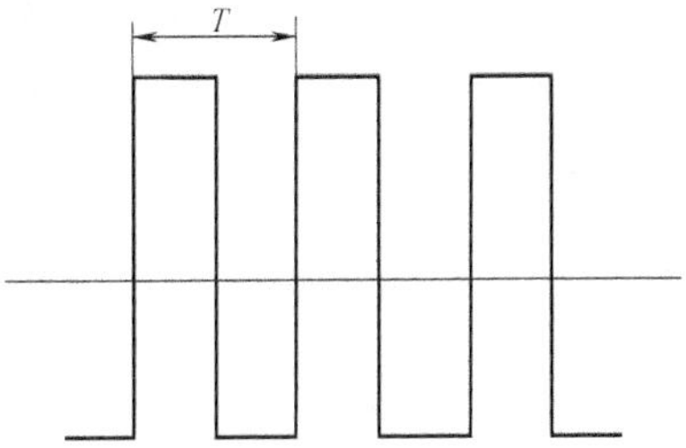

图 6-15 方波励磁电流波形

（3）电磁流量计的结构 电磁流量计由传感器、

转换器和显示仪表三部分组成。

1）电磁流量计的传感器主要由励磁系统、测量管道、绝缘衬里、电极、外壳和干扰调整机构等构成，其具体结构随着测量导管口径的大小而不同。

① 励磁系统。励磁系统主要包括励磁绕组和铁心，用以产生励磁方式所规定波形的磁场。一般工业用电磁流量计的磁场大都用电磁铁产生，磁场电源由转换器提供。产生磁场的励磁绕组、铁心及磁轭的结构形式根据测量导管口径的不同而不同。

② 测量管道。由于测量导管处在磁场中，为了让磁力线能顺利地穿过测量导管进入被测介质而不被分流或短路，首先，测量导管必须是非导磁材料制成；其次，为了减小电磁涡流，测量导管一般应选用高阻抗材料，在满足强度要求的前提下，管壁应尽量薄；第三，为了防止电极上的流量信号被金属管壁所短路，在测量导管内侧应有一层完整的绝缘衬里。

中小口径电磁流量计的测量导管用不导磁的不锈钢或玻璃钢等制成；大口径的测量导管用离心浇铸的方法把橡胶、线圈和电极浇铸在一起而制成，可以减小因涡流引起的误差。

③ 电极。电极直接与被测液体接触，因此必须耐腐蚀、耐磨、结构上防漏、不导磁。大多数电极采用不锈钢（1Cr18Ni9Ti）制成。对腐蚀性较强的介质，采用钛、铂、耐酸钢涂覆黄金等。电极通常加工成矩形或圆形。

2）电磁流量计的转换器　其作用是把电磁流量传感器输出的毫伏级电压信号放大，并转换成与被测介质体积流量成正比的标准电流、电压或频率信号，以便与仪表及调节器配合，实现流量的指示、记录、调节和计算。

根据电磁流量传感器的特点，要求转换器具备以下几个方面的性能：

① 线性放大能力。转换器是具有高稳定性能的线性放大器，能把毫伏级流量信号放大到足够高的水平，并线性地转换成标准电信号输出。

② 能够分辨和抑制各种干扰信号。根据不同的励磁方式，转换器应有相应的措施抑制或消除各干扰信号的影响。

③ 应有足够高的输入阻抗。由于电磁流量计传感器的内阻很高，一般可达几十到几百千欧（与被测介质的电导率和电极直径有关）。因此转换器必须有足够高的输入阻抗，以克服传感器内阻变化带来的影响，提高测量准确度和加长传输信号导线。

（4）电磁流量计的特点和选用　电磁流量计的主要优点如下：

1）传感器结构简单，测量导管内没有可动部件，也没有任何阻碍流体流动的节流部件，所以当流体通过流量计时不会引起任何附加的压力损失，是流量计中运行能耗最低的流量仪表之一。

2）适于测量各种特殊液体的流量，如脏污介质、腐蚀性介质及悬浊性液固两相流体等。这是由于仪表测量导管内部无阻碍流动部件，与被测流体接触的只是测量导管内衬和电极，其材料可根据被测流体的性质来适当选择。例如，用聚三氟乙烯或聚四氟乙烯做内衬，可测量各种酸、碱、盐等腐蚀性介质；采用耐磨橡胶做内衬，就特别适合于测量带有固体颗粒的、磨损较大的矿浆、水泥浆等液固两相流体，以及各种带纤维液体和纸浆等悬浊液体的流量。

3）电磁流量计在测量过程中，不受被测介质的温度、粘度、密度以及电导率（在一定范围）的影响，因此，电磁流量计只需经水标定后，就可以用来测量其他导电性液体的流量。

4）测量范围广。电磁流量计的输出只与被测介质的平均流速成正比，而与对称分布下的流动状态（层流或湍流）无关。所以电磁流量计的量程范围较宽，输出值与平均流速之比可达 100∶1，有的甚至高达 1000∶1。

5）电磁流量计无机械惯性，反应灵敏，可以测量脉动流量，也可测量正、反两个方向的流量。

3. 靶式流量计

（1）工作原理及流量公式　靶式流量计的测量元件是一个放在管道中心的圆形靶，流体流动时，质点冲击在靶上，使靶产生微小的位移，此微小位移（或流体对靶的作用力）反映了流量的大小，其工作原理如图 6-16 所示。

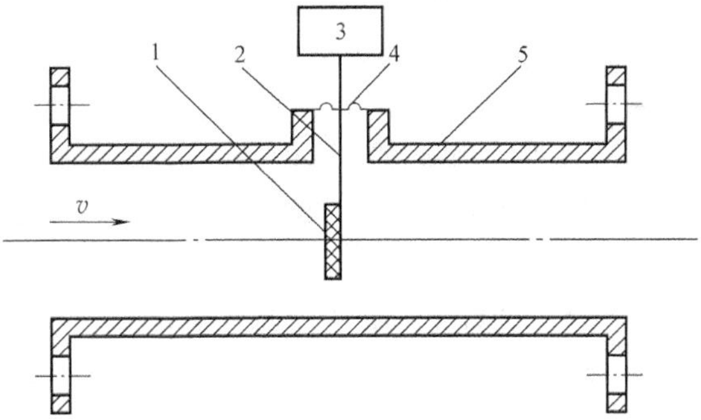

图 6-16　靶式流量计原理图

1—靶　2—杠杆　3—力平衡转换器　4—密封膜片　5—管道

流体对靶的作用力有以下 3 种：

1）流体对靶的直接冲击力。在靶板正面中心处，其值等于流体的动压力。

2）靶的背面由于存在“死水区”和漩涡而造成“抽吸效应”，使该处的压力减小，因此靶的前后存在静压差，此静压差对靶产生一个作用力。

3）流体流经靶时，由于流体流通截面缩小，流速增加，流体与靶的周边产生粘滞摩擦力。

在流量较大时，前两种力起主要作用，而且它们是在同一流动现象中产生的，二者方向一致，可看做一个力，用 F 表示，其值为

$$F=\frac{K}{2}\rho v^2 A_0 \tag{6-23}$$

式中，ρ 为流体密度（kg/m^3）；v 为环形截面处流体的平均速度（m/s）；A_0 为环形靶面积（m^2）；K 为比例系数。

设管道内径为 D，截面面积 A，靶直径为 d，则

$$q_V=\rho v(A-A_0)=\frac{\pi}{4}\rho v(D^2-d^2) \tag{6-24}$$

式（6-23）与式（6-24）联立，得到作用力与流量的关系式，即

$$q_V=\sqrt{\frac{1}{K}}\sqrt{\frac{\pi}{2}}\frac{D^2-d^2}{d}\sqrt{\rho F} \tag{6-25}$$

记 $\alpha=\sqrt{\frac{1}{K}}$ 为靶式流量计的流量系数，则

$$q_V = 1.253\alpha \frac{D^2 - d^2}{d} \sqrt{\rho F} \tag{6-26}$$

于是将流量信号转变成力的信号，实际上，靶式流量变送器中除靶体以外，主要是一套力-电或力-气转换装置。

（2）流量系数和压力损失　由流量方程可知，当被测介质密度及靶的几何尺寸确定后，流量计的精度主要取决于流量系数 α 的精度。流量系数 α 与靶的形状、管道直径 D、靶的直径 b 及雷诺数 Re 等因素有关。实验证明，对于圆盘形靶，当流量超过某一界限时，α 趋于恒定，此时的管道雷诺数成为临界雷诺数 Re_g，它决定了流量计的测量下限。当雷诺数低于 Re_g 时，由于粘滞摩擦力的影响相对增大，α 将随雷诺数的变化而改变。

国产靶式流量计的 Re_g 值可低至 2000 左右，比节流元件要求的最小雷诺数低得多，此为靶式流量计适于测量高粘度、小流量的原因。靶式流量计的压力损失一般低于节流式流量计，约为孔板压力损失的一半。

（3）刻度换算　当工作状态与被测流体的标定状态或与标定流体不同时，需要进行刻度换算。通常也是用水和空气分别对液体和气体靶式流量计进行标定。无特殊说明，其标定状态认为是标准状态。

对于液体，由于密度为常数，只需修正被测流体和标定流体不同造成的影响即可，得到刻度换算公式为

$$q_V = q_{V0} \frac{\alpha}{\alpha_0} \sqrt{\frac{\rho}{\rho_0}} \tag{6-27}$$

式中，q_V 为靶式流量计在工作状态下，被测流体的流量（m^3/s）；q_{V0} 为靶式流量计在标定状态下，标定流体的流量（m^3/s）；α 为靶式流量计在工作状态下，被测流体的流量系数；α_0 为靶式流量计在标定状态下，标定流体的流量系数；ρ 为被测流体在工作状态下的密度（kg/m^3）；ρ_0 为标定流体在标定状态下的密度（kg/m^3）。

通常可近似认为 $\alpha = \alpha_0$，则式（6-27）变为

$$q_V = q_{V0} \sqrt{\frac{\rho}{\rho_0}} \tag{6-28}$$

对于气体，由于具有可压缩性，还要考虑标定（或刻度）状态和实际工作状态不同造成的影响，即温度和压力的影响，可直接使用式（6-27）计算，也可由流体不同和状态不同分两步修正，计算公式为

$$q_V = q_{V0} \sqrt{\frac{p_0 T \rho_0}{p T_0 \rho_0'}} \tag{6-29}$$

式中，p_0 为标定状态下的绝对压力（Pa）；p 为工作状态下的绝对压力（Pa）；T_0 为标定状态下的热力学温度（K）；ρ_0' 为被测气体在标定状态下的密度（kg/m^3）。

4. 涡街流量计

涡街流量计是一种新型流量计，输出与流速成正比的脉冲频率信号，可实现信号的远距离传输，具有准确度高、量程大、流体的压力损失小、对流体性质不敏感等优点。

（1）工作原理　涡街流量计是利用流体力学中的卡门涡街原理在管道中垂直于流体流动方向放置一个非线性柱体（漩涡发生体），当流体流量增大到一定程度以后，流体在漩涡发生体两侧交替产生两列规则排列的漩涡，如图 6-17 所示。两列漩涡的旋转方向相反，且

从发生体上分离出来，平行但不对称，这两列漩涡被称为卡门涡街，简称涡街。

由于漩涡之间的相互作用，漩涡列一般不稳定，若两列平行漩涡距离为 h，同一列中先后出现的两个漩涡的间隔距离为 l，当满足 $\mathrm{sh}\,\frac{\pi h}{l}=1$ 时，则漩涡的形成是稳定的，即涡列稳定，其中 sh 为双曲函数。从上述稳定判据中进一步计算涡列稳定的条件为$\frac{h}{l}=0.281$。稳定的单侧漩涡产生的频率 f(Hz) 和漩涡发生体两侧的流体速度 v_i(m/s) 之间有如下关系：

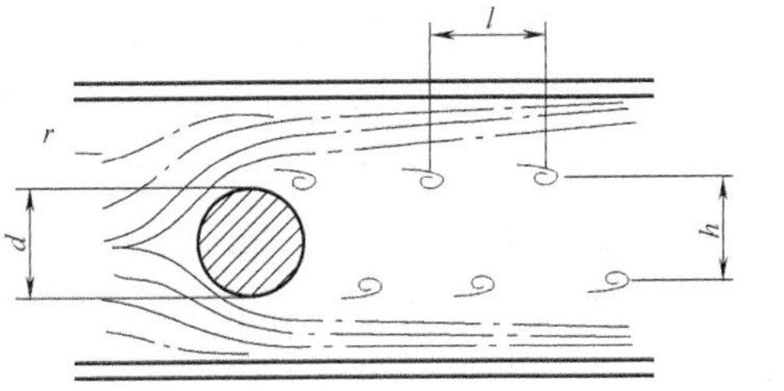

图6-17 稳定漩涡发生情况

$$f = Sr\frac{v_i}{d} \tag{6-30}$$

式中，Sr 为斯特劳哈尔数，其量纲为一；d 为漩涡发生体迎着来流截面最大宽度（m）。

Sr 又被称为流体产生漩涡的相似准则数，主要与漩涡发生体的形状和雷诺数有关。例如对于圆柱形漩涡发生体，Sr-Re 的函数关系如图6-18所示。所以，对于圆柱形漩涡发生体，$Sr=0.2$。在发生体的几何形状确定后，在一定的雷诺数范围内，Sr 为常数。

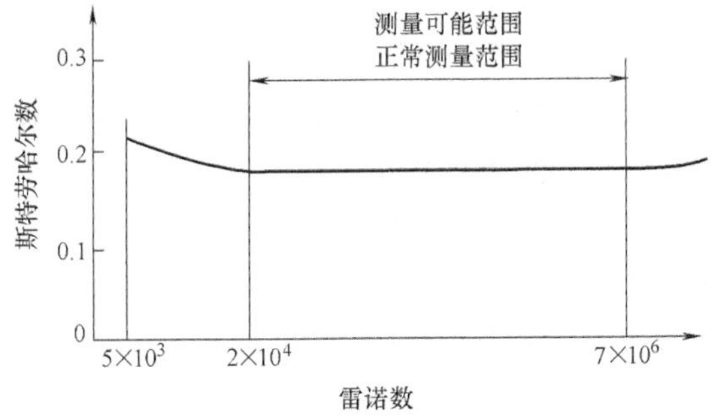

图6-18 正常范围内与雷诺数的关系

根据流动的连续性可知

$$S_1 v_1 = Sv$$

式中，S_1 为漩涡发生体两侧流通面积（m^2）；S 为管道横截面积（m^2）；v 为管道内流体的平均流速（m/s）。

由以上两式可知，体积流量 q_V 可表示为

$$q_V = Sv = \frac{\pi}{4}D^2 v = \frac{\pi}{4}D^2\frac{Srf}{d} = \frac{f}{K} \tag{6-31}$$

式中，$K=\frac{4d}{\pi D^2 Sr}$称为涡街流量计系数。

式（6-31）说明，当管道内径和漩涡发生体的几何形状与尺寸确定，且满足一定雷诺数的要求时，则 K 为常数，体积流量 q_V 与频率 f 成正比，可见测出漩涡的频率就可知体积流量，不受流体的物理参数如温度、压力、粘度、密度及组分等的影响。

（2）漩涡发生体　漩涡发生体是涡街流量计的核心部件。常见的漩涡发生体有圆柱形、

棱柱形、T柱形、三角形等。由相似定理证明可得：在几何相似的涡街体系中，只要保持流体动力学相似（即雷诺数相等），则斯特拉哈尔数 Sr 必然相等。漩涡发生体的形状和尺寸对涡街流量计的性能有决定性的作用。它的设计一方面与漩涡频率的检测手段有关，另一方面要使漩涡尽量沿柱体长度方向产生，且同时与柱体分离，这样才便于得到稳定的涡列，而且信噪比高，容易检测。一般情况下，柱体长度有限，靠近管道轴线处流速高，靠近管壁处流速低，沿柱长方向各处的漩涡不容易同步产生，合理的几何形状有利于同步分离。表6-6列出了典型漩涡发生体的形状和特点，三角柱和梯形柱漩涡发生体的优点很多，应用较为广泛。

表6-6　典型漩涡发生体的形状和特点

漩涡发生体名称	横截面形状	Sr	特　点
圆柱体	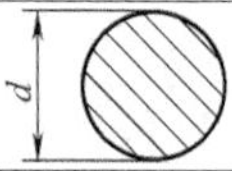	0.20	漩涡强度较弱，压损较大，Sr 最大，漩涡强度较弱，需要采用边界控制措施才能形成稳定的漩涡
矩形柱体	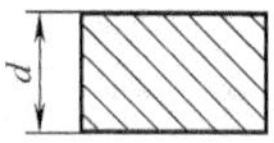	0.17	漩涡强烈且稳定，压力损失大，Sr 较大，可在内或尾部检测漩涡
三角形柱体	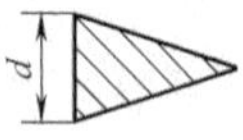	0.14～0.16	漩涡强度适中且稳定，压力损失小，Sr 最小，Sr 在较宽的 Re 下为常数，可在内或尾部检测漩涡
梯形柱或T形柱	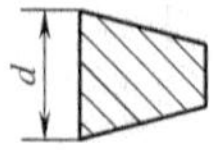	0.166	漩涡强度适中且稳定，刚度好，压力损失适中，可用于压差检测，应用范围广

（3）漩涡频率检测器　漩涡频率的检测是通过漩涡检测器来实现的，伴随漩涡的形成和分离，漩涡发生体周围流体会同步发生流速、压力变化和下游尾流周期振荡，依据这些现象可以进行漩涡分离频率的检测。流体漩涡频率检测的出发点是检测器安装方便、耐高温高压。由于发生体结构的多样化，相对应地，漩涡频率检测的方法也多种多样。目前使用的漩涡检测器主要有以下三种形式：

1）圆柱形漩涡检测器。圆柱形旋涡检测器如图6-19所示，它是一根中空的长管，管中空腔由隔板分成两部分。管的两侧开两排小孔。隔板中间开孔，孔上张有铂电阻丝。铂丝通常被通电加热到高于流体温度10℃左右。当流体绕过圆柱时，如在下侧产生漩涡，由于漩涡的作用使圆柱体的下部压力高于上部，部分流体从下面小孔被吸入，从上部小孔吹出。结果将使下部漩涡被吸在圆柱表面，越转越大，而没有漩涡的一侧由于流体的吹除作用，将使漩涡不易发生。下侧漩涡生成之后，它将脱离开圆柱表面向下游运动，这时柱体的上侧将重复上述过程生成漩涡。如此，柱体的上、下两侧交替地生成并放出漩涡。与此同时，在柱体

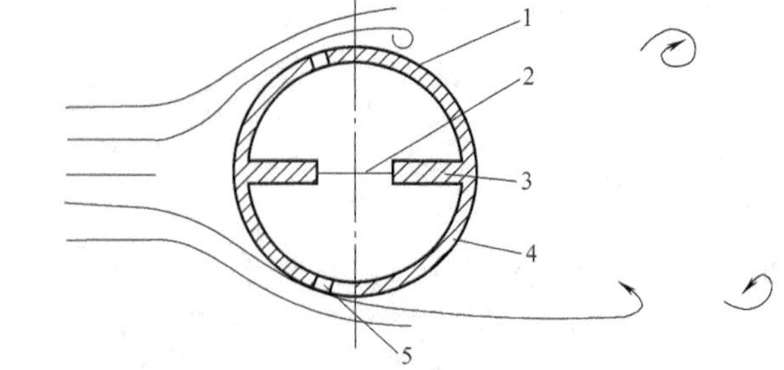

图6-19　圆柱形漩涡检测器

1—圆柱形检测器　2—铂电阻丝　3—中间隔板　4—空腔　5—导压孔

的内腔自下而上或自上而下产生的脉冲流通过被加热的电阻丝。空腔内流体的运动，交替对电阻丝产生冷却作用，电阻丝的阻值发生变化，从而输出和漩涡的生成频率一致的脉冲信号，再送入频率检测电路，由式（6-31）即可求出流量来。

2）棱柱形漩涡检测器。图6-20所示的棱柱形漩涡检测器可以得到更稳定、更强烈的漩涡。埋在棱柱体正面的两个热敏电阻组成电桥的两臂，并以恒流源供以微弱的电流进行加热。在产生漩涡的一侧，因流速变低，使热敏电阻的温度升高，阻值减小。因此，电桥失去平衡，产生不平衡输出。随着漩涡的交替形成，电桥将输出一个与漩涡频率相等的交变电压信号，该信号通过放大、整形及数/模转换送至计算器和指示器进行计算和显示。

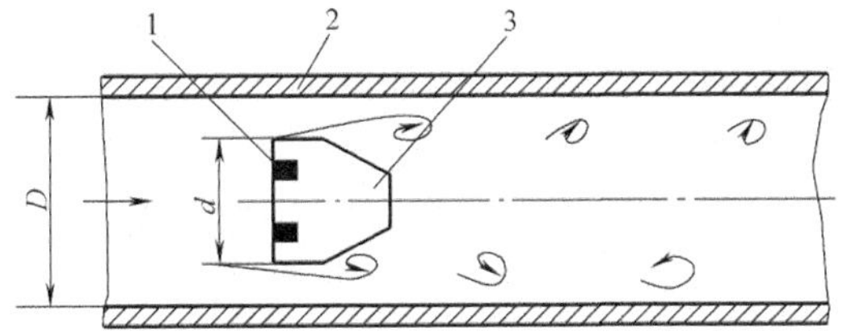

图6-20 棱柱形漩涡检测器

1—热敏电阻 2—圆管道 3—棱柱

3）T柱形漩涡检测器。如图6-21所示，流体通过T柱形旋涡发生体出现漩涡时，使粘贴在T柱形漩涡发生体两侧的敏感元件交替地受到漩涡的作用，输出相应频率的电信号。它是在漩涡发生体后设置一个信号电极，信号电极又处在磁感应强度为B的永久磁场中，被测流体流经发生体产生漩涡，振动的漩涡列作用于信号电极，使其产生与漩涡相同频率的振动。根据法拉第电磁感应定律，导体在磁场中运动切割磁力线，在信号电极上会产生感应电势E，即$E=Bdv$，感应电势的变化频率等于漩涡频率，因此可以通过检测感应电势的频率和大小来测量流量。

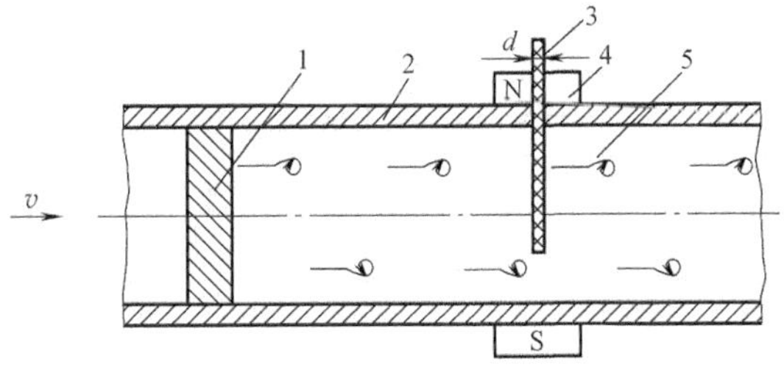

图6-21 T柱形漩涡检测器检测原理

1—漩涡发生体 2—测量管道 3—信号电极 4—永久磁铁 5—漩涡

（4）涡街流量计的安装

按被测介质、环境、使用要求等选择合适类型与结构的涡街流量计。涡街流量计是速度式流量计，漩涡的规律性易受上游侧的湍流、流速分布畸变等因素的影响。因此，对现场管道安装条件要求十分严格，应遵照使用说明书的要求执行。

1）安装方向。涡街流量计在管道上可以水平、竖直或倾斜安装，测量液体和气体时应分别采取防止气泡和液滴干扰的措施。测量液体时，还必须保证待测流体充满整个管道。如果是竖直安装，应使液体自下向上流动，以保证管路中总是充满液体。

2）直管段长度。涡街流量计的直管段长度要求为：上游不小于 15D；下游不小于 10D，直管段内部要求光滑。

3）安装漩涡发生体时，应使其轴线与管道轴线垂直。对于三角柱、梯形或柱形发生体应使其底面与管道轴线平行，其夹角最大不应超过 5°。

4）涡街流量计对振动很敏感，传感器的安装地点应注意避免机械振动，尤其要避免管道振动。否则应采取减振措施，在传感器上、下游 2D 处分别设置防振座并加装防振垫。

5）仪表的流向标志应与管内流体的流动方向一致。

（5）涡街流量计的特点

1）漩涡的频率只与流速有关，在一定雷诺数范围内，几乎不受流体性质（压力、温度、粘度和密度等）变化的影响，故不需单独标定。

2）测量精度高，误差为 1%，重复性为 0.5%，不存在零点漂移的问题。

3）压力损失小，测量范围可达 100∶1，宽于其他流量计，故涡街流量计特别适合大口径管道的流量测量。

5. 进口流量管

本节介绍用于风机性能试验的风管入口处的进口流量管，如图 6-22 所示。它是一种进口流量管，安装在管道的进口端面，流体进入流量管后，通过渐缩的型面而被加速，静压降低，进口Ⅰ—Ⅰ截面与测压孔Ⅱ—Ⅱ截面之间产生压差，这个压差与流量有关。

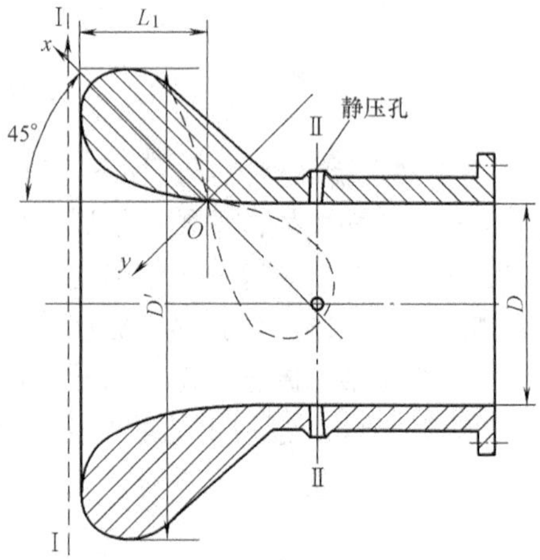

图 6-22 进口流量管结构

它的进口型线最好是双扭线，进口压力损失小，且能使流场均匀。

（1）流量管流量的计算 理想的不可压缩流体的伯努利方程为

$$p_2 + \rho c_2^2/2 = p_1 + \rho c_1^2/2 \tag{6-32}$$

式中，ρ 为液体密度；c_1、c_2 分别为进口Ⅰ—Ⅰ截面和测压孔Ⅱ—Ⅱ截面的流速。

若进口为无限大空间，则认为 $c_1=0$，p_1处的压力为大气压 p_a，式（6-32）可简化并整理为

$$c_2 = \sqrt{2(p_a - p_2)/\rho} \tag{6-33}$$

根据连续性方程，通过管径为 D 的质量流量 q_m 为

$$q_m = \frac{1}{4}\alpha^* \varepsilon \pi D^2 \sqrt{2\rho(p_a - p_2)} \tag{6-34}$$

式中，α^* 为流量系数；ε 为流束膨胀系数；$p_a - p_2$ 为进口流量管压差。

（2）安装要求 要求上游距离轴线方向 10D，垂直管道轴线方向 4D 范围内不应有障碍物。

6. 流速法测量流量

（1）基本原理 流体通过管截面（面积为 S）的质量流量 $q_m=\rho cS$，对于不考虑可压缩性的气体，其速度

$$c=\sqrt{2(p_0-p_s)/\rho} \tag{6-35}$$

式中，p_0 为管道中所测点的总压；p_s 为静压。

对于可压缩流体，流速可表示为

$$c=\sqrt{\frac{2\kappa}{\kappa-1}RT\left[1-\left(\frac{p_s}{p_0}\right)^{\frac{\kappa-1}{\kappa}}\right]} \tag{6-36}$$

式中，κ 为流体的等熵指数。

由此可知，对于在管道中流动的流体，只要知道它的流速、密度、总压 p_0、静压 p_s 及总温 T，就能计算出它的流量。大直径管道的流量测量多用此流速法。

（2）管道内的速度分布　在管道中只测量某一点的速度计算流量一般是不准确的，因为实际流体存在粘性，管道上各点的速度分布是不均匀的，如图6-23和图6-24所示。因此，只有测出截面上的平均流速才能计算其流量。管内流体流动状态有层流和湍流之分，下面分别讨论。

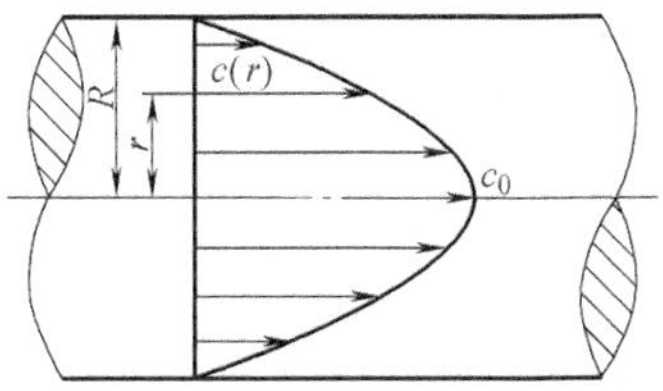

图6-23　层流时的速度分布

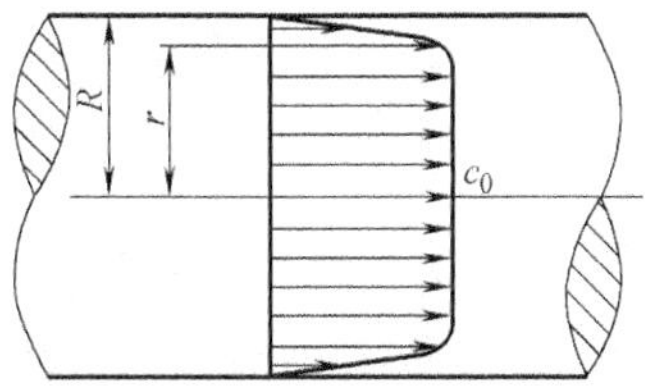

图6-24　湍流时的速度分布

层流运动时，其流速分布规律如图6-23所示，可用下式表示：

$$c/c_0=1-(r/R)^2 \tag{6-37}$$

式中，R 为圆管半径；r 为测点距管中心的距离；c 为测点处气流速度；c_0 为圆管中心处气流速度。

由式（6-37）可知，在管壁 $r=R$ 处，流速为零，在管中心即 $r=0$ 处流速最大。

湍流运动时，其流速分布（见图6-24）规律为

$$c/c_0=1-(r/R)^{1/n} \tag{6-38}$$

其中，指数 n 与雷诺数 Re 有关，其关系见表6-7。实验表明，随着 Re 数的增大，管内流速分布趋于平坦。

表6-7　n 与 Re 的关系

Re	$<5\times10^4$	$<20\times10^4$	$<70\times10^4$	$<300\times10^4$
n	7	8	9	10

（3）截面上测点的布置　中间矩形法是应用最广的一种测点选择方法，它将管道截面分成若干个面积相等的小截面，测点选择在小截面的某一点上，以该点的流速作为小截面的平均流速，再根据各截面上流速的分布规律计算管道内流体的平均流速。其具体方法如下：

对于圆形管道，将管道截面分成若干个面积相等的圆环（中间是圆），相隔同心圆环互成90°布置4个测点，这些测点的平均值代表整个圆环其他各点的值。这样管道内的速度分布曲线就近似地被阶梯形的分布曲线所代替，如图6-25a所示，可见测点越多，测量精度越高。

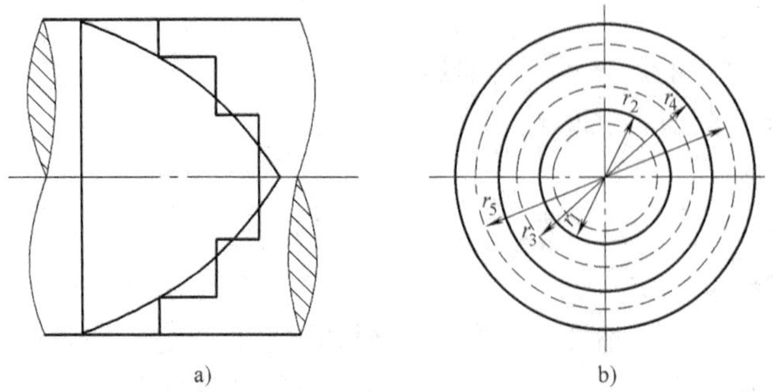

图 6-25 等面积法测点位置

从圆管中心开始，各等分圆环（中心处为圆）的面积为

$$\pi r^2 = \pi(r_2^2 - r_1^2) = \cdots = \pi(R^2 - r_{2i-1}^2) = \frac{\pi R^2}{2i}$$

中心为圆形，其半径 $r_i = R\sqrt{1/2i}$，其他部分为圆环，各自的半径为

$$r_{2i-1} = R\sqrt{2i-1/2i}$$

式中，R 为圆管半径；i 为等面积圆环序号。

当 $R \leqslant 250$mm 时，测点数为 $3 \times 4 = 12$；当 R > 250mm 时，测点数为 $5 \times 4 = 20$。详细规定见相关标准。

对于矩形管道，可把截面分成其数量与测点数相同的等面积矩形测区，根据矩形管道的长宽比分配各个测区的长与宽度的距离，并将测点布置在各等面积测区的矩形中心上。

流体测定截面分区数（即测点数）的多少，取决于所需要的准确度和流速分布的均匀性，与管道截面尺寸无关。对于流速分布相同或相近的两个管道，可以用相同的测点数测量；流速分布的均匀性在满足测定条件的情况下，主要与被测定流体截面的位置有关，不同位置的流体截面，其流速分布的均匀性不同，所布置的测点数也不相同。

以烟道流速测量为例，烟道截面一般要求选择在距离上游局部阻力件（如弯头、变径等）8 倍于烟道直径，距离下游局部阻力件 2 倍于烟道直径的地方。图 6-26 所示为干扰烟道直径的倍数与最小测点数的关系。

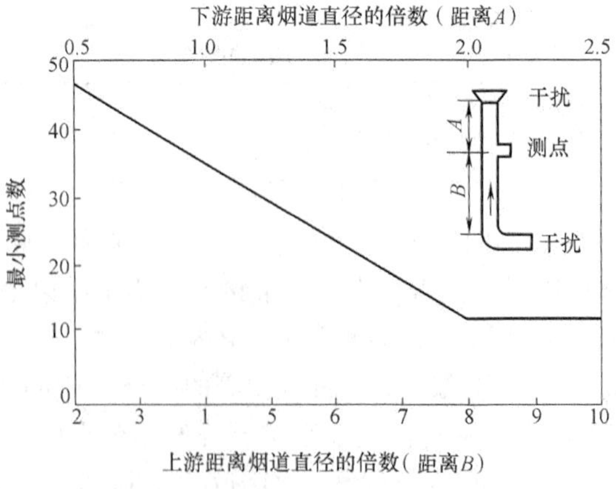

图 6-26 干扰距离烟道直径的倍数与最小测点数的关系

6.4 其他形式流量计

1. 转子流量计

在工业生产中经常遇到小流量的测量，因其流体的流速低，这要求测量仪表具有较高的灵敏度，才能保证一定的精度。转子流量计解决了这一问题。转子流量计具有结构简单、使用方便、价格便宜、量程比大、刻度均匀、直观性好等特点，可测量各种液体和气体的体积流量，并将所测得的流量信号就地显示或变成标准电信号或气信号远距离传送。

（1）转子流量计的工作原理　图6-27所示为转子流量计的工作原理图，它主要由转子（浮子）、锥形管及支撑连接部分组成。工作时，被测流体（气体或液体）由锥形管下部进入，沿着锥形管向上运动，流过转子与锥形管之间的环隙，再从锥形管上部流出。

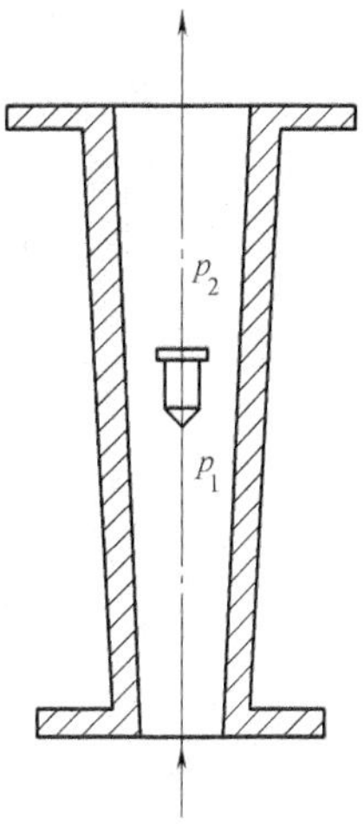

图6-27　转子流量计的工作原理图

转子受到三个力的作用，即重力、流体对转子的浮力与转子所受压差力，压差力是指转子下面流体推动转子的压力和转子上方空气向下对转子的压力之差。当转子稳定在某一高度 h，即处于平衡状态时，转子上所受的向上作用力与转子上所受的向下作用力相等。向上的作用力有转子的浮力和由于转子的节流作用产生的压差 Δp，即作用在转子最大横截面上产生的压差力；转子向下的力是转子的重力。

当忽略流体对转子的摩擦力，且转子平衡时，有下列平衡关系：

重力 = 浮力 + 压差力

即
$$\rho_f V_f g = \rho V_f g + \Delta p A_f \tag{6-39}$$

式中，ρ_f 为转子材料密度；V_f 为转子体积；g 为重力加速度；Δp 为转子上的压差，$\Delta p = p_1 - p_2$；A_f 为转子的最大横截面积。

式（6-39）变换为

$$\Delta p = \frac{1}{A_f} V_f g(\rho_f - \rho)$$

从伯努利方程可以推导出流体流过节流件前后所产生的压差与体积流量之间的关系为

$$q_V = \alpha A_0 \sqrt{\frac{\Delta p}{\rho}} \tag{6-40}$$

式中，α 为流量系数，与转子形状、尺寸有关；A_0 为转子与锥形管壁之间环形通道的面积。

将式（6-39）和式（6-40）合并，得到体积流量 q_V，即

$$q_V = \alpha A_0 \sqrt{\frac{2gV_f}{A_f}} \sqrt{\frac{\rho_f - \rho}{\rho}} \tag{6-41}$$

由于锥形管的锥角 ϕ 较小，所以 A_0 和转子在锥形管中的高度 h 近似为比例关系，即

$$A_0 = Ch \tag{6-42}$$

式中，C 为与锥形管锥度有关的比例系数。

由此而得到了体积流量与转子高度的关系为

$$q_V = \alpha Ch \sqrt{\frac{2gV_f}{A_f}} \sqrt{\frac{\rho_f - \rho}{\rho}} \tag{6-43}$$

由上式可知，由于转子在锥形管中位置的升高，造成转子与锥形管间环隙增大，即流通面积增大。随着环隙的增大，流过此环隙的流体流速变慢，因而流体作用在转子上的力也就变小。当转子受力再次平衡时，转子又稳定在一个新的高度上。转子在锥形管中的平衡位置的高低与被测介质的流量大小相对应。根据这个高度，就可测得流体流过转子流量计的流量值，这就是转子流量计测量流量的基本原理。

实验证明，流量系数 α 与雷诺数 Re 和转子流量计结构有关。当被测流体的粘度与标定流体的粘度相差不大，或在流量系数 α 为常数的流量范围内时，可以不考虑 α 的影响，即认为 $\alpha=\alpha_0$（标定流量系数）。

（2）关于刻度校正　转子流量计在出厂刻度时所用介质是水或空气，在实际使用时，被测介质可能不同，即使被测介质相同，但温度和压力不同，这时介质的密度和粘度就会发生变化，就需对刻度进行校正。

1）非水液体流量的刻度换算。如果原刻度是以水为介质刻度的，当介质的温度与压力改变时，如果粘度相差不大，则只要对密度 ρ 进行校正就可以了，其校正系数为

$$K_1=\sqrt{\frac{(\rho_f-\rho)\rho_0}{(\rho_f-\rho_0)\rho}}$$

式中，ρ_0 为仪表原刻度时的介质密度；ρ_f 为转子材料密度；ρ 为在工作状态下被测介质的密度。

校正后被测介质的流量 q 为

$$q=K_1q' \tag{6-44}$$

式中，q'为仪表原刻度时的流量值。

2）气体（非空气）流量的刻度换算。气体流量计通常采用空气在标定状态下进行标定。由于气体的密度受温度、压力变化的影响比较大，因此不同的气体在非标定状态下的测量都要进行刻度换算。对于气体，$\rho_f\gg\rho_0$，$\rho_f\gg\rho$，可得

$$q_V=q_{V0}\sqrt{\frac{\rho_0}{\rho}} \tag{6-45}$$

用转子流量计测量非标定状态下的非空气流量时，可直接使用式（6-45）计算。但要注意 ρ 为被测流体在工作状态下的密度，实际使用起来不方便。为此，可以将流体密度和所处状态分开修正，即先在标定状态下对被测流体的密度进行修正，然后再进行状态修正，计算公式为

$$q_V=q_{V0}\sqrt{\frac{p_0T\rho_0}{pT_0\rho_0'}} \tag{6-46}$$

式中，p_0为标定状态下的绝对压力（Pa）；p 为工作状态下的绝对压力（Pa）；T_0为标定状态下的热力学温度（K）；T 为工作状态下的热力学温度（K）；ρ_0'为被测气体在标定下的密度（kg/m^3）。

例 6-1　一气体转子流量计，厂家用 $p_0=101\ 325$Pa，$t_0=20$℃的空气标定，现用来测量 $p=350\ 000$Pa，$t=27$℃的气体，求：

1）若用来测量空气，则流量计显示 $4m^3/h$ 时的实际空气流量是多少？

2）若用来测量氢气，则流量计显示 $4m^3/h$ 时的实际空气流量是多少？

解　依题意有：

在标定状态，$p_0 = 101\ 325\text{Pa}$、$T_0 = 293\text{K}$。

在工作状态，$p = 350\ 000\text{Pa}$、$T = 300\text{K}$。

查气体性质表得，空气和氢气在标定状态下的密度分别为 1.205kg/m^3 和 0.084kg/m^3，则根据式（6-46）得：

1）用转子流量计测量不同状态下的空气质量，刻度换算为

$$q_V = q_{V0}\sqrt{\frac{p_0 T}{p T_0}} = 4\sqrt{\frac{101\ 325 \times 300}{350\ 000 \times 293}}\text{m}^3/\text{h} = 2.18\text{m}^3/\text{h}$$

2）用转子流量计测量不同状态下的氢气质量，刻度换算为

$$q_V = q_{V0}\sqrt{\frac{p_0 T \rho_0}{p T_0 \rho_0'}} = 4\sqrt{\frac{101\ 325 \times 300 \times 1.205}{350\ 000 \times 293 \times 0.084}}\text{m}^3/\text{h} = 8.25\text{m}^3/\text{h}$$

由例题可知，通过转子流量计的实际流量值与流量计未经修正的读数有很大差别，必须根据被测流体的密度等参数进行换算。

2. 容积式流量计

容积式流量计也称为（正）排量流量计，是一种具有悠久历史的流量仪表。广泛应用于测量石油类流体（如原油、汽油、柴油、液化石油气等）、饮料类流体（如酒类、食用油等）、气体（如空气、低压天然气及煤气等）以及水的流量。其在流量计中是准确度最高的一类仪表之一。

（1）基本原理　容积式流量计的结构形式多种多样，但就其测量原理而言，都是通过机械测量元件把被测流体连续不断地分割成具有固定已知体积的单元流体，然后根据测量元件的动作次数给出流体的总量，即采取所谓容积分界法测量出流体的流量。

把流体分割成单元流体的固定体积空间，称为计量室。它是由流量计壳体的内壁和作为测量元件的活动壁组成的。当被测流体进入流量计并充满计量室后，在流体压力的作用下推动测量元件运动，将一份一份的流体排送到流量计的出口。同时，测量元件还把它的动作次数通过齿轮等机构传递到流量计的显示部分，指示出流量值。如果已知计量室的体积和测量元件的动作次数，便可以由计数装置给出流量。常用来计量累积流量，又称总量。从容积式流量计的工作原理可知，流过流量计的累积流量 q_V 可由下式计算：

$$q_V = KnV_0 \tag{6-47}$$

式中，n 为测量元件的转速（r/s）；K 为测量元件旋转一周所排出单元体积流体的个数；V_0 为计量室容积（单元体积）（m^3）。

容积式流量计的结构形式很多，本节主要介绍椭圆齿轮流量计、腰轮流量计、齿轮流量计和刮板流量计。

（2）椭圆齿轮流量计　椭圆齿轮流量计，又称奥巴尔流量计，其测量部分是由壳体和两个相互啮合的椭圆形齿轮组成的，计量室是指在齿轮与壳体之间所形成的半月形空间。流体流过仪表时，因克服阻力而在仪表的入、出口之间形成压差，在此压差的作用下推动椭圆齿轮旋转，不断地将充满半月形计量室中的流体排出，由齿轮的转数即可表示流体的体积总量，其结构和工作原理如图 6-28 所示。

流体在输入压力的作用下，从左向右流动，上轮左下侧压力大，右下侧压力小，产生的力矩使上轮作顺时针方向转动，它把上轮与壳体间半月形容积内的液体排至出口，并带动下轮逆时针方向转动；当处于图 6-28b 所示位置时，上、下两轮都有转动力矩，于是继续转

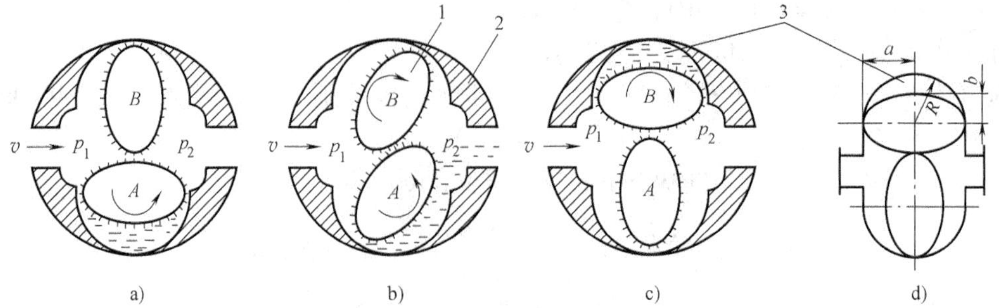

图 6-28　椭圆齿轮流量计结构和工作原理

1—椭圆齿轮　2—壳体　3—半月形计量室

动，并逐渐将一定的液体封入下轮与壳体间的半月形空间；当到达图 6-28c 所示位置时，作用于上轮上的力矩为零，但下轮左上侧压力大于右上侧。产生的力矩使下轮成为主动轮，带动上轮继续旋转，并把半月形容积内的液体排至出口。从以上分析可知，椭圆齿轮每循环一次，即转动一周，就排出四个半月形单元体积的流体，因而从齿轮的转数便可以求出排出流体的总量，即待测流体的累积流量 q_V

$$q_V = 4nV_0 \tag{6-48}$$

式中，q_V 为液体的体积流量（m^3/s）；n 为转轮转速（r/s）；V_0 为计量室标定体积（半月形容积）（m^3）。

椭圆齿轮流量计适用于石油、各种燃料油和气体的流量计量。因为测量元件工作时有齿轮的啮合转动，所以被测介质必须清洁。椭圆齿轮流量计的测量准确度较高，一般为 0.2～1.0级。

（3）腰轮流量计　腰轮流量计又称罗茨流量计，其测量原理、工作过程与椭圆齿轮流量计基本相同，两者只是运动部件的形状不同，两个腰轮表面无齿，不是靠相互啮合滚动进行接触旋转，而是靠套在伸出壳体的两轴上齿轮啮合的，如图 6-29 所示。

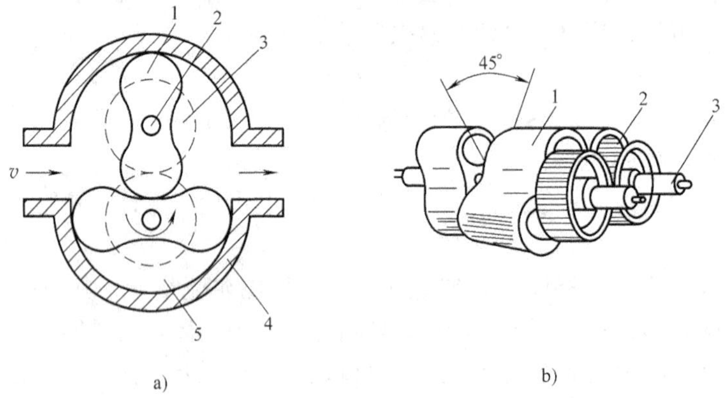

图 6-29　腰轮流量计的结构

a）一对腰轮

1—腰轮　2—转动轴　3—驱动齿轮　4—外壳　5—计量室

b）两对互成 45°角的组合腰轮

1—腰轮　2—驱动齿轮　3—转动轴

腰轮流量计可用于各种清洁液体的流量测量，也可测量气体，由于腰轮上没有齿，对流体中的杂质没有椭圆齿轮流量计敏感。计量准确度高，可达0.2级，主要缺点是体积大、笨重、进行周期检定比较困难，压损较大，运行中有振动等。

（4）齿轮流量计　齿轮流量计是一种较新的容积式流量计，也称其为福达流量计，其结构和工作原理如图6-30所示。在流量计的壳体内部有两个由特种工程塑料制成的齿轮状转子，内沿圆周分布着磁体。当被测流体进入流量计时，就推动转子和磁体转动，形成对应待测流量的磁脉冲信号，经安装在仪表壳体外的霍尔传感器检测，并转换成电脉冲信号后送到变送器进行线性化处理和显示。

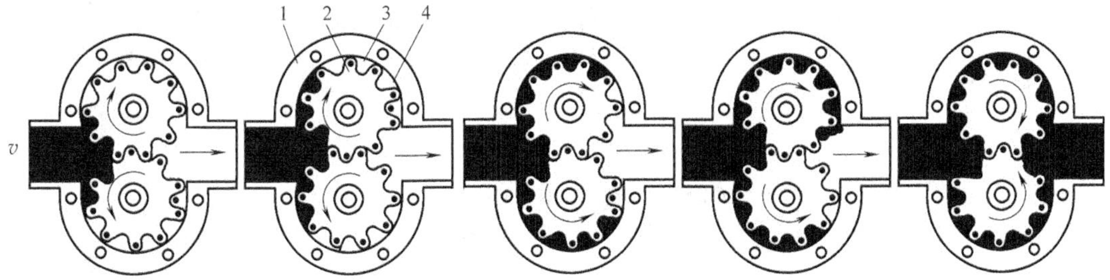

图6-30　齿轮流量计的结构和工作原理

1—外壳　2—齿轮状转子　3—计量室　4—磁体

齿轮流量计的优点很突出，体积小，重量轻，运行时振动噪声小，可测量粘度高达10 000Pa·s的流体，测量的量程比宽，最高可达1000∶1，且测量精度高，一般可达±0.5%，加非线性补偿后精度可高达±0.05%。

（5）刮板型容积式流量计　刮板型容积式流量计由于结构的特点，能适用于不同粘度和带有细小颗粒杂质的液体流量测量。其优点是性能稳定，准确度较高，一般可达0.2级；运行时振动和噪声小；压力损失小于椭圆齿轮和腰轮流量计，适合于中、大流量的测量。但刮板型容积式流量计结构复杂，制造技术要求高，价格较高。

如图6-31所示，凸轮式刮板流量计主要由外壳、测量室、内转子圆筒、计量室、刮板和凸轮等组成。测量室是指外壳与内转子圆筒组成的圆环。转子是一个可以转动、有一定宽度的空心薄壁圆筒，筒壁上开了四个互成90°的槽。槽中安装*A*、*B*、*C*、*D*四块刮板，分别由两根连杆连接，相互垂直；径向连接的两个刮板*A*、*C*和*B*、*D*顶端之间的距离为一定值；刮板可随内转子圆筒转动，可在槽内径向自由滑动。每一刮板的一端装有一小滚轮，两对刮板的径向滑动由凸轮控制，即刮板与转子在运动过程中，要按凸轮外廓曲线形状从内转子圆筒中伸出或缩进。因为有连杆相连，若某一端刮板从内转子圆筒边槽口伸出，则另一端的刮板就缩进筒内。

当有流体通过流量计时，流量计在压差作用下推动刮板旋转，如图6-31a所示，此时刮板*A*和*D*由凸轮控制伸出内转子圆筒，与测量室内壁接触，形成密封的计量室，将进口的连续流体分隔出一个单元体积；刮板*C*和*B*则全部收缩到转子圆筒内。在流体压差的作用下，刮板和转子旋转到图6-31b所示的状态，此时刮板*A*仍为全部伸出状态，而刮板*D*则在凸轮的控制下开始收缩，将计量室中的流体排出。在刮板*D*开始收缩的同时，刮板*B*开始伸出。当继续旋转到图6-31c所示状态时，刮板*D*全部收缩到转子圆筒内，而刮板*B*由凸轮控制全部伸出内转子圆筒与测量室壁接触，B、A 之间形成密封空间，将进入的连续流体又分隔出一个单元体积。接着旋转到图 6-31d 所示状态，随着刮板 A 开始收缩，计量室内的流体又开始排向出口。接着依次是刮板 C、B 和刮板 A、D 形成计量室，然后恢复到图 6-31a 所示状态。可见，在上述工作过程中，刮板和转子每旋转一周，共有 4 个单元体积的流体通过流量计。只要记录它们的转动次数，就可求得被测流体的流量。

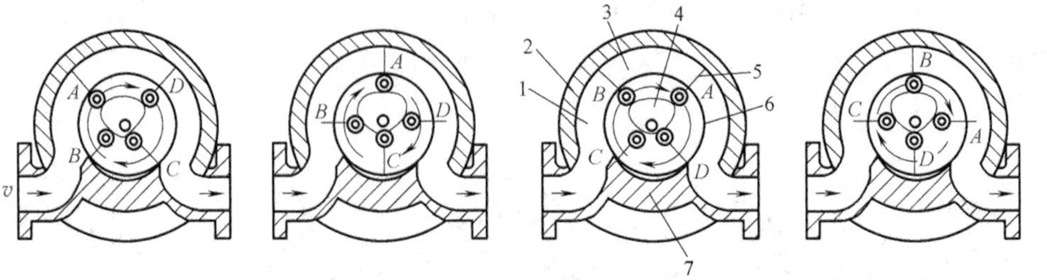

图 6-31　凸轮式刮板流量计的结构和工作原理

1—测量室　2—外壳　3—计量室　4—凸轮　5—刮板　6—内转子圆筒　7—挡块

容积式流量计都有转动部件，而且转子之间和转子与壳体之间都有严格的间隙要求，因此容积式流量计只能应用于清洁流体的流量测量。

思考题与习题

6-1　用节流式流量计测量某管道过热蒸汽流量，仪表设计工况为 $p_1=2.5\text{MPa}$，$T_1=350℃$，对应的密度 $\rho_1=8.93\text{kg/m}^3$，$\varepsilon_1=0.992$。若实际运行工况为 $p_2=2.2\text{MPa}$，$T_2=330℃$，对应的密度 $\rho_2=7.93\text{kg/m}^3$，$\varepsilon_2=0.893$，此时流量计指示值为 2 500kg/h，问过热蒸汽的质量流量为多少？（只考虑密度变化影响）

6-2　流量测量分为几种方式？

6-3　节流式差压流量计中节流件的工作原理是什么？

6-4　标准节流装置的结构有哪几种？各自的特点是什么？

6-5　标准节流装置的取压方式有哪几种？各种的优缺点是什么？

6-6　节流装置前后为什么要有一定长度的直管段？

6-7　涡轮流量计的工作原理是什么？为什么很小的流量测量不出来？

6-8　涡轮流量计在使用过程中为什么要采用中心轴打孔的方式？轴向力自动补偿措施有哪几种？分别是如何补偿的？

6-9　影响涡轮流量测量精度的因素有哪些？

6-10　电磁流量计的工作原理是什么？为什么它能测量悬浮性液体比较准确？

6-11　靶式流量计的工作原理是什么？为什么要进行刻度换算？

6-12　涡街流量计的核心部件是什么？哪种测量精度高？哪种使流体产生的能量损失小？

6-13　漩涡检测器如何检测漩涡？

6-14　涡街流量计的安装有何要求？

6-15　转子流量计的工作原理是什么？刻度校正的原因是什么？

6-16　椭圆齿轮流量计与腰轮流量计在结构上有何不同？在测量流体的原理上有何不同？

6-17　齿轮流量计为何测量高粘度流体的准确性较好？（比较椭圆齿轮流量计等）

6-18　与其他容积式流量计比较，刮板型容积式流量计有何工作特点？

第7章 热量测量

7.1 概述

热传递现象（通称“传热”）是一种普遍的自然现象，它广泛地发生在各种生产和生活的热力过程中。从建筑物、锅炉、工业炉窑、冷库、热力管道和设备，到运输车辆、船舶和航天飞机；从冶金、电力、石油、化工、机械到农业工程和生物医学工程等各个领域中，凡是有温度差存在的地方，就有热传递现象发生。热量由高温物体通过热传递转移到低温物体。

由于温度差是普遍存在的，因此热量的传递也是普遍存在的。在某些情况下，为了阻止或限制热流就需要采取各种绝热措施，而在另外一些情况下，则往往是要增强传热。所以了解热量传递的过程，并在需要的场合对其进行控制，热量的测量就是非常必要的。例如，为了提高热能的利用效率，要求掌握多种热能设备（例如锅炉、工业炉窑、冷库等）与热工过程热量平衡的情况，这时需要对其热流量进行测量；再如，对某些设备的更新或改造，要求有较高的能量效率，这样也需要获得热流量的定量数据。因此，热流量的测量在生产过程中有着广泛的应用。

热流密度 q 的定义是温度较高的物体向温度较低的物体在单位时间、单位面积内所传输的热量，用公式表示即

$$q = \frac{Q}{A} \tag{7-1}$$

式中，Q 为单位时间内通过给定换热面积的热量（W）；A 为换热面积（m^2）；

热流密度和垂直传热截面方向的温度变化率成正比，热流密度是矢量，其方向指向温度降低的方向，因而和温度梯度的方向相反。

热流量测量的方法有很多种，目前常用的仪表是热流计，热流计测量热流量是一种比较实用又很方便的测试方法。热流计是一种能直接测定热流量的装置，能直接指示热流量的大小，并能起到反映热量交换状态的作用。例如可以用来测定建筑物或各种保温材料的传热量；与热电偶（或热电阻）温度计配合，还可以用来测定现场使用中的各种建筑材料和保温材料的热物性参数，如热导率、热扩散率等。通过对热流量的测量，可以控制工业过程中传热设备的正常运行；可以根据换热面积和热流密度值，计算散热和吸热损失的程度，从而采取相应的技术措施；可以进行工程设备热能利用与热平衡的研究等。

传热现象是非常复杂的，它包括热传导、对流和热辐射三种方式，因此，热流也有三种基本方式，即热传导热流、对流热流和热辐射热流。由于传热有三种不同的方式，热流的测量方式也有三种：第一类采用接触式测量热流大小的方法是用于导热传递热量，第二类对流换热测量热流的方式多采用对进、出口温度和热流测试来计算，第三类对辐射换热测量热流的方法采用辐射热流计来进行。由于影响对流热流的因素比较复杂，直接用热流计测量对流热量是比较困难的，而测量热传导热流和热辐射热流相对来说就比较简单。目前已研制成各

种热传导热流计和热辐射热流计以及测量流体输送热量的输送式蒸汽或热水热流计，又称热量计。

热流计按照结构不同分为五种：金属片型、薄板型、热电堆型、热量型及潜热型，其工作原理、使用范围、测量精度、应用方法等都各不相同。

7.2 热流密度的测量

热阻式热流计或称温度梯度型热流测头是应用最普遍的一类热流计，是测量固体传导热流或表面热量损失的仪表，它还可以与热电偶或热电阻温度计配合使用，测量各种材料或保温材料的热物性参数，有非常广泛的应用。

热阻式热流计由热阻式热流传感器和热流显示仪两部分组成，热阻式热流传感器将热流信号变换成电势信号输出，供指示仪表显示测量数值。

热阻式热流传感器的工作原理如下：当热流通过平板（或平壁）时，由于平板具有热阻，在其厚度方向上的温度梯度为下降过程，因此平板的两侧面具有一定的温差，利用温差与热流量之间的对应关系进行热流量的测定，这就是热流计的基本工作原理。

如果需要测定平壁的热流量 q_r，则可以在该平壁表面装上一个平板状的热流传感器，也就是相当于在被测壁面上增添一个局部的辅助层，如图 7-1 所示。

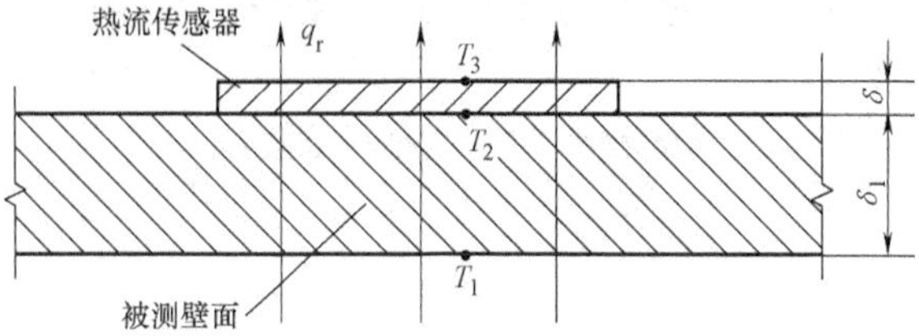

图 7-1　热流传感器工作原理示意图

根据传热学傅里叶定律，当未装热流计时，在稳态下，通过被测壁面的热流密度为

$$q_r' = \frac{\Delta T'}{\dfrac{\delta_1}{\lambda_1}} = \frac{\lambda_1}{\delta_1}\Delta T' \tag{7-2}$$

式中，q_r'为热流密度（kW/m^2）；$\Delta T'$为没有装热流传感器时被测平面两侧的温度差（℃）；δ_1 为被测壁面的厚度（m）；λ_1 为被测壁材料的热导率[W/(m·℃)]。

在加装热流计之后，由于增加了辅助层，通过被测壁的热流量有了变化，其热流密度变为

$$q_r'' = \frac{T_1 - T_3}{\dfrac{\delta_1}{\lambda_1} + \dfrac{\delta}{\lambda}} = \frac{\Delta T''}{\dfrac{\delta_1}{\lambda_1} + \dfrac{\delta}{\lambda}} \tag{7-3}$$

式中，$\Delta T''$为被测壁加装热流计后其多层壁两面的温度差（℃），即 $\Delta T'' = T_1 - T_3$；δ 为热流计的厚度（m）；λ 为热流计的热导率[W/(m·℃)]。

从上述公式可知，如果当热流传感器辅助层的热阻 δ/λ 与被测壁的热阻 δ_1/λ_1 相比很小时，则 δ/λ 可忽略不计，此时 $\Delta T'' \approx \Delta T'$，因此热流 $q_r' \approx q_r''$。由此可见，当热流计满足上述

条件时，可以认为被测壁面在贴上热流传感器后传热工况不受影响，这时通过热流传感器的热流量也为通过被测壁的热流量。则在稳定状态下，通过热流传感器的热流量为

$$q_r = \frac{T_2 - T_3}{\frac{\delta}{\lambda}} = \frac{\lambda}{\delta}\Delta T \tag{7-4}$$

式中，ΔT 为被测壁加装热流传感器后，热流传感器两面的温度差（℃），即 $\Delta T = T_2 - T_3$。

如果用热电偶测量上述温度差 ΔT，并且所用热电偶在被测温度变化范围内其热电势与温度呈线性关系时，则认为输出热电势与温度成正比，即

$$E = C'\Delta T$$

则有

$$\Delta T = \frac{E}{C'} \tag{7-5}$$

式中，E 为热电偶的热电势（mV）；C'为热电偶系数。

将式（7-5）代入式（7-4）得热流密度为

$$q_r = \frac{\lambda E}{\delta C'} = CE \tag{7-6}$$

式中，$C = \lambda/(\delta C')$为热流计系数[$W/(m^2 \cdot mV)$]，其物理意义为：当热流计有单位热电势输出时，通过它的热流量为 C。

当热导率 λ 和热电偶系数 C'的值不受温度影响且为定值时，则热流传感器系数 C 为常数。当温度变化幅度较大，热导率 λ 和热电偶系数 C'的值不是定值时，则热流计系数 C 不为常数，而将是温度值的函数。

从式（7-6）可知，通过传感器的热流量与它所输出的电势成正比，因此测得热电势的大小就可知热流量的值，这就是热阻式热流传感器的工作原理。

从 $C = \lambda/(\delta C')$ 还可以看出，当热导率 λ 和热电偶系数 C'的值为定值时，热流计的厚度 δ 越大，热流计系数 C 值越小，则越易于反映出小热流值。因此根据 δ/λ 的大小，热流计有高热阻型和低热阻型之分。δ/λ 值大的为高热阻型，δ/λ 值小的为低热阻型。对于某一个固定的热电偶系数 C'值（也就是对某一类型的热电偶），高热阻型的热流计系数 C 值小于低热阻型的 C 值。因此在传热工况非常稳定的情况下，高热阻型的热流计易于提高测量精度及用于小热流量的测定。但由于高热阻型热流计比低热阻型热流计热惰性大，这使得热流计的响应时间也增加。如果在传热工况波动较大的场合测定热流量，就会造成较大的测量误差。

热流计的响应时间可以近似用 $1.5\delta^2/\alpha$ 计算，α 为热扩散率。显然，当 α 的值恒定时（同一种材料），由于高热阻型热流计的壁厚 δ 大，其响应时间通常成平方的关系增加。而从式（7-6）看出，要想提高灵敏度必须尽量减小热流计系数 C 值。而当热导率 λ 为定值时，减小 C 值进而提高热流计的灵敏度和测量精度，而又能尽量缩短响应时间，则只能尽量增大热电偶系数 C'，同时适当减小热流计厚度 δ 值。增大热电偶系数 C'值是通过增加串联热电偶的数量达到的，热电堆型热流计就是利用这个原理制成的。此外，制作热流计的材料的热导率 λ 也应尽可能小。

严格来说，热流计系数 C 对于给定的热流计不是常数，而是工作温度的函数，但对于在常温范围内工作的热流计，标定的 C 值实际上可视为仪器常数，对测量不会造成很大的

误差。但是，如果用以测量冷库壁面的热流时，要注意工作温度已经远离标定状态时的常温，实际的 C 值会低于原标定值，而且工作条件也会发生变化，将出现结露等复杂情况，如果不重新标定，就会造成较大的测量误差。另外，如果测量出被测壁面两面的温度 T_1 和 T_2，还可测得被测壁的热导率 $\lambda = q_r\delta/(T_1 - T_2)$。

常用的各种热流计介绍如下：

（1）金属片型热流计　这种热流计是用具有一定厚度 δ 以及具有较稳定热导率 λ 的金属片制成的，一般在安装时，用螺栓固定在热源的待测壁上，其安装图和线路图如图 7-2 所示。图中用两个反向串联的热电偶测出两点的温度差 ΔT，代入公式 $q = (\lambda/\delta)\Delta T$ 中即可得出热流密度的大小。如同时测得辐射热流则称为全热流计。这种热流计结构简单，使用非常方便，在一般没有特殊要求的情况下经常使用。

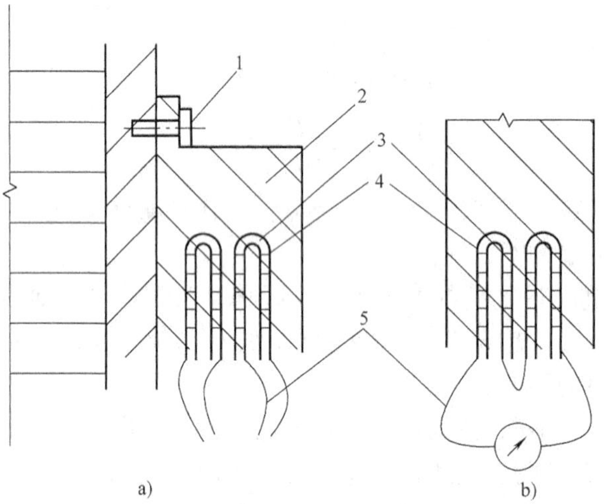

图 7-2　金属片型热流计

a）热流计安装示意图　b）测温线路图

1—螺钉　2—热流板　3—热电偶　4—绝缘子　5—引线

（2）薄板型热流计　图 7-3 所示为薄板型热流计示意图。薄板型热流计与金属片型热流计的工作过程相同，它也是利用热电偶测量被测物两点的温度或电势，从而确定热流的大小。这种热电偶是利用自然方法构成的，一般是在铜或康铜板的表面镀上康铜或铜就构成了

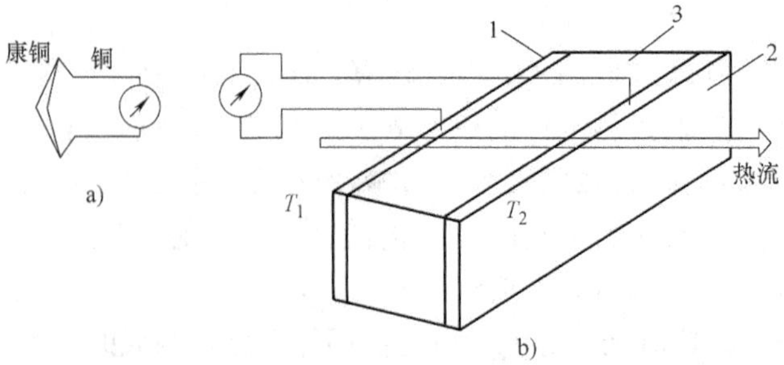

图 7-3　薄板型热流计示意图

a）构成　b）工作原理

1、2—铜　3—康铜板

薄板型热流计，然后将这种薄板型热流计安装在待测物的表面上，由于热流通过薄板型热电偶两面将产生温度差，而温度差又将产生热电势，通过测出热电势的大小即可确定出热流密度的大小，即

$$q = \frac{\delta}{\lambda}(T_1 - T_2) = KE \tag{7-7}$$

式中，E 为热电偶温度差产生的热电势，在热电偶的热电势小于 10mV 时，热电偶的特性可以近似看成是线性关系；K 为已知薄板型热电偶本身的常数，它与材料的热导率 λ 以及薄板的厚度 δ 和热电偶的热电特性都有关系。

(3) 热电堆型热流计　热电堆型热流计是目前应用最广泛，而且最为简便的热流计，它是由数量很多的热电偶串联在一起而构成的，总的热电势很强，因此很容易反映热流密度的大小。

热电堆型热流计的种类很多，有平板型的还有圆弧型的，但工作原理却都是相同的，下面以平板型为例简单介绍它们的构造。平板型热流计是由若干个热电堆片镶嵌于一块边框中制成的，如图 7-4 所示。边框尺寸一般为 130mm × 130mm 左右，材料是厚 1mm 左右的环氧树脂玻璃纤维板，中间挖空。挖下的材料剪成小条，尺寸约为 10mm × 100mm，作为制作热电偶的基片。再在基片上绕制热电堆后，用环氧树脂封于边框中，然后将热电堆的引出线相互串联，两个端头焊在接线片上，最后在表面贴上涤纶薄膜作为保护层。此时一个完整的热电堆型热流计就制成了。

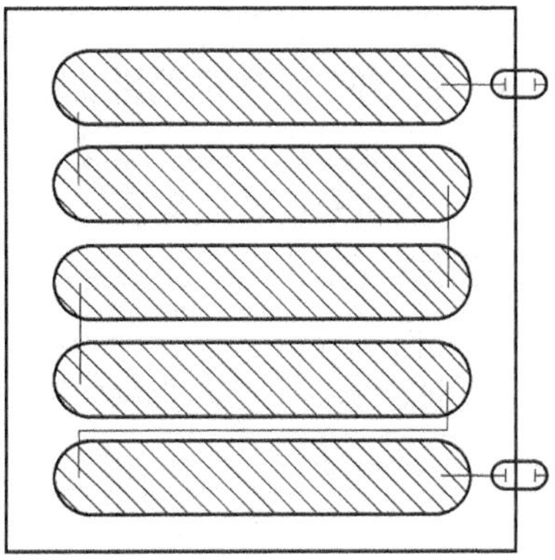

图 7-4　热流传感器的热电堆板

由于热电堆是由数量很多的热电偶串联而成的，从热电偶原理可知，总热电势等于各分热电势的叠加，因此当有微小热流通过热电堆片时，虽然基片两面的温差很小，但也会产生足够大的热电势，从而有利于显示出热流量的数值，并达到一定的精度要求。

热电堆热流计的测量精度是由传感器在检定时的传热条件和在实际测量时的传热条件的差异支配的。形成测量误差的主要原因有以下几个方面：

1) 被测量表面与传感器接触状态的差异。

2) 被测量表面与传感器发射率的差异。

3) 对流换热的差异。

4) 传感器埋设处的热导率的差异。

7.3　热量的测量

几乎在所有的工矿企业和交通部门以及大型公共建筑（包括集中住宅区），甚至现代化的农业工程中，都备有蒸汽锅炉和热水锅炉。它们产生过热蒸汽、饱和蒸汽和高温热水，来推动机器运转、发电或采暖供热。因此，由输送蒸汽和热水的管道所组成的热网系统不仅非常必需，而且一定要有严格的科学管理。此外，还有钢铁、石油、化工等大型联合企业利用

余热所产生的蒸汽和热水以及地热水、太阳能热水等也越来越受到国民经济各部门的重视。无论是蒸汽还是热水，作为载热介质，热能都是通过它们传输给各类热用户去的。那么，怎样科学地计量各类热源所产生的热量并经过管道将热介质输送到用户呢？用户又怎样知道自己消耗了多少热量和消耗的热量是否合理呢？这就需要用到诸如热水热流计和蒸汽热流计这一类的热量计量仪表。热量型热量计是利用测量流过受热面积的冷却水所吸收的热量或流过受热面积的热水所释放的热量得到热流密度的，是用来检测热水输送热量的仪表。

当利用流过受热面积的冷却水量所吸收的热量求热流密度 q 时，采用的计算式为

$$q = mc(T_1 - T_2) \tag{7-8}$$

式中，m 为流过受热面积的冷却水量，在测量时可保持定值；T_1、T_2 分别为进、出口水温度，一般用热电偶温度计进行测量；c 为水的比热容。

由于热流变化时，水温 T_1 和 T_2 反映较慢，故受热面的热流密度只能测出热流的平均值，而不能测出瞬时值。

1. 热水热量计的测量原理

热水热量的测量在工程中是经常遇到的，热水热量计常用于载热介质——水通过锅炉或热网的某个热力点（热交换站）所输送的热能数量，或者是热用户所消耗的热能数量的测量。所谓热水热量的测量，确切地说，就是测量载热介质——水通过热水锅炉或热网的某个热力点（热交换站）时所得到的热能的数量。

根据热力学第一定律，对一个稳定的流体流动微元过程有

$$\mathrm{d}q_r = m_s \mathrm{d}I \tag{7-9}$$

式中，m_s 为稳定的微元过程中热水的质量流量；$\mathrm{d}I$ 为稳定的微元过程中热水进、出微元时焓值的增量；q_r 为稳定的微元过程中热水进、出微元时单位时间内输送的热能的数量。

对一个有限过程，热水吸收的热量可表示为

$$\int \mathrm{d}q_r = \int q_{ms} \mathrm{d}I \tag{7-10}$$

如果热水通过锅炉或热力站的进、出口时的质量相等，则有

$$Q_r = \int_{t_1}^{t_2} q_{ms}(H_1 - H_2)\mathrm{d}t \tag{7-11}$$

式中，H_1 和 H_2 分别为热水通过锅炉或热网热力点进、出口时的焓值；Q_r 为在一段时间内热水的累计热量；t_1 和 t_2 分别为某一段时间的开始和终止时刻。

从以上公式推导过程可以看出，要测量出 q_r 就必须检测热水的质量流量 m_s 和热水在热交换前后的焓值变化 $H_1 - H_2$，所以式（7-11）是热流运算的基本公式。

热水的质量流量可以利用流量计测得容积流量，用温度计测得供水温度，并按该温度的热水密度对流量值进行修正计算求得。

水的热焓值是无法直接用测量方法获得的，而且热水的焓值在不同的温度下是不同的，为了求得 $H_1 - H_2$，就要分别求出进水热焓 H_1 和出水热焓 H_2。在锅炉或换热器的进水和出水两个不同的温度范围内，热水焓值和温度之间的关系为 $H = f(T)$，所以可通过测量热水的温度，进而转换成热水的焓值。

由此可见，在热水锅炉或热力点输送热水的管道上，安装流量计和温度计，分别测热水流量和进、出口热水温度，经过运算得到热水质量流量及焓值，就可得到热水的热量了。

2. 饱和蒸汽热量计的测量原理

蒸汽分过热蒸汽和饱和蒸汽两种，因此蒸汽流量计也相应地分为过热蒸汽热量计和饱和蒸汽热量计两种。由于饱和蒸汽是纺织、化工、食品、轻工及制药等行业使用最广泛、最主要的能源形式，所以饱和蒸汽热量计使用的场合较多。下面简单介绍饱和蒸汽热量计的测量原理。

饱和蒸汽热量计显示的数值是瞬时热量和计算热量。

与热水热流计一样，根据热力学第一定律可知热量的计算公式为

$$q_r = m_q(H_q - H_s) \tag{7-12}$$

式中，q_r 为检测饱和蒸汽的热流值；m_q 为饱和蒸汽的质量流量；I_q 和 I_s 分别为进口换热器的饱和蒸汽及出口热水的焓值。

当使用孔板流量计时，瞬时热量为

$$q_r = \alpha\sqrt{\Delta p \rho_q}(H_q - H_s) \tag{7-13}$$

式中，α 为孔板流量计计算公式中的系数；Δp 为压差值（MPa）；ρ_q 为实际状态下的饱和水蒸气的密度（kg/m^3）。

由于载热介质水蒸气的焓值较大，而热水的焓值较小，两者差别很大，故可忽略水的焓值，则此时热量的计算公式可近似地写成

$$q_r = \alpha\sqrt{\Delta p \rho_q}H_q \tag{7-14}$$

通常饱和蒸汽汽水分离的效果不好，往往带有水分，即为湿的饱和蒸汽。湿饱和蒸汽所带水分的多少，用干度 x 来表示。x 的大小直接关系到流量和热焓值的大小。由于湿饱和蒸汽是一种汽水混合的两相流体，或者饱和蒸汽经过节流件时压力变低，有可能发生相变，所以使用标准孔板测其流量会带来测量误差。因此在实际使用中，应在流量公式中加一个修正环节。整个修正环节主要由干度 x 决定，这样热量 q_r 的运算关系为

$$q_r = (1.56 - 0.56x)\alpha\sqrt{\Delta p \rho_q}H_q \tag{7-15}$$

因此，测得饱和蒸汽流量、干度及温度或压力，就可以求得饱和蒸汽的热量。

7.4 热量测量仪表的应用

1. 热阻式热流计的应用

利用热阻式热流计可以方便地测量现场平壁、管道、换热设备和燃烧器具的热损失及保温材料的热导率等。

如图 7-5 所示，现场测量热流时，将热流传感器贴于被测物的表面，或埋入物体的内部，使传感器与被测物有良好的热接触，然后用热流显示仪表读出热流的大小。

用热流计测量热流是一种局部的测量方法，因此在测量管道或设备某一截面或平面的热损失时，应同时测量表面上的若干数值点，以求得热流平均值。在测量整个管道的总热损失时，应根据管道的自然走向，科学地确定适当数量和截面，然后取各截面的统计平均值。考虑到管线上保温材料本身性能的不均匀性和不同材料保温结构上的差异，测量截面必须取得足够多，以消除这些因素对总平均热流的影响。

2. 热水热量计和饱和蒸汽热量计的应用

热水热量计的自动检测系统如图 7-6 所示。由流量检测、温度检测及热量指示计算仪等

三部分组成。

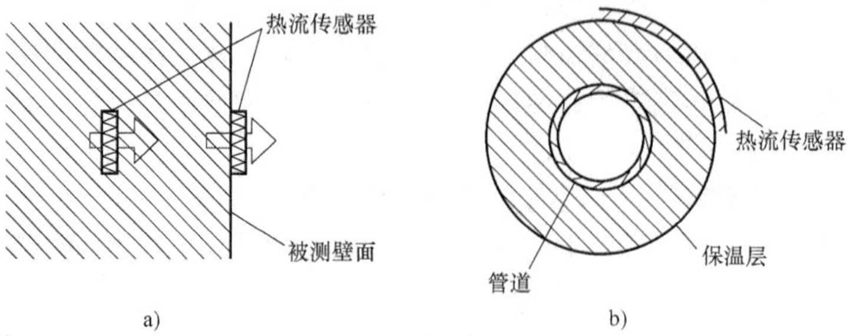

图 7-5　热阻式热流传感器安装示意图

a）测量平壁传热　b）测量管道散热

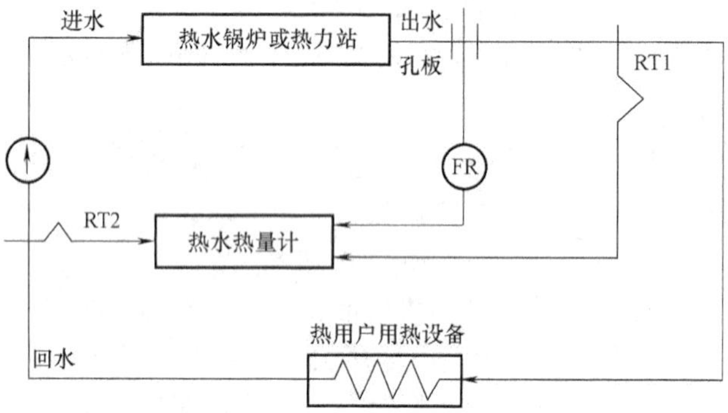

图 7-6　热水热量计的自动检测系统

饱和蒸汽热量计在蒸汽锅炉上的应用如图 7-7 所示。

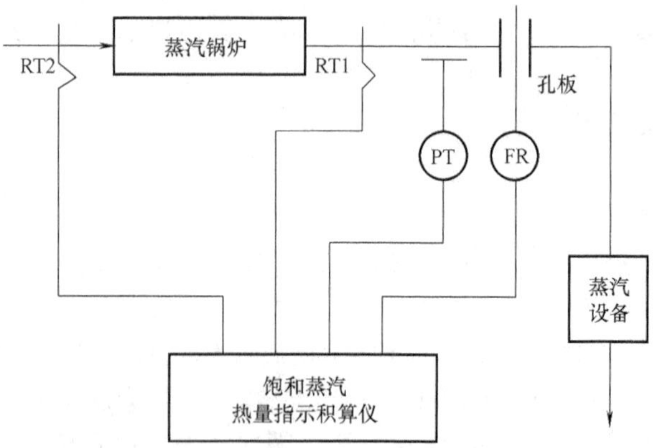

图 7-7　饱和蒸汽热量计在蒸汽锅炉上的应用

一般当锅炉运行正常时，在汽水分离设备较好的情况下，饱和蒸汽的干度在0.95～1.00之间。由于锅炉在线测量干度的仪表还没有产品，所以饱和蒸汽热量计的干度只能靠手动设定，即用户必须事先测量出饱和蒸汽的干度，然后将干度分挡旋钮放在某一位置即可，这样，饱和蒸汽热量计所指示的瞬时热量和累积热量是经过干度修正后的测量值。

思考题与习题

7-1 常用的热流计有哪些种类？

7-2 简述热阻式热流传感器的工作原理。

7-3 热电堆热流计测量误差的原因有哪些？

7-4 简述热水热量计的工作原理。

7-5 简述饱和蒸汽热量计测量的工作原理。

第8章　液位测量

8.1　概述

物位测量包括液位测量和料位测量。在工业生产过程中，液位和料位都是非常重要的控制参数，它们的多少直接对生产过程产生影响。例如火电生产过程中的锅炉汽包内的水位直接影响送出蒸汽的质量和汽水系统循环的效果。

1. 液位和料位测量的目的

1）通过掌握物料的数量和对液位的测量可以确定容器内原料的多少或产品的数量，以保证生产过程中各环节是否得到预先计划好的原料用量，并可以进行经济核算。

2）监视液位和料位是否在规定的范围内，必要时设置上、下限值报警装置。

2. 液位测量的方法

液位属于热工参数，可以使用通常测量长度和距离的各种方法。但是，对于热工设备，直接进行测量（尤其是密闭容器）比较困难，有必要对液位进行一定的变换并采用间接测量方法。

常用的液位测量方法有以下几种：

（1）静压式　静止液体内某一点所受的压力与其液面高度成正比。通过某一点的压力来显示液位高度。这类液位计分为连通器、压差式、压力式三种。

（2）浮力式　液位计工作原理源自阿基米德定律。常用的有浮子式、沉筒式两种，它们分别随液面的变化输出液位或力的变化。

（3）电气式　此类传感器的输出量为电量信号，如电阻、电容、电感量等，电信号随传感器浸入介质的深度而变化从而达到测量液位的目的。

（4）声波式　利用不同液体对声波传播所起的作用来探测液面的位置，其中以反射式应用较多。

（5）比重式　形状一定的容器，其介质的高度与重量成比例，所以可以用称出整体的重量来反映介质的高度。

（6）核辐射式　放射性同位素所放出的射线（例如 γ 射线）有很强的穿透能力，但通过介质时强度要相应减弱。利用射线强度的衰减与通过介质的厚度之间的关系，可以制成各种形式的液位传感器。

随着生产的不断发展，测量液位的新技术和与它相适应的新仪表也不断出现。但是，到目前为止，简单的、机械式的测量方法和仪表仍然在大量地普遍应用。主要因为它们具有直观、机构简单、运行可靠等优点，同时也可以与远传仪表配套使用，在相当程度上能满足工业生产对物位测量与控制的需要。近年来，不断发展了电学式、光学式、射流式、声波式与同位素式等测量方法，一般应用于普通的测量方法难以解决的场合，主要因为它们需要比较复杂的设备，对环境条件的要求比较严格，因而尚未得到普遍应用。

常用的各种液位测量仪表的主要性能指标见表8-1。

表 8-1 常用液位测量仪表主要性能指标

仪表种类		级数性能指标									
		被测介质类型	测量范围/m	误差(%)	工作压力/Pa	工作温度/℃	对粘性介质	对有泡沫沸腾介质	与介质的接触状态	可动部件	输出
直读式	玻璃管液位计	液位	1.5	±3	1.6×10^6	100~150	不适用	不适用	接触	无	就地目视
静压式	压力计式	液位料位	50	±2	常压	200	法兰式适用	适用	均可	无	根据压力表而定
	差压式	液位 液-液相界面	20	±1	40×10^6	20~200	法兰式适用	适用	接触	无	根据差压计而定
	吹气式	液位	16	±2	常压	200	不适用	适用	接触	无	就地目视
浮力式	浮子式	液位	20	±1.5	6.4×10^6	120	不适用	不适用	接触	有	计数、远传
	浮筒式	液位 液-液相界面	2.5	±1	32×10^6	200	不适用	适用	接触	有	报警、控制
	杠杆浮球式	液位 液-液相界面	2.2	±1.5	6.4×10^6	150	不适用	适用	接触	有	显示记录调节
电气式	电容式	液位 液-液相界面	50	±2	3.2×10^6	-200~400	不适用	不适用	接触	无	显示
	电阻式	液位 液-液相界面	根据安装位置定	±10mm	1×10^6	200	不适用	不适用	接触	无	报警、控制
	电感式	液位	20	±0.5	16×10^6	-30~160	适用	不适用	均可	无	报警、控制
声学式	气介式	液位 料位	30	±3	0.8×10^6	200	不适用	适用	不接触	无	显示
	液介式	液位 液-液相界面	10	±5mm	0.8×10^6	150	适用	不适用	不接触	无	显示
	固介式	液位	50	±1	1.6×10^6	高温	适用	适用	接触	无	显示
光学式	激光式	液位 料位	20	±0.5	常压	1500	适用	适用	不接触	无	报警、控制
辐射式	核辐射式	液位 料位 相界面	20	±2	根据容器定	无要求	适用	适用	不接触	无	需防护、远传、显示
机械式	重锤式	液位 液-固相界面	50	±2	常压	500	不适用	不适用	接触	有	报警、控制
	音叉式	液位 料位	根据安装位置定	±1	4×10^6	80	不适用	不适用	均可	有	报警、控制
	旋翼式	料位	根据安装位置定	±1	常压	150	不适用	不适用	均可	有	报警、控制

（续）

仪表种类		级数性能指标									
		被测介质类型	测量范围/m	误差(%)	工作压力/Pa	工作温度/℃	对粘性介质	对有泡沫沸腾介质	与介质的接触状态	可动部件	输出
其他	微波式	液位料位	60	±0.5	1×10^6	150	适用	适用	不接触	无	记录、调节
	磁滞伸缩式	液位液-液相界面	18	±0.05	根据容器定	40～70	适用	不适用	接触	无	远传、显示控制
	称重式	液位料位	20	±0.5	常压	常温	适用	适用	接触	有	报警、控制

物位测量与其他热工参数的测量（如温度测量、压力测量等）相比，它仍然是一个比较薄弱的环节，还有许多课题需要解决，例如高精度、高压力、高温度、高粘度、强腐蚀、剧烈波动、剧烈沸腾、剧毒性液位的连续测量。

本章主要介绍差压式液位计、浮子式液位计、电容式液位计和电阻式液位计。

8.2 差压式液位计

利用静压差测量液位的仪表称为差压式液位计，是目前应用得最为广泛的一种液位测量仪表。下面分别介绍利用静压差测量液位的原理和锅炉汽包水位的测量。

1. 利用静压差测量液位的原理

利用静压差测量液位基于不可压缩液体产生的静压与其高度成比例关系，通过测量液体的静压便可推算出液位的高度。图 8-1 所示为差压变送器测量液位的原理图。

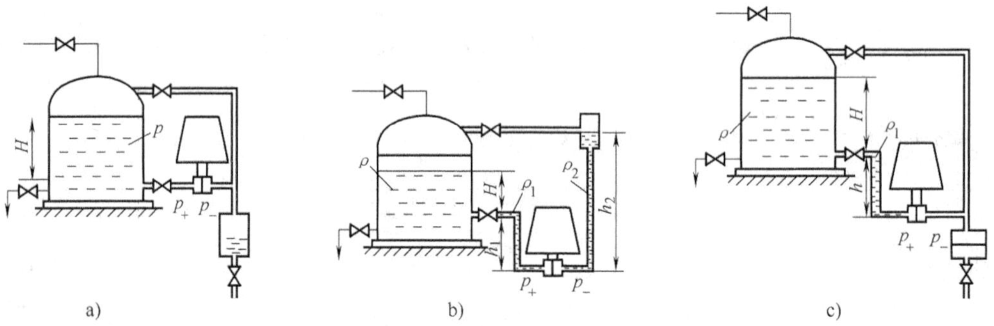

图 8-1 差压变送器测量液位原理图

a）无迁移 b）负迁移 c）正迁移

如图 8-1a 所示，变送器正压室接液相，负压室接气相，$p_+ = p_气 + \rho gH$；$p_- = p_气$，$\Delta p = p_+ - p_- = \rho gH$；若被测容器是敞口的，气相压力为大气压力，则差压变送器的负压室直接通大气即可，此压力变送器或压力计用来直接测量液位的高低。

如图 8-1b 和图 8-1c 所示，为防止被测介质堵塞或腐蚀导压管，以及保持负压室的液柱高度恒定，在差压变送器的正、负取压室与取压点之间分别装有隔离罐，并充以隔离液。正压室与容器底部取压点（零液位）相连，而负压室与液面以上空间相连。

若差压变送器与容器底部位于不同的水平线上，则应根据它们之间的相对位置进行修正。差压变送器正压室的压力为

$$p_+ = \rho_1 g h_1 + \rho g H + p_{气} \tag{8-1}$$

负压室的压力为

$$p_- = \rho_2 g h_2 + p_{气} \tag{8-2}$$

两室的压差为

$$\Delta p = p_+ - p_- = \rho g H - g(\rho_2 h_2 - \rho_1 h_1) \tag{8-3}$$

当 $H=0$ 时，若 $g(\rho_2 h_2 - \rho_1 h_1) < 0$，则此时差压变送器输出负值，需要调整变送器迁移量，减小变送器输入的上、下限值，使变送器的输出与液位成比例变化，这个过程称为负迁移，负迁移量为

$$A = g(\rho_2 h_2 - \rho_1 h_1) \tag{8-4}$$

当 $H=0$ 时，若 $g(\rho_2 h_2 - \rho_1 h_1) > 0$，此时差压变送器输出正值，需要调整变送器迁移量，增加变送器输入的上、下限值，使变送器的输出与液位成比例变化，这个过程称为正迁移，正迁移量为

$$B = -g(\rho_2 h_2 - \rho_1 h_1) \tag{8-5}$$

当测量液体有沉淀、易结晶或粘度较大时，差压变送器可采用法兰安装。

2. 锅炉汽包水位的测量

锅炉汽包水位是锅炉安全运行的重要参数之一，汽包水位过高，从汽包抽出的蒸汽带水，蒸汽品质恶化，对汽轮机可能造成水冲击。水冲击事故将造成叶片损坏，动、静部分之间的摩擦，气缸和转子产生永久变形或裂纹，推力轴承损坏等。汽包水位过低对水循环不利，可能使水冷壁管局部过热甚至爆管。因此，对锅炉汽包水位的精确测量十分必要，用差压液位计测量汽包水位是常用的方法之一。并且差压液位计在高加水位、除氧器水位测量中都得到了广泛应用。

锅炉运行过程中，汽包压力随负荷变化，汽包中饱和水和蒸汽的密度随压力的变化而变化，为了准确测量汽包水位，水位与压差之间的准确转换非常重要，可以通过平衡容器来实现。图8-2所示为一种常用的双室平衡容器，汽包的汽侧连通管与宽容室（也称正压室）相接，汽包的水侧连通管直接与窄容室（也称负压室）相接。正压头从宽容室中引出，负压头从窄容室中引出。宽容室的水位高度为定值，当水位升高时，水经汽侧连通管溢流至汽包，当水位下降时，由蒸汽冷凝来补充，当宽容室中水的密度一定时，正压头为定值。负压头中输出压头的变化代表了水位 H 的变化。因此，由正、负两个导压管得到的压差信号为

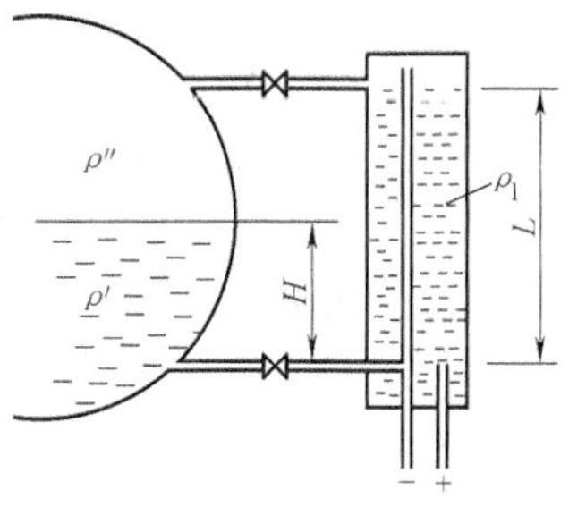

图8-2 双室平衡容器

$$\Delta p = p_+ - p_- = L\rho_1 g - [H\rho' g + (L-H)\rho'' g] = L(\rho_1 - \rho'')g - H(\rho' - \rho'')g \tag{8-6}$$

式中，H 为汽包中的水位高度；ρ_1 为正压室中水的密度；ρ'、ρ''分别为汽包压力下饱和水、饱和蒸汽的密度；L 为汽侧与水侧连通管之间的距离。

如果将差压液位计改为差压变送器，可将水位信号转换成电流信号，远传至控制室进行

连续水位指示、记录和调节，为控制系统安全运行提供水位信号。

平衡容器的输出信号 Δp 随汽包水位的升高而降低。由式（8-6）可知，L 为确定值，ρ'、ρ''随汽包压力变化而变化，式中 ρ'、ρ''按汽包额定压力由图 8-3 可得到。平衡容器温度变化和汽包压力变化会产生测量误差，此误差随平衡容器的结构不同而各异。为减小或消除汽包压力变化造成的测量误差，有两种改进方法：一是改进平衡容器的结构，二是采取汽包压力自动补偿措施。

3. 改进后的平衡容器

改进后的平衡容器结构如图 8-4 所示，它可以保证在正常水位时，水位指示基本不随汽包压力变化而变化。当汽包水位发生变化时，为使正压管中的水位保持恒定，增大了正压室的截面积，使其直径大于 100mm，同时，在正压室上安装一个凝结水漏盘，使凝结水不断流入正压室，正压室中多余的水不断溢出，通过蒸汽加热的方法使正压室中的水温等于饱和温度。蒸汽凝结水通过泄水管流入下降管，负压管直接从汽包水侧引出。为确保压力引出管的垂直部分水的密度 ρ_1 等于环境温度下水的密度，压力引出管的水平距离必须大于 800mm。在正常水位时，平衡容器的输出压差为

$$\begin{aligned}\Delta p_0 &= p_+ - p_- = [(L-l)\rho_1 g + l\rho' g] - [H_0\rho' g + (L-H)\rho'' g] \\ &= L(\rho_1 - \rho'')g - l(\rho' - \rho'') - H_0(\rho' - \rho'')g\end{aligned} \tag{8-7}$$

当水位偏离正常水位 $\Delta H(\Delta H = H - H_0)$ 时，输出压差为

$$\Delta p = \Delta p_0 - \Delta H(\rho' - \rho'')g \tag{8-8}$$

在设计平衡容器时，如果能确定恰当的 L 和 l 值，使汽包压力从很小值（例如 0.5MPa）增至额定工作压力时，正常水位下平衡容器输出的压差不变，那么就可消除差压式水位计的零位漂移。

根据式（8-7），当汽包压力为 0.5MPa 时，零水位压差输出为

$$\Delta p_{05} = (L-l)\rho_1 g + l\rho_5' g - H_0\rho_5' g - (L-H_0)\rho_5'' g \tag{8-9}$$

在额定工作压力下，零水位压差输出为

$$\Delta p_{0e} = (L-l)\rho_1 g + l\rho_e' g - H_0\rho_e' g - (L-H_0)\rho_e'' g \tag{8-10}$$

如令 $\Delta p_{05} = \Delta p_{0e}$，则有

$$(L-l)\rho_1 g + l\rho_5' g - H_0\rho_5' g - (L-H_0)\rho_5'' g = (L-l)\rho_1 g + l\rho_e' g - H_0\rho_e' g - (L-H_0)\rho_e'' g \tag{8-11}$$

此外，由于考虑平衡容器输出压差最大值与差压式水位计测量上限值应为一致，即在汽包压力最低和水位最低时，平衡容器输出的最大压差等于差压式水位计测量上限 Δp_{max}，即

$$\Delta p_{max} = (L-l)\rho_1 g + l\rho_5' g - H_0\rho_5' g - L\rho_5'' g \tag{8-12}$$

联立方程式（8-11）和式（8-12）得

$$L = \frac{\Delta p_{max} + H_0\left(1 - \frac{\Delta\rho''}{\Delta\rho'}\right)(\rho_1 - \rho_5')}{\frac{\Delta\rho''}{\Delta\rho'}(\rho_5' - \rho_1)g + (\rho_1 - \rho_5'')g} \tag{8-13}$$

$$l = H_0 + (L - H_0)\frac{\Delta\rho''}{\Delta\rho'} \tag{8-14}$$

其中，$\Delta p'' = \rho_e'' - \rho_5''$，$\Delta p' = \rho_e' - \rho_5'$。

求得 L 和 l 的值后，即可以用压差-水位关系式［式（8-7）与式（8-8）］来分度差压水位计。此种改进后的平衡容器，可以使正常水位下的压差受汽包压力变化的影响大大减小。

但当水位偏离正常值时，输出还将受汽包压力变化的影响。与改进前的平衡容器相比，改进后的差压式水位计的测量准确度有很大的提高。为进一步消除汽包压力变化对差压式水位计指示值的影响，可以同时测得汽包压力信号，根据汽包压力与密度之间的关系，对压差信号进行校正运算，校正因汽包压力偏离额定值带来的测量误差。

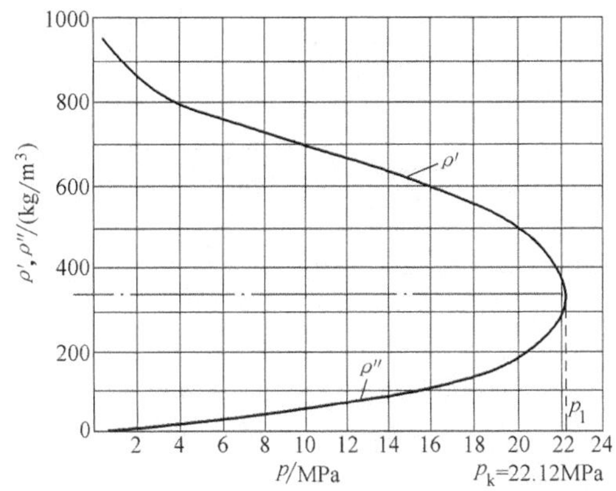

图 8-3 饱和水、饱和蒸汽的密度与压力的关系

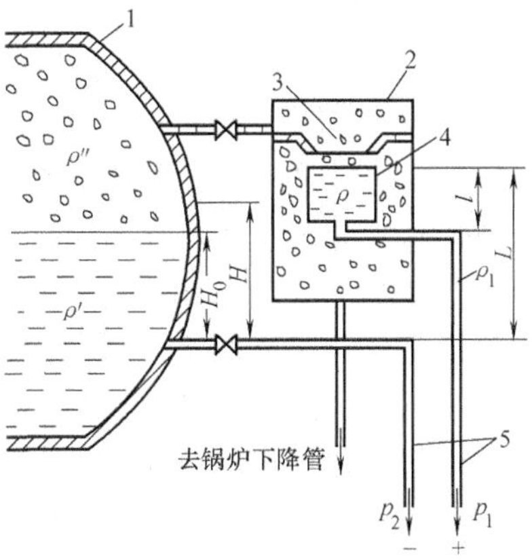

图 8-4 改进后的平衡容器结构

1—汽包 2—热套管 3—漏盘 4—正压室 5—压力导管

例 8-1 已知图 8-2 中双室平衡容器的汽水连通管之间的跨距 $L=300\text{mm}$，汽包水位分别为 $H_1=100\text{mm}$，$H_2=150\text{mm}$，$H_3=200\text{mm}$，饱和水密度 $\rho'=680.075\text{kg/m}^3$，饱和蒸汽密度 $\rho''=59.086\text{kg/m}^3$，正压室中水的密度 $\rho_1=962.83\text{kg/m}^3$，试求此时平衡容器的输出压差为多少？

解 按力学原理，当汽包水位在任意值时，平衡容器的输出压差为

$$\Delta p=p_+-p_-=L\rho_1 g-[H\rho' g+(L-H)\rho'' g]=L(\rho_1-\rho'')g-H(\rho'-\rho'')g$$

由此可得，在不同水位时平衡容器的输出压差分别为

$$\Delta p_1=0.3\times(962.83-59.086)\times9.81-0.10\times(680.075-59.806)\times9.81\text{Pa}=2051.2\text{Pa}$$

$$\Delta p_2=0.3\times(962.83-59.086)\times9.81-0.15\times(680.075-59.806)\times9.81\text{Pa}=1745.9\text{Pa}$$

$$\Delta p_3=0.3\times(962.83-59.086)\times9.81-0.20\times(680.075-59.806)\times9.81\text{Pa}=1442.8\text{Pa}$$

由上述计算可知，输出压差分别为 2051.2Pa、1745.9Pa、1442.8Pa。

根据上述分析可知，当水位升高时，输出压差减小。因此在使用差压变送器测量水位时，为使输出信号与水位变化一致，一般将负压管与变送器正压室相接，而正压管与变送器负压室相接，这样水位升高时，变送器输出电流增大。

双室平衡容器在实际使用中，因为平衡容器向外散热，正、负压容室中的水温由上至下逐渐下降，并且温度不易确定。所以用式（8-6）分度差压式水位计时，由于密度的数值较难确定，分度好的差压式水位计装到现场后，其指示值与云母水位计的示值不同。即使在现场对照云母水位计的指示调整好刻度值，随着温度的变化，ρ_1的数值也变化，差压式水位计的指示值仍存在误差。

再者，差压式水位计一般是在汽包额定工作压力下分度的，因而，只有当汽包工作在额定压力下时，差压式水位计的指示值才是正确的。饱和水密度和饱和蒸汽密度随汽包压力变化，使差压式水位计的指示产生很大误差。ρ'、ρ''随汽包压力变化的关系如图 8-3 所示。由

图可知，当压力升高时，饱和水密度 ρ' 减小，饱和蒸汽密度 ρ'' 增大。压力上升到临界压力（$p_k=22.12\text{MPa}$）时，饱和水和饱和蒸汽的密度相同。

$Hg\rho'+(L-H)g\rho''$ 的变化使压差 Δp 发生改变。而 ρ' 与 ρ'' 随压力变化的方向相反，因此负压头中两项的变化可互相抵偿。但因 ρ' 与 ρ'' 的变化率不同，这两项的变化不能完全抵消，而且在不同水位时，两项随压力变化的数值也不相同。图 8-5 所示为在不同水位时，负压头与汽包压力变化的关系。由图可以看出，当水位较高时（50～315mm），差压转换容器中的负压头随着汽包工作压力的下降而增大，即 Δp 减小，此时水位计指示值比实际值偏高，出现正误差；水位较低时（－200～－100mm），负压头随汽包工作压力变化所产生的变化较小。一般情况下，汽包水位都控制在－50～50mm 之间，因此，在锅炉起停或滑参数运行时，差压式水位计的指示随汽包压力下降而偏高，反之指示偏低。

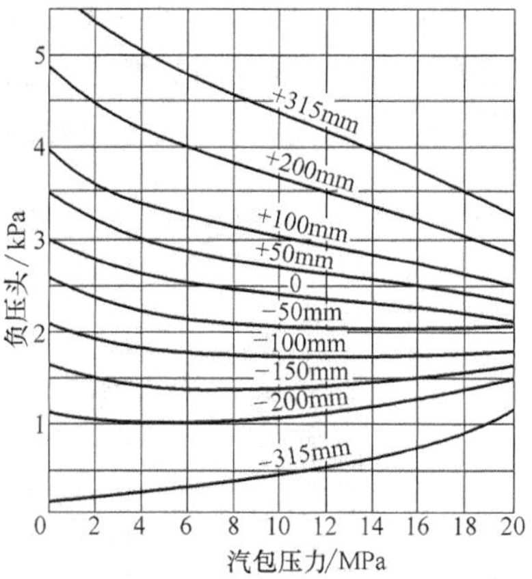

图 8-5 不同水位时平衡容器的负压头与汽包工作压力的关系

例 8-2 已知图 8-2 所示双室平衡容器的汽水连通管之间的跨距 $L=550\text{mm}$，汽包正常水位 $H_0=300\text{mm}$，则用该平衡容器测量锅炉汽包水位时，要求计算：

1）当汽包压力为 10.5MPa、正压室水温为 40℃时，汽包在正常水位时的输出压差值。

2）当汽包压力为 10.5MPa、正压室水温为 80℃时，汽包在正常水位时的输出压差值，并求输出压差的绝对误差值。

3）当汽包压力为 5.0MPa，正压室水温为 40℃时，汽包在正常水位时的输出压差值，并求输出压差的绝对误差值。

4）当汽包压力为 0.5MPa、正压室水温为 40℃时，汽包在正常水位时的输出压差值，并求输出压差的绝对误差值。

已知：10.5MPa 时，$\rho'=680.075\text{kg/m}^3$，$\rho''=59.086\text{kg/m}^3$；10.5MPa、40℃时，$\rho_1=996.81\text{kg/m}^3$；10.5MPa、80℃时，$\rho_1=976.37\text{kg/m}^3$；5.0MPa 时，$\rho'=777.73\text{kg/m}^3$，$\rho''=25.374\text{kg/m}^3$；0.5MPa 时，$\rho'=915.08\text{kg/m}^3$，$\rho''=2.668\text{kg/m}^3$。

解 按力学原理，当汽包水位在正常水位时，平衡容器的输出压差为

$$\Delta p_0=p_+-p_-=L\rho_1 g-[H_0\rho' g+(L-H)\rho'' g]=L(\rho_1-\rho'')g-H_0(\rho'-\rho'')g$$

1）10.5MPa、40℃时有

$$\Delta p_{0e(40)}=550\times10^{-3}\times(961.81-59.086)\times9.81-300\times10^{-3}\times(680.075-59.086)\times9.81\text{Pa}=3231.9\text{Pa}$$

2）10.5MPa、80℃时有

$$\Delta p_{0e(80)}=550\times10^{-3}\times(976.37-59.086)\times9.81-300\times10^{-3}\times(680.075-59.086)\times9.81\text{Pa}=3121.6\text{Pa}$$

因正压室温度变化引起的绝对误差为

$$\Delta p=\Delta p_{0e(40)}-\Delta p_{0e(80)}=3231.9-3121.6=110.3\text{Pa}$$

3）5.0MPa、40℃时有

$$\Delta p_{05(40)}=550\times10^{-3}\times(996.81-25.374)\times9.81-300\times10^{-3}\times(777.73-25.374)\times9.81\text{Pa}$$

$=3027.2\text{Pa}$

因汽包压力变化引起的绝对误差为

$$\Delta p' = \Delta p_{0e(40)} - \Delta p_{05(40)} = 3231.9 - 3027.2 = 204.7\text{Pa}$$

4）0.5MPa、40℃时有

$$\Delta p_{00.5(40)} = 550\times10^{-3}\times(996.81-2.668)\times9.81 - 300\times10^{-3}\times(915.08-2.668)\times9.81\text{Pa}$$
$$=2678.7\text{Pa}$$

因汽包压力变化引起的绝对误差为

$$\Delta p' = \Delta p_{0e(40)} - \Delta p_{00.5(40)} = 3231.9 - 2678.7 = 553.2\text{Pa}$$

由上述计算可知，当汽包压力为10.5MPa、正压室水温为40℃时，汽包在正常水位时的输出压差值为3231.9Pa；水温变为80℃时，输出压差值为3121.6Pa，其绝对误差为110.3Pa；当汽包压力变为5.0MPa，输出压差值为3027.2Pa，其绝对误差为204.7Pa；当汽包压力变为0.5MPa，输出压差值为2678.7Pa，其绝对误差为553.2Pa。

8.3 浮力式液位计

浮力式物位测量仪表是通过测量漂浮于被测液面上的浮子随液面变化而产生的位移，或利用沉浸在被测液体中的浮筒（也称沉筒）所受的浮力与液面位置的关系来检测液位的。前者一般称为恒浮力式液位计，又可细分为浮子式、浮球式和翻板式等，其中以浮子式应用最广；后者一般称为变浮力式液位计，因其典型的敏感元件为浮筒，又被称为浮筒式液位计。

1. 浮力式液位计的工作原理

如图8-6所示，浮子是一个空心的能漂浮于水面的密封性零件，浮子1用钢丝绳连接并悬挂在滑轮上，钢丝绳的另一端挂有平衡锤4，使浮子所受的重力和浮力之差与平衡锤的拉力相平衡，浮子随液面变化升降，并可随意停留在任一液面上。指针5随钢丝绳升降，在刻度上指示出相应的液位。设浮子的重力为G，直径为D，浮子高度为h，当它漂浮在液面上达到平衡时有

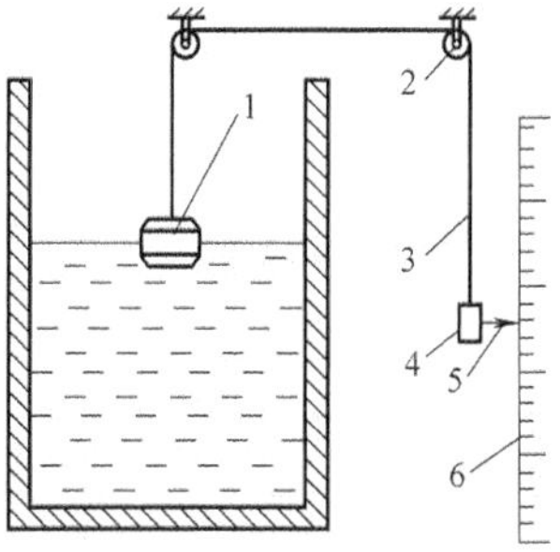

图8-6 用于常压或敞口容器的浮力式液位计

1—浮子 2—滑轮 3—钢丝绳 4—平衡锤 5—指针 6—标尺

$$G = F + W = F + \frac{\pi D^2}{4}\Delta h\rho g \tag{8-15}$$

式中，F为浮子所受的浮力（N）；W为绳索对浮子的拉力（N）；Δh为浮子的吃水深度（m）；ρ为被测液体的密度（kg/m^3）。

为了实现准确的测量，对此类液位计可以通过三个方面的改进。

1）在液位H发生变化时，浮子也随之升降，但浸没在液体中的高度Δh保持不变时，才能实现正确的测量。实际上，当测量粘度较大的液体时，由于浮子粘上一些液体而使它的重量增加，或因浮子被侵蚀而重量减轻，或液体的密度因温度的变化而发生变化，这些都会引起测量误差。

2）在浮子液位测量系统中，平衡锤的作用不仅是为了调节浮子的出水体积，更重要的

是产生一定的重力，防止悬索在水位轮中跳槽。因此，平衡锤的重量的选用也很重要，平衡锤越重，传动的可靠性也越高，但浮子也要相应加重。平衡锤若太轻，则传动时可能会因为压力小而使悬索产生跳槽。

3）吃水线移动 ΔH 所引起的浮力增量为 ΔF，而 $\Delta F=\rho g\Delta V$，则浮子定位力的表达式为

$$\frac{\Delta F}{\Delta H}=\frac{\rho g\Delta V}{\Delta H}=\rho g\frac{\pi}{4}D^2 \tag{8-16}$$

可见，采用大直径的浮子能显著地增大定位力。

2. 改进浮子位置的液位计

图 8-7 所示的浮子式液位计在密闭容器中设置一个测量液位的通道。在通道的外侧装有浮子和磁铁，通道内侧装有铁心。当浮子随液位上下移动时，磁铁随之移动，铁心被磁铁吸引而同步移动，通过绳索带动指针指示液位的变化。这样避免了浮子的重量变化或吃水位置改变影响测量精度。

3. 浮子钢带式液位计

为了结构紧凑便于读数，将平衡锤改用弹簧代替，浮子上的钢丝绳改用中间打孔的薄钢带代替，目前大型储罐多使用浮子钢带液位计，原理如图 8-8 所示。浮子 1 经过钢带 2 和滑轮 3，将升降动作传到钉轮 4。钉轮 4 周边的钉状齿与钢带 2 上的孔啮合，将钢带 2 的直线运动变为转动，由指针 5 和滚轮计数器 6 指示出液位；若在钉轮轴上再安装转角传感器或变送器，就不难实现液位的远传。目前，具有标准电流信号和数字通信的浮子钢带式液位计已经应用于生产中。

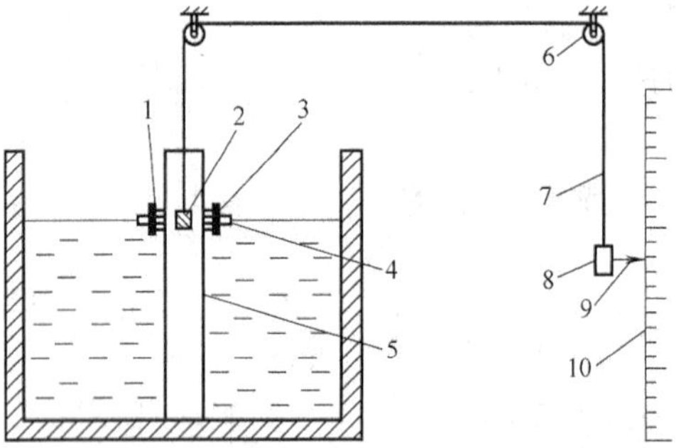

图 8-7　用于密闭容器的浮子式液位计

1—导轮　2—铁心　3—磁铁　4—浮子　5—非导磁管　6—滑轮　7—钢丝绳　8—平衡锤　9—指针　10—标尺

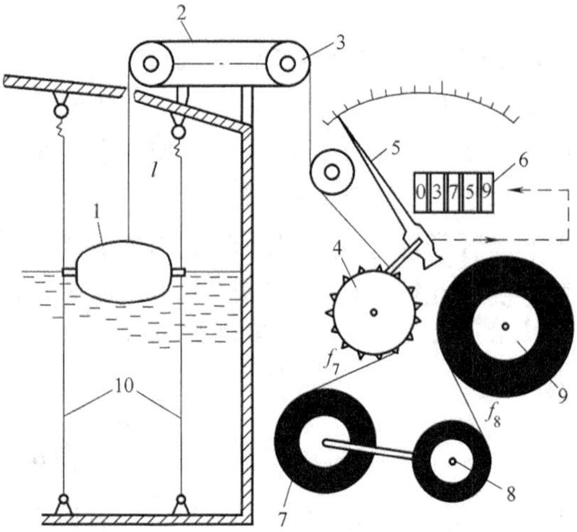

图 8-8　浮子钢带式液位计

1—浮子　2—钢带　3—滑轮　4—钉轮　5—指针　6—滚轮计数器　7—收带轮　8、9—转轴　10—钢丝绳

为保证钢带张紧，绕过钉轮之后的钢带由收带轮收紧，其收紧力则由恒力弹簧提供。恒力弹簧外形与钟表发条相似，但工作性质不一样。钟表发条在自由状态下是松弛的，卷紧之后其回松力矩与变形成正比，符合胡克定律。恒力弹簧在自由状态时卷紧在转轴 9 上，受力反绕于转轴 8 上，其恢复力 f_8 始终保持常数，首端至尾端一样，因而有“恒力”之称。

从图中可以看出，由于恒力弹簧有厚度，虽然f_8恒定，但它对转轴8形成的力矩并非常数，液位低时力矩大。同样，由于钢带厚度使液位低时收带轮的直径变小，于是在f_8恒定的情况下，钢带上的拉力f_7就和液位有关了。在液位低时f_7大，恰好和液位低时图中l段钢带的重力抵消，使浮子所受提升力几乎不变，从而减少了误差。

此外，滑轮、钢带连同仪表壳体全都密封起来，有效地保护了滑轮轴承的润滑，使摩擦阻力降到最小。同时，密封措施也有利于减少罐内油品的挥发和防止火灾。

4. 增大接触面积的浮顶罐

根据式（8-16），浮子式液位计为了加大定位力、减小摩擦阻力误差都尽量加大浮子的直径，极限情况就是整个储罐上全被浮子所覆盖，这就成了浮顶罐。

一般油罐多为拱顶形式，为了进出油时空气能够流通，拱顶上有通气孔，但是油品中宝贵的轻质成分挥发之后，随空气排出，特别是进、出油时，轻质成分的油挥发更为强烈，损失很大。浮顶罐则是将罐顶做成中空的大活塞，漂浮在油面上，将油品与空气隔绝，有效地阻止了挥发。

浮顶罐的原理示意图如图8-9所示。罐壁做成敞开形式，在其浮顶安装有排除雨水的柔性管道（图中未画出）。浮顶内有隔板，形成多个独立舱室，以免个别舱室漏泄而沉没，周围有柔性密封，整个浮顶如同圆形船舶浮在油上，直径往往为几十米。这一巨大浮子可用钢丝绳与平衡锤相连，或利用浮子钢带式液位计指示传送液位信号。

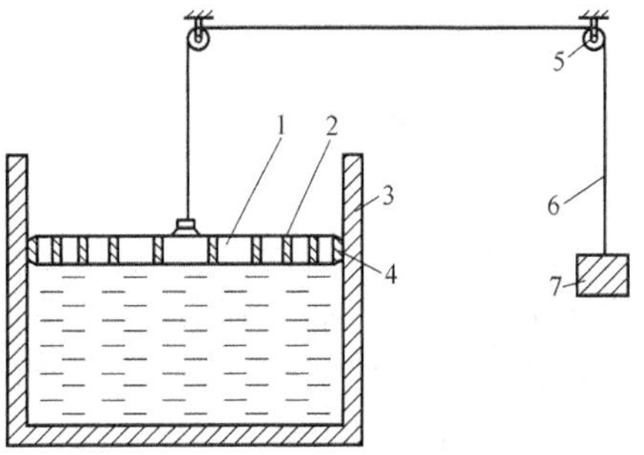

图8-9 浮顶罐原理示意图

1—舱室 2—浮顶 3—罐壁 4—柔性密封 5—滑轮 6—钢丝绳 7—平衡锤

在浮子式液位计中，以伺服型浮子式液位计准确度最高。它是在浮子上系有钢丝绳，由伺服电动机根据绳的张力释放或提拉钢丝绳，使浮子上的吃水线位置始终保持不变。只要有灵敏的力传感器，这种伺服型浮子式液位计准确度可以达到0.02级。

5. 不灵敏区

浮子随液位变化而上下浮动的原因是浮力的变化ΔF，其值为

$$\Delta F=\frac{\pi D^2}{4}\rho g\Delta H \tag{8-17}$$

式中，ΔF为浮力的变化值（N）；ΔH为浮子移动的位移（m）。

由于仪表各部分具有摩擦，所以只有当浮力变化ΔF达到一定数值$\Delta F'$时，浮子才能克服摩擦而开始移动，这样才能反映出液位的变化。此时所对应的浮子移动位移$\Delta H'$就是浮子式液位计的不灵敏区。$\Delta F'$是浮子开始移动时的最小浮力，其值的大小等于摩擦力。

6. 浮子的设计规则

在设计浮子时，适当地增大浮子直径，可显著增加浮子的定位力，有效地减小仪表的不灵敏区和摩擦阻力的影响，提高仪表的灵敏度，进而提高仪表的测量准确度。

图8-10所示为常用的三种浮子的形状，实际应用时应根据使用条件和使用要求来设计浮子的形状和结构。

扁平形浮子做成大直径空心扁圆盘形，不灵敏区较小，可小到十分之几毫米，测量准确

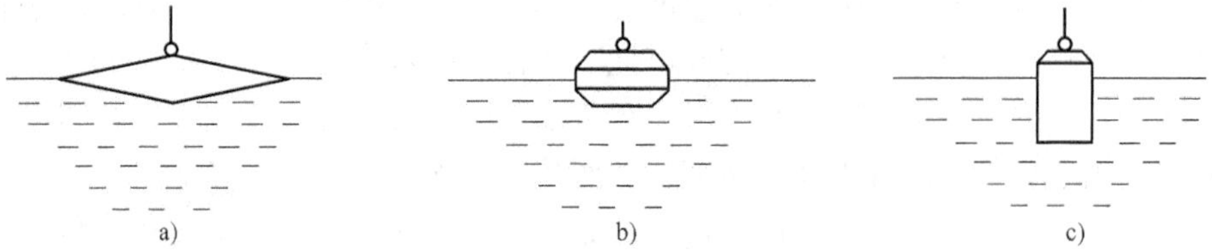

图 8-10 浮子的形状
a）扁平形浮子 b）扁圆柱形浮子 c）高圆柱形浮子

度高。它可以测量密度较小的介质的液位。对高频小变化的波浪，其抗波浪性强。但对液面的大波动则比较敏感，易随之漂动。

高圆柱形浮子的高度大、直径小，所以抗波浪性也好，但对液面变动不敏感，因此用它做成的液位计准确度低、不灵敏区较大。

扁圆柱形浮子的抗波浪性和不灵敏区在上述两者之间，由于其结构简单、易加工制作，在实际应用中被大量采用。

8.4 电容式液位计

电容式液位计属于电气式物位测量仪表之一，电容式液位计利用液位升降变化导致电容器电容值变化的原理设计而成。它可将各种物位、液位介质高度的变化转换成标准的电流信号，远传至操作控制室供二次仪表或计算机装置进行集中显示、报警或自动控制。其良好的结构及安装方式可适用于高温、高压、强腐蚀、易结晶、防堵塞、防冷冻液体及粉状、粒状固体物料。电容式液位测量仪表的结构形式很多，有平板式、同轴圆筒式等。它的适用范围非常广泛，不仅可作定点控制，还能用于连续测量。

1. 电容式液位计的工作原理

由压力测量已经知道，平板电容器的电容量与其结构有如下关系

$$C=\varepsilon\frac{S}{d} \tag{8-18}$$

式中，C 为平板电容器的电容（F）；ε 为电容极板之间介质的等效介电常数（F/m），$\varepsilon=\varepsilon_r\varepsilon_0=8.84\times10^{-12}\varepsilon_r$［$\varepsilon_r$ 为介质的相对介电常数，ε_0 为真空介电常数（F/m），$\varepsilon_0=8.84\times10^{-12}$］；$S$ 为电容器极板面积（m^2）；d 为电容器极板间距（m）。

平板电容器的电容量 C 与电容器的极板面积 S、极板间距 d 和介电常数 ε 有关，三个参数中任何一个发生变化时，都会引起电容量 C 的改变。因此，当被测量值变化时，电容器中任一参数产生相应的改变都会引起电容量的变化，通过一定的测量电路将其转变为电压或电流信号输出，根据该电信号的大小，就可判断被测量值的大小。这样就可以根据被测液体的不同性质，采用不同结构的电极，使液面升降时能改变其中一个参数，通过测量电容量的变化来测量液位、料位或两种不同液体的相界面，即可构成不同的电容式液位测量仪表。

2. 导电液体的电容式液位传感器

在电容物位计中，常采用图 8-11 所示的由两个同轴圆筒极板组成的电容器。当两圆筒之间充以介电常数为 ε 的介质时，两圆筒间的电容量为

$$C=\frac{2\pi\varepsilon L}{\ln\frac{D}{d}} \tag{8-19}$$

式中，L 为同轴圆筒电容器电极的长度（m）；d 为同轴圆筒电容器内电极的外径（m）；D 为同轴圆筒电容器外电极的内径（m）。

可以看出，对于给定的圆筒电容器，即 D、d 一定时，电容量 C 与电极长度 L 和介电常数 ε 的乘积成正比。

图 8-12 所示为测量导电介质液位的电容式液位计原理图。液位计只用一根电极作为电容器的内电极，其材质一般为纯铜或不锈钢，结构为直径为 d 的圆柱体。在内电极外安装绝缘层（聚四氟乙烯塑料）套管或涂以搪瓷作为绝缘层。内径为 D_0 的容器是用金属制作的。

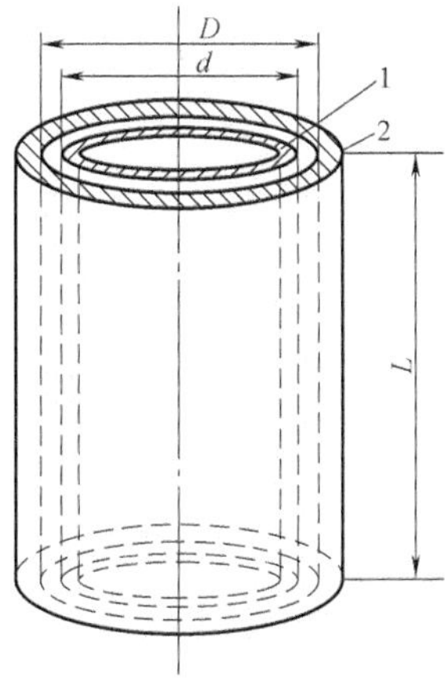

图 8-11　同轴圆筒电容器

1—内电极　2—外电极

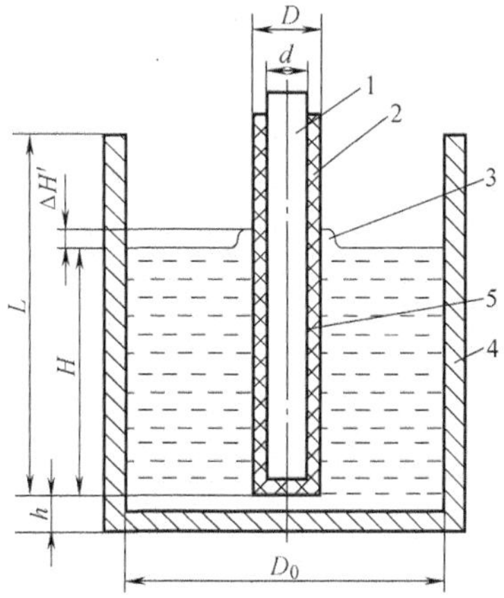

图 8-12　测量导电介质液位的电容式液位计原理图

1—内电极　2—绝缘层　3—虚假液位　4—容器　5—绝缘层套管

测量导电液体的电容式液位计主要是利用传感器两电极的覆盖面积随被测液体液位的变化而变化，从而引起电容量变化这种关系进行液位测量的。从整体上看，不锈钢棒、绝缘层套管以及容器内的被测导电液体共同构成一圆柱形电容器，其中不锈钢棒是电容器的一个电极（相当于定片），被测导电液体则是电容器的另一个电极（相当于动片），套在不锈钢棒上的聚四氟乙烯套管为两电极间的绝缘介质。可见，液位升高时，两电极极板的覆盖面积增大，可变电容传感器的电容量就成比例地增加；反之，电容量就减小。因此，通过测量传感器的电容量大小就可获知被测液体液位的高低。

当可测量液体的液位高度 $H=0$，即容器内的实际液位低于 h（非测量区）时，此时的电容量 C_0 相当于容器内没有液体时，容器为外电极，内电极与容器壁组成电容器，空气加塑料或搪瓷作为介电层，电极覆盖长度为整个容器的长度 L，则此时的电容为

$$C_0=\frac{2\pi\varepsilon_0' L}{\ln\frac{D_0}{d}} \tag{8-20}$$

式中，ε_0' 为绝缘层套管和容器内气体的等效介电常数（F/m）；D_0 为容器的内径（m）；L 为液位测量范围（可变电容器两电极的最大覆盖长度）（mm）；d 为不锈钢棒的直径（mm）。

当容器内有高度为 H 的导电液体时，总电容由以下两个电容并联组成：

1）在电容器内液体的高度为 H 时，导电液体作为电容器外电极，其内径为绝缘层的直径，介电层为绝缘塑料套管或搪瓷，该部分的电容为

$$C_1=\frac{2\pi\varepsilon H}{\ln\frac{D}{d}} \tag{8-21}$$

式中，ε 为绝缘层（绝缘塑料套管或搪瓷）的介电常数（F/m）；D 为绝缘层的直径（m）。

2）无液体部分的电容与空容器的类似，只是电极覆盖长度仅为容器上部的气体部分长度 $L-H$，该部分的电容为

$$C_2=\frac{2\pi\varepsilon_0'(L-H)}{\ln\frac{D_0}{d}} \tag{8-22}$$

此时整个电容相当于由液体部分 C_1 和无液体部分 C_2 两个电容的并联，因此整个系统的电容量为

$$C=C_1+C_2=\frac{2\pi\varepsilon H}{\ln\frac{D}{d}}+\frac{2\pi\varepsilon_0'(L-H)}{\ln\frac{D_0}{d}} \tag{8-23}$$

液位为 H 时电容的变化量为

$$C_x=C-C_0=\left(\frac{2\pi\varepsilon}{\ln\frac{D}{d}}+\frac{2\pi\varepsilon_0'}{\ln\frac{D_0}{d}}\right)H \tag{8-24}$$

若 $D_0\gg D$，且 $\varepsilon\gg\varepsilon'$，可忽略式（8-24）中第一项则上式变为

$$C_x=C-C_0=\frac{2\pi\varepsilon}{\ln\frac{D}{d}}H \tag{8-25}$$

可见，只要参数 ε、D 和 d 的数值稳定，电容量不受压力、温度等因素的影响，那么传感器的电容变化量与液位的变化量之间就有着良好的线性关系。

该仪表的灵敏度 S 为

$$S=\frac{2\pi\varepsilon}{\ln\frac{D}{d}} \tag{8-26}$$

绝缘材料的介电常数较大和绝缘层厚度较小（D/d 接近于 1）时，传感器的灵敏度较高。以上介绍的液位传感器适用于电导率不大于 10^{-2}S/m 的液体，被测液体的粘度不能太大，否则，当液位下降时，被测液体会在电极的套管上产生粘附层，该粘附层将一样会起着外电极的作用，从而产生虚假电容信号，以致形成虚假液位，使仪表指示液位高于实际液位。为了减少虚假液位的形成，应尽量使绝缘层表面光滑和选用不沾染被测介质的绝缘层材料。

上述方法同样也可用于测量导电物料的料位，如块状、颗粒状、粉状等。所不同的是，由于固体摩擦力大，容易形成“滞留”，产生虚假料位。

3. 测量非导电介质的电容式液位计

当被测对象为非导电介质时，是以被测介质作为介电层，组成电容式物位测量仪表的，适合的测量对象包括电导率小于 10^{-9}S/m 的液体（如轻油类）、部分有机溶剂和液态

气体。

如图8-13所示，两根同轴装配、相互绝缘的不锈钢管分别作为圆柱形可变电容传感器的内、外电极，外管管壁上布有通孔，以便被测液体自由进出。

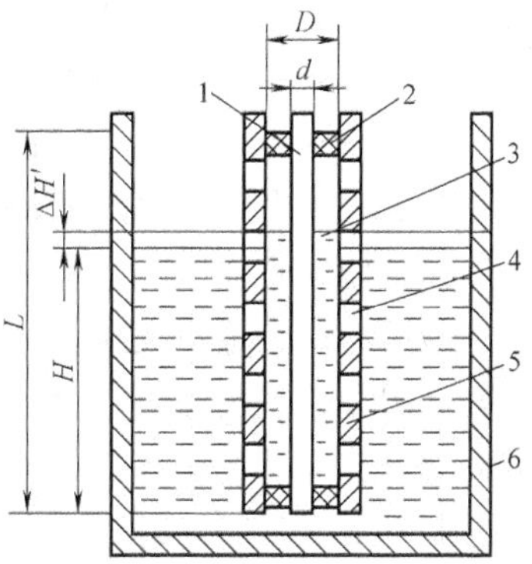

图8-13 同轴套筒电极式电容式液位计原理示意图

1—内电极 2—绝缘支架 3—虚假液位 4—开孔 5—外电极 6—容器

当测量液位 H 为零时，两电极间的介质是空气，这时传感器的初始电容量为 C_0，即容器内没有液体时，介电层为绝缘支架和两极间空气，此时电容器的电容为

$$C_0 = \frac{2\pi\varepsilon_0' L}{\ln \frac{D}{d}} \tag{8-27}$$

式中，ε' 为绝缘支架和两极间空气的等效介电常数（F/m）。

当非导电液体液位高度为 H 时，在有液体的高度 H 范围内，非导电液体作为电容器的介电层，而被测液体上部与空容器时一样，是以绝缘支架和空气为介电层，则总电容量为

$$C = \frac{2\pi\varepsilon H}{\ln \frac{D}{d}} + \frac{2\pi\varepsilon_0'(L-H)}{\ln \frac{D}{d}} \tag{8-28}$$

电容量的变化量为

$$C_x = C - C_0 = \frac{2\pi(\varepsilon - \varepsilon_0')}{\ln \frac{D}{d}} H \tag{8-29}$$

该仪表的灵敏度 S 为

$$S = \frac{2\pi(\varepsilon - \varepsilon_0')}{\ln \frac{D}{d}} \tag{8-30}$$

可见，电容量的变化与液位高度成正比，测出电容量的变化，便可知道液位高度。被测介质的介电常数与空气的介电常数差别越大，仪表的灵敏度越高；D 和 d 的比值越接近于1，仪表的灵敏度也越高。

4. 特点和使用

电容式物位测量仪表具有如下特点：

1）被测介质适用性广。电容式物位测量仪表几乎可以用于测量任何介质，包括液体、粉状固体、液-固浆体和相界面。对介质本身性质的要求不像其他物位计那样严格，对导电介质和非导电介质都能测量，此外还能测量有倾斜晃动及高速运动的容器的液位。

2）适于各种恶劣的工况条件，工作压力从真空到7MPa，工作温度从 −186 ~ 540℃。

3）测量结果与介质密度、化学成分等因素无关。

4）无可动部件，结构简单、性能可靠、造价低廉。

5）要求物料的介电常数与空气介电常数差别大，且需用高频电路。

6）使用时需注意分布电容的影响。

电容式物位测量仪表的上述特点决定了它在物位测量中的重要地位。但在实际应用时，应注意准确选型和正确使用。

测量不同液体间的相界面时，如均为不导电液体，可在用于非导电介质的电容物位测量仪表中任选一种。使用时应注意：其灵敏度与两种液体的介电常数之差成正比，这和浮力式物位测量仪表要求的密度差相对应。如果两种液体密度相近而介电常数差别大，电容法便可大显身手。如其中一种（只限一种）为导电液体，就必须用包有绝缘层的电极。

电容式物位测量仪表也可用于粉粒体的料位测量，但应注意若物料中含水分时将影响测量结果。例如干燥的土壤的介电常数约为1.9，含水19%时达到8。此外水分还会造成漏电，即使采用带绝缘层的电极，效果也不佳。所以电容式物位测量仪表只适用于干燥粉粒体或水分含量恒定不变的粉粒体。

对稍有粘着性的不导电液体仍可用裸露电极，若粘性液体有导电性，即使采用绝缘层电极也不能正常工作，因为粘附在电极上的导电液体不易脱落会造成虚假液位。这种情况下只能借助隔离膜将压力传到非粘性液体上，再用电容式物位测量仪表测量。

用电容构成物位开关，可用于液位、料位报警或位式调节系统，这种应用方式不要求电容与物位成正比，只希望在电极附近有很高的灵敏度，所以电极适宜横向插入容器或用平板形电极。

以上介绍的是电容式物位测量仪表的典型使用方法，在某些特殊场合还有其他特殊形式，如测量大型容器内料位或非导电容器内非导电介质料位时，可用两根不同轴的圆筒电极平行安装构成电容。在测量极低温度下的液态气体时，由于 ε 接近 ε_0，一个电容灵敏度太低，可取同轴多层电极结构。设计时，把奇数层和偶数层的圆筒分别连接在一起成为两组电极，这相当于多个电容并联，有利于提高灵敏度。

8.5 电阻式液位计

电阻式液位计既可进行定点液位控制，也可进行连续测量。所谓定点控制是指液位上升或下降到一定位置时引起电路的接通或断开，引发报警器报警。电阻式液位计的原理是基于液位变化引起电极间电阻变化，由电阻变化反映液位情况。

用于连续测量的电阻式液位计原理图如图8-14所示。

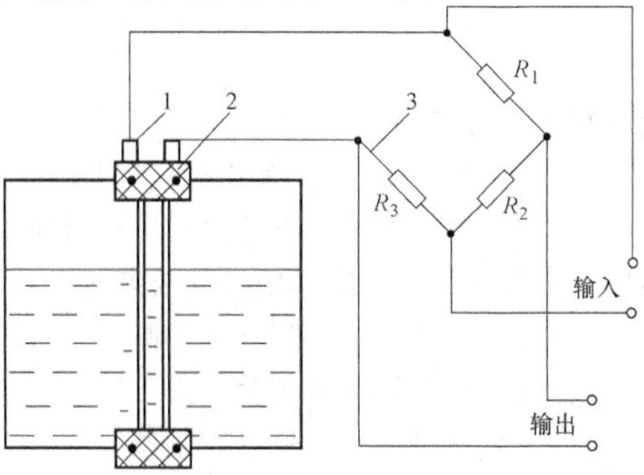

图8-14　用于连续测量的电阻式液位计原理图

1—电阻棒　2—绝缘套　3—测量电桥

电阻式液位计的两根电极是由两根材料、截面积相同的具有大电阻率的电阻棒组成的，电阻棒两端固定并与容器绝缘。整个传感器电阻 R 为

$$R=\frac{2\rho}{A}(H-h)=\frac{2\rho}{A}H-\frac{2\rho}{A}h=K_1-K_2h \tag{8-31}$$

式中，H 为液位高度；h 为某一定点位置液位的高度；ρ 为液体的密度；K_1、K_2 均为与结构、材料相关的常数。

电阻大小与液位高度成正比。电阻的测量可用图中的电桥电路完成。

思考题与习题

8-1 如何用浮标式液位计测量密闭容器的液位？

8-2 利用液体的静压力测量液位的方法有哪几种？

8-3 简单叙述差压式液位计的工作原理和测量的常用方法。

8-4 影响差压式水位计测量误差的因素是什么？如何影响？

8-5 补偿型平衡容器为什么能解决锅炉滑参数起动中汽包水位的测量问题？

8-6 画出简单型平衡容器的结构图，并推导出其“水位-压差”特性公式？

8-7 简单叙述电容式液位计的工作原理和测量电容的常用方法。

8-8 已知单室（双室）平衡容器 $L=640\text{mm}$，零水位 $H_0=320\text{mm}$，冷凝水的平均密度 $\rho_1=994\text{kg/m}^3$，饱和水密度 $\rho_2=565.29\text{kg/m}^3$，饱和蒸汽密度 $\rho_3=11.03\text{kg/m}^3$，请计算出汽包的相对水位 ΔH 分别为 -320mm、-160mm、$+160\text{mm}$、$+320\text{mm}$ 时产生相应的压差各为多少 Pa？

8-9 已知在额定运行工况下，汽包重量水位分别为 -100mm 和 $+80\text{mm}$ 时，平衡容器实际输出压差分别为 4600Pa 和 3700Pa，试求汽包重量水位分别为 -320mm、-160mm、0mm、$+160\text{mm}$、$+320\text{mm}$ 时产生的压差为多少 Pa？

8-10 当汽包压力由 17MPa 下降至 16MPa 时，单室（双室）平衡容器中 $\rho_\omega=584.76\text{kg/m}^3$、饱和水密度 $\rho_s=107.18\text{kg/m}^3$，而冷凝水平均密度 ρ_1 及尺寸 L 与题 8 相同，请计算 $\Delta H=0\text{mm}$ 时产生的压差为多少 Pa？

8-11 用题 8-8 的结果，将“压差-水位”关系的仪表用于测量题 8-10，则汽包在零水位（$\Delta H=0$）时，产生指示水位为多少 mm？

第 9 章 转速及功率测量

9.1 转速测量

转速通常是指单位时间内旋转机械转轴的平均旋转速度，而不是瞬时旋转速度，转速的单位是 r/min。在动力工程中，考察动力机械（如汽轮机、燃气轮机、内燃机等）和流体机械（如风机、水泵等）的性能时，转速是一个重要的特性参数。此外，动力机械的许多特性参数是根据它们与转速的函数关系来确定的，例如压缩机的排气量、轴功率、内燃机的输出功率等，而且动力机械的振动、管道气流脉动、各种工作零件的磨损状态等都与转速密切相关。因此了解转速的测量方法是很重要的。物体的转速一般采用间接的方法测量，即通过各种各样的传感器将转速变换为其他物理量，如机械量、电磁量、光学量等，然后再用模拟和数字两种方法显示。

转速测量的方法很多，测量仪表的形式也多种多样，其使用条件和测量精度也各不相同（见表 9-1）。根据转速测量的工作方式测量仪表可分为两大类：接触式转速测量仪表与非接触式转速测量仪表。前者在使用时必须与被测转轴直接接触，如离心式转速表、钟表式转速表及测转速发电机等；后者在使用时不必与被测转轴接触，如光电式转速表、电子数字式转速仪、闪光测转速仪等。机械式转速计的结构简单，但精度低且有转矩损失，现已较少采用。目前广泛使用的是非接触式的电子与数字化的测速仪表。这类仪表测量精度高、使用方便，能实现远距离的数据传输和显示。

表 9-1 转速计的种类

形式		简　　称	测量原理	使用转速/(r/min)	精　　度	特　　点	备　　注
模拟式	机械式	离心式	利用重块的离心力与转速的平方成正比	30~2400	±（1~2）%	简单	
			利用容器中的液体由于离心力的作用而产生压力的变化	中低速	2%	简单	陀螺测速仪，易受温度影响
			利用容器中的液体由于离心力的作用而产生液面的变化	中低速	2%	简单	陀螺测速仪，易受温度影响
		粘液式	利用旋转体在粘液中旋转传递的转矩	中低速	2%	简单	易受温度影响
	电气式	发电机式	利用直流发电机的电压与转速成正比的关系	10 000	2%	可以远距离指示	易受温度影响
			利用交流发电机的电压	10 000	1%	可以远距离指示	
		电容式	利用充放电回路产生与转速成正比的电流	中高速	2%	简单，可远距离指示	
		磁感应式	利用旋转圆盘在磁场内由于涡电流产生的转矩变化	中高速	2%	廉价、简单	用做汽车速度表等

（续）

形式		简称	测量原理	使用转速/(r/min)	精度	特点	备注
计数式	机械式	齿轮式积累转数计	由齿轮、摩擦轮等转动数字或指针等	中低速	1%	简单、廉价	与秒表并用
		钟表式转速表	在上述机构中加入计时部分	10 000	0.5%	简单	
	光电式	光电式	用光电管接受通过安装在轴上的缝隙的光或者从轴表面来的反射光	30～480 000	±1 脉冲	没有转矩损失，不要加工	显示五位数里列最后一位可到 1r/min，体积小，便于携带
	电磁式	电磁式	测量与转速成正比的电流、电压脉冲信号	中高速	1%	能用于高速	
频闪式	机械式	机械式闪频转速计	转动开有槽的圆盘，目测与旋转体同步的转速	中速	(1～2)%	无转矩损失	
	频闪式	闪频测速仪	用已知频率的闪光求出旋转体的转速	中高速	(0.1～2)%	无转矩损失	经过核准，其精度可达 0.1%
激光测量	激光转速仪		激光传感器感受与转速成正比的激光脉冲	10 000			
	激光陀螺		测量由于陀螺旋转引起的两束光的频移	同上			
	激光衍射		用激光对光栅的衍射效应	中速	0.1%	同上	

1. 机械式转速测量方法

常用的机械式转速测量方法有离心式转速表测量和钟表式转速表测量两种。

（1）离心式转速表　离心式转速表是利用旋转质量 m 所产生的离心力 F 与旋转角速度成比例这一原理而制成的测量仪表（见图 9-1）。

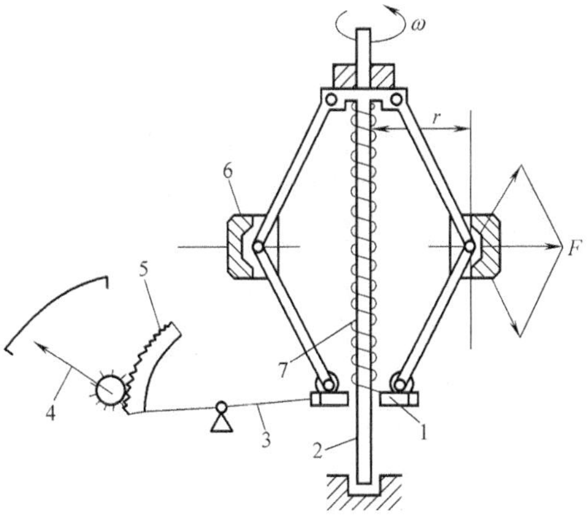

图 9-1　离心式转速测量装置

1—滑块　2—转轴　3—杠杆　4—指针　5—齿条　6—重块　7—弹簧

当旋转轴随被测旋转体一起转动时，沿径向固定在其上的两个重块感受旋转速度 ω 而产生离心力 F_c，使重块向外张开并带动指针向上移动而迫使弹簧变形。当弹簧反作用力 F_s 与离心力 F_c 平衡时，指针即停留在一定位置，这样就把转速转换成相应的线位移，从而测量出转速。

$$F = mr\omega^2 = mr\left(\frac{2\pi n}{60}\right)^2 \qquad (9\text{-}1)$$

式中，m 为旋转体的质量；r 为重块的重心至旋转轴中心的距离；ω 为旋转轴的角速度；n 为旋转轴的转数。

由式（9-1）可知，离心力 F 的大小与转速的平方成正比，在某一稳定转速下，弹簧 7 的作用力与拉杆所受离心力 F 沿轴向分力相平衡，使滑块 1 处于某一平衡位置，在该位置上，指针 4 对应一定转角，在经过标定的刻度盘上便可读出该转速值。

离心式转速测量装置的特点是结构简单、测量范围比较宽，可达2000 r/min 以上。但测量精度不高，一般在 1% ~2%，且由于重球质量大，惯性大而动态特性不好，故不适合测量变化较快的转速。

（2）钟表式转速表　钟表式转速表的工作原理是在一定时间间隔内记录下旋转轴转过的圈数从而测量转速。它所测的是某段时间内的平均转速值，这种转速表测速范围可达 10 000r/min，测量精度为 ±0.1% ~0.5%。它的使用方法同离心式转速表相同。

值得注意的是，上述机械式转速计是接触式测量，其探头必须与被测旋转体直接可靠地连接而同步旋转，并且要从被测对象中获取能量而推动仪表工作。在某些高转速、小转矩及旋转轴不允许装上转速测量装置等场合，机械式转速计就不再适用，必须采用非接触方式测量转速。

2. 电气式转速测量方法

电气式转速测量方法很多，这里仅介绍电磁式转速仪和发电机式转速仪。

（1）电磁式转速仪　将转速转换成脉冲系列的传感器常用的有电磁感应式、霍尔式、磁敏式和光电式传感器。

最简单的电磁感应式传感器的工作原理是：转动部件上若有凸起的铁磁物（如齿轮），则可在其近旁安装绕有线圈的磁铁，如图 9-2a 所示；当齿轮的齿经过磁极时，磁通变化，在线圈上产生感应电动势 e，经过放大整形送入脉冲计数器，在一定时间间隔内累计脉冲数，便可得到转速。显然齿数越多，分辨力越强。

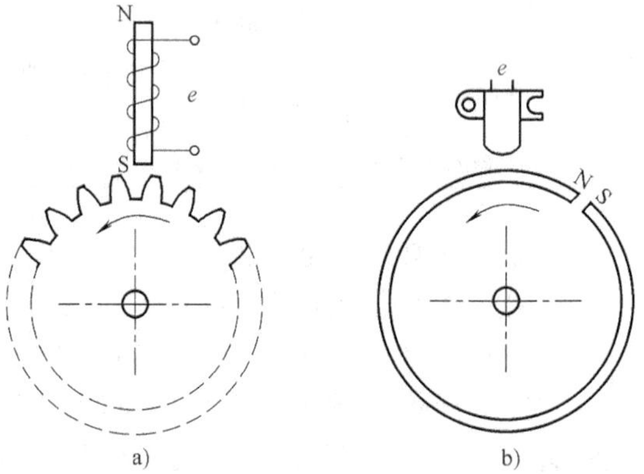

图 9-2　电磁感应转速传感器示意图

若转动部件为非铁磁性物质，可采用图 9-2b 所示的方法，即将开口钢丝环套在转动体上，环的缺口处会磁化成一对磁极，用录音机磁头在近距离内检测磁极经过时的磁场波动信号，放大整形后计数，同样可以测出转速。由于钢环的磁场比磁带上的磁信号强得多，磁头不必与钢环接触，所以不会磨损。

以上这两种非接触测量方法所产生的电脉冲幅值都和转速成正比，且输出为脉冲数，易于数字显示。

由于感应电压与磁通的变化率成比例，故随着转速下降输出电压幅值将会减小，当转速低到一定程度时，电压幅值将会减小到无法检测出来的程度。所以这种传感器不适合低速测量。为了提高低转速的测量效果，可采用霍尔式转速传感器或磁敏二极管和磁敏晶体管转速传感器，它们的共同特点是输出电压幅值受转速影响很小。

所谓霍尔效应，是指磁场作用于载流金属导体、半导体中的载流子时，产生横向电位差的物理现象。霍尔元件可用多种半导体材料制作，其优点是：结构牢固、体积小、重量轻、寿命长、功耗小、频率高（可达 1MHz）；此外，霍尔元件耐震动，不怕灰尘、油污、水汽及盐雾等的污染或腐蚀。霍尔式转速传感器原理如图 9-3 所示，它是利用霍尔式转速传感器的开关特性工作的。图 9-3a 所示为将永磁体粘贴在非磁性材料制作的圆盘上部；图 9-3b 所示为将永磁体粘贴在圆盘的边缘。霍尔式转速传感器的感应面对准永磁体的磁极并固定在机架上，机轴旋转便带动永磁体旋转。每当永磁体经过传感器位置时，霍尔式转速传感器会输出一个脉冲。用计数器记下脉冲数，便可知转轴转过多少转。为提高测量转速或转数的分辨率，可以适当增加永磁体数。在安装磁体时一定要注意极性，即相邻两永磁体的极性要相反，因为霍尔式转速传感器的集成开关正常工作需要磁极的对应。

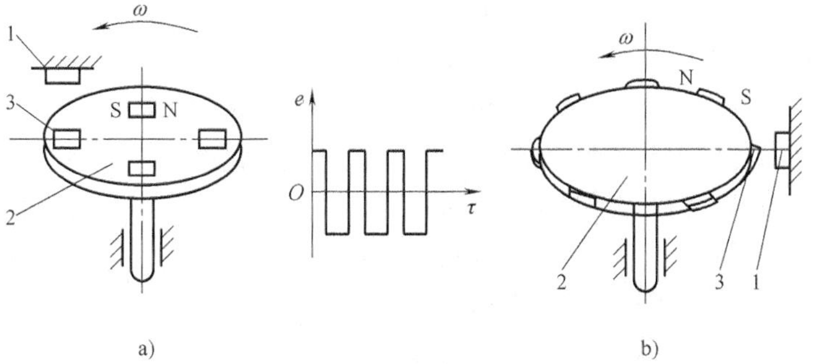

图 9-3　霍尔式转速传感器原理图
1—霍尔元件　2—被测物体　3—永磁体

磁敏二极管和磁敏晶体管是继霍尔元件和磁敏电阻之后发展起来的一种新型磁电转换元件，其有磁灵敏度高（比霍尔元件高数百甚至数千倍）、能识别磁场极性、体积小、电路简单等优点，因此正逐渐得到人们的重视，在测试及控制方面也逐渐获得广泛应用。

如同霍尔式转速传感器一样，把磁敏二极管或磁敏晶体管紧贴在永磁体磁极的端面上，就组成了测量探头，将探头正对固定在被测转轴上的齿轮或非导磁体圆盘上交替安装的永磁体，就可得到频率与被测轴转速成比例的交变电压信号。

（2）发电机式转速仪　发电机式转速仪是一种专门测转速的微型电动机，它是利用电磁感应原理制成的一种把转动的机械能转换成电信号输出的装置，与普通发电机不同之处在于：其输出电压与转速之间有较好的线性关系、较高的灵敏度、较小的惯性和较大的输出信号等。发电机式转速仪分为直流和交流两类。直流测转速发电机又分为永磁式和他励式两种，交流测速发电机则分为同步和异步两种。其中直流测转速发电机的输出电压和转速有较好的线性关系，并且直流的极性能反映转向，用在模拟式测速电路上很方便。交流测转速发电机的输出频率与转速严格对应，用在数字测速电路上不必经过模数转换，只要放大整形求出频率值即可。

1）直流测转速发电机。直流测转速发电机的平均直流输出电压 U_o 与转速 N 大体上成正比，其表达式为

$$U_o = \frac{n_p n_c \phi N}{60 n_{pp}} \tag{9-2}$$

式中，n_p 为磁极数；n_c 为电极导线数；ϕ 为磁极的磁通；n_{pp} 为正负电刷之间的并联路数；N 为转速。

输出电压 U_o 的极性随旋转方向的不同而改变。由于电枢导线的数目有限，所以输出电压有小纹波。对于高速旋转的情况，纹波可利用低通滤波器来减小。典型的永磁式高精度测转速发电机的直流输出电压为 7V，额定转速为 5000r/min，在 0 ~ 3600r/min 范围内的非线

性度为0.07%。

2）交流测转速发电机。交流测转速发电机是一种两相感应发电机，一般多采用笼式转子，为了提高精度有时也采用拖杯式转子。其中一相加交流激励电压以形成交流磁场，当转子随被测轴旋转时，在另一相线圈上感应出的频率和相位都与激励电压相同，但幅值与瞬时转速 N（$N=\omega/2\pi$）成正比的交流输出电压 u_o。当旋转方向改变时，u_o亦随之发生180°的相移。当转子静止不动时，输出电压 u_o基本上为零。

大多数工业交流测转速发电机激励频率通常为50Hz或400Hz。典型的高精度交流测转速发电机用400Hz、115 V电压激励时，灵敏度为2.8V（当1000 r/min 时）；在0～3600r/min范围非线性为0.05%。动态响应频率受载波频率限制，一般为载波频率的1/10～1/15。

测速发电机在使用时易受环境温度、湿度及电压方面的影响，其精度约为1%～2%，测速范围在10 000r/min以下，并且要吸收掉被测旋转轴的一部分功率，在一般稳定转速测量中用的不多，但在瞬时转速的测量中却有反应快、信号易于采集和记录等优点。

以上各种方法中，凡是输出频率信号的转速传感器，都可以利用频率转换器把频率信号变成0～10mA或1～20mA的直流标准信号。但是对于用计算机控制的系统，完全可以直接将脉冲频率送入串行输入通道，由计算机时钟定时采样得到转速，不一定需要经过频率转换器。

3. 闪光测转速法

闪光测转速法又称频闪式测转速法，闪光测速仪是用已知频率的闪光去照射被测轴，利用频率比较的方法来测量转速。它的原理是基于人的“视觉暂留现象”。一个闪光目标，当闪动频率大于10Hz时，人眼看上去就是连续发亮的。根据这一原理，用一个频率连续可调的闪光灯照射被测旋转轴上的某一固定标记（如齿轮的齿，圆盘的辐条或在旋转轴上涂以黑白点），并调节闪光频率 f，当频率是被测转数 N 的 n 倍或 $1/n$ 时（n 为整数），标记就会在每转到同一位置时被照亮一次，当照亮次数大于每秒10次时，旋转的标记看上去就停留于固定位置不动。但只有当 $n=1$，也就是灯泡闪动频率 f 等于被测转速 N 时，标记图像才最清楚。这样就可以通过闪光灯的闪动频率来测量转速，而闪光频率可从刻度盘上直接读出。

通常灯泡的闪光频率为每分钟110～25 000次，而对于大于25 000r/min的转速可通过下述办法来测量。首先从最高闪光频率往下调，当第一次看到标记不动时，得到闪光频率 f_1。接着继续减小闪光频率，直到再次看到标记不动时，得闪光频率。重复上述过程，当第 m 次看到标记不动时得到频率 f_m，则被测转速 N 可通过下式计算，即

$$N=\frac{f_1 f_m(m-1)}{f_1-f_m} \tag{9-3}$$

闪光测速仪的优点是非接触式测量，其测量精度高、量程范围大，可完成每分钟几百至几万转的转速测量。特别适用于测量高转速机械，还可以用来作为观察运动机件工作情况的一种手段。当运动机件的旋转频率或往复运动频率 f_x 与闪光频率 f_0 相等或成整数倍时，人们可以看到运动机件停留在某一位置，好像是原地静止不动一样，因此可以清楚地观察运动着的机件，如进排气阀、弹簧、叶片和齿轮等在工作中的状况。闪光测速的缺点是精度不够高。

4. 光电式测转速方法

光电式测量转速是利用某些金属或半导体物质的光电效应制成的。分为反射式和透射式两大类。它们都由光源、光路系统、调制器和光敏元件组成。在转速测量系统中，常采用的光电式变换元件有：光敏电阻、光电池、光敏二极管、光敏晶体管等。光敏电阻是利用某些半导体材料的电阻随发光强度的增大而减小这一性质制成的。光电池则是利用光生伏特效应直接把光能转换为电能。

图 9-4 所示为透射式光电转速仪的工作原理图。在转动轴上安装开有长方孔的遮光盘，该遮光盘的作用是作为光路调制器，它将连续光调制成光脉冲信号。当被测轴旋转时，圆盘调制器使光路周期性的交替中断和开通，因而使光敏元件产生周期性变化的电信号。显然孔多则分辨力强。图 9-5 所示为反射式光电转速仪的工作原理和相应的光路图。其原理是在转动轴上涂抹黑白标记，用聚焦后的光线照射，根据反射光的强度变动次数计数。黑白条纹数多则分辨力强。

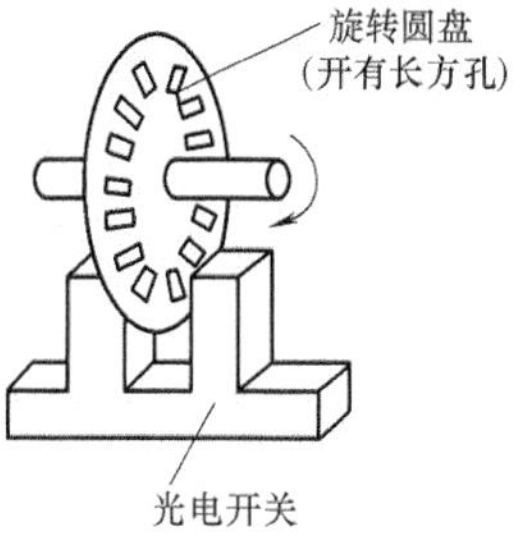

图 9-4　透射式光电式测量转速的工作原理图

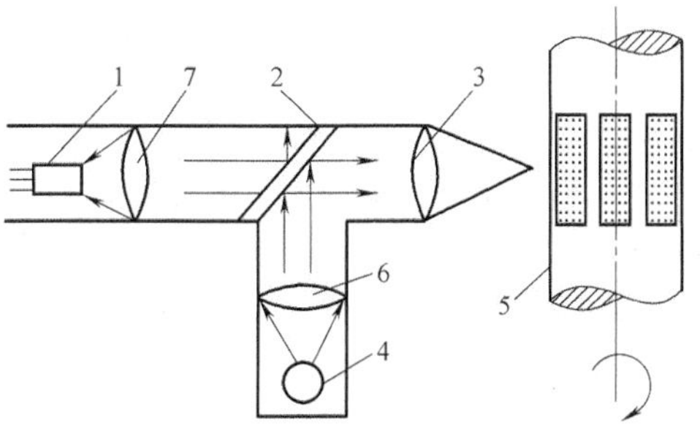

图 9-5　反射式光电转速仪工作原理图

1—光敏管　2—半透膜镜　3、6、7—会聚透镜　4—光源　5—转轴

光电式测转速仪输出的电脉冲的频率 f 和周期 T 与被测转速 N 的关系为

$$\begin{cases} f = \dfrac{NZ}{60} \\ N = \dfrac{60}{Z}f = \dfrac{60}{T} \end{cases} \tag{9-4}$$

式中，Z 为调制器的缝隙数或黑白条纹数。

光电式测转速仪测速范围可达每分钟几十万转，且使用方便、对被测旋转体无干扰。但采用光电式转速仪测转速时应注意避免环境中光的干扰，因此宜用红外波段。半导体发光管及晶体管都是红外线型。

5. 激光转速仪

激光测量转速是激光在测量领域的另一个新的应用，它也是基于光电式转速仪测转速的原理，如图 9-6 所示。氦-氖激光器 1 发出的激光束穿过半透镜 2 后，透射的光束经过由透镜 3 组成的光学系统后，聚焦在旋转物体 5 的表面。在旋转物体 5 的表面上贴有一小块定向反射材料。当激光束照射到没有贴反射材料的表面时，大部分激光沿空间各个方向散射，能够沿发射光轴返回的光束极其微弱，因此光电管感受不到任何信息。一旦激光光束照射到反射材料上，由于反射材料的定向反射特性，有一部分激光会沿发射光轴原路返回到半透镜上，经过反射，由透镜6会聚到光敏晶体管7上。于是物体每旋转一周，反射材料就会被激光照射一次，一个激光脉冲返回到光敏晶体管，经转换后就会产生一个电脉冲信号。物体不停地旋转，光电管就会输出一系列的电脉冲信号，这就是激光转速传感器所获取的旋转物体的转速信息。

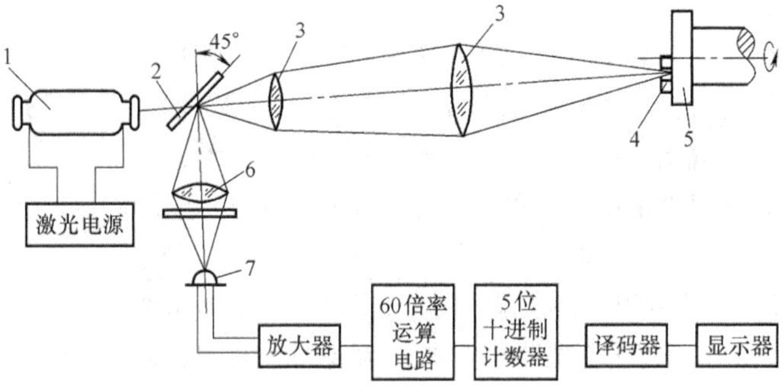

图9-6 激光转速仪光路原理图

1—激光器 2—半透镜 3、6—透镜 4—反射材料 5—旋转物体 7—光敏晶体管

激光转速仪与其他非接触转速测量仪相比有如下优点：① 激光转速仪工作距离较其他非接触转速测量仪工作距离远，可达10m；② 抗干扰能力强，其他非接触转速测量仪在环境存在杂光干扰时往往难以正常工作，而激光转速仪就可以不受其干扰；③ 当被测物体除了旋转外，还有振动和回转运动时，只有激光转速仪才能测量其转速，而且操作简单，读数可靠；④ 由于激光亮度高，即使在激光束的通路上有几层厚玻璃板，激光转速仪仍能进行正常测量。

9.2 功率测量

在动力工程中，功率的测量是十分重要的。对于动力机械而言，有效功率更是关键的性能参数。例如，对于叶轮机械而言，功率是其重要的性能参数，在用试验方法获取性能曲线时，必须准确测量功率；在评价制冷机的性能系数（COP值）和压缩机的比功率时都需要准确测量其轴功率；在火电厂中，各种辅机（风机、水泵）的能耗也是重要的考核指标。值得注意的是，汽轮机、燃气轮机、内燃机需要测量的是它们输出的轴功率，而制冷机、压缩机、风机和水泵等要测量的是其输入功率，即原动机传给这些动力机械的轴功率。

测量功率通常有以下三种方法：① 测量转矩和转速的方法；② 测量电动机输入功率和效率的方法；③ 热平衡法。对第一种方法而言，因为功率等于转矩和转速的乘积，因此测量出转矩和转速即可得到轴功率。转速的测量方法已在上一节中介绍，因此本节将重点讲述转矩的测量方法。

测量驱动动力机械电动机的输入功率以及电动机的效率也可以确定动力机械的功率，即

$$P_i = P_e \eta_e \eta_m \tag{9-5}$$

式中，P_i 为被测动力机械的轴功率；P_e 为电动机的输入功率；η_e、η_m 为电动机效率和传动装置效率。

当不能用上述两种方法测定叶轮机械的轴功率时，通常采用热平衡法来间接测定其功率。热平衡法是基于能量守恒原理。例如测定压缩机功率时，其能量方程为

$$P = q_{mg}(h_{g2} - h_{g1}) + Q_{rc} + Q_{mc} \tag{9-6}$$

式中，P 为被测压缩机轴（输入）功率；q_{mg} 为被压缩气体的质量流量；h_{g1} 为压缩机进口气体的焓值；h_{g2} 为压缩机出口气体的焓值；Q_{rc} 为压缩机机壳的散热损失；Q_{mc} 为压缩机轴承损失。

压缩机机壳的散热损失 Q_{rc} 可根据压缩机机壳的面积、温度以及环境温度按经验公式进行估算。压缩机轴承损失 Q_{mc} 则依据润滑油带走的热量估算，即

$$Q_{mc} = q_{m1} c_{pt} \Delta t \tag{9-7}$$

式中，q_{m1} 为润滑油的质量流量；c_{pt} 为润滑油的比热容；Δt 为润滑油的温升。

由此可见，用热平衡法测定叶轮机械的轴功率实际上是测量压缩气体的温度、压力和流量以及润滑油的流量和温升等。值得注意的是，由于叶轮机械通流截面的气体参数沿周向和径向往往不是均匀的，因此为了准确测定气流参数的平均值，必须布置数量足够并按一定规律分布的周向和径向测点。

1. 转矩测量

测量转矩不仅是为了确定旋转机械的功率，而且转矩是各种工作机械传动轴的基本载荷形式，与动力机械的工作能力、能源消耗、效率、运转寿命及安全性能等因素联系紧密。转矩的测量对传动轴载荷的确定与控制、传动系统工作零件的强度设计以及原动机容量的选择等都具有重要的意义。

（1）转矩的概念　使机械元件转动的力矩或力偶称为转动力矩，简称转矩。机械元件在转矩作用下都会产生一定程度的扭转变形，故转矩有时又称为扭矩。在国际单位制（SI）中，转矩的计量单位为牛·米（N·m）。

转矩可分为静态转矩和动态转矩。静态转矩是指不随时间变化或变化很小、很缓慢的转矩。静态转矩包括静止转矩、恒定转矩、缓变转矩和微脉动转矩。静止转矩的值为常数，传动轴不旋转；恒定转矩的值为常数，但传动轴以匀速旋转，如电动机稳定工作时的转矩；缓变转矩的值随时间缓慢变化，但在短时间内可认为转矩值是不变的；微脉动转矩的瞬时值有幅度不大的脉动变化。

动态转矩是值随时间变化很大的转矩。动态转矩包括振动转矩、过渡转矩和随机转矩。振动转矩的值是周期性波动的；过渡转矩是机械从一种工况转换到另一种工况时的转矩变化过程；随机转矩是一种不确定的、变化无规律的转矩。

（2）转矩的测量方法　转矩的测量方法可以分为平衡力法、能量转换法和传递法三种。其中传递法涉及的转矩测量仪器种类最多，应用也最为广泛。

通过测量机体上的平衡力矩（实际上是测量力和力臂）来确定动力机械主轴上工作转矩的方法称为平衡力法。平衡力法直接从机体上测转矩，不存在从旋转件到静止件的转矩传递问题。但它仅适合测量匀速工作情况下的转矩，不能测动态转矩。

能量转换法是依据能量守恒定律，通过测量其他形式的能量，如电能、热能参数来测量旋转机械的机械能，进而求得转矩的方法称为能量转换法。从方法上讲，能量转换法实际上就是对功率和转速进行测量的方法。能量转换法测转矩一般只在电动机和流体机械方面有较多的应用。

传递法是利用弹性元件来传递转矩，在传递转矩时弹性元件物理参数会发生相应改变，然后根据这些物理参数变化与转矩关系来测量转矩。

下面介绍基于传递法原理的几种转矩测量方法和仪器。

（3）传递法转矩测量　转矩测量仪器及装置很多，应根据使用环境、测量精度等要求来选择。

1）应变式转矩测量仪。应变式转矩测量仪通过测量转矩作用在转轴上产生的应变来测量转矩。

根据材料力学的理论，转轴在转矩 M 的作用下，其横截面上最大切应力 τ_{max} 与轴截面系数 W 和转矩 M 之间的关系为

$$\tau_{max} = \frac{M}{W} \tag{9-8}$$

$$W = \frac{\pi D^3}{16}\left(1 - \frac{d^4}{D^4}\right) \tag{9-9}$$

式中，D 为轴的外径；d 为空心轴的内径。

τ_{max} 无法用应变片来测量，但与转轴中心线成 ±45°夹角方向上的正负主应力和的数值等于 τ_{max}，即

$$\sigma_1 = -\sigma_3 = \tau_{max} = \frac{16DM}{\pi(D^4 - d^4)} \tag{9-10}$$

根据应力的应变关系，应变为

$$\varepsilon_1 = \frac{\sigma_1}{E} - \mu\frac{\sigma_3}{E} = (1+\mu)\frac{\sigma_1}{E} = \frac{16(1+\mu)DM}{\pi E(D^4 - d^4)} \tag{9-11}$$

$$\varepsilon_3 = \frac{\sigma_3}{E} - \mu\frac{\sigma_1}{E} = (1+\mu)\frac{\sigma_3}{E} = -\frac{16(1+\mu)DM}{\pi E(D^4 - d^4)} \tag{9-12}$$

式中，E 为材料的弹性模量；μ 为材料的泊松比。

这样就可沿正负主应力和的方向贴应变片，测出应变即可知其轴上所受的转矩 M。应变片可以直接贴在需要测量转矩的转轴上，也可以贴在一根特制的轴上制成应变式转矩传感器，用于各种需要测量转矩的场合 。

图 9-7 所示为应变片式转矩传感器，在沿轴向 ±45°方向上分别粘贴有四个应变片，感受轴的最大正、负应变，将其组成全桥电路，则可输出与转矩 M 成正比的电压信号。这种接法可以消除轴向力和弯曲力的干扰。

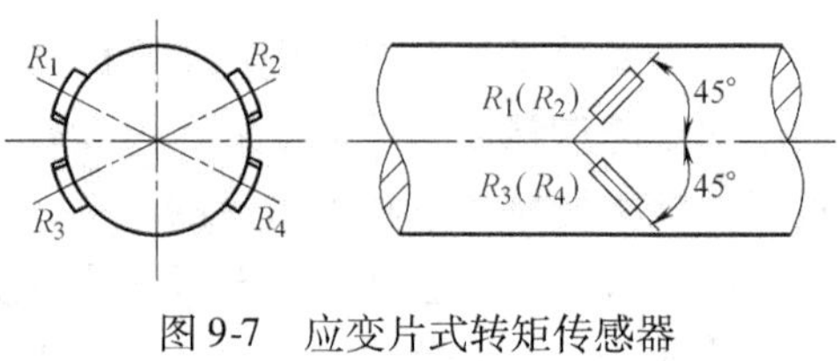

图 9-7　应变片式转矩传感器

转矩测量与一般应力测量的不同之处在于，贴在转轴上的电阻应变片与电阻应变仪之间可以用导线直接传递信号和供给电源，而测量转矩时，因为转动轴是旋转体，在转矩传感器与电阻应变仪之间不能单靠导线传递信号，而要通过集流环。集流环有电刷-集电环式、水银式和感应式等。集流环存在触点磨损和信号不稳定等问题，不适于测量高速转轴的转矩。近年来，无接触集流环及无线电应变测量技术发展迅速。应变式转矩传感器结构简单，精度较高，应用广泛。

2）压磁式转矩传感器。铁磁材料制成的转轴，具有压磁效应，在受转矩作用后，沿拉

应力正方向磁阻减小，沿压应力负方向磁阻增大。

在铁心线圈 A 中通以 50Hz 的交流电，形成交变磁场。转轴未受转矩作用时，其各向磁阻相同，BB 方向正好处于磁力线的等位中心线上，因而铁心 B 上的绕组不会产生感应电动势（见图 9-8）。当转轴受转矩作用时，其表面上出现各向异性磁阻特性，磁力线将重新分布，而不再对称，因此在铁心 B 的线圈上会产生感应电动势。转矩越大，感应电动势越大，在一定范围内，感应电动势与转矩呈线性关系。这样就可通过测量感应电动势 e 来测定轴上转矩的大小。

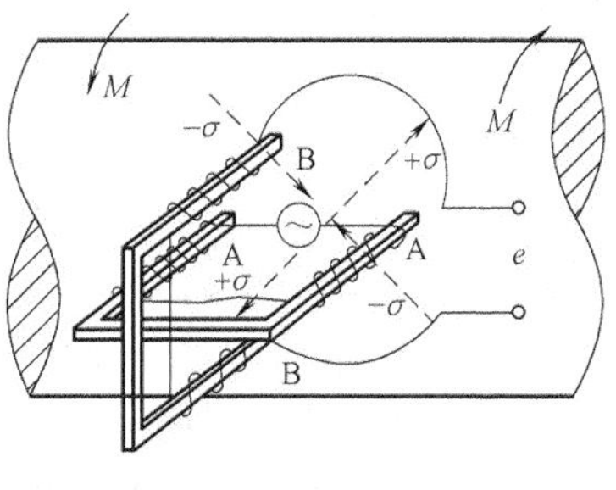

图 9-8　压磁式转矩传感器

3）扭转角式转矩测量法。扭转角式转矩测量法是通过扭转角来测量转矩的。根据材料力学，在转矩 M 作用下，转轴上相距 L 的两横截面之间的相对转角 φ 为

$$\varphi = \frac{32ML}{\pi(D^4 - d^4)G} \tag{9-13}$$

式中，G 为轴的剪切弹性模量。

由式（9-13）可知，当转轴受转矩作用时，其上两截面间的相对扭转角与转矩成比例，因此可以通过测量扭转角来测量转矩。

根据这一原理，可以制成光电式、相位差式、振弦式转矩传感器等。

① 光电式转矩传感器。光电式转矩传感器如图 9-9 所示。在转轴上安装两个光栅圆盘，两个光栅盘外侧设有光源和光敏元件。无转矩作用时，两光栅的明暗条纹相互错开，完全遮挡住光路，因此放置于光栅一侧的光敏元件接收不到来自光栅盘另一侧光源的光信号，无电信号输出。

当有转矩作用于转轴上时，由于轴的扭转变形，安装光栅处的两截面会产生相对转角，两片光栅的暗条纹逐渐重合，部分光线透过两光栅而照射到光敏元件上，从而输出电信号。转矩越大，扭转角越大，照射到光敏元件上的光越多，因而输出电信号也越大。

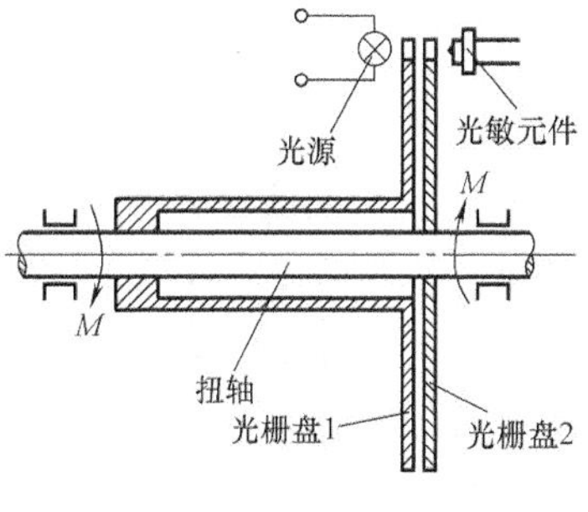

图 9-9　光电式转矩传感器

② 相位差式转矩传感器。图 9-10 所示是基于磁感应原理的磁电相位差式转矩传感器。

它在被测转轴相距 L 的两端处各安装一个齿形转轮，靠近转轮沿径向各放置一个感应式脉冲发生器（在永久磁铁上绕一固定线圈而成）。当转轮的齿顶对准永久磁铁的磁极时，磁路气隙减小，磁阻减小，磁通增大；当转轮转过半个齿距时，齿根对准磁极，气隙增大，磁通减小，变化的磁通在感应线圈中产生感应电动势。

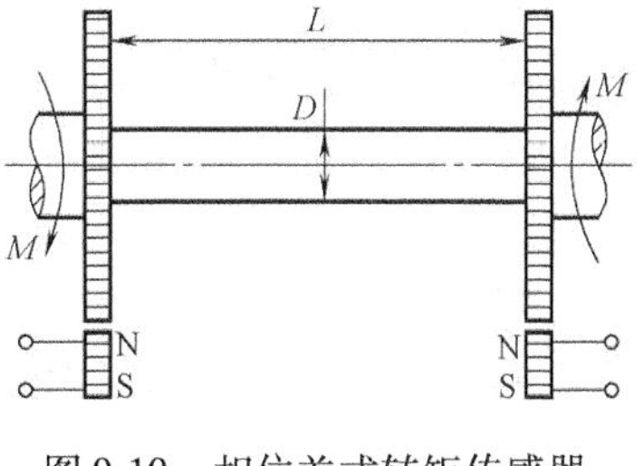

图 9-10　相位差式转矩传感器

无转矩作用时，转轴上安装转轮的两处无相对角位移，两个脉冲发生器的输出信号相位相同。当有转矩作用时，两转轮之间就产生相对角位移，两个脉冲发生器的输出感应电动势出现与转矩成比例的相位差，设转轮齿数为 N，则相位差为

$$\Delta\theta = N \cdot \varphi \tag{9-14}$$

代入式（9-13），得

$$M = \frac{\pi(D^4 - d^4)G}{32NL} \cdot \Delta\theta \tag{9-15}$$

可见，只要测出相位差就可测得转矩。N 的选取应使相位差满足：$\pi/2 < \Delta\theta < \pi$。与光电式转矩传感器一样，相位差式转矩传感器也是非接触测量，其结构简单、工作可靠，对环境条件要求不高，精度一般可达 0.2%。

③ 振弦式转矩传感器。在被测轴上相隔距离为 l 的两个面上固定安装着两个测量环，两根振弦分别被夹紧在测量环的支架上。当轴受转矩作用时，两个测量环之间会产生一相对转角，并使两根振弦中的一根张力增大，另一根张力减小，张力的改变将引起振弦自振频率的变化（见图 9-11）。自振频率与所受外力的平方根成正比，因此测出两振弦的振动频率差，就可知转矩大小。应注意在安装振弦时必须使其有一定的预紧力。

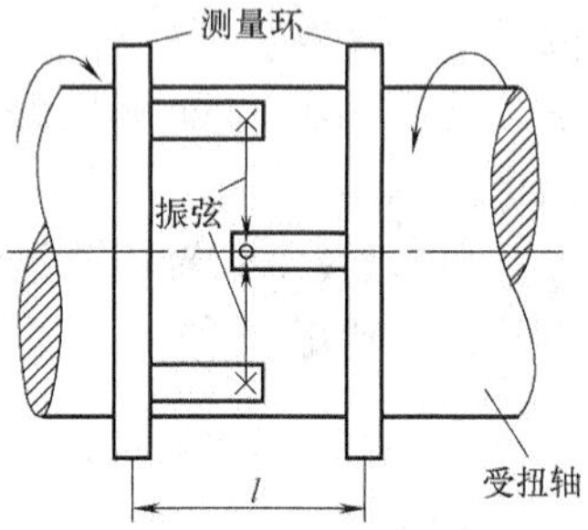

图 9-11　振弦式转矩传感器

2. 电动机功率测量

用电动机驱动动力机械时，可以通过测量电动机的输入功率来确定机械的轴功率。当用发电机吸收水轮机、内燃机、汽轮机输出的轴功率时，也可通过测量发电机功率来确定原动机的轴功率。

采用直流发电机吸收功率时，原动机的轴功率可用下式计算：

$$P_i = \frac{IV}{\eta_e \eta_m} \times 10^{-3} \tag{9-16}$$

式中，P_i 为原动机的轴功率；I 为电动机输出的电流；V 为电动机输出的电压；η_e 为电动机效率；η_m 为传动装置的效率。

电动机的功率可用 0.2 ~ 0.5 级精密电流表、电压表测量，电动机效率和传动装置的效率通常根据制造厂提供的性能资料确定。

3. 测功器

在原动机的功率测量，特别是内燃机测量中广泛使用测功器，此时测功器是作为负载。根据施加载荷的方式常将测功器分为三种形式：水力测功器、电力测功器和电涡流测功器。

测功器由制动器、测力机构和测速装置等几部分组成。制动器可调节原动机的负载，并把所吸收的原动机的功率转化为热能或电能。测力机构和测速装置分别测量输出的转矩及相应的转速。随着电子技术的发展和计算机的应用，现代测功器已具有自动调节和控制的功能。

对测功器的基本要求是：① 在需要测量的原动机或动力机械的全部工作范围内（包括转速和负载）能稳定的工作；② 能方便、平稳和精确地调节转速和转矩；③ 能准确地测量制动器消耗的功率；④ 操作简单，安全可靠。

在采用测功器测量发动机功率时通常包括指示功率的测量和有效功率的测量。测量指示功率时，需先制取发动机某种工况下的示功图，然后量出示功图的面积，求出该工况下发动机的指示功率。测量有效功率时，测功器用来吸收试验发动机发出的功，同时模拟实际使用的各种工况，测定发动机输出转矩和转速，通过计算求出功率。

（1）水力测功器 水力测功器是用水作为工作介质来产生制动力矩。它主要由转子和外壳两部分组成。转子在充满水的定子中旋转，水的摩擦阻力形成制动力矩，吸收原动机输出的功率或代替动力机械吸收功率。

根据转子结果的不同，水力测功器可分为盘式、柱销式和涡流式。图9-12所示为盘式水力测功器结构简图。测功器转子由转轴2及固定在其上的转盘1构成。转子用轴承支承在定子3内，而定子则支承在摆动轴承上，它可以绕轴线自由摆动。水经过进水阀4流入定子的内腔。当转子在定子中旋转时，由于转盘和水的摩擦作用，水被抛向定子的外缘，形成旋转的水环，而水环的旋转运动被定子内壁的摩擦所阻。水与壁面的摩擦作用使原动机输出的有效转矩传给定子，即水对测功器转子产生制动力矩的同时，有一大小相等、方向相反的反作用力矩作用于测功器的定子上。在定子上固定有一个力臂，通过与力臂相连的测力机构测定转矩。定子内腔中水量越多，即水环越厚，则水和转子之间的摩擦阻力越大，制动力矩也就越大。所以，改变测功器定子内腔中的水量，即可调节测功器的制动力矩。水量由进水阀4和排水阀5进行控制。

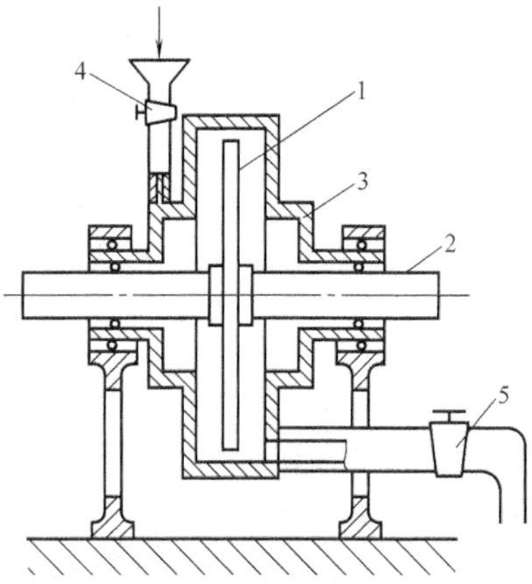

图9-12 盘式水力测功器结构简图
1—转盘 2—转轴 3—定子
4—进水阀 5—排水阀

为了使水力测功器稳定工作，必须用水位保持恒定的重力水箱向测功器均匀地供水。以避免供水压力不稳定，造成内腔的水量变化，引起制动力矩波动。

测功器所吸收的功率会使水的温度升高，工作后温度较高的水从转子外缘处排出。从测功器排出的水温度不应超过60℃，最适宜的排水温度为40～50℃，以免定子中的水产生气泡。若水中有气泡形成，则会引起瞬时卸载，使制动力矩急剧地变化，影响测功器工作的稳定性，并会发生气蚀现象，损坏转子。

水力测功器的耗水量可根据测功器的进、排水温度和吸收的功率由热平衡方程计算出来。当排水温度小于60℃、进水温度为15～30℃时，测功器每千瓦小时的耗水量约为20～30L。

水力测功器的缺点是测量精度低，不能进行反拖试验，试验中能量不能回收。但它具有价格便宜、结构简单、操作简便、便于维修、体积小等优点，因而得到广泛应用。

（2）电力测功器 电力测功器的工作原理和普通发电机或电动机基本相同。将原动机的功转变成发电机的电能，或将电动机的电能转变为动力机械的功。众所周知，电动机的转子和定子之间的作用力和反作用力大小相等、方向相反，所以只要将其定子做成自由摆动的，即可测定器转子的制动力矩或驱动力矩。

电力测功器由测功电动机（包括平衡电动机和测力电动机）、交流机组、励磁机组、负荷电阻等组成。图9-13所示是电力测功器采用的平衡式电动机结构图。直流电动机转子1由发动机带动并在定子（外壳）磁场中旋转。定子（外壳）支承在与转子轴同心的滚动轴承上，可自由摆动。外壳与测力机构相连，电力测功器依靠外壳摆动角度的大小来指示测力机构读数。

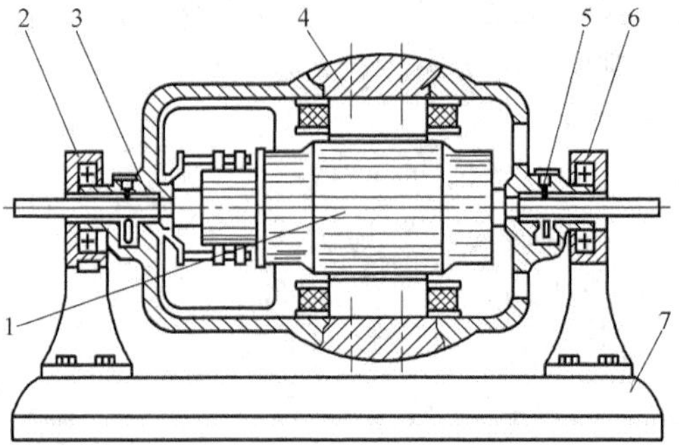

图 9-13　电力测功器采用的平衡式电动机结构图
1—转子　2、6—滚动轴承　3、5—滑动轴承　4—定子外壳　7—基座

发动机带动转子在定子磁场中转动时，转子线圈切割磁力线而产生感应电流。感应电流的磁场与定子相互作用产生方向相反的电磁力矩，定子外壳受到的电磁力矩与转子旋转方向相同，与发动机加于转子的转矩大小相等。因此，通过外壳摆动角度经测力机构可反映发动机输出功率的大小。在一定转速下，改变定子磁场强度（通过改变励磁机组供给平衡电动机的励磁电流的大小）及负荷电阻即可调节负荷。

平衡式电力测功器的交流机组使平衡电动机作发电机运行时，吸收发动机转矩，并将发出的直流电变成三相交流电输入电网，回收电能。当需要平衡电动机反拖发动机时，交流机组又把三相交流电变为直流电输入平衡电动机的电枢中，可以进行发动机机械损失测定、起动、磨合试验等。

尽管平衡式电动机结构复杂，价格昂贵，但可回收电能，反拖发动机，且工作灵活，精度高，因此也得到广泛应用。

（3）电涡流测功器　电涡流测功器由电涡流制动器、测力机构及控制柜组成。电涡流测功器因结构形式不同，分为盘式和感应子式两类。现在应用最多的是感应子式电涡流测功器。

图 9-14 所示为感应子式电涡流测功器的结构图。制动器由转子和定子组成，制成平衡式结构。转子为铁制的齿状圆盘。定子的结构较为复杂，由励磁绕组、涡流环、铁心组成。电涡流测功器吸收的发动机功率全部转化为热量，测功器工作时，冷却水对测功器进行冷却。

电涡流测功器的原理是，当励磁绕组中有直流电通过时，在由感应子、空气隙、涡流环和铁心形成的闭合磁路中产生磁通，当转子转动时，空气隙发生变化，则磁通密度也发生变化。在转子齿顶处的磁通密度大，齿根处的磁通密度小，由电磁感应定律可知，此时将产生感应电动势，以阻止磁通的变化，于是在涡流环上感应出涡电流，涡电流的产生引起对转子的制动作用，从而使涡流环（摆动体）偏转一定角度，由测力机构测出。涡流环吸收发动机的功率，产生的热量由冷却水带走。调节励磁电流大小，可调节电涡流强度，从而调节吸收负荷的能力。

电涡流测功器具有精度高、振动小、结构简单、体积小、耗电少等特点，并具有很大的转速范围和功率范围，转速可以在 1000～25 000r/min 甚至更高，功率可以达 5000kW，但此种测功器只能将发动机的功率转换成热量消耗掉而不能发出电力，也不能作为电动机倒拖发动机。

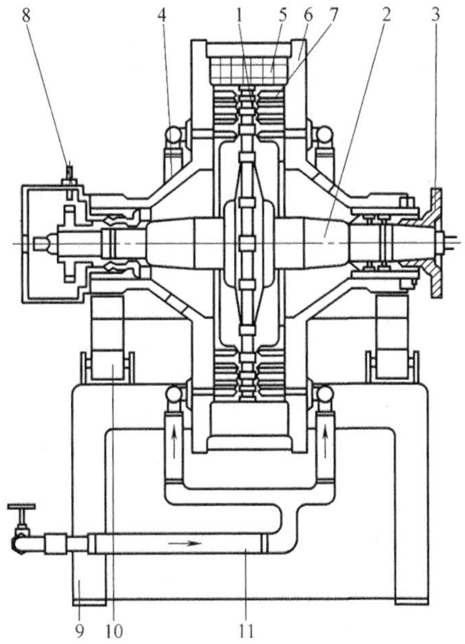

图 9-14　感应子式电涡流测功器结构图

1—转子　2—转子轴　3—连接盘　4—冷却水管　5—励磁绕组　6—外壳
7—冷却水腔　8—转速传感器　9—底座　10—轴承座　11—进水管

思考题与习题

9-1　举例说明几种转速计的测量原理和应用特点。

9-2　功率测量有哪些方法？

9-3　简述如何用热平衡法来间接测定功率。

9-4　如何测量转矩？转矩传感器有哪些？

9-5　解释电力测功器和水力测功器的工作原理。

第 10 章　振动与噪声的测量

在各种机械和设备中若存在旋转或往复运动的部件，由于多种原因，例如旋转体质量不平衡、负载的不均匀、间隙、润滑不良、支撑松动等因素，都会诱发或激励机械振动。因此机械振动是动力工程中常常遇到的问题。

通常在设计时是将机械或设备的振动控制在一定的范围内，若振动超过设计值，将对机械或设备产生不利的影响，甚至危及其安全。振动的危害如下：

1）使振动部件承受动力载荷，应力增加，导致疲劳、磨损和寿命缩短，特别是当振动频率与部件的固有频率相同时会引发共振，使机械或设备不能工作，甚至损坏。振动是引起运动机械故障的主要原因。

2）振动会影响机械或设备的工作性能，同时还会消耗能量，降低机械或设备的效率。

3）振动会通过连接件和机座使地面振动，影响邻近的其他设备和周边环境。

4）振动还会产生噪声，恶化环境，影响人体健康。

振动的测量通常包括：

1）测量被测对象的振动动力学参数或动态性能，如固有频率、阻尼、阻抗、响应和模态等。此时往往需要用某一特定形式的振动来激励被测对象，使其产生受迫振动，然后测定输入激励和输出响应。

2）测量被测对象选定点的振动参数并对后继特征量进行分析。目的是了解和测量被测对象的振动状态，评定振动量级和确定振源，并进行监测、诊断和评估。

在振动参数中最重要的是位移、速度、加速度和频率。位移对研究变形很重要；速度决定噪声的大小；加速度与作用力和载荷成比例；频率则是寻找振源和分析振动的主要依据，因为振动对振动体所产生的效果是受频率影响的。

由于任何复杂的振动都可分解为一些简谐振动，而任何一个简谐振动的振动规律，可用位移、速度和加速度中的一个量与时间的关系来表征。这是因为位移、速度和加速度之间存在着微分和积分的关系，因而在测定三个参数中的一个参数后，可以利用某些测量电路的微分和积分特性（现在多采用数据采集器由计算机软件实现数值积分和微分）获得另外两个参量与时间的关系曲线。

振动测量的参数众多，测量的要求也各不相同。因此在选择测振用传感器类型时，要根据测试要求（如要求测位移或测速度、加速度、力等）及被测物的振动特性（如待测的频率范围和估算的振幅范围等）、使用环境情况（如环境温度、湿度、电磁场干扰等），结合各类传感器本身的各项性能指标来综合考虑。

10.1　振动测量传感器

在现代振动测量中，除某些特定情况采用光学测量外，一般多用电学测量的方法。将振动信号转变为电学（或其他物理量）信号的装置称为振动传感器。根据被测振动运动的位移、速度、加速度，可以将振动传感器分为位移传感器、速度传感器和加速度传感器。如上所述，由于位移和速度分别可由速度和加速度积分所得，因而速度传感器还可以用于测量位移，加速度传感器也可用来测量速度和位移。

振动传感器的技术性能主要有：

1）灵敏度。它是电信号输出与被测振动输入之比。

2）横向灵敏度。实际传感器除了感受测量主轴方向的振动，对于垂直于主轴方向的横向振动也会产生输出信号。横向灵敏度通常用主轴灵敏度的百分比来表示。从使用观点看，横向灵敏度越小越好。

3）频率特性。包括幅频特性和相频特性。

4）动态范围。可测量的最大振动量与最小振动量之比。

5）幅值线性度。理论上在测量频率范围内传感器灵敏度应为常数，即输出信号与被测振动成正比。实际上传感器只在一定幅值范围内保持线性特性，偏离比例常数的范围称为非线性，在规定线性度内的可测幅值范围称为线性范围。

从力学原理上看，振动传感器又可分为绝对式传感器和相对式传感器。绝对式传感器测量振动物体的绝对运动，这时需将振动传感器基座固定在振动体待测点上。绝对式振动传感器的主要力学组件是一个惯性质量块和支承弹簧，质量块经弹簧与传感器基座相连，在一定频率范围内，质量块相对基座的运动（位移、速度和加速度）与作为基础的振动物体的振动（位移、速度、加速度）成正比，传感器敏感组件再把质量块与基座的相对运动转变为与之成正比的电信号，从而实现绝对式振动测量。

相对式传感器测量振动体待测点与固定基准的相对运动，在测量时，由传感器敏感组件直接将此相对运动（即振动体的运动）转变为电信号。相对式传感器又可分为接触式和非接触式两种。实际上，有时（如振动体在空间宏观移动）很难建立一个测量的固定基准，另外，从现场振动测量的便利条件和应用方便而言，使用得最多的是绝对式传感器。但在某些场合，无法或不允许将传感器直接固定在试件上（如旋转轴、轻小结构件等），就必须采用相对式传感器。

从电学原理上看，根据所采用的将力学量转变为电学量的传感器敏感组件的性质，振动传感器又可分为电感型、电动型、电涡流型、压电型等。

测振传感器的种类繁多，性能不一，被测振动对象各异。因此，必须合理正确地选用，才能得到正确的测量结果。测振传感器的性能见表 10-1。

表 10-1　测振传感器的性能

分类		传感器原理	测量放大器	应用特点
发电型	压电式	压电原件受惯性重块的惯性力或激振作用，产生电荷 输出量与振动加速度或激振力成正比	电压放大器或电荷放大器配上测量放大器	灵敏度高，频率范围宽，尺寸小，重量轻，受温度噪声影响大，应用最广
	电动式	传感器中可动线圈在磁场中振动，使磁通量变化，产生感应电动势 输出量与振动速度成正比	包含积分、微分线路，放大部分和检测指示仪表的测振仪	灵敏度高，测量精度高，尺寸大，重量大，受温度影响小，而受磁场影响大
	电磁式	传感器中静止线圈周围磁通量在振动时发生变化，产生感应电动势 输出量与振动速度成正比	包含积分、微分线路，放大部分和检测指示仪表的测振仪	非接触型，灵敏度较差，测量精度差，要求被测物体是导磁体或导电体

（续）

分类		传感器原理	测量放大器	应用特点
参数变化型	电容式	相对式由振动体与传感器作为电容的两极，惯性式由惯性重块和传感器基座组成电容的两极。振动时，两极间隙或相对有效面积产生变化而使电容变化	加极化电压方式的阻抗转换器和测振放大器，或调频调幅，调频外差方式的测振仪	灵敏度高，结构简单，尺寸小，受温度影响及温度介质影响大，测量精度差
参数变化型	电感式	变磁阻式（差动变压器式等）振动时传感器中电感线圈与铁心间的磁隙（磁阻）变化而使电感变化	电桥式载波调幅方式的测量仪	灵敏度较高、稳定性差，易受温度磁场的影响
参数变化型	电感式	涡流式由振动体（导电体）中感应的涡流变化使传感器的电感量变化 输出量与位移成正比	谐振式高频载波调幅方式测振仪，或外差调频方式的测振仪	灵敏度较高，尺寸小，对环境不敏感，精度中等
	电阻式	电阻丝式振动时，传感器中的电阻丝（应变片式或张丝式）长度变化使电阻变化 压阻式利用半导体或某些稀有金属受力变形其电阻率改变的特性	动态电阻应变仪或直流电桥式放大器	低频响应好，寿命和稳定性差，易受温度影响，贴片式简单

1. 位移传感器

位移传感器根据运动方式可以分为直线位移传感器和角度位移传感器；按被测变量变换的形式不同，可分为模拟式和数字式两种。模拟式又可分为物性型（如自发电式）和结构型两种。常用位移传感器以模拟式结构型居多，而且形式多样，包括电位器式位移传感器、电感式位移传感器、电容式位移传感器、电涡流式位移传感器、光电式位移传感器、超声波式位移传感器、霍尔式位移传感器等。

电位器式位移传感器是通过电位器元件将机械位移转换成与之成线性或任意函数关系的电阻或电压输出。物体的位移引起电位器移动端的电阻变化。阻值的变化量反映了位移的量值，阻值的增加或减小则表明了位移的方向。通常在电位器上通以电源电压，以将电阻变化转换为电压输出。电位器式位移传感器结构简单、输出信号大、使用方便、价格低廉。其主要缺点是易磨损。

电感式位移传感器是利用位移引起的电感变化来确定位移的大小，它相对于电位器式位移传感器的优点是：无滑动触点，工作时不受灰尘等非金属因素的影响，并且低功耗，长寿命，可在各种恶劣条件下使用。

目前使用较多的非接触式位移传感器还有电涡流传感器，它是利用电涡流原理制成的。如图 10-1 所示，在一个金属导体上方放置一个扁平线圈，当线圈中通入交变电流 I_1 时，线圈的周围空间就产生了交变磁场 H_1，如将导体置于此磁场范围之内，则金属导体中将产生感应电流 I_2。此

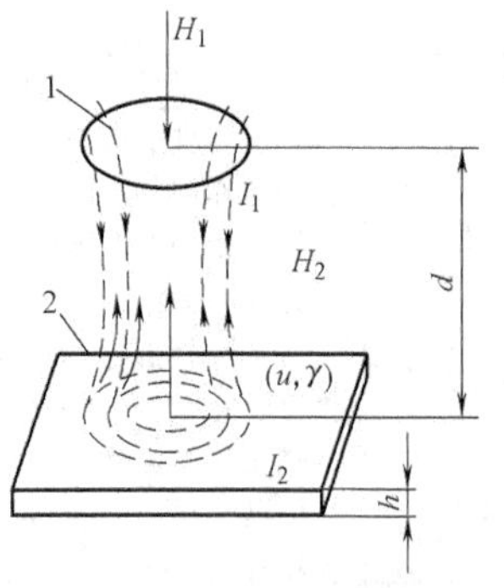

图 10-1　涡电流位移传感器原理图

电流的电流线在导体中是闭合的，呈旋涡状，通常称为电涡流。而此电涡流也将产生交变磁场 H_2，它的方向与磁场 H_1 方向相反，由于磁场 H_2 的反作用，使导电线圈的有效阻抗发生变化，这种线圈阻抗变化反映了导体的涡流效应。

显然，线圈阻抗的变化不但与电涡流效应有关，还与金属导体的电导率 γ、磁导率 μ、几何形状、线圈的几何参数、激励电流以及线圈到金属导体的距离等参数有关。假设金属导体是均质的，其性能是线性和各向同性的，则线圈与金属导体系统的物理性质通常可由磁导率 μ、电导率 γ、尺寸因子 r、距离 d、激励电流 I 和频率 ω 等参数来描述，线圈的阻抗 Z 可用函数表示为

$$Z = f(d, I, r, \gamma, \mu, \omega) \tag{10-1}$$

涡电流式传感器的特点是结构简单、灵敏度高、线性好、频率范围广（0～10kHz），特别是抗干扰性强，因此广泛应用于大型旋转机械上监测轴系的径向振动和轴向振动。

霍尔式位移传感器属于电涡流式位移传感器，其测量原理是保持霍尔元件的激励电流不变，并使其在一个梯度均匀的磁场中移动，则所移动的位移正比于输出的霍尔电势。磁场梯度越大，灵敏度越高；梯度变化越均匀，霍尔电势与位移的关系越接近于线性。霍尔式位移传感器的惯性小、频响高、工作可靠、寿命长。

位移传感器的上限测量频率在理论上是无限的，但实际上要受具体仪器结构和元器件特性、后继放大电路频响等条件的限制，所以不能太高。下限测量频率则受弹性元件的强度和质量块尺寸、重量等因素的限制，使固有频率 ωn 不能太小。因此位移传感器的频率范围是有限的。

2. 速度传感器

单位时间内位移的增量就是速度。速度包括线速度和角速度，与之相对应的就有线速度传感器和角速度传感器，它们统称为速度传感器。

在速度传感器中，磁电式速度传感器应用较多，它是一种利用电磁感应原理，将输入运动速度变换成感应电动势输出的传感器。磁电式速度传感器不需要辅助电源，就能把被测对象的机械能转换成易于测量的电信号，是一种有源传感器。磁电式速度传感器有时也称作电动式或感应式速度传感器，它只适合进行动态测量。由于它有较大的输出功率，故配用电路较简单，性能稳定；工作频率一般为 10～1000Hz。

磁电式速度传感器具有双向转换特性，利用其逆转换效应可构成力（矩）发生器和电磁激振器等。根据电磁感应定律，当 W 匝线圈在均匀磁场内运动时，设穿过线圈的磁通为 Φ，则线圈内的感应电动势 e 与磁通变化率 $\mathrm{d}\Phi/\mathrm{d}t$ 有如下关系：

$$e = -W\frac{\mathrm{d}\Phi}{\mathrm{d}t} \tag{10-2}$$

根据这一原理，可以将磁电式速度传感器设计成变磁通式和恒磁通式两种结构形式，构成测量线速度或角速度的磁电式传感器。图 10-2 所示为分别用于旋转角速度及振动速度测量的变磁通式结构的磁电式速度传感器。其中永久磁铁 1（俗称“磁钢”）与线圈 4 均固定，动铁心 3（衔铁）的运动使气隙 5 和磁路磁阻变化，引起磁通变化而在线圈中产生感应电动势，因此又称变磁阻式结构的磁电式速度传感器。

在恒磁通式结构中，工作气隙中的磁通恒定，感应电动势是由于永久磁铁与线圈之间有相对运动，即线圈切割磁感应线而产生的。这类结构也有两种，如图 10-3 所示，图中的磁

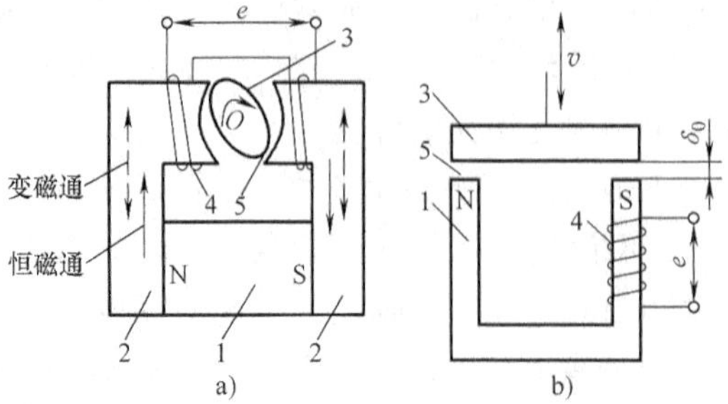

图 10-2　变磁通式结构的磁电式速度传感器

a）旋转型（变磁）　b）平移型（变气隙）

1—永久磁铁　2—磁轭　3—动铁心　4—线圈　5—气隙

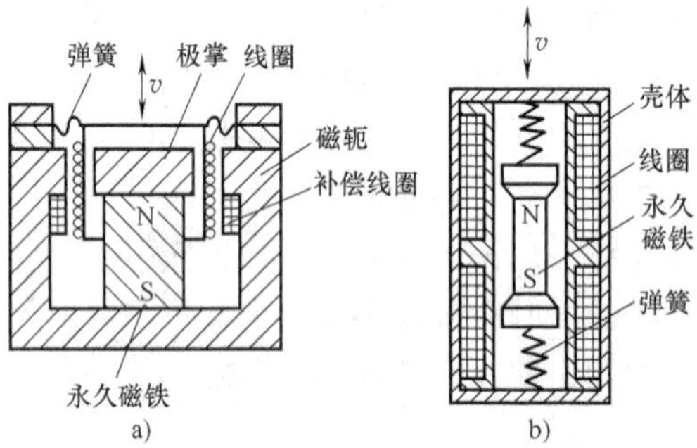

图 10-3　恒磁通式结构的磁电式速度传感器

a）动圈式　b）动铁式

路系统由圆柱形永久磁铁和极掌、圆筒形磁轭及空气隙组成。气隙中的磁场均匀分布，测量线圈绕在筒形骨架上，经膜片弹簧悬挂于气隙磁场中。当线圈与磁铁间有相对运动时，线圈中产生的感应电动势 e 为

$$e = Blv \tag{10-3}$$

式中，B 为气隙磁通密度；l 为气隙磁场中有效匝数为 W 的线圈总长度；v 为线圈与磁铁沿轴线方向的相对运动速度。

磁电式速度传感器的优点是：① 灵敏度比较高，特别是在几百赫兹以下的频率范围内；② 输出电压较大；③ 线圈阻抗较低，因而对与它相配的测量仪器的输入阻抗、连接电线的长度及质量要求都较低；④ 通过对电子线路的微分或积分可获得振动的加速度值和位移值。

3. 振动加速度传感器

用于测量振动加速度最多的是压电式传感器，又称加速度传感器或加速度计。加速度计是一种压电换能器，它能把振动或冲击的加速度转换成与之成正比的电压（或电荷）。加速度计具有体积小、重量轻、频响宽、耐高温、稳定性好及无须参考位置等优点，由于它的脉冲响应优异，更适合于冲击的测量。

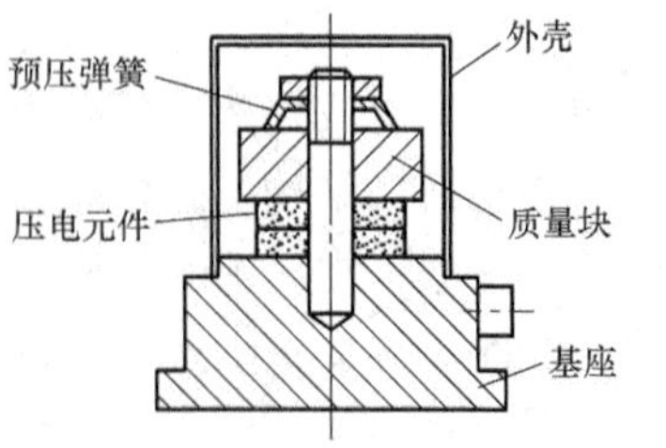

图 10-4　压电式加速度传感器结构图

图 10-4 是压电式加速度传感器的结构图。它主要由

压电元件、质量块、预压弹簧、基座及外壳等组成。压电元件用高压电系数的压电陶瓷制成，常用的压电材料是锆钛酸铅，两个压电片并联。质量块为高密度的金属块，对压电元件施加预载荷。质量块事先用硬弹簧压住，整个系统放置在具有厚底的金属壳中，并由螺栓加以固定。

加速度计受到振动时，质量块在压电元件上产生一交变压力，此力正比于质量块的加速度，即 $F=ma$。由于压电效应，在两片压电元件上产生一交变电压，此电压正比于所受的力，因此也正比于质量块的加速度。对于频率远低于质量块与整个加速度计系统刚性的谐振频率的振动，质量块的加速度事实上与整个换能器的加速度相同。因此，可以说压电元件上产生的电压正比于整个换能器的加速度。该电压可以从加速度计输出端引出，并被用来确定振动的幅度、波形和频率。

加速度计的主要性能之一是灵敏度，它是每单位加速度作用时的输出电压或输出电荷量，前者称为电压灵敏度 S_v，单位是 mV/ms^{-2}；后者称为电荷灵敏度 S_Q，单位是 pC/ms^{-2}。它们之间的关系是

$$S_v=\frac{S_Q}{C_a+C_c} \tag{10-4}$$

式中，C_a 为加速度计的电容量；C_c 为电缆的电容量。

加速度计的电荷灵敏度仅仅决定于加速度计本身而与电缆的长度无关，因此在使用长电缆时不必修正灵敏度值，使用比较方便，但是必须与电荷放大器配合使用。电压灵敏度与电缆的关系很大，所给出的电压灵敏度往往是指一定电缆电容而言。当电缆不同时，电压灵敏度也不同，但只需要用一般放大器进行放大和测量即可。

加速度计的另一个主要性能是频率响应，也就是灵敏度与频率的关系。加速度计的低频响应决定于与之连接的放大器的输入电阻 R 和加速度计电容量、电缆线电容量和分布电容之和 C。RC 越大，系统可测低频下限越低。高频响应主要决定于加速度计的谐振频率。谐振频率有两种：一种为自由悬挂谐振频率，即在加速度计不与外界有任何接触情况下，加速度计内部谐振频率；另一种是安装谐振频率，即加速度计固定在被测结构（大质量）上时的谐振频率。通常加速度计在出厂时厂家已给出安装频响曲线和安装谐振频率。

加速度计测量加速度的范围，其下限取决于连接电缆的噪声和配用的电子仪表的本底噪声，典型的可低至0.01m/s^2；其上限取决于压电组件的非线性和加速度计的结构强度。对于测量振动的加速度计，规定灵敏度线性变化在5%以内的最大加速度为最大可测上限，典型的可至50 000～100 000m/s^2；对于测量冲击的加速度计，规定灵敏度线性变化在10%以内的最大加速度为最大可测上限，一种特为冲击测量设计的加速度计最高可达1000km/s^2。

加速度是一个矢量，它有三个分量，当我们指定某一方向进行测量时，不希望其他两个正交方向的振动影响输出，也就是要求加速度计的横向灵敏度尽可能低。一般用横向灵敏度和主向灵敏度之比的百分数来表示，称为横向灵敏度比。出厂时加速度计上都标有最小横向灵敏度的方向。但是，当需要同时测量三个轴向振动时，可选用三轴向加速度计。

现在集成电路式的压电式加速度计已被普遍采用，这种传感器提供低阻抗的输出电压，输出阻抗通常小于100Ω，可以直接连接到一般放大器的输入端，不再需要另加高阻抗的电荷放大器或电压放大器。它由12～24V恒流源供电，因此输出仍为两线，不需另加电源线，使用非常方便。加速度计灵敏度每年约降低1%～5%，因此，为保持其测量精度最好每年

校准一次。

通常重量比较轻的加速度计，工作频率高，最大可测加速度值大，但灵敏度低。反之，比较重的加速度计，灵敏度高，但工作频率低，最大可测加速度值小。正确地将加速度计安装到被测振动物体上是很重要的。要求加速度计和被测物体之间的安装表面平直光滑，机械连接越紧密牢固，其使用的上限频率越高。当指示仪器没有浮动地线时，宜采用绝缘安装方法比较好，这样可以减小回路的噪声。另外，测试时应将电缆线固定，以防止由于电缆屏蔽层和绝缘材料间的摩擦产生电荷而在指示仪表输入端引起噪声。

压电式传感器输出的是电荷，只有在外电路负载无穷大、内部无漏电时，压电晶体表面产生的电荷才能长时间保持下来。但实际上负载不可能无穷大，内部也不可能完全不漏电。所以通常要采用高输入阻抗的前置放大器来代替理想的情况。与压电加速度计配用的前置放大器有两种，即电荷放大器和电压前置放大器。

电压前置放大器检测由振动引起的加速度计上的电压变化，并产生与此成比例的输出电压。其缺点是，电缆电容量的变化会引起整个加速度计灵敏度的变化，故只适用于电缆线长度固定不变的场合。而电荷放大器则给出一个与输入电荷成正比例的输出电压，但并不对电荷进行放大。电荷放大器的优点在于：无论使用长电缆还是短电缆，都不会改变整个系统的灵敏度，因此在振动测量中应优先采用电荷放大器。

10.2 振动测量仪器

在振动测量中，常用相对参考值表示振动的大小，其单位为分贝（dB）。用分贝作标度时必须决定参比量。但目前各国所采用的参比量尚未完全统一。国际标准化组织（ISO）提出的机械振动的参比量值（ISO 1683）见表 10-2。

表 10-2 振动参比量

级的名称	定义	参比值
振动加速度等级	$L_a/\text{dB}=20\lg\left(\frac{a}{a_r}\right)$	$a_r=10^{-5}\text{m/s}^2$
振动速度级	$L_v/\text{dB}=20\lg\left(\frac{u}{u_r}\right)$	$u_r=10^{-6}\text{m/s}^2$
振动位移级	$L_A/\text{dB}=20\lg\left(\frac{X}{X_r}\right)$	$X_r=10^{-11}\text{m}$

由此可知，机械振动的参数众多，测量要求也不同，因此，对它的测量有各种测量仪器，其分类框图如图 10-5 所示。

基本仪器是指直接测量机械振动表征参数的各类专用和通用仪表。辅助仪器是指测量时，协助基本仪器所需要的独立仪器。它们可以是专用的，但大部分是可以用于其他动态测试与分析中的通用仪器。

通用振动计是用于测量振动加速度、速度、位移的仪器，可以测量机械振动和冲击振动的有效值、峰值等，频率范围从零点几赫兹到几千赫兹。通用振动计由加速度传感器、电荷放大器、积分器、高/低通滤波器、检波电路及指示器、校准信号振荡器、电源等组成。其工作原理框图如图 10-6 所示。

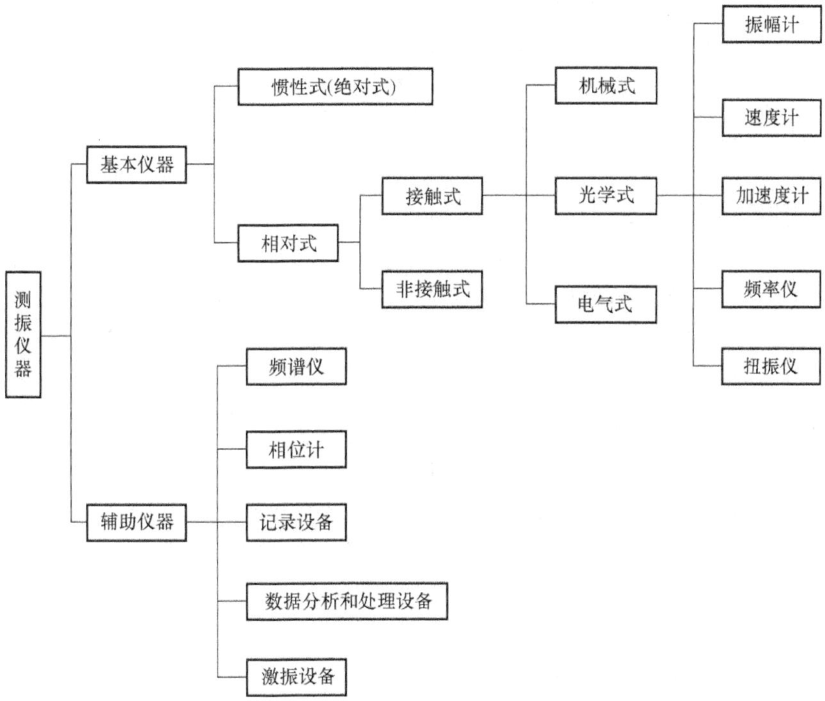

图 10-5　测振仪器的分类

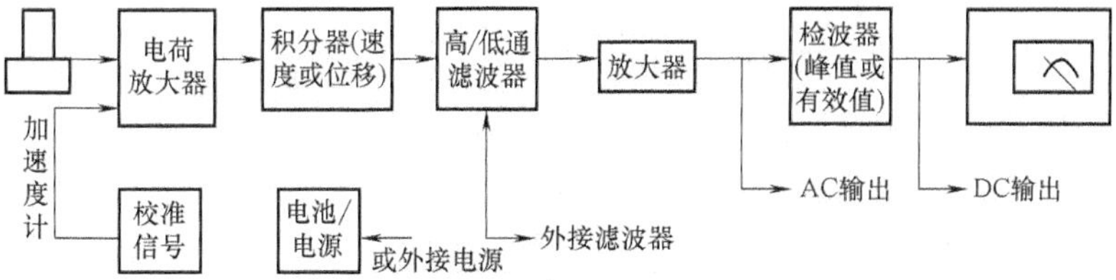

图 10-6　振动计工作原理框图

加速度传感器检取的振动信号经电荷放大器，将电荷信号转变为电压信号，送到积分器，经两次积分后，分别产生相应的速度和位移信号。来自积分器的信号送到高/低通滤波器，滤波器的上、下限截止频率由开关选定。然后信号被送到检波器，检波器将交流信号变换为直流信号。检波器可以是峰值或有效值检波，在一般情况下，测加速度时选择峰值检波，测速度时选择有效值（RMS）检波，测位移时选择峰-峰值检波。检波后信号被送到数字显示器，直接读出被测振动的加速度、速度或位移值。

通用振动计内的校准信号振荡器使得仪器具有自校的功能，也可根据传感器的灵敏度来调节整机灵敏度。振动计还可以外接滤波器进行频率分析。

目前市场上有许多通用振动计可供选择。振动计的选择首先要依据测量对象的振动类型（周期振动、随机振动和冲击振动）、振动的幅度，以及研究目的确定合适的测量项目（加速度、速度、位移、波形记录和频谱分析），选择合适的振动测量方法或分析系统。例如，有的振动测量研究只需了解振动的位移值（如机械轴系的轴向和径向振动），有的研究需了解振动的速度值（如机械底座、轴承座的振动），而且常常把振动烈度，即 10Hz ~ 1kHz 频率范围内振动速度的有效值，作为评价机器振动的主要评价量。另外，振动计的选择还需考虑测量的频率范围、幅值的动态范围以及仪器的最小分辨率等。对于冲击测量还应考虑振动测量仪的相位特性，因为在冲击振动频谱分量所确定的频率范围内，不仅要求测量设备的频率响应必须是线性的，而且要求设备的相位响应不能发生转变。

10.3 振动测量的实施

在测振过程中，传感器必须与被测对象有良好的接触或牢固的连接，尤其是测量高频振动时。不适当的安装会产生很大的测量误差。经验表明，当水平或垂直加速度值超过 0.1g 时，应采用固定安装。

一般振动传感器的安装方法大致可分为螺栓、粘贴剂和手压紧三种方式。用螺栓安装最为可靠，它是测量高频的最佳安装方法；粘贴剂法用于对被测对象攻螺孔有困难或减振器太小的场合，此法粘贴工艺要求高；手压紧则受接触共振频率响应的上限限制。

如图 10-7 所示，传感器 1 和测量对象 2 的接触不可能完全是刚性的，应该看成弹性体。

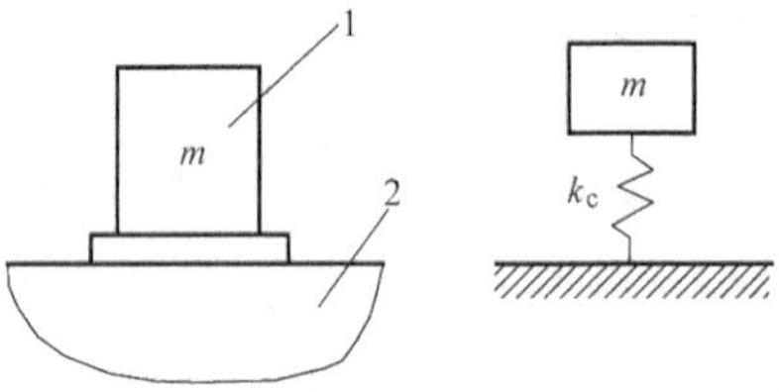

图 10-7　接触共振的等效力学系统

1—传感器　2—测量对象

由于接触面的局部变形将形成另一振动系统，这个系统是由接触等价弹簧 k_c 和质量为 m 的传感器组成，在测振时可能会产生接触共振现象，则接触共振频率 f_c 为

$$f_c = \frac{1}{2\pi}\sqrt{\frac{k_c}{m}} \tag{10-5}$$

接触共振对低频率的传感器没有影响，但对压电式传感器，其高频区域特性多因接触共振而受到限制。

表 10-3 及表 10-4 为常用检振器安装方法及其性能比较。

表 10-3　磁电式速度传感器的安装方法和特性

安装方式 / 指标	夹具加三个螺钉	手　压　紧
	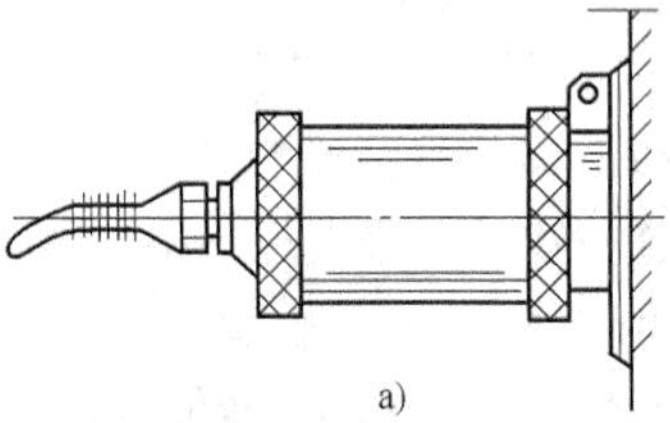 a)	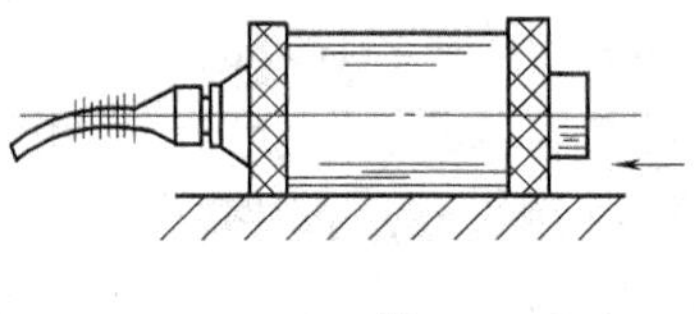 b)
共振频率/Hz	2500	1000 ~ 1800
安装方式 / 指标	通过销子压紧	夹具加螺栓
	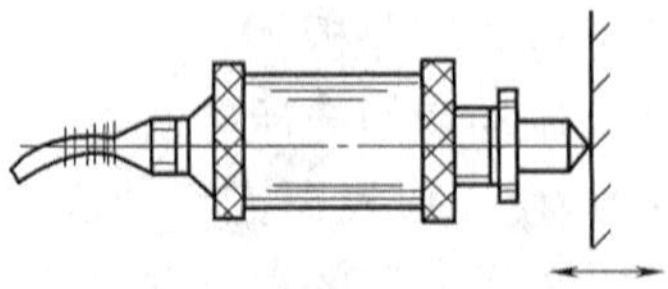 c)	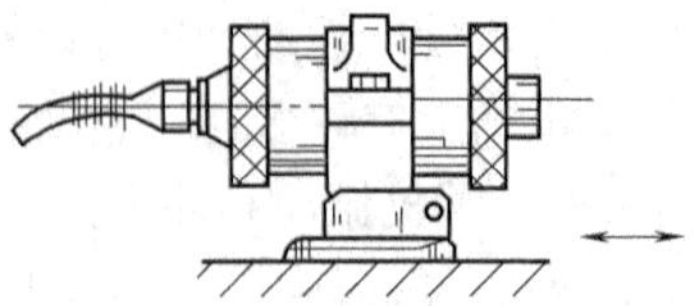 d)
共振频率/Hz	1200 ~ 1800	900

表 10-4　压电加速度计的各种安装方式的性能比较

	安装方式		
	钢螺栓	绝缘螺栓加云母垫片	永久磁铁
指标	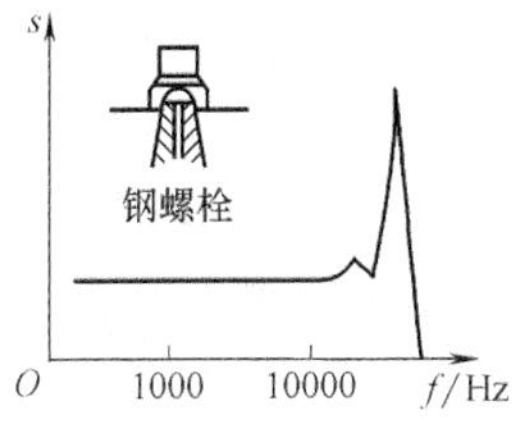	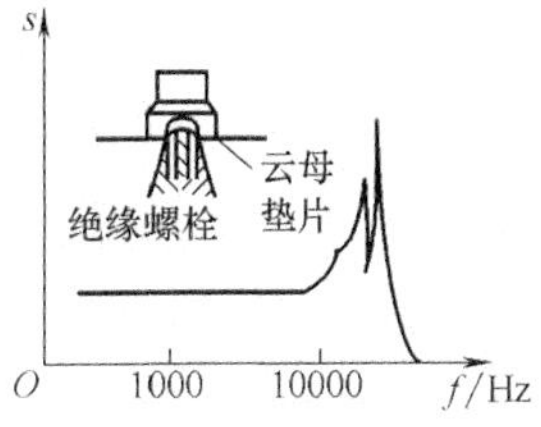	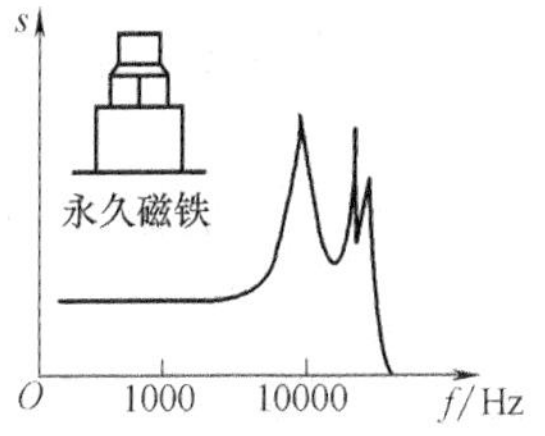
共振频率/Hz	最大	较高	中
负荷加速度	最大	大	中（<200g）
其他	适合冲击测量	需在绝缘时使用	<150℃
	安装方式		
	手持探针	薄膜层粘接	粘结剂
指标	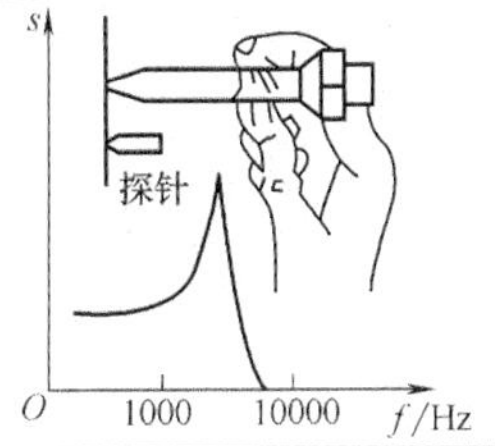	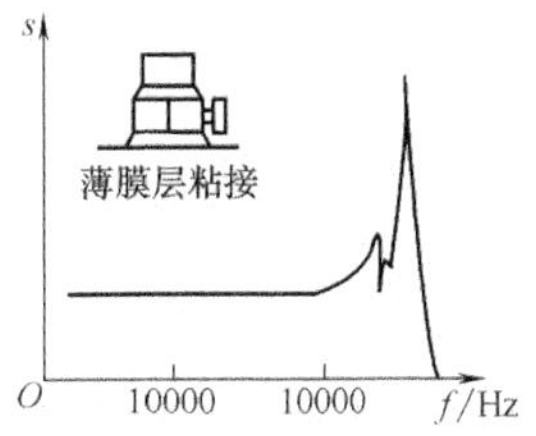	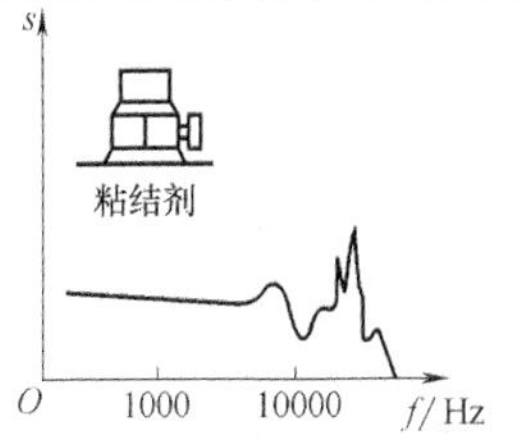
共振频率/Hz	最低（<1000Hz）	较高	较低（<5000Hz）
负荷加速度	小	小	小
其他	方便	温度升高时较差	

振动传感器要安装在测量对象上，这会在安装部位引起测量对象局部刚度和质量增大，有时会改变对象的原始振动。

振动传感器对测量对象的负载影响为

$$a_r = a_0 \frac{m_d}{m_d + m_i} \tag{10-6}$$

式中，a_r 为带有振动传感器的加速度；a_0 为不带振动传感器的加速度；m_i 为传感器质量；m_d 为测量对象的动质量。

为了减小振动传感器的负荷效应，要求 $m_i \leqslant m_d$。

最后应注意，传感器的感控方向应该与待测方向一致，否则也会引起传感器安装角度的误差。

各种类型的机器，由于多种不平衡力的作用，或大或小总会产生振动。当振动作用在易于辐射噪声的物体上，如机壳或金属板上时，会激发这些结构产生振动，并发出强烈的噪声。对于这种振动的测量，不仅应在机器设备辐射噪声的机身表面选择测点，也应在振源的位置（如电动机或风机的底座上）选择测点，以便寻找为降低噪声而相应地采取隔振、减振措施。对于这种激发噪声的振动，测量其声频范围内振动的有效值，以及 31.5～8000Hz 范围内 9 个倍频带的振动值，如有必要可进行更详细的振动频率分析。振动值可以用加速度、速度和位移中的任一物理量表示，机械振动常用位移量值表示，而与辐射噪声直接相关的振动，尤其是大面积振动则用振动速度表示。大部分机器振动都以 10 ~ 1000Hz 频率范围内的速度有效值（振动烈度）来进行评价。

下面以电动机振动测量为例对机器振动的测量予以说明。对于轴中心高（立式电动机为电动机直径的一半）为 45 ~ 630mm，转速为 600 ~ 3600r/min 的单台电动机，在稳态运行时振动速度（有效值）的测定有详细的规定。

测量仪器的频率响应范围应为 10 ~ 1000Hz（或 1000Hz 以上）。在此频率范围内的相对灵敏度以 80Hz 的相对灵敏度为基准，其他频率的相对灵敏度应在基准灵敏度的 +10% ~ -20% 的范围以内。测量误差应小于 +10%。

对轴中心高为 400mm 及以下的电动机，应采用弹性安装。此时，弹性悬吊系统的拉伸量或弹性支撑系统的压缩量（δ）应符合一定要求。

对轴中心高超过 400mm 的电动机，应采用刚性安装，此时安装平台、基础和地基三者应刚性连接，如基础有隔振措施或与地基无刚性连接，则基础和安装平台的总重量应大于被试电动机重量的 10 倍，安装平台和基础应不产生附加振动或与电动机共振。在安装平台上测得的振动速度有效值应小于被测电动机最大振动速度有效值的 10%。

电动机应在空载电动机状态下进行测定，此时转速（对交流电机频率应为额定值）和电压（对具有串励特性的电动机除外）应保持额定值。当用静止整流电源供电时，电源应符合有关标准的规定。对多速电动机或调速电动机，应在振动为最大的额定转速下进行测定。

在测定机器振动时对测点也有要求，测点数一般为 7 点，在电动机两端按轴向、垂直径向和水平径向各 1 点，机壳中央顶部配置 1 点。对于带座式轴承的大型电动机，中央顶部的 1 点可用中央水平径向的 1 点代替。微型驱动异步电动机可取消中央顶部 1 点。对于有外风扇的电动机，可取消风扇端的轴向测点。而对于斜槽转子的电动机，应在非风扇端的轴向测点上同时测量正、反两个旋转方向的轴向振动（单向旋转的电动机除外）。

测量时，测量仪器的传感器与测点的接触必须良好，并应保证具有可靠的连接。传感器及其安装附件的总重量应小于电动机重量的 1/50。电动机的振动值以各测点所测得的最大数值为准。

机器振动监测是机器故障检测的重要环节之一。通常机器振动监测是用振动计测量振动速度的有效值（振动烈度）并与以前的测量值作比较，或与既定标准作比较来进行的。一般认为，当出现的振动级比正常振动级高 2 ~ 3 倍（即 6 ~ 10dB）时，机器应当进行维修。机器振动监测能够识别不平衡、较大的不同心和严重的轴弯曲等引起的故障，因为这些故障信号的能量较高。而能量低的信号则可能被隐没在较强的振动信号中。早期的滚珠轴承故障或齿轮箱故障都不可能用这种方法检测，至少在它们产生的振动信号高于被测频带中最高成分振级以前检测不出来，因此，宽带振动监测不能检测出发展中的故障。

为了更有效地实现机器运行状态的监测和故障诊断，一些先进的数据处理方法，如快速傅里叶变换、多信息的融合等已引入到振动检测和分析处理中。目前，机器振动监测和故障诊断仪器已得到很大的发展，它们已用于汽轮机、发电机、电动机、压缩机、鼓风机、泵以及其他旋转机械的运行状态进行监测，包括轴向振动监测、轴向位移监测、机壳振动监测和温度监测等，并在故障监测诊断中发挥越来越大的作用。

10.4　噪声测量基础

1. 概述

声音源于气体、液体，固体的振动，但并不是所有的振动都能被人耳听见，只有在振动的幅值具有一定的大小，振动频率在人耳听觉范围内的振动，才能被人耳所听到。正常听觉的人所能听到的声音，其频率范围在20～20 000Hz，通常称这个频率范围的声音为可闻声。

声音最简单的形式是纯音，纯音的波形为正弦波。噪声也是声波，通常它是由许多不同幅度、频率和相位的正弦纯音复合而成的。

从物理学的观点看，噪声是无规则、非周期性的杂乱声波，而乐音是由有规律的振动所产生的周期性的声波组合而成的。但从广义的角度讲，凡使人烦躁、讨厌，对正常工作、生活产生干扰的声音都可称为噪声，因此把噪声定义为“不需要的声音”。由于噪声是声音的一种，因此它具有声波的一切特性，如反射、绕射、折射和干涉。

随着现代工业的发展，噪声问题已越来越引起世界各国的广泛关注。噪声是污染环境的公害之一，它从多方面对人们产生有害的影响，使人烦躁不安，易于疲劳，干扰和影响人们正常的生活、工作和学习。噪声还会分散工作人员注意力，降低工作效率，掩盖警报信号和呼喊，导致一些意外事故的发生。长期处在强噪声的工作环境中，工作人员会产生听力、心血管系统、神经系统及内分泌系统的许多病变。另外，在特强噪声作用下，人耳的鼓膜会破裂出血，引起永久性耳聋。一些精密仪器、仪表的灵敏度也将受到不同程度的影响。为此，世界上许多国家先后颁布了限制标准，其目的在于控制噪声、减少公害的噪声。对保护人体健康而言，一般不应在85dB（A）以上的环境中长时间连续工作。

按照声源的不同，噪声可以分为机械噪声、空气动力性噪声和电磁性噪声。机械噪声主要是由于固体振动而产生的，在机械运转中，由于机械撞击、摩擦、交变的机械应力以及运转中因动力不平均等原因，使机械的金属板、齿轮、轴承等发生振动，从而辐射机械噪声，如机床、织布机、球磨机等产生的噪声。当气体与气体、气体与其他物体（固体或液体）之间作高速相对运动时，由于粘滞作用引起了气体扰动，就会产生空气动力性噪声，如各类风机进排气噪声、喷气式飞机的噪声、内燃机排气、气罐排气所产生的噪声，爆炸引起周围空气急速膨胀也是一种空气动力性噪声。电磁性噪声是由于磁场脉动、磁致伸缩引起电磁部件振动而发生的噪声，如变压器产生的噪声。

按照噪声的时间变化特性，可分为四种情况：噪声的强度随时间变化不显著，称为稳定噪声，如电动机、织布机的噪声；噪声的强度随时间有规律地起伏，周期性地时大时小的出现，称为周期性变化噪声，如蒸汽机车的噪声；噪声随时间起伏变化无一定的规律，称为无规噪声，如街道的交通噪声；如果噪声突然爆发又很快消失，持续时间不超过1s，并且两个连续爆发声之间间隔大于1s，则称为脉冲声，如压力机噪声、枪炮噪声等。城市环境噪声在噪声研究中占有很重要的地位，它主要来源于交通噪声、工业噪声、建筑施工噪声和社会生活噪声。由于城市中机动车辆的日益增多和超声速飞机的大量使用，运输工具（如汽车、拖拉机、火车、飞机等）产生的噪声成了城市环境噪声的主要污染源之一。

动力机械及其驱动的各种机械的工作噪声，是工业和交通噪声的主要来源，也是造成城市噪声污染的主要原因之一。而且在动力机械研究领域，为了提高动力机械的升功率，采取了各种强化措施，这些强化措施导致了噪声的进一步增强。基于上述原因，有必要对动力机械噪声进行测量，将噪声大小作为评价性能优劣的重要指标之一，并且设法控制和降低噪声，使其符合有关标准的规定。

任何噪声问题的解决都离不开噪声的测量，无论是评价机械产品质量是否符合噪声标准，还是寻找降低噪声的方法。在近几年迅速发展的"机械故障诊断"技术中，还把噪声测量作为故障诊断的检测手段之一，将机械在工作中所发出的噪声作为信息的载体，用以判断机械各部分运转是否正常、是否需要维护。因此根据实际测量目的的不同，人们需要采用不同的噪声测量方法。

2. 噪声的物理度量

与声音的度量一样，常用声压、声强和声功率等参量作为噪声的物理度量。

（1）声压和声压级　声音有强弱之分，并用声压 P 来表示其大小，单位是 Pa（帕）。声压可以用峰值、平均值和有效值表示。声压的有效值是瞬时声压平方在一段时间内平均数的平方根，又称方均根值，它直接与声波的能量有关，所以用得最多，以下除非另外说明，所论声压均指有效值。

由于声压变化的范围很大，例如人耳刚能听到的最小声压为 2×10^{-5} Pa，而喷气式飞机附近的声压可达数百帕，两者相差数百万倍；同时考虑人耳对声音强弱反应呈对数特性，故用对数方法将声压分级，称为声压级。

声压级的定义是：声压与参考声压之比的常用对数乘以 20，单位是 dB（分贝），即

$$L_p = 20\lg\frac{p}{p_0} \tag{10-7}$$

式中，p 为声压，$p_0 = 2\times10^{-5}\text{Pa}$，为参考声压，它是人耳刚刚可以听到声音的声压。从能量角度来说，声音的 10dB 变化，相当于能量有 10 倍变化，声音的 20dB 变化，相当于能量有 100 倍的变化。

（2）声强和声功率　衡量声音强度的还有声强和声功率。声强是在垂直于声波传播方向上，单位时间内通过单位面积的声能，用 I 表示，单位是 W/m^2。应该注意的是声强既有大小又有方向，因而是一个矢量；而声压则只有大小但无方向，是一个标量。

与声压级类似，声强级定义为

$$L_I = 10\lg\frac{I}{I_0} \tag{10-8}$$

其中，I 为声强；$I_0 = 10^{-12}\text{W/m}^2$，为基准声强。

声强与声压的平方成正比，对于平面波声场，声强 I 和声压 p 的关系可用下式表示：

$$I = \frac{p^2}{\rho c} \tag{10-9}$$

式中，ρ 为介质密度；c 为声速；ρc 为介质的特性阻抗。

声源在单位时间内辐射的总声能，称为声源的声功率，用 P 表示，单位是 W（瓦）。它等于包围声源的一个封闭面上的声强总和

$$P = \oint_S I_n \mathrm{d}S \tag{10-10}$$

式中，积分号表示在封闭面 S 上进行求和积分；I_n 是声强在面积元 $\mathrm{d}S$ 法线方向的分量。

在自由声场中，声波无反射地自由传播，点声源向四周辐射球面波，其声功率为

$$P = I_r 4\pi r^2 \tag{10-11}$$

式中，I_r为距点声源为 r 处的声强。

如果声源在开阔空间的地面上，声波只向半球面辐射，此时

$$P = I_r 2\pi r^2 \tag{10-12}$$

式中，I_r是在半径等于 r 的半球面上的平均声强。

表 10-5 给出了几种声音的声强、声强级及声压、声压级。

表 10-5　几种声音的声强、声强级及声压、声压级

声　　音	声强/(W/m^2)	声强级/dB	声压/Pa	声压级/dB
最弱能听到的声音	10^{-12}	0	2×10^{-5}	0
微风树叶声	10^{-10}	20	10^{-4}	14
轻脚步声	10^{-8}	40	10^{-3}	34
稳定行驶的汽车	10^{-7}	50	2×10^{-3}	40
普通谈话	3.2×10^{-6}	65	10^{-2}	54
高声谈话	10^{-5}	70	10^{-1}	74
热闹街道	10^{-4}	80	1	94
火车声	10^{-3}	90	10	114
铆钉声	10^{-2}	100	10^3	154
飞机声（3m 远）	2×10^{-1}	110	10^4	174

3. 噪声的频谱

实际上，任何机器运转时的噪声都是不止一个频率的声音，它们是从低频到高频无数频率成分的声音大合奏。有的机器高频率的声音多一些，听起来高亢刺耳，如电锯、铆钉枪，它们辐射的主要噪声成分在 1000Hz 以上，这种噪声我们称之为高频噪声。有的机器低频率的声音多一些，如空压机、汽车，辐射的噪声低沉有力，其主要噪声频率多在 500Hz 以下，我们称之为低频噪声。高压风机的噪声主要频率成分在 500～1000Hz 范围内，我们称这种噪声为中频噪声。有的机器较为均匀地辐射从低频到高频的噪声，如纺织机噪声，我们称之为宽频带噪声。

噪声的主要特点是：具备一定强度，用声压表示；具有不同频率成分，用频谱表示。机器噪声之所以可以区分就是它们具备了这两个特点的缘故。但是把每一部机器的所有频率成分声音的声压一一分析出来，虽然技术上可以办得到，但并没有太大必要。为了方便，并根据人耳对声音频率变化的反应，人们把可听到的频率范围分成数段，然后按每段内的声音强度进行测量分析。

为了把频率范围分段，在声学测量中常常使用的是带通滤波器。带通滤波器只允许一定频率范围（通带）内的信号通过，高于或低于这一频率范围的信号不能通过。但是，实际滤波器在通带内不可能没有衰减，在阻带内亦不可能衰减到零。

带通滤波器又分为恒带宽滤波器和恒百分比带宽滤波器。恒带宽滤波器是每一个滤波器的带宽是恒定的，例如 6Hz、10Hz；而恒百分比带宽滤波器是每一个滤波器的带宽是恒定的百分比，例如 3%、10%。倍频程和 1/3 倍频程滤波器是常用的恒百分比带宽滤波器。所谓一个倍频程，就是上限频率 f_2 比下限频率 f_1 高一倍，例如从 707～1414Hz 就是一个倍频程。

知道了 f_2 和 f_1 就可以知道其中心频率 f_0

$$f_0 = \sqrt{f_1 f_2} \tag{10-13}$$

国际标准化组织（ISO）规定了倍频程和 1/3 倍频程的中心频率，倍频程的中心频率及频率范围见表 10-6。由表中可以看出十个倍频程包括了声频的整个频率范围。

表 10-6　倍频程频率范围

中心频率/Hz	31.5	63	125	250	500
频率范围/Hz	22.5～45	45～90	90～180	180～354	354～707
中心频率/Hz	1000	2000	4000	8000	16 000
频率范围/Hz	707～1414	1414～2828	2828～5656	5656～11 212	11 212～22 424

GB/T3241—2010《电声学　倍频程和分数倍频程滤波器》标准规定了滤波器的中心频率、频带宽度和衰减特性等要求，该标准按特性要求不同而将滤波器分为 0、1、2 三个级别。

以中心频率（Hz）为横坐标，以声压级（dB）为纵坐标，作出噪声按倍频带或 1/3 倍频带的声压分布图，就能一目了然地通观噪声的特性。这个方法称为噪声的倍频带或 1/3 倍频带频谱分析法。在噪声控制工作中，了解噪声源的频谱很重要，降低不同频率成分的噪声，采用的控制方法及选用的声学材料也不一样。只有对症下药，才能有效合理地降低噪声。

4. 噪声的评价

（1）响度级和响度　声压和声强都是客观物理量，声压越高，声音越强；声压越低，声音越弱，但是它们不能完全反映人耳对声音的感觉特性。人耳对声音的感觉，不仅和声压有关，也和频率有关。人耳的灵敏度在各个频率都不相同，在 1～6kHz 之间最灵敏，而在较低频率和较高频率时灵敏度较低。声压级相同而频率不同听起来并不一样响；不同声压级的声音，有时由于不同频率的配合，听起来却是一样响。由此可知人耳对声音的感觉是比较复杂的，声压并不能完全描述噪声对人的影响程度。因此，必须根据人对噪声的主观感受程度来定义噪声的参数。为了考虑到声音的物理量效应，以及声音对人耳听觉的生理效应，将声音的强度和频率用一个量统一起来，人们仿照声压级引出了一个响度级 L_N 的概念。

使用等响度实验方法，可以得到一条不同频率、不同声压级的等响度曲线。实验时用 1000Hz 的某一强度（例如 40dB）的声音为基准，用人耳试听的办法与其他频率（例如 100Hz）声音进行比较，调节此声音的声压级，使它与 1000Hz 声音听起来响度相同，记下此频率的声压级（例如 50dB）。再用其他频率试验并记下它们与 1000Hz 声音响度相等的声压级，将这些数据画在坐标上，就得到一条与 1000Hz、40dB 声压级等响度的曲线。这条曲线用 1000Hz 时的声压级数值来表示它们的响度级值，单位为方，这里就是 40 方。同样以 1000Hz 其他声压级的声音为基准，进行不同频率的响度比较，可以得出其他的等响度曲线。经过大量试验得到的并由国际标准化组织（ISO）推荐为标准的等响度曲线如图 10-8 所示。

从等响度曲线可以看出：

1）当响度级比较低时，低频段等响度曲线弯曲较大，也就是不同频率的响度级（方值）与声压级（dB 值）关系很大，例如同样 40 方响度级，对 1000Hz 声音来说声压级是

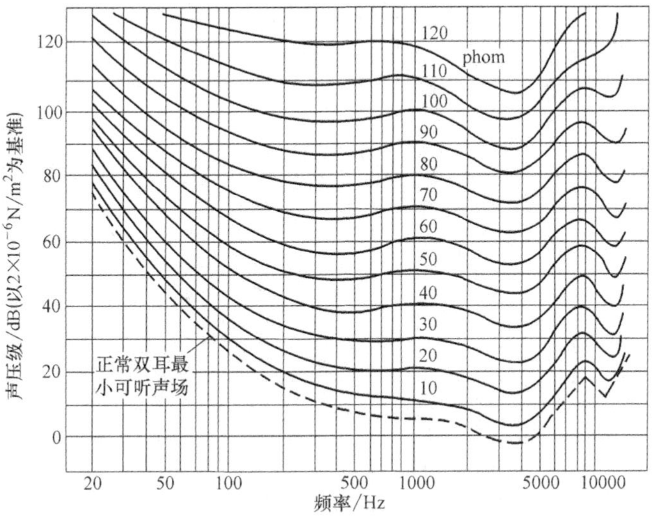

图 10-8　等响度曲线

40dB，对 100Hz 声音是 50dB，对 40Hz 声音是 70dB，对 20Hz 声音是 90dB。

2）当响度级高于 100 方时，等响度曲线变得比较平坦，也就是声音的响度级主要决定于声压级，与频率关系不大。

3）人耳对高频声音，特别是 3000～4000Hz 的声音最敏感，而对低频声音则频率越低越不敏感。响度级虽然定量地确定了响度感觉与频率和声压级的关系，但是却未能确定这个声音比那个声音响多少。例如，一个 80 方的声音比另一个 50 方的声音究竟响几倍？为此人们引出了响度的概念。1947 年，国际标准化组织采用了一个新的主观评价量——宋，并以 40 方为 1 宋。响度级每增加 10 方，响度增加一倍，如 50 方为 2 宋，60 方为 4 宋等。其表示式为

$$S = 2^{\frac{L_N - 40}{10}} \tag{10-14}$$

式中，S 为响度（宋）；L_N为响度级（方）。

用响度表示声音的大小可以直接计算出声音响度增加或降低的百分数。如果声源经过隔声处理后响度级降低了 10 方，相当于响度降低了 50%；响度级降低 20 方，相当于响度降低了 75% 等。需要指出的是：式（10-14）只适用于纯音和窄带噪声，对于一般的宽带噪声则要采用响度指数的计算方法。

（2）声级和 A 声级　声压级只反映声音强度对人的响度感觉的影响，不能反映声音频率对人的响度感觉的影响。响度级和响度虽然解决了这个问题，但是用它们来反映人们对声音的主观感觉过于复杂，于是又提出了计权声压级的概念。其基本思想是，在测试仪器中采用不同的电气网络对不同频率的声音信号按人耳对声音的敏感特点进行不同程度的修正和补偿，使得噪声测定仪器的读数（实际测得是声压值）能模拟地表达人耳对声音的响应。

计权声压级简称声级。在声学测量仪器中，通常根据等响度曲线，设置一定的频率计权电网络，使接收的声音按不同程度进行频率滤波，以模拟人耳的响度感觉特性。当然我们不可能做无穷多个电网络来模拟无穷多根等响度曲线，一般设置 A、B、C 三种计权网络，其

中 A 计权网络是模拟人耳对 40 方纯音的响度，当信号通过时，其低、中频段（1000Hz 以下）有较大的衰减。B 计权网络是模拟人耳对 70 方纯音的响度，它对信号的低频段有一定衰减。而 C 计权网络是模拟人耳对 100 方纯音的响度，在整个频率范围内有近乎平直的响应。

A、B、C 计权的频率响应曲线（计权曲线）已由国际电工委员会（IEC）定为标准，如图 10-9 所示。

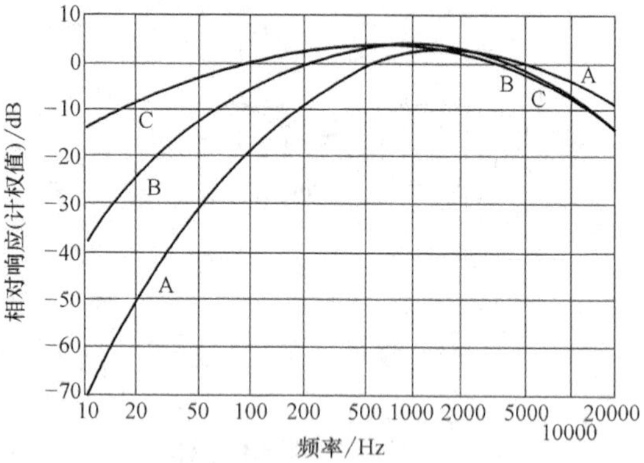

图 10-9　A、B、C 计权特性曲线

声压级经 A、B、C 计权网络后，就得到 A、B、C 声级，并分别用 L_A、L_B、L_C 表示。其单位分别写作 dB（A）、dB（B）、dB（C）或分贝 A、分贝 B、分贝 C。表 10-7 列出了几种常见声源的 A 声级。

表 10-7　几种常见声源的 A 声级（测点距离声源 1～1.5m）

A 声级/dB（A）	声　源
20～30	轻声耳语
40～60	普通室内
60～70	普通交谈声，小空调机
80	大声交谈，收音机，较吵的街道
90	空压机站，泵房，嘈杂的街道
100～110	织布机，电锯，砂轮机，大鼓风机
110～120	凿岩机，球磨机，柴油发动机
120～130	风铆，高射机枪，螺旋桨飞机
130～150	高压大流量放风，风洞，喷气式飞机，高射炮
160 以上	宇宙火箭

在实际测量时到底用哪一种计权网络呢？以前曾有规定，声级小于 70dB 时用 A 网络测量，声级大于 70dB 但小于 90dB 时用 B 网络测量，声级大于 90dB 时用 C 网络测量。近年来研究表明，不论噪声强度多少，利用 A 声级都能较好地反映噪声对人吵闹的主观感觉和人耳听力损伤的影响。因此，现在基本上都用 A 声级来作为噪声评价的基本量，而且如果不另作说明，都指的是 A 声级。C 声级只作为可听声范围的总声压级的读数来使用，B 声级基

本上已不再使用。有时只是为了判断噪声的频率特性，才附带测量 C 声级。因为如果 A、C 两种声级基本相同，则该噪声特性是高频特性；如果 C 声级小于 A 声级，则该噪声为中频特性；如果 C 声级大于 A 声级，则该噪声为低频特性。

10.5　噪声测量仪器

噪声的主要测量项目是噪声级和噪声频谱，有时还需测量指向性特征。常用的仪器有声级计、频率分析仪、电平记录仪、磁带记录器等。声级计是噪声测量中使用最广泛和较简便的一种仪器，它主要用来测量噪声级。如要进一步了解和分析噪声的成分及性质，可将频率分析仪接入声级计，测量各频带的声压级。若再将频率分析仪的输出接至电平记录仪，便可自动把频谱记录在坐标纸上。当处于不具备现场分析条件，或为了缩短测量时间的场合，可选用磁带记录器把被测噪声记录下来，需要分析时重放磁带，再用适当的仪器进行频谱分析。

1. 声级计

声级计是噪声测量中最主要也是最简单的测量系统。它不仅可以单独使用进行噪声级的测量，而且还可以和相应的仪器配套进行频谱分析、振动测量等。如果把声级计中的电容传声器换成加速度传感器，就可以用来测量振动加速度。声级计按测量精度一般分为普通声级计和精密声级计两类。普通型对音频信号的频率测量范围为 31.5 ~ 8000Hz；精密型频率范围为 20 ~ 12 500Hz。声级计测量的声级上、下限根据不同型号可低至 10dB，高至 170dB。

声级计由传声器、放大器、衰减器、频率计权网络、检波器和指示表头等部分组成，并可接滤波器对噪声信号的频率特性进行分析。它的工作原理是被测的声波通过传声器转换为电压信号，根据信号大小选择衰减或放大，放大后的信号送入计权网络作处理，最后经过检波并在以分贝为标度的表头上指示出噪声数值。图 10-10 所示为声级计的原理框图，图 10-11 所示为声级计的外形图。

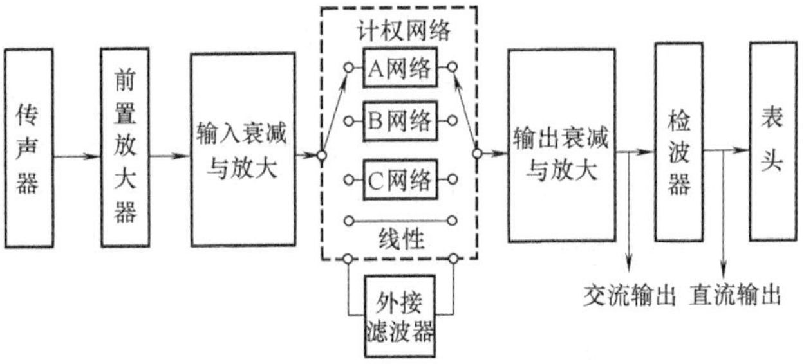

图 10-10　声级计的原理框图

（1）传声器　传声器是将声音信号转换成电信号的一种传感器，即我们通常所说的“话筒”。传声器有压电式、动圈式、电容式等多种形式。它安装在声级计的端部，根据现场的需要，也可通过伸长杆或电缆将传声器延长使用。对传声器的要求是：① 在可闻声范围内，有良好的频率响应特性；② 在测量最低声级时，输出信号应比本身固有的电噪声大数倍；③ 在整个动态范围内具有可预见的、可重复的灵敏度；④ 与声波的波长相比，传声器的尺寸应很小，以便忽略其引起的声反射与绕射的影响；⑤ 其输出不受湿度、温度、磁

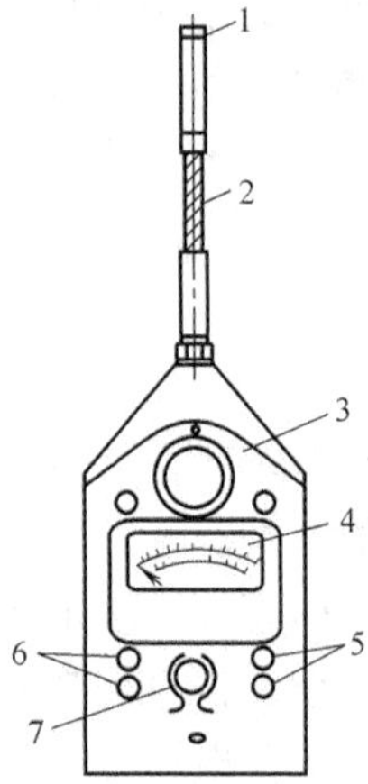

图 10-11　声级计外形图

1—传声器　2—传声器伸长杆　3—衰减选择　4—表头　5—输出插孔　6—外接滤波器插孔　7—计权网络选择

场、大气压和风速等影响，并能长期保持稳定；⑥ 作为工程上噪声源识别，希望指向性好；作为室内混响测量，希望无方向性。

实际运用中，很难有一种传声器能够满足上述全部要求，必须根据测量的目的，选择适当形式的传声器。典型的传声器有以下几种：

1）动圈式传声器。动圈式传声器是一种磁电式传感器，又称电动式传声器，它的作用原理是在振膜下方有一线圈，线圈放在永久磁铁的气隙中，在声压作用下，线圈随振膜一起振动，切割磁感应线后，产生感应电动势，感应电动势的大小与振动速度成正比。这种传声器结构较简单，制造方便，造价低，容易保养和维护，可靠性好，寿命长，对使用环境的适应性强，对温度、湿度不敏感，输出阻抗小，可以接长电缆而不降低灵敏度，固有噪声低。其缺点是：体积大，灵敏度低，易产生电磁感应噪声，对机械振动较敏感。目前动圈式传声器多用于电声扩音，作为测量传声器，只能用于普通声级计。

2）压电式传声器。压电式传声器又称为晶体话筒，它是利用磷酸二氢铵压电晶体压电效应，使声压信号转换为电信号，其结构如图 10-12 所示。感受声压振动的膜片 2 与压电晶体 3 组成的弯曲梁机械连接。膜片在声压作用下向下移动，使压电晶体梁产生弯曲变形，利用压电效应输出电压信号。

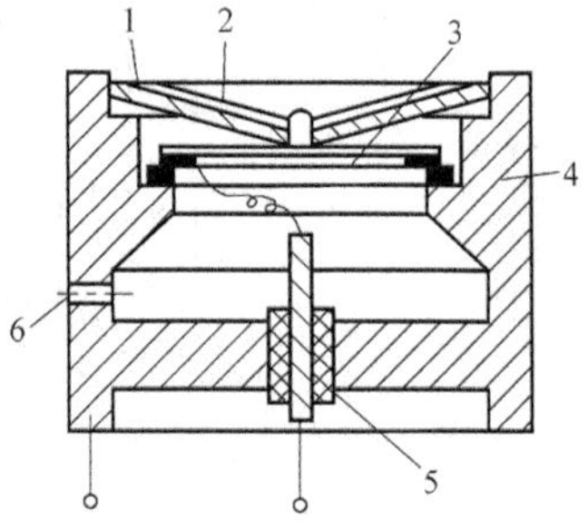

图 10-12　压电式传声器结构图

1—背板　2—振膜　3—压电晶体　4—壳体　5—绝缘体　6—均压孔

压电式传声器结构简单，结实可靠，量程大（最高可达 250dB），价格较便宜，不需极化电压，可气密封装。其缺点是灵敏度较低，能测的最小声压级比电容传声器约高出 10dB，受温度影响较大；对机械振动也较为敏感；输出阻抗高，需接高阻抗输入的前置放大器。所以压电式传声器多用于普通声级计。

3）电容式传声器。电容式传声器是一种变间隙型电容传感器，如图 10-13 所示，由很薄的振膜和后极板构成电容器的两个极。当一个直流电压加在两极间时，电容器被充电，所加电压称为极化电压（从几十伏到几百伏）。在声压作用下膜片将产生振动，从而改变极板间的距离，引起电容量的变化，输出一个对应声压的交变电压。后极板上设有若干个阻尼孔，振膜振动所形成的气流可通过这些小孔产生阻尼效应。在壳体上的均压孔可以平衡膜片两侧的静压力，避免大气压力变化时膜片凸起或凹下造成灵敏度的变化，甚至造成膜片的损坏。电容式传声器的输出阻抗很高，因此，一般须配以高输入阻抗的前置放大器。

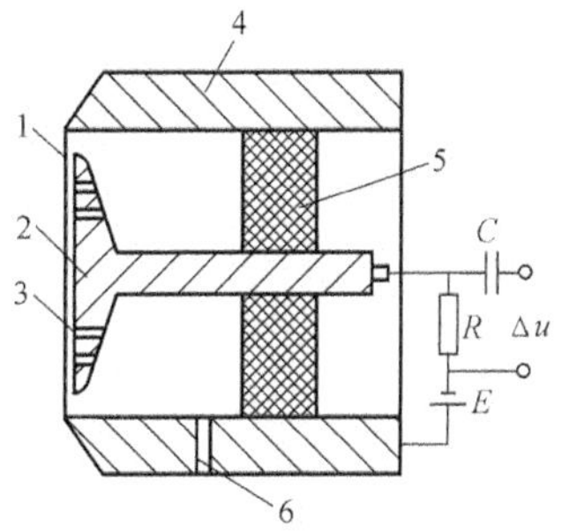

图 10-13　电容式传声器简图
1—振膜　2—背板　3—阻尼孔
4—壳体　5—绝缘体　6—均压孔

电容式传声器的灵敏度较高可达 20mV/Pa；输出性能稳定，对周围环境的适应性强，在 $-15\sim150$℃温度范围和 $0\sim100\%$ 的相对湿度下，性能变化很小；外形尺寸小；对机械振动敏感性小。因此，电容传声器适用于精密测量。但其制造成本高，使用时还必须配高稳定的直流极化电压和高阻抗输入的前置放大器。

4）驻极体电容传声器。某些塑料介电体在制造时进行了永久性的极化，表面呈带电状态，这种介电体称为驻极体，驻极体电容传声器的结构和工作原理与一般电容式传声器大致相同，不同之处在于驻极体电容传声器不需外加极化电压。

图 10-14 所示为驻极体电容式传声器的两种构成方式及其等效电路图，其中 E 为等效极化电压，C 为极头等效电容。图 10-14a 所示为振膜式驻极体电容传声器，其感受声压振动的振膜是带一层金属膜的驻极体膜片 3，金属膜 2 与背板（后极板）4 构成电容器的两极。图 10-14b 所示为背极式驻极体电容传声器，其振膜是带有一层金属膜的聚酯薄膜片 5，金属膜与外壳连接，背板（后极板）4 的一面与驻极体膜片 3 贴在一起。背极式结构的振膜比振膜式的轻，动态特性比振膜式的好，具有金属膜屏蔽，其稳定性、抗湿性和使用寿命等都比振膜式的好。驻极体电容传声器极头输出阻抗很高，约为 300MΩ 以上，实际的传声器一般将极头与起阻抗变换作用的场效应晶体管制作在一起，其电路及外形如图 10-15 所示。这样，使用时不用另加阻抗转换器，就可将传声器直接与音频放大器连接。

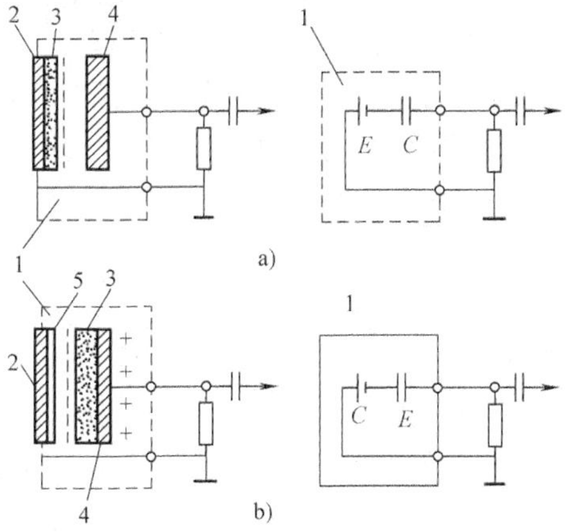

图 10-14　驻极体电容传声器
a）振膜式驻极体传声器　b）背极式驻极体传声器
1—极头　2—金属膜　3—驻极体膜片　4—背板　5—聚酯薄膜片

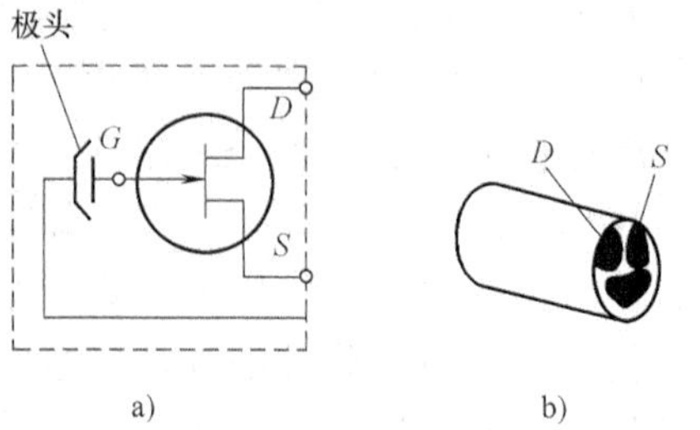

图 10-15 低输出阻抗驻极体电容传声器

驻极体电容传声器结构简单坚固。使用时不需极化电压（场效应晶体管仍需外部供电，但电压低得多），电容量大，制造成本较低，使用温度一般不超过 50℃。

（2）衰减器和放大器 在测量仪表中衰减器和放大器的作用是在测量微弱信号或强信号时，使表头指针都能获得适当的偏转。声级计中放大器的作用是将传声器所输出的弱电信号进一步放大，以便电路对信号进行处理。对于放大器的要求是：对音频范围的电信号有平直的放大特性，同时具有较低的固有噪声和良好的稳定性。

声级计上的衰减选择旋钮一般分为上下两层，下层控制输入衰减器，上层控制输出衰减器，每一挡的衰减量为 10dB。为提高信噪比，使用时，应尽量将上层输出衰减器旋钮沿顺时针旋到底，使输出衰减最大。只有当信号微弱时，下层输入衰减调至最小时表头指针仍偏转很小，这时才可减小输出衰减量。声级计测得的噪声级分贝数等于衰减器旋钮指示值与表头指示值之和。

（3）计权网络 声级计中的衰减器是用来控制量程的，通常以每级衰减 10dB 为换挡单位。在精密声级中，装有三种标准的计权网络，对所测噪声进行听感修正。由于各计权网络对于不同频率的声音衰减情况不同，因此不采用频率分析仪，仅利用声级计 A、B、C 三挡对同一声源进行测量，并通过所得的不同读数了解所测噪声的性质。

（4）检波电路和表头 为测量有效声压，声级计中设有方均根值检波器，将输出放大器放大后的信号变成直流有效值，由表头指示。确定方均根值的实际时间，按国际电工委员会（IEC）规定分为“快”和“慢”两挡。“快”挡的平均时间为 0.27s，接近人耳听觉生理平均时间，所以“快”挡声级变化与人的感觉协调。“慢”挡的平均时间为 1.05s。

声级计上备有“快”、“慢”两挡。“快”挡用于测量随时间波动不大的噪声。当指针摆动大于 4dB 时，则应换用“慢”挡。测量脉冲噪声应该采取反应更快的“脉冲”挡或专门设计的脉冲声级计。

2. 频谱分析仪

频谱分析仪分为两类：模拟式频谱分析仪和数字式频谱分析仪。

（1）模拟式频谱分析仪 实际应用的模拟式频谱分析仪有以下几种：

1）并列顺序检波频谱分析仪。这种频谱分析仪的工作原理如图 10-16 所示，输入信号经输入放大器放大后，送入一组中心频率分别为 f_{01}，f_{02}，…，f_{0n} 的并列带通滤波器，滤波器的输出信号通过开关 S 顺序的接入输出放大器，再经检波器送至表头指示或示波器显示。

通常声级计都采用这种方法配有倍频程或 1/3 倍频程滤波，组成便携式频谱分析仪。需要进行频谱分析时，只需将滤波器接入声级计上相应的插孔，声级计的计权网络按钮置于

“外接滤波器”位置，即可进行噪声频谱测量。

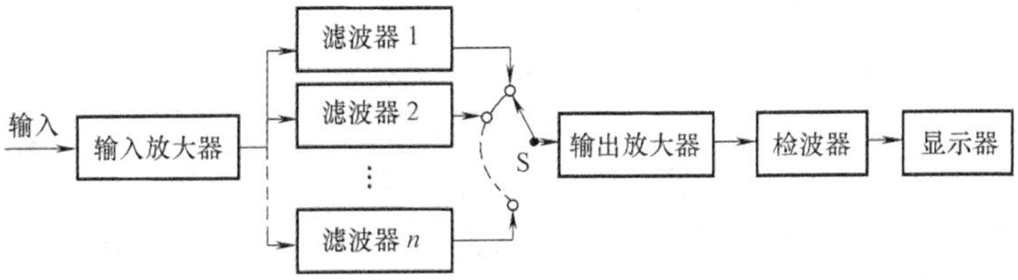

图 10-16　并列顺序检波频谱分析仪原理

2）并列滤波器实时分析频谱分析仪。这种频谱分析仪的工作原理如图 10-17 所示，与并列顺序检波不同之处是每个滤波器都紧接着一个检波器，并用电子扫描开关进行高速切换，从而实现实时频谱分析。

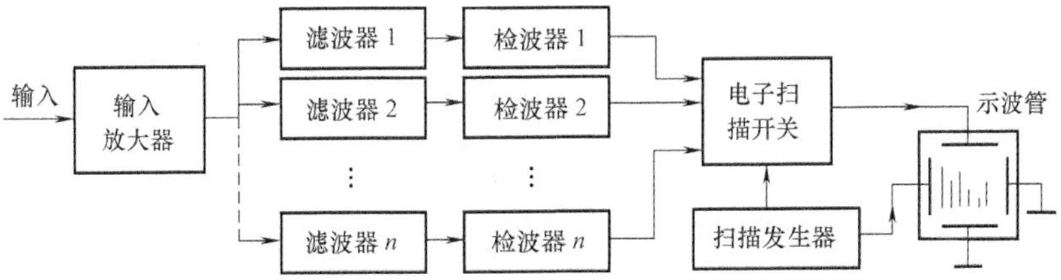

图 10-17　并列滤波器实时频谱分析仪原理

3）扫描调谐式频谱分析仪。这种频谱分析仪采用调谐滤波器（或称谐振放大器），其中心频率可在所需频率范围内连续调节，其原理如图 10-18 所示。这种方式结构较简单，但滤波器中心频率的调节速度不能太快，以免由于过滤特性产生严重失真，因此分析速度较慢。

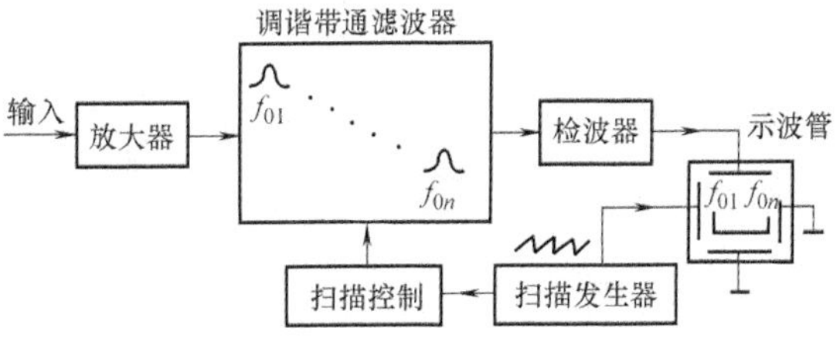

图 10-18　扫描调谐式频谱分析仪原理

4）扫描超外差频谱分析仪。这种频谱分析仪工作原理如图 10-19 所示。频率为 f_x 的输入信号在混频器中与频率为 f_L 的本机振荡信号进行差频，只有当差频信号的频率落入中频放大器的带宽范围内时，中频放大器才有输出，且输出信号大小正比于频率为 f_x 的输入信号幅度。中频放大器的中心频率 f_m 是固定的，而本机振荡频率 f_L 通过扫描电路实现连续调谐，因而输入信号中的各个频率分量将一段段地依次落入中频放大器的带宽内。中频放大器的输出信号经检波放大后，加至示波管的垂直通道，同时扫描信号加至水平通道，于是得到输入信号的幅度频谱图，在一次分析中，中频放大器的带宽是不变的，因此所得为恒定带宽频谱图。

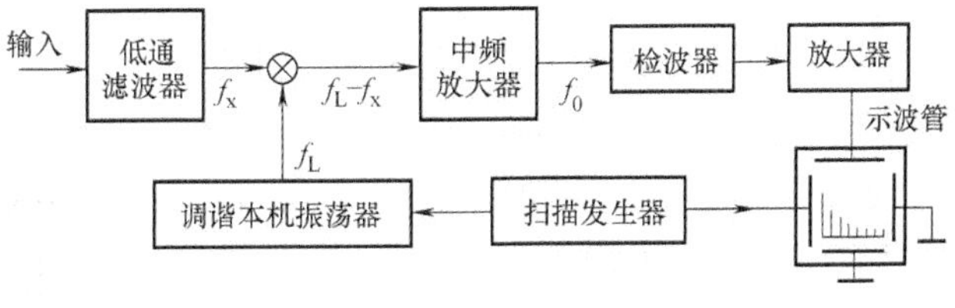

图 10-19　扫描超外差频谱分析仪原理

超外差额频谱仪的优点是通过中频放大器可以得到很高的灵敏度，且工作频率范围宽，通过改变中频放大器的带宽就可以改变其分辨率，但它仍属于顺序分析，由于中频滤波器过渡特性的限制，本机振荡的扫描速度不能太快，因此分析速度较慢。

（2）数字式频谱分析仪　数字式频谱分析主要有两种方法，一种是仿照模拟频谱分析的数字滤波法；另一种是基于快速傅里叶变换的快速傅里叶分析法（简称 FFT 法）。

1）数字滤波式频谱分析仪。图 10-20 所示为数字滤波式频谱分析仪的框图。和模拟频谱仪相比，它用数字滤波器代替了模拟滤波器，在数字滤波器前加入了取样保持电路和A/D转换器。数字滤波器的中心频率由控制和时基电路使之顺序改变。

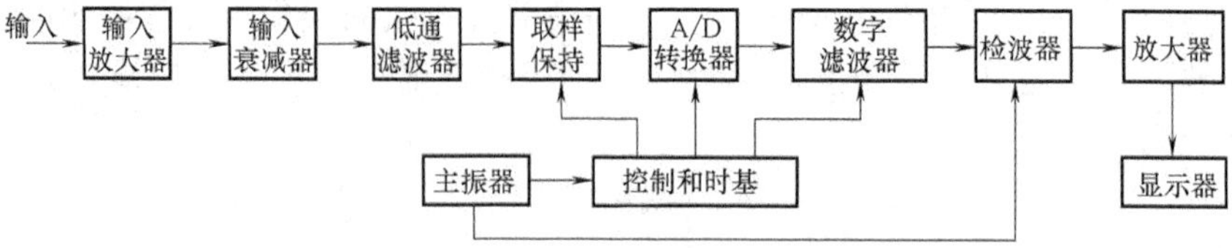

图 10-20　数字滤波式频谱分析仪的框图

2）快速傅里叶频谱分析仪。图 10-21 所示为快速傅里叶频谱分析仪的框图，其中低通滤波器、取样电路、转换器和存储器等组成数据收集系统，它将被测信号转换为数字量。这些数据在 FFT 计算器中按照快速傅里叶计算法算出被测信号的频谱，并显示在显示器上。而且，FFT 分析仪常做成多通道的，这样可同时分析多个信号的频谱，且可以测量各信号之间的关系。除傅里叶变换外，它还可以实现多种函数的计算，实际上是一种数字信号处理器。

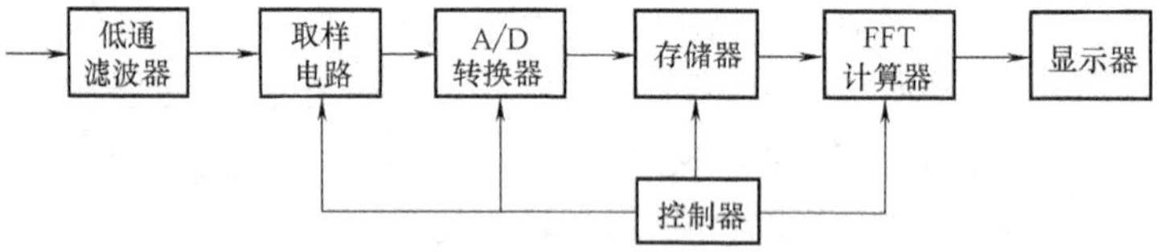

图 10-21　快速傅里叶频谱分析仪的框图

10.6　噪声测量的实施

关于噪声的测量方法，国家已经针对不同对象制订了几十个国家标准和部颁标准，通常情况下应按这些标准进行噪声测量，这样也有利于测量结果可以相互比较。例如 WS/T69—1996《作业场所噪声测量规范》和卫法监发［1999］第 620 号对作业场所噪声测量做了如下的规定：

1）测量的参数。包括 A 计权声级、等效声级和倍频带频谱。

2）测量仪器。测量仪器包括：① 1 型或 2 型声级计或积分声级计、噪声统计分析仪、噪声剂量计；② 倍频程滤波器，含有中心频率为 31.5～8000Hz 九个倍频程。

3）测点选择。测点应当选在职工作业点的人头位置，职工无需在场，如职工需在场或在周围走动，测点高度应参照人耳高度，与外耳道水平距离约为 0.1m。

4）测量方法。测量方法为：① 对稳态噪声，使用声级计 A 网络及“慢文件”时间特性，并取 5s 内的平均读数为等效连续声级；② 对非稳态噪声，用 2 型以上的积分声级计或个人声暴露计（剂量计）直接测量等效连续声级；③ 对噪声强度超标时，应测量中心频率 31.5 ~ 8000Hz 的九个倍频带的声压级。

1. 现场 A 声级测量

为了对现场设备作出初步评价，现场测量主要是测量 A 声级和倍频程噪声频谱。

现场测量时，声源多且房间大小有一定限度。为了减小其他声源传来的声波和反射声波的影响，应将传声器接近被测声源的声辐射面，这就是一般都采用所谓近声场测量法的原因。但是传声器也不能离声源辐射表面太近，这样会使声场不稳定，在允许时可离远一些，理想的情况是在自由场条件下进行测量，现场测量可按如下原则进行：

1）对于外形尺寸小于 0.3m 的机器，测点距离其外廓表面应为 0.3m；对于外形尺寸介于 0.3 ~ 1m 的中型机器，测点距离外廓表面为 0.5m；对于外廓尺寸大于 1m 的大型机器，圈点距离外廓表面为 1m。

2）测点的数目。对于均匀地向四周辐射噪声的机器，即无指向性声源，可只选一个测点；但一般情况下，机器辐射噪声均有指向特性，应在机器周围均匀选测点，测点不应少于 4 点，当相邻两测点噪声级差大于 5dB 时，应增加测点，并以各测点测量值的算术平均值或各测点中最大值表示该机器的噪声级。

3）测点的高度，应以机器的半高度为准，或改选为机器水平轴的高度；或取 1.5m（人耳平均高度），但距地面均不得低于 0.5m；测量时应远离其他设备或墙体等反射表面，距离一般不小于 2m，测量时传声器应正对机器外表面。

2. 声功率的测量

为了克服声级或声压级受测量距离和测量环境影响较大的缺点，人们提出了声功率参量的测量。声功率是不能直接测出的，在一定的条件下，由测得的声压级经验公式计算而得。

现场通过声压级确定声功率的依据为

$$L_W = L_p + 10\lg\frac{S}{S_0} - K \tag{10-15}$$

式中，L_p为测量表面平均声压级；S 为测量表面面积；S_0为基准面积，$S_0 = 1\text{m}^2$；K 为环境修正系数。

下面简要介绍动力与机械工程声功率测量的常用方法。

（1）具有一个反射平面的自由场条件工程法　该法典型的运用为 ISO3744 标准，设机器（被测声源）放在硬反射平面（如水泥地面）上，而室内其他条件满足自由场条件，测量表面可选半球面、矩形体面或机器形状的表面。上述测量表面上的最少的测点数分别为 10、9、8。若条件许可，最好用半球面，但在矩形体面上测量方便，用得较多。测点分布如图 10-22 和图 10-23 所示，半球面球心取在声源几何中心在地面的投影位置，球的半径应大于或等于两倍机器设备的特征尺寸，但不能小于 1m，建议采用 1m、2m、4m、5m、8m、10m、12m、14m 和 16m；而矩形体测量表面与参考箱（恰好罩住待测机器的假想矩形）面的距离为 d，一般取为 1m，最小不能小于 0.25m。

测量表面面积：半球面为 $S = 2\pi r^2$；长 × 宽 × 高 = $2a \times 2b \times c$ 的矩形体表面面积为

$$S = 4[c(a+b) + ab] \tag{10-16}$$

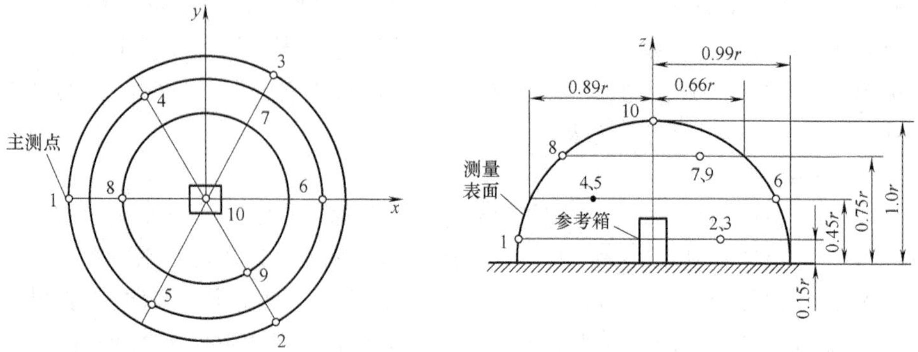

图 10-22　半球面测量噪声声功率时测点的布置

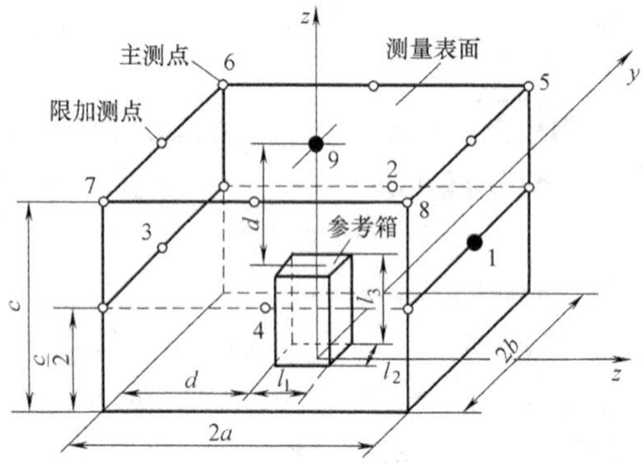

图 10-23　矩形体面上测量噪声源功率时测点的布置

环境修正系数 K 的计算为

$$K = 10\lg\left(1 + \frac{4}{A/S_r}\right) \tag{10-17}$$

式中，A 为吸声量，$A = 2S_r$；S_r为房间内表面总面积。

这里按 ISO3744 规定，A/S_r应满足 $A/S_r \geqslant 6$，且测量过程中要求本底噪声比被测噪声源低 6dB 以上。

（2）简测法　实际工作中，有时受测量环境所限，且对测试条件要求较低。因此，又有测试精度较差的声功率测量的简测法，典型的应用如 ISO3746 标准，它只需要在大房间（$A/S > 1$）或室外平地，本底噪声比被测机器噪声低 3dB 以上的条件下即可进行，不作分频带测量，只作 A 声级测量，测量表面采用矩形体面，测点布置如图 10-23 所示，通过测量，求取测量表面的平均 A 声级，再利用式（10-15）求得机器的 A 声级功率级。

3. 等效连续 A 声级及其计算

1967 年，国际标准化组织（ISO）为了适应各国广泛用于 A 声级作为噪声评价指标的事实，提出以 A 声级作为 ISO 新的噪声评价标准。对于有起伏或间歇或随时间变化的噪声声场，1971 年，国际标准化组织（ISO）公布了 R1999《职业性噪声暴露和听力保护标准》，在此标准中提出以等效连续 A 声级作为噪声的评价标准。

等效连续 A 声级是指在声场的某一位置上，用某一段时间内能量平均的方法，将间歇暴露的几个不同 A 声级以一个 A 声级表示该段时间的噪声大小，这个声级就称为等效连续 A 声级（用于非稳定噪声的评价）。

等效连续 A 声级 L_{eq}用下式表示：

$$L_{eq} = 10\lg \frac{1}{T}\int_0^T 10^{0.1}L_A \mathrm{d}t \tag{10-18}$$

式中，T 为适当的积分时间（min）；L_A为声级变化的瞬时值（dB）。

由式（10-18）可以看出，对于一段时间内稳定不变的噪声，其 A 声级就是等效连续 A 声级。欲求等效连续 A 声级，应先将所测得的 A 声级按次序从小到大（低于 80dB 的不予考虑）每隔 5dB 为一段排列，每段以其算术中心声级表示，用中心声级表示的各段为：80dB、85dB、90dB、95dB、100dB、105dB、…。其中 80dB 表示 78 ~ 82dB 的声级范围，85dB 表示 83 ~ 87dB 的声级范围，依此类推。将一个典型工作日各段声级的暴露时间进行统计，填入记录表内。然后按下式进行计算（每天按 8h 计）

$$L_{eq} = 80 + 10\lg \frac{\sum_{n=2}^{N} 10 \frac{n-1}{2} T_n}{480} \tag{10-19}$$

式中，T_n 为一个工作日内各段中心声级的总暴露时间（min）；n 为一个工作日内声级分数。

4. 测量环境和测量方法对测量结果的影响

测量环境如本底噪声、反射声、房间特性、气流或风量、温度、湿度等，对测量结果影响很大。因此，必须根据测量环境对测量结果进行修正。

测试环境可分为室内和室外两大类。室内环境又有消声室、混响室和半混响室三种。消声室内的声场为只有直达声而没有反射声的自由声场，室外空旷场所可近似为自由场；混响室内的声场为扩散场，混响室吸声级小，声波经多次反射，各点声压级几乎恒定并且相等；半混响室的声场为半扩散场，这是大多数一般房间的情况，因为实际房间既不完全反射声波也不完全吸收，在这种房间里测量，其结果需要修正。

（1）环境本底噪声的影响　测量环境的本底噪声亦称为背景噪声或环境噪声。在工业噪声测量中是指被测对象以外的噪声。由于环境本底噪声存在，测量值会比真实值大，因此，对测量结果应进行修正，要从测量结果中除去本底噪声的影响。总的来说，当被测噪声的 A 声级以及各频带的声压级分别高于本底噪声的 A 声级和各频带的声压级 10dB 时，则可不计本底噪声的影响，即不必进行修正。当测得噪声与本底噪声相差 6 ~ 9dB 时，则应从测得值中减去 1dB，当两者相差 4 ~ 5dB 时，则应减去 2dB。若两者相差 3dB，则应减去 3dB，两者相差小于 3dB，则测试无效。

（2）测试房间的影响　在噪声测量中，常常遇到以下几种情况：消声室（声吸收室）中的噪声测量、混响室（声反射室）中的噪声测量和实际现场的噪声测量。如果想在完全没有反射物体的自由场中作测量，就需借助消声室。在消声室里，所有的墙壁、顶棚及地板都用高吸声材料覆盖以消除反射。这样，噪声源在任何方向上的声压级都可以不受干扰地得到测量。和消声室相反的是混响室，在混响室里，所有表面都尽量做得硬且反射性强，而且没有平行表面的存在。这样就会使扩散声场、声能量在这里得到均匀分布。在这种房间里可以测量噪声源的总声功率输出，但由于反射的缘故，在任何点上的声压级均是一个平均值。由于造价较消声室低，此类房间在机械噪声研究中得到了普遍的使用。

实际现场的噪声测量都是在既非消声也非混响的环境中，即介乎两者之间的房间中进行的。这就使我们在希望测量一个指定声源所发射的噪声时，难以找到正确的测量位置。在测定单个声源所发射的噪声时，有几种可能引起误差的情形。首先，如果你靠近机器，只要很小的位置变化就会使声压级显著地涨落。例如，当距离不足机器所发最低频率的一个波长长度，或机器最大尺寸的2倍（两者中较大的一个距离）时，这种情形就会出现。这个区域叫做机器的近场，在这区域里尽可能不要作测量。

如果测量点距离机器太远时，则可能出现一些别的误差。例如，从墙壁及其他物体来的反射可能与直接声一般强，这样会使我们无法获得正确的测量结果，这个区域叫做混响场。处于混响场与近场之间的是自由场。一个声场是不是自由场可从测量点离声源的距离加倍后声级是否下降6dB来判断。这里才是进行测量的好位置。然而在许多场合，混响是如此的强，或者空间是如此的小，以至自由场完全不存在。在这种情况下，有些标准（如ISO 3746）就建议了一个考虑到反射声影响而进行环境修正的方法。

在现场测量单机噪声时，由于声源多，房间大小又有一定限度，周围有许多反射面，为了减少其他声源发出的声波和反射声波的干扰，传声器应当接近被测声源的声辐射面。为此，一般都采用近声场测量法，即将传声器置于距离被测声源1m、距离地面1.5m处进行测量。如果被测声源不是均匀地向各个方向散射噪声，则应围绕声源（机器）表面并与表面相距1m、距离地面1.5m的几个不同位置上测量若干点。除A声级最大的点的数据作为评价声源噪声的依据外，同时应测出5个点以上的频谱作为评价的参考，必要时还应作声源各个方向的声级分布测量。

（3）风和气流的影响　在室外测量时，风吹到传声器上会引起风噪声，若风速大于5.3m/s（相当于四级风），就不能进行测量。若在有四级风以下的场地进行测量，则应在传声器上装风罩，风罩可使风噪声大大衰减，而对所测噪声无衰减作用。

（4）环境的影响　当环境温度、湿度及大气压力变化时，传声器及声级计的灵敏度可能发生变化，影响测量的准确性。因此，测量时对大气压力的变化、温度的变化范围、相对湿度的大小都有规定，测试者要根据测试要求和具体情况采取必要措施。

声级计用于测量电力设备噪声时，强的电磁场可能会在声级计中引起“嗡嗡”的干扰声，应变换声级计的方位或离磁场更远处测量。

（5）测量方法的影响　对于稳态噪声，应以观测时间内电表指针的平均偏转位置数值作为测量值，一般观测时间为2～5s。对稳态噪声的偶然变化不予考虑。测量时，一般使用“快”挡；当声级波动范围大于±2dB而小于±5dB时应换用“慢”挡。

通常传声器直接连在声级计上，声级计的取向也决定了传声器的取向，一般噪声测量中传声器在0°入射时（传声器膜片与入射声波垂直）具有最佳的频率响应。

观察人员手持声级计测量时，声级计应离开人体0.5m以上，因为人也是反射体，在实际使用时，应尽量使人体和反射物远离传声器，可以借助延伸杆与延伸电缆来达到这一距离。

5. 几种典型动力机械测点布置

各种原动机和动力机械是工业和环境中影响较大的噪声源。在国家标准GB 2888—2008中规定了对上述设备与机械的噪声测量方法。

对动力机械的噪声测量，一般都是在动力机械台架的现场进行。特殊要求的测量则在专门的全消声室或半消声室中进行，这类专用的消声实验室造价很高，相应的噪声实验费用也大大高于现场测量。常规的测量包括 A 声级和倍频程或 1/3 倍频程噪声频谱测量。在现场测量中，可以将发动机近似看做一个平行六面体，测点分布在该六面体外 0.5 ~ 1.0m 的距离上。可以多测几个点取其中 A 声级最大的测量值作为噪声评定标准，也可取平均值来作为评定标准。为了便于计算，如果各测点的声压级差值不超过 5dB 时，平均声压级可按算术平均值计算。采用何种评定标准必须在测量报告中注明，以便各种工况或机型之间的比较。

图 10-24 所示的为水泵噪声测点位置图，可以作为一般测量时的参考。

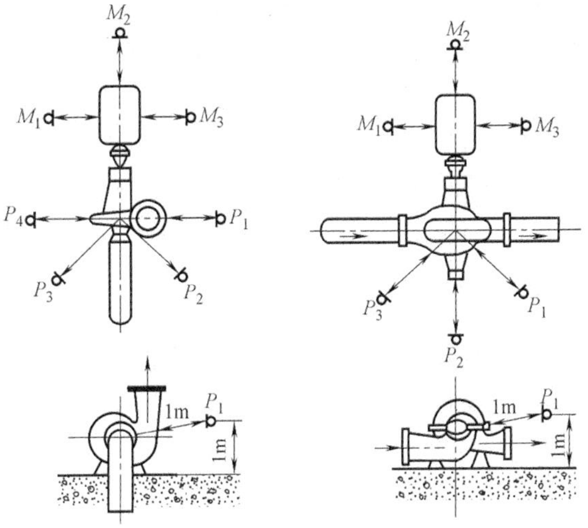

图 10-24　水泵噪声测点分布

M—电动机的噪声测点位置　P—水泵的测点位置

图 10-25 所示为通风机机身噪声测点分布情况。对内燃机进行整机噪声测量时，在不带消声器的情况下，进、排气噪声是内燃机最强的噪声源，一般作为单独项目进行测量。

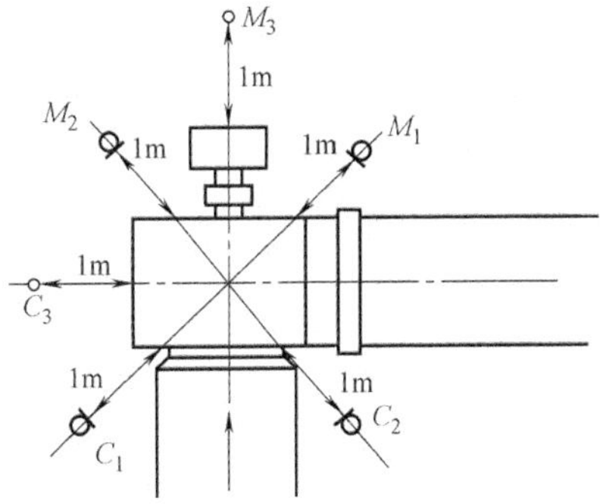

图 10-25　通风机机身噪声测点分布

对于进气噪声，可将传声器放在距进气口中心轴 1m 处。对于排气噪声，测点应设置在与管口成 45°方向上，距离管口 0.5 ~ 1m 处。测点到排气管口的距离，应大于管口直径的 3 倍。

另外，在现场测量时，还需对许多实际问题加以考虑才能获得可靠的测量数据。例如，对内燃机而言，以下问题是必须考虑的：

1）排气噪声问题。排气噪声所占比重很高，又受到排气管消声器特性的极大影响，因此排气噪声要单独进行测量。为了将排气噪声的影响独立开来，实验中要用长排气管将排气引到实验室外，这样的测量值称为发动机整体噪声。而排气噪声则应在排气管口45°方向上0.5～1.0m的距离处测量。

2）反射声的影响。在现场测量中，由于实验条件不同，如实验室四壁、顶棚及地面状况（面积大小、材料种类）等都会造成反射声产生随机的变化，而反射声的存在将会使测量值偏高。为了降低反射声的影响，要求发动机的安置尽量远离声反射面，至少应大于2m。必要时，可根据反射面的状况对测量值进行修正，其修正方法可参阅有关资料。

3）消除本底噪声的影响。现场测量与声学实验室中测量的一大差别在于作业现场总存在着或强或弱的本底噪声，解决问题的方法是降低本底噪声后再进行测量。

4）其他影响。在测量中使用传声器时，要在其所规定的温度、湿度范围内工作，并注意避免强电磁场及振动对传声器的干扰。

思考题与习题

10-1　振动测量的目的是什么？振动的主要测量参数有哪些？

10-2　从分析各种振动传感器动态特性中，说明几种典型测振传感器的测频范围。

10-3　试述涡电流式振动位移传感器原理。

10-4　测振仪器的选择和使用应考虑哪几个方面？

10-5　什么是声压、声强和声功率？举例说明常见的几种声音的声压级和声强级。

10-6　说明为何要用声级作为噪声的度量？

10-7　举例说明测量环境和测量方法对测量结果的影响。

10-8　某试验室测量内燃机运转时总噪声级为95dB（A），环境噪声为87dB（A），试问此内燃机实际噪声为多少？

第 11 章　气体成分分析

我国是以煤炭作为主要能源的国家，随着工业的快速发展，煤燃烧所产生的 CO、CO_2 和 SO_2 等有害气体的排放越来越多，直接危害着人类的健康。特别值得注意的是，即使空气中的这些有害气体量没有达到危险值，但由于空气中混有粉尘，其毒性要比上述的 CO、CO_2 和 SO_2 等有害气体的毒性大得多。因此，非常有必要对工业排放的气体进行检测，确保空气达到国家的排放标准值，使空气质量得以改善。

此外，随着科学技术的发展，气体本身也是一种重要的生产原料或产品，如高纯氧、高纯氢以及各种混合气体等，其纯度或在混合气体中的比例都有严格的要求。

气体成分分析的方法主要有气相色谱法、红外光谱法、库仑滴定分析法、电导分析法、电磁法等。

气体成分分析的重要性可以概括为以下几个方面：① 它是安全生产的重要保证，如生产环境的危害气体，如 CO、H_2 等各种有害、易燃、易爆气体；② 环境保护，如大气中的 NO、SO_2 等有害气体的监测等；③ 制气成品（高纯气、混合气）纯度检测；④ 保障生产工艺要求，如通过对燃烧过程中 O_2 含量的分析，确保锅炉燃料的高效燃烧等。

本章将重点介绍气相色谱法和红外光谱法进行气体成分分析的原理与应用，以及空气的主要污染成分 CO、CO_2、NO 以及 O_2 和烟尘气等的一般检测方法。

11.1　气相色谱法

色谱法是因最早使用该方法分离植物色素而得名的。其操作流程是：在一玻璃管中放入碳酸钙，将含有植物色素（植物叶的提取液）的石油醚倒入管中；此时，玻璃管的上端立即出现几种颜色的混合谱带；随后用纯石油醚冲洗，随着石油醚的加入，谱带不断地向下移动，并逐渐分开成几个不同颜色的谱带，继续冲洗就可分别获得各种颜色的色素，并可分别进行鉴定。

随着色谱理论和技术的发展，色谱法已被广泛用于无色组分的分离与测定，而不再局限于有色物质的分离与分析，色谱法虽已不再是原来的含义，但至今人们仍然沿用“色谱法”来代表这一类的分离、分析技术。

采用气相色谱可解决大部分气体分析的问题，该方法不但操作简便、灵敏度高，且分离效率高、定量比较准确，易于自动化，可在工业流程中使用。

色谱法中，流动相可以是气体，也可以是液体，由此可分为气相色谱法（GC）和液相色谱法（LC）。固定相既可以是固体，也可以是涂在固体上的液体，由此又可将气相色谱法和液相色谱法分为气-液色谱、气-固色谱、液-固色谱、液-液色谱。本节主要介绍气相色谱法（GC）。

1. 气相色谱的流程

气相色谱仪主要由载气系统、进样系统、分离系统、检测系统、温控系统、数据处理以及记录显示系统等组成。气相色谱法分析流程可用图 11-1 流程框图表示。

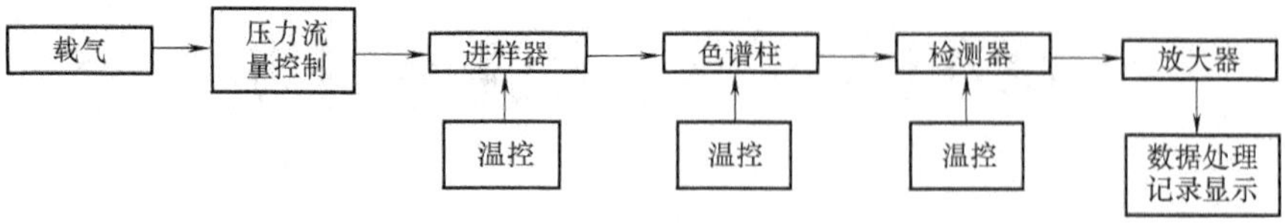

图 11-1　气相色谱仪流程框图

流动相（载气）由气体钢瓶提供，经过压力与流量调节进入进样器。被测样品从进样器注入，并随载气一起进入色谱柱。当包含样品的流动相流过色谱柱内的固定相表面时，样品中的各个组分在流动相和固定相中的分配比例不相同，使得各个组分在色谱柱中流动的速度不同，进而使各组分离开色谱柱进入检测器的时间也不一样。检测器根据样品到达的先后次序测定各组分及其浓度信号，信号经放大器放大，并经数据器处理，得到色谱图。确定各组分质量分数的最简单方法就是根据色谱图中各个峰面积的相对大小来计算。

色谱仪的核心是检测器，其作用是将从色谱柱流出的各组分按性质及其浓度或含量的多少，转换为电信号，以便测量。

（1）检测器与检测系统　检测系统由检测器、温控、放大器和数据处理、记录显示器等组成。

根据对电信号记录方式的不同，检测器分为积分型和微分型两类。积分型检测器灵敏度低，定性困难，应用很少。

微分型检测器显示的是某一物理量随时间的变化，即它所显示的信号表示物质在一瞬时通过检测器的量，所得色谱图为峰形曲线，每个峰代表一种组分。微分型检测器灵敏度高，定性方便，是常用的一类检测器。

在微分型检测器中，根据检测原理不同，又分浓度型检测器和质量型检测器。浓度型检测器的响应信号与载气中待测组分的浓度成正比，常用的浓度型检测器有热导池检测器和电子捕获检测器。

质量型检测器的响应信号与单位时间内进入检测器的质量成正比，常用的质量型检测器有氢火焰离子化检测器和火焰光度检测器。

1）热导池检测器（TCD）。热导池检测器如图 11-2 所示，在一块不锈钢基体上加工出大小相同、形状完全对称的孔道，每个孔道装有热敏元件，另有开孔与气路相通。开有双孔道的称为双臂热导池，开有四个孔道的称四臂热导池。四臂热导池灵敏度比双臂热导池高约一倍，目前普遍使用的是四臂热导池。热敏元件为细铼钨合金丝，绕成细螺旋形焊在弓形架上，安装在池孔中央。

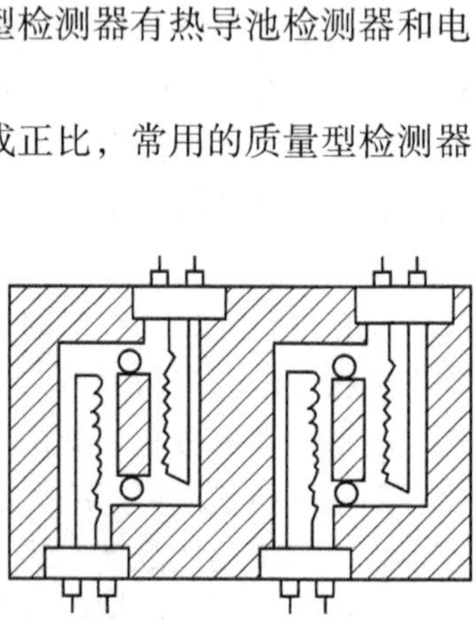

图 11-2　四臂热导池检测器结构原理图

工作时热敏元件上通有稳定的电流，载气在元件周围稳定流过，元件产生的热量大部分通过载气热传导给了池体，很少一部分通过对流、辐射及支架热传导而损失。当周围条件稳定时，可建立热平衡，平衡时热敏元件本身的温度稳定，电阻值也稳定。当含有样气组分的载气流过元件周围时，由于其热导率与纯载气有差异，破坏了原来的平衡，使热敏元件温度和阻值都发生相应的变化，从而可测出气体的浓度。

2）氢火焰离子化检测器（FID）。氢火焰离子化检测器简称氢焰检测器。

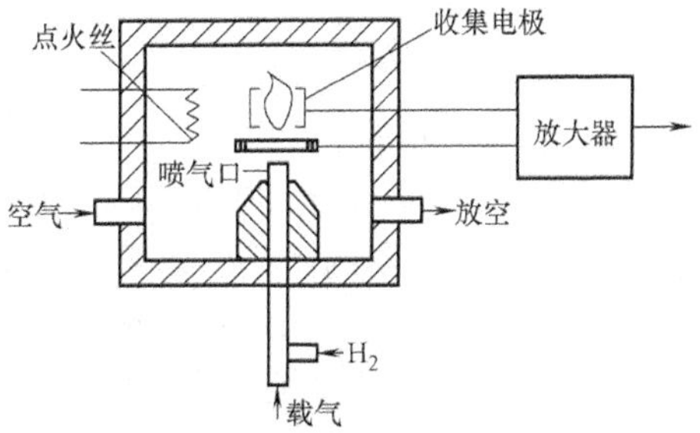

图 11-3　氢火焰离子化检测器结构原理图

氢火焰离子化检测器的核心部分是离子室，离子室由不锈钢制成，包括气体入口和出口，火焰喷嘴，极化极和收集极以及喷嘴附近的点火线圈等部件。其中金属圆环状极化极为阳极，圆筒状收集极为阴极。

载气与在色谱柱尾部补充加入的氢气一起通过喷嘴，用点火电热丝点燃，形成氢火焰，助燃空气由旁边加入，在极化极与收集极之间加有直流电压形成电场。被色谱柱分离的待测组分从柱尾流出即在氢火焰中被燃烧电离，与待测组分含量有关的正负离子在电场作用下定向运动形成微弱的离子流，经过一个高电阻形成电压信号，通过微电流放大器放大后，送到色谱仪的信号处理部件转换成标准浓度信号输出。

氢火焰离子化检测器结构简单，灵敏度高，响应快，线性范围宽，对操作参数要求不甚严格，操作比较简单，稳定可靠，对含碳有机化合物特别敏感，对无机物则无反应。因此，它是含碳有机化合物微量分析常用的检测器之一。

3）火焰光度检测器（FDP）。火焰光度检测器由氢火焰发光和光电检测器两部分组成。发光部分由燃烧器、发光室及点火器组成，燃烧器由气体通道与火焰喷嘴组成。光电检测部分包括石英窗、滤光片和光电倍增管。火焰光度检测器是检测含硫或含磷化合物、特别是痕量硫化物的专用检测器，其灵敏度高，选择性好。

火焰光度检测器的工作原理是：当含有磷、硫的化合物在富氢-空气火焰中燃烧时，会形成激发态分子，当它们回到基态时能分别发射出 526nm 和 394nm 的特征光谱，此发光强度与样品中硫、磷化合物的浓度成正比，这种特征光谱经滤光片滤波后由光电倍增管接收，再经过微电流放大器放大，信号处理后得到样品中硫、磷化合物的含量。

4）电子捕获检测器（ECD）。电子捕获检测器具有对电负性组分进行选择性响应的特性，在检测器中装有一个圆筒状的同位素 ^{63}Ni 为 β 放射源，在阴极，阳极间用聚四氟乙烯或陶瓷做绝缘体。β 射线将载气 N_2 或 Ar 电离产生游离基和低能电子，在脉冲电场或直流电场作用下形成基流，一旦载气将分离出的电负性组分带入检测器后，游离基、低能电子和组分分子发生碰撞。由于组分分子对电子的亲和力而使它捕获电子，生成带负电的离子。负离子在电场中的运动速度远比电子慢得多，在运动轨迹上负离子也容易与游离基产生复合作用，从而使检测器中的电子总数降低，于是在色谱图上出现负峰。电负性组分捕获电子的能力越强，浓度越高，负峰也越大，从而可作为对电负性组分定性和定量分析的依据。

（2）气相色谱法的特点　气相色谱法的高灵敏度反映在检测限很低，可检测出 10^{-11} ~ 10^{-13}g 的组分，并且样品用量极少，液体样品一般为几微升，气体样品一般为几毫升，故适于作痕量分析。

气相色谱法的高分离效能反映在该方法能在较短时间内分离和测定组成极为复杂或性质极为相近的样品。例如，石油馏分中一般含有几十种甚至上百种组分，利用空心毛细管色谱柱以气相色谱法可在 1 ~ 2h 之内完成分离和测定，而利用其他分析方法则很难达到如此高的分离效能。

气相色谱法操作简便，分析速度快。通常完成一个样品分析只需几分钟或几十分钟，一次可同时测定多种组分。配有色谱数据处理器或色谱工作站的色谱仪可使数据处理自动化，更可加快其分析速度。

气相色谱法可用于气体样品、易挥发或可以转化为易挥发的液体及固体样品分析。对不易挥发和容易分解的物质，可采用化学衍生等方法使其转变为易挥发的稳定衍生物，然后进行气相色谱分析。气相色谱法既可以测定有机物，也可以分析无机物。一般来讲，沸点在500℃以下，相对分子质量在400以下的物质，原则上都可采用气相色谱法进行测定。利用气相色谱法还可以测定物质的某些物理常数，如分配系数、活度系数、相对分子质量、比表面积等；此外，还可以作为制备色谱纯试剂的重要手段。

气相色谱法的缺点是色谱峰不能直接给出定性结果，必须有已知的纯物质或有关色谱数据作对照，才能确定各色谱峰所代表的组分。当无已知纯物质或无有关色谱数据对照时，定性就很困难，通常此时可配合质谱、红外光谱等其他分析方法，来解决未知物的定性分析问题。

2. 气相色谱的定性分析与定量分析

（1）定性分析　定性分析是指根据色谱峰图确定被分析的混合物中含有何种物质。当与已知纯物质对照定性时，其常用的定性分析方法有以下几种。

1）与已知纯物质对照定性，有以下两种方法：

① 利用保留值直接对照定性分析。常用的保留值包括：保留时间、保留体积等。当操作条件一定时，每一种组分的保留时间是一定的。因此，如果已知各组分的保留时间，则可将实际得到的保留时间与之比较，来判断某一组分是否存在，以及每个色谱峰所对应的组分。这种定性方法容易受操作条件影响，为避免操作条件的影响，可以利用相对保留时间作为对照定性分析。

② 利用加入纯物质的方法定性分析。要想判断被分析的混合物中有无某种组分A，可先作出混合物的色谱峰图，然后加入该组分的纯物质，再作出新的色谱峰图，并与原色谱峰图相比较。如果新的色谱峰图中有一峰是原色谱峰图中所没有的，则说明被分析的混合物中不含有组分A。如果原色谱峰图中某一峰增高了，而半峰宽不变，则说明此峰即相应于新加入的组分A。这种定性分析方法简单，对操作条件的稳定性要求不高，但是如果对被分析的混合物的组成一无所知，则此定性方法较难实施。

2）利用文献保留数据定性，在文献上规定的固定液种类、标物及柱温下，测定未知组分的相对保留值，并与文献资料中已知物的相对值进行对照，若两者数据相同，则可认为两者属同种物质。

（2）定量分析　气相色谱仪的定量分析通常采用峰面积法或峰高法。故定量分析首先要解决峰面积或峰高的测量。当色谱峰形对称时，通常采用“峰高乘以半峰宽度法”，其计算公式如下

$$A = 1.065hW_{0.5h}$$

式中，A 为峰面积；h 为峰高；$W_{0.5h}$ 为半峰宽度；1.065 为修正系数。

当色谱峰形不对称峰时，如前伸或拖尾等，则采用“峰高乘以平均峰宽度法”；对有机同系物的狭窄峰的测量，通常采用“峰高乘以保留时间法”；其他还有“三角形测量法”以

及“以峰高代替峰面积法”等。常用的定量分析方法有三种：

1）归一化法。假设样品中有 n 种组分，则组分 i 的质量分数为

$$x_i = \frac{A_i f_i}{\sum_{j=1}^{n} A_j f_j} \times 100\% \tag{11-1}$$

归一化法的优点是简便、准确、受操作条件影响较小，特别适合多组分样品的全分析。缺点是对样品中的全部组分都要计算其校正因子和峰面积，故在分析时需使各种组分全部流出，否则不能使用该方法。

2）内标法。所谓内标法就是在一定量的试样中，加入一定量的内标物，当出现代表被测组分和内标物的两个峰时，即可进行定量分析。

内标法的优点是准确度高，不必准确知道进样量；操作条件对测定结果影响很小；只需要求测定的几个组分出峰，即可使用该方法，而不必试样中所有组分出峰。

3）外标法。外标法只是相对内标法而言的，又称定量进样校正曲线法。把待测组分的纯物质配置成一系列含量不同的待测组分标准样，与试样在同一色谱操作条件下，定量出样，出峰后依次测量各标准样和试样中待测组分的峰面积或峰高，绘制峰面积（峰高）-质量分数标准曲线，并从标准曲线上查出待测组分的含量。

外标法的优点是操作简单，计算方便，不必计算修正因子，适合工厂控制分析。缺点是每次进样量必须相同，且操作条件的波动等会影响测量精度。

11.2　红外光谱法

在光学上，通常将波长为 0.78～300μm 范围内的电磁波称为红外辐射线或红外光。

通过研究红外辐射与试样分子振动能级相互作用，利用红外吸收谱带的波长位置和吸收强度来测定试样组成、分子结构的分析方法称为红外（吸收）光谱法。

物质的红外吸收光谱是物质的分子被红外辐射线照射后，引起分子内的振动能级和转动能级跃迁而产生的。红外吸收光谱反映了物质分子中不同波长红外线的选择性吸收性质。

对于一定波长的红外光谱的吸收，其强度与待测组分浓度间的关系可以由贝尔定律来描述

$$E = E_0 e^{-k_\lambda lc} \tag{11-2}$$

式中，E 为透射红外辐射的强度；E_0 为入射红外辐射的强度；k_λ 为待测组分对波长为 λ 的红外辐射的吸收系数；c 为待测组分的物质量的浓度；l 为红外辐射穿过的待测组分的光程。

实际上并不是每一种物质的分子对红外光谱范围内任意一种波长的辐射都具有吸收能力，而是有选择性地吸收某一个或某一组特定波段内的辐射。这个特定的波段就是分子的特征吸收带。气体分子的特征吸收带主要分布在 1～25μm 波长范围的红外区。

物质的分子对红外吸收光谱除具有选择性地吸收外，还需分子在振动及转动过程中必须发生偶极矩的变化。故对于正负电荷中心重叠，振动或转动时不发生偶极矩变化的一些单原子分子、同核双原子分子以及烃类气体就不适合，如：N_2、H_2、O_2、Cl_2 等。因此红外（吸收）光谱可用于测定 CO_2、CO、NO、NO_2、CH_4、SO_2 等具有偶极矩的分子。

红外线分析器具有能连续测量、精度高、反应灵敏、测量范围宽及有良好的选择性等优

点。工业型红外线分析仪主要用于测量混合气体中某些组分浓度，其结构形式很多，包括分光式和不分光式、直读式和补偿式以及单光束和双光束等。其中不分光直读式双光束红外线气体分析仪具有灵敏度高、响应速度快、结构简单，并且可以测量微量和常量等优点，故在生产中应用广泛。

1. 薄膜微音红外气体分析器

薄膜微音红外气体分析器由红外光源、切光片、气室、检测器及相应的供电、放大、显示和记录等部件组成，如图 11-4 所示。

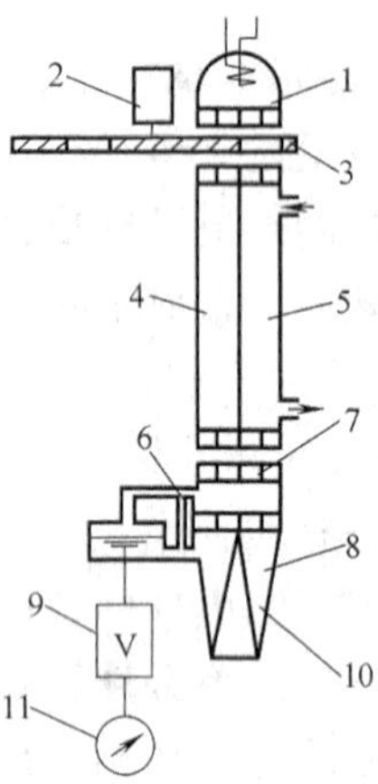

图 11-4　薄膜微音红外气体分析器原理图

1—红外光源　2—同步电动机　3—切光片　4—参比气室　5—测量气室　6—压力补偿
7—前接收室　8—检测器　9—放大器　10—后接收室　11—数据处理、显示记录

红外光源的灯丝由镍铬丝制成，当镍铬丝被加热到 600～1000℃时，经过反射镜反射后辐射出两束波长及能量相等的平行光，经同步电动机带动的切光片切割成断续的交变光，从而获得交变信号（交变信号可减少信号漂移）。两束平行光中，一束经滤波后通过参比气室（内充不吸收红外线的气体，如氮气），后射入接收室；另一束光称为测量光束，经滤波后射入测量气室。由于测量气室有待测气样通过，气样中的待测量吸收了部分特征波长的红外光，使射入接收室的光束强度减弱。气样中待测量含量越高，光强减弱越多。当两束强度不同的红外光进入检测器后，引起检测器内电容变化，检测器的输出信号经放大器及数据处理系统处理，即可得到待测组分浓度。

2. 基本部件结构

（1）光源和调制器　光源的任务是产生具有一定波长（2.5～25μm）光波，调制器由反射镜、切光片及同步电动机组成。

（2）气室和滤光器　气室包括测量气室、参比气室和过滤气室，其结构通常制成圆筒形。除测量气室有气样进出口外，参比气室和过滤气室都是密封的，所有气室内壁都非常光洁，要求不吸收红外线，不吸附气体，对气体不起任何化学作用。

测量气室长度与待测气样浓度成反比。过滤气室封入一定浓度的干扰组分，它的长度亦由封入干扰组分浓度决定，有的红外线分析器不采用过滤气室，而用滤光片将干扰组分特征吸收波长全部滤去，这种结构就比较简单。

过滤气室两端用透光材料密封，它既保证气室的密封性，又具有良好的透光性，并且因各种透光材料允许透过的光波长不同，又起到了滤光作用。常用的透光材料有蓝宝石（Al_2O_3）、氟化锂（LiF）和氟化钙（CaF_2）等。

（3）检测器　薄膜微音红外气体分析器是最常用的红外线检测器。它是利用待测组分的变化引起电容量变化来测量待测组分浓度的。电容的金属薄膜（动片）将接收室分为容积相等的两个空腔。在一侧空腔中还有一固定的圆形金属片（定片），距离薄膜约为0.05～0.08mm，两者组成了一个电容器，接收室内充满等浓度的待测气体。红外光束射入接收室后，会加热其中的待测气体，使其温度升高，从而导致内部压力升高。当测量气室中没有待测组分时，测量光束与参比光束平衡，两边压力也相等，动片维持在平衡位置。当测量气室中有待测组分时，通过参比气室的红外光辐射不变，而通过测量气室进入接收室的红外光由于待测组分的吸收而减弱，使这一边气室温度降低，压力减小。这样动片就会在压差作用下偏向定片一方，从而改变电容器两极板之间的距离，也就改变了电容量。电容量可以指示待测组分的浓度（经A-D转换，将电容量变化转变数字信号，并经数据处理后进行记录和显示）。这种检测器的优点主要是温度变化影响小，选择性好，灵敏度高。

3. 其他红外气体分析器

除薄膜微音红外气体分析器外，常用的红外气体分析器还有：微流量红外气体分析器、半导体红外气体分析器、傅里叶红外气体分析器等。

（1）微流量红外气体分析器　微流量红外气体分析器是一种利用敏感元件的热敏特性测量微小气体流量变化的气体分析器。传感元件是两个微型热丝电阻镍格栅和另外两个辅助电阻组成惠斯顿电桥。热丝电阻通电加热至一定温度，当有气体流过时，带走部分热量使热丝元件冷却、电阻变化，并通过电桥转变成电压信号。

微流量红外气体分析器的原理是：红外光源发射出红外线，由切光片调制成一定频率的交变光束，经测量气室后再进入检测器的接收气室。接收气室由填充了待测组分的多层串联气室组成，第一层吸收红外辐射波带中间位置的能量，第二层吸收边界能量，二者之间通过微流量传感器连接在一起。当切光片处于“接通”位置时，第一层接收气室填充的待测组分吸收红外辐射能量后受热膨胀、压力增大，气流经毛细管通道流向第二层接收气室；当切光片处于“遮断”位置时，第一层气室填充气体冷却收缩、压力减小，第二层气室的气流经毛细管通道反向流回第一层气室。切光片交替通断，气流往返流经微流量传感器，便在检测器电桥两端产生了交流信号，信号幅度大小与流经传感器的气体流量成正比。待测气体浓度越高，则光束在测量气室被吸收的能量就越多，而在接受气室的能量就越小，接受气室的受热膨胀就小，传感器的信号也小，故传感器信号与待测组分的浓度成反比。

微流量传感器中有两个被加热到大约120℃的镍格栅，这两个镍格栅电阻和两个辅助电阻形成惠斯顿电桥。脉冲气流反复流经微流量传感器，导致镍格栅电阻阻值发生变化。

接收气室采用串联结构可消除干扰组分对测量结果的影响。在接收气室中，除填充待测组分外，还根据被测气体的组成填充一定比例的干扰组分。干扰组分在第一、二两层气室中对红外辐射进行吸收，产生的压力作用方向相反，相互抵消。

微流量红外气体分析器灵敏度高，可以分析微量气体。其检测器结构简单，稳定性好，可以在线使用，也可以串联使用，适合同时分析多种组分，并且振动对仪器测量无任何影响。

（2）半导体红外气体分析器　半导体红外气体分析器是一种结构非常简单的气体分析

器。其原理是脉冲红外光源发射特定频率的辐射光，辐射光通过气室被检测器接收。检测器采用热释电检测器，具有两个检测通道：测量检测通道和参比检测通道。当气室通入 N_2时，红外光在气室内不被吸收，测量检测通道输出信号最大；当气室通以待测组分时，红外光线在气室内被吸收，测量检测通道输出信号减小。测量检测通道输出信号由于气室中待测组分的吸收而发生变化，产生一个与待测组分浓度成比例的输出信号。参比检测通道的输出信号不受被测气体及其浓度影响，用于反映光源发光强度的变化，以补偿测量检测通道的输出信号。

光源可采用电调制脉冲光源，也可采用传统的电动机切光广谱光源。

半导体红外检测器有：光电检测器、热电堆检测器和热释电检测器三大类。光电检测器具有很高的响应率和探测率，但对红外光线具有选择性吸收的特性。一种光电检测器只能检测位于可检测波长范围内的红外线，例如锑化铟检测器的检测波长范围为 2 ~ 7μm，因此能检测 CO 和 CO_2，但不能检测 NH_3和 SO_2。热电堆对温度非常敏感，温度影响系数较大，不适合作为精密仪器的检测器。热释电检测器具有波长响应范围广、检测精度高、反应快的特点，温度影响系数比热电堆要小，因此适合用于高精度测量的气体分析仪器。

（3）傅里叶红外气体分析器　傅里叶红外气体分析器采用干涉分光方法，属于分光型仪器。其光学部分由光源、迈克尔逊干涉仪、样品室、检测器（热释电检测器）组成。其原理是红外光源发出的红外光经准直成为平行光束进入干涉仪。干涉仪由定镜、动镜及与定镜、动镜分别成45°角的光束分离器组成。定镜固定不动，动镜可沿入射光方向作平行移动。光束分离器可让入射的红外光一半透过，另一半被反射。

光源发出的红外光进入干涉仪后，通过光束分离器将光束Ⅰ入射到动镜表面，另一半被光束分离器反射到定镜构成光束Ⅱ；光束Ⅰ、Ⅱ又被动镜和定镜分别反射回到光束分离器，并通过样品室再被反射到检测器。当两束光Ⅰ、Ⅱ到达检测器时，其光程差将随动镜的往复运动周期性地变化，当两束光程差为 $\lambda/2$ 的偶数倍时，照在检测器上的相干光叠加，产生明线，其相干发光强度有极大值；当两束光程差为 $\lambda/2$ 的奇数倍时，照在检测器上的相干光相互抵消，产生暗线，其相干发光强度有极小值，此即干涉现象。

检测信号经过放大器、滤波器、A-D 采样之后送入数据处理系统。经傅里叶变换将干涉图转化为吸收光谱，再扫描光谱图库，寻找与吸收光谱匹配的谱图，通过比较计算，得出每种待测组分的浓度。

在线傅里叶气体分析器已用于在线连续监测，其优势之一是使用一台仪器可以同时测量多种气体组分，适用于燃烧源、有毒废物焚烧炉以及工业生产过程。

11.3　库仑滴定法

库仑滴定法是以法拉第电解定律为理论依据，通过测量电解过程中流过电解池的电量，来确定物质含量的电化学分析法。法拉第电解定律是自然科学中最严格的定律之一，它不受温度、压力、电解质溶液浓度、电极及电解池材料和形状、溶剂的性质等外界因素影响。

在许多测定中，库仑滴定法都被作为标准分析方法，它是目前已知的分析方法中最准确的常量分析方法，又是高度灵敏的痕量组分分析方法。这是因为库仑滴定中的“基准物”是时间和电流。随着测量技术的迅速发展，时间和电流这两个物理量都可以非常准确而灵敏地加以测量。

库仑滴定中的滴定剂是由电解产生的，因此取消了标准溶液的制备、标定、贮存、移取等过程，简化了分析过程。同时由于电解滴定剂立即与试液中待测组分定量反应，因此也不存在试剂不稳定的问题。

库仑滴定可用来测定大气中 SO_2、O_2、NO、NO_2 等，也可用于测定水中生物耗氧量（BOD）和化学耗氧量（COD）等。此外库仑滴定法分析速度快，用样量少、并易于实现自动化控制。

1. 库仑滴定法测定 NO、NO_2

空气中的氮氧化物主要来自于工厂排出的烟气及汽车排出的尾气。当氮氧化物浓度在 0.02ppm 时，经太阳光中紫外线的照射，能分解成 NO 和原子态氧，它与空气中氧分子能结合生成臭氧，这些物质与空气中其他碳氢化合物及硫酸雾化合会形成光化学烟雾，对人类的危害则是灾难性的。

（1）测量原理　库仑滴定法测定氮氧化物原理如图 11-5 所示，使用铂网做阴极，活性炭做阳极，组成一个原电池。电解液用 0.1mol 磷酸盐缓冲液和 0.3mol 碘化钾溶液（pH≈7）组成。在两电极间有一个很小的电势差，当大气中的 NO_2 流过电解液时，发生化学反应，将碘负离子氧化为碘分子，生成的碘分子后即在铂网阴极上还原为碘负离子，从而在原电池上产生微小电流。活性炭阳极在这里只起相应的电氧化作用。

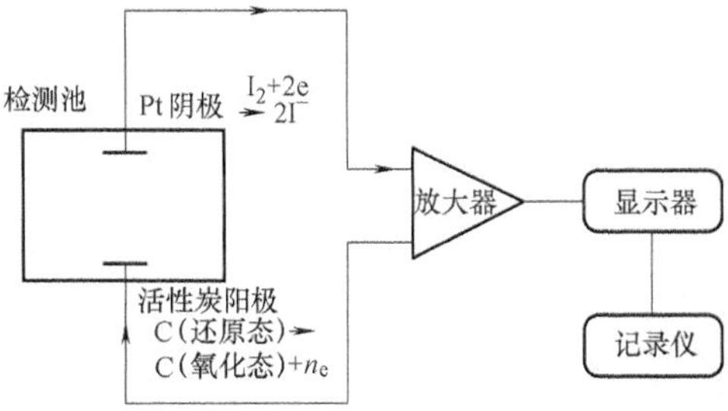

图 11-5　库仑滴定法测定氮氧化物原理图

库仑池中发生的反应为

$$2NO_2 + 2I^- \longrightarrow 2NO_2^- + I_2 \qquad (11\text{-}3)$$

阴极
$$I_2 + 2e \longrightarrow 2I^- \qquad (11\text{-}4)$$

阳极
$$\cdots C + H_2O \longrightarrow \cdots CO + 2H^+ + 2e \qquad (11\text{-}5)$$

（2）仪器结构　库仑池的结构如图 11-6 所示，它分为内池和外池。内池由玻璃直管、支管与旁管组成，盛有 10mL 电解液。气样由插入支管的聚乙烯管送入，与池中电解液作用，形成循环溶液，其尾气由直管上部杯壁小孔逸出，经库仑池帽盖上的出口排出。直管中的铂网做阴极，其末端开口，塞入一些玻璃丝（或烧结瓷片）作为内、外池中电解液相通的渗透塞。

活性炭阳极装在长陶瓷滤管中，由铂丝引出作为库仑池的阳极，滤管直接浸放在外池电解液中。

库仑池前接上不同装置，就能测出不同的氮氧化物的量。氧化银过滤器可以同时有效地滤去 SO_2、HS、Cl_2 以及小于 1ppm 的 O_3，并允许 0～2ppm 的 NO_2 无损失地通过，是一种比较理想的过滤器。CrO_3 氧化管能定量地使 NO 氧化为 NO_2，$FeSO_4$ 还原管能定量地把 NO_2 还原为 NO，$AgCO_3$ 过滤器能除去 NO_2，仅允许 NO 通过。因此，在库仑池前接

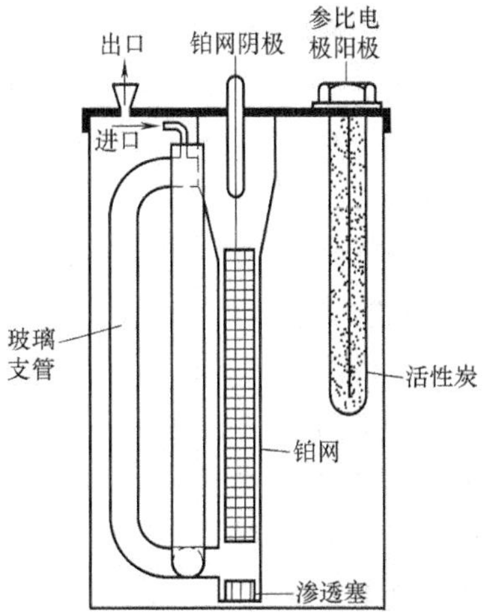

图 11-6　库仑池的结构图

上 AgO 和 CrO_3管，便可测量大气中的总氧化氮物（$NO_2 + NO$）的量；若只接上 AgO 管，则测出的是二氧化氮（NO_2）的量，两者相减，得到的是一氧化氮（NO）的量；如果接上 AgO、$AgCO_3$和 CrO_3管，则测得的是一氧化氮（NO）的量。

2. 库仑滴定法测定 SO_2

空气中的 SO_2主要来自以原油和煤作为燃料的工厂排放的烟气中。目前一般城市 SO_2的年平均浓度高达 0.15 ~ 1ppm。由于 SO_2 比空气重，容易降到近地面表层被人吸入，引起呼吸系统疾病。当 SO_2 的年平均量在 0.03ppm 时，对植物叶片造成慢性损害，使湖泊和土壤酸化，加速物质被腐蚀等。

（1）测量原理　如图 11-7 所示，同氮氧化物测定一样，库仑池分内、外池。但不同的是，SO_2测定需要一个恒流电源，此外库仑池有三个电极：铂丝阳极、铂网阴极和活性炭参比电极，所用电解液为碱性碘化钾溶液。

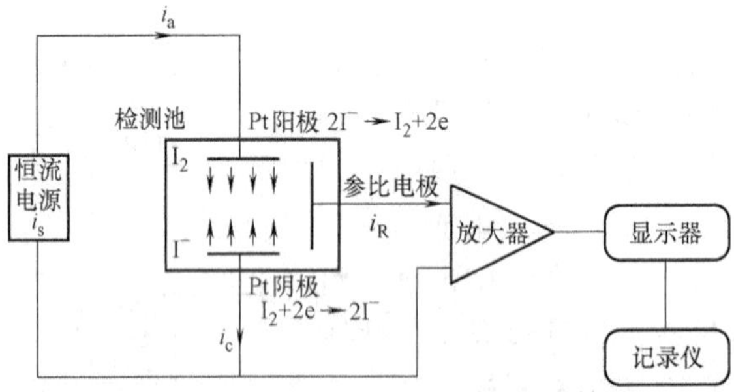

图 11-7　库仑滴定法测定二氧化硫原理图

恒流电源产生的恒电流 i_s加于两铂电极上，当纯空气经过滤（棉纱、硅胶、活性炭、分子筛等）成为无 SO_2的气流并送入库仑检测池时，电解液中的碘化钾由于恒电流的作用，在阳极上发生氧化反应，产生碘分子，其反应式是

$$2I^- \rightarrow I_2 + 2e \tag{11-6}$$

相应的电流为 i_a，因为碘与无 SO_2的纯空气不发生反应，产生的碘又在阴极上还原为碘离子，反应式是

$$I_2 + 2e \rightarrow 2I^- \tag{11-7}$$

相应的电流为 i_c。此时恒电流 i_s与阳、阴极上的电流相等，即 $i_s = i_a = i_c$。而活性炭参比电极在此过程中没有发生反应，即无电流流出，$i_R = 0$，记录仪上电流（电势）读数接近于零。

当含有一定量 SO_2的气体进入库仑池，阳极上发生氧化反应，生成的碘与溶于水中的 SO_2发生反应

$$SO_2 + I_2 + 2H_2O \rightarrow SO_4^{-2} + 2I^- + 4H^+ \tag{11-8}$$

由反应式（11-8）可知，每一个 SO_2分子消耗一个碘分子。这样由反应式（11-7）可以看出，在阴极上还原反应的碘分子少了，使 i_c也减小了，扰乱了原来电流的稳定状态。因为恒电流 i_s是定值，如果阳极电流 i_a不能全部经阴极传导，即 $i_c < i_a = i_s$，则部分电流必定流经参比电极，电极反应是

$$C（氧化态）+ ne \longrightarrow C（还原态）\tag{11-9}$$

此时 $i_s = i_a = i_c + i_R$。由此可知，参比电极上的电流 i_R 与 SO_2 的量成正比，即 SO_2 的量高，消耗的碘量也高，i_c 就小，i_R 也就大。所以测量出 i_R 便可以知道 SO_2 的量。

（2）装置结构和气路　库仑池的装置如图 11-8 所示。活性炭参比电极装在长陶瓷滤管中，滤管直接浸放在外池电解液中。内池中的阴极是铂网，中间插入一根玻璃棒，其末端焊接一根铂丝作为阳极，整体紧密地插入内池的直管中。玻璃内池壁上有三个孔；一个是插入导气管的小孔，在内池底部；一个是内、外池流通电解液的小孔，在铂丝阳极右侧，该小孔使电解液能在内、外池流通，缓慢地达到平衡；还有一个是出气孔，在内池上部的池杯壁上，残余气体由小孔流出并经外池出气口排出。内池和三个电极都固定在库仑池顶盖上，盖面上有三个电极的接线插口和进气口、出气口、加液口。空气通过导气管进入内池，形成一连串气泡，将溶液推至池杯中，带动电解池循环流动，使阳极产生的碘分子随电解液上升，并与气样中的 SO_2 发生作用，消耗部分的碘分子，然后溶液经池杯下降到阴极铂网上，多余的碘分子在阴极上还原为碘离子，回到原溶液中，这就完成了一次循环。在此过程中，碘化钾的浓度不变，溶液中只逐渐积累了硫酸根离子。经长时间运转，内池水分会不断蒸发使溶液变浓，此时外池电解液自动流入内池进行补充，同时碘离子也通过小孔扩散，使内、外池溶液浓度处于动态平衡。由于该小孔很小，又位于阳极上方和阴极的下端，此处碘离子的浓度为动态库仑滴定终点时的平衡浓度，其值极低，因此碘离子向外池的扩散作用可以忽略不计。

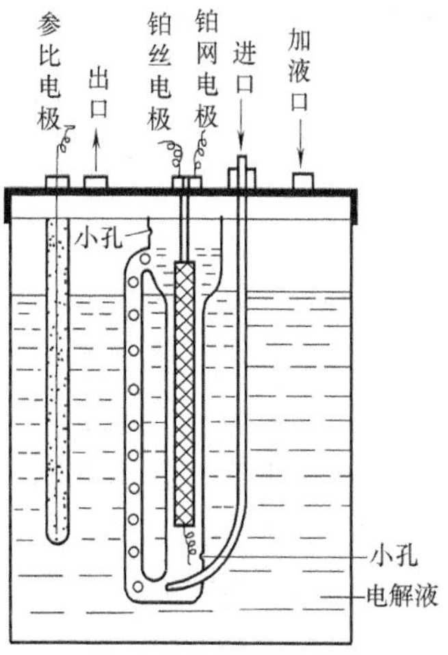

图 11-8　SO_2 分析仪库仑池

检测时，当三通阀放在“调零”位置时，空气经过活性炭过滤器除去全部污染物质，调节仪器零点。

被测空气经过加热器、选择性过滤器、三通阀和流量计，除去大气中的干扰物质，进入库仑池。每个选择性过滤器都装有加热器，以降低空气中的相对湿度和增加过滤器效率。

从库仑池流出的气体先经缓冲瓶、硅胶干燥剂和加热器除去气流中的水雾和水汽，然后进入针阀和稳流器，最后由薄膜泵排出。

11.4　电导测量法

当某些气体溶解于电解液中时，与原有电解质发生化学反应，会改变电解液的电导。大气中这些气体的成分越多，其被电解液吸收的也越多，电解液的电导变化也越大。

电导气体分析仪就是利用某种特定的溶液选择性地与大气中的某些成分发生反应，然后用测定溶液电导的方法来测定气体成分。

电导池的两片平行极板，是电导气体分析仪的传感元件。常见的电极形状有平行板电极、圆筒电极和环形电极等。电极材料根据使用场合而进行选择，常用的有铂、金、不锈钢、镍等。

对于一定的电导池，电极面积和极间距离表示了其结构的特征，几何参数一经确定，则电极面积和极间距离之比（S/l）即为常数，称之电导池常数，用 k 表示。

于是得到 $$\gamma = Gk$$

这样电导池常数 k 为 $$k=\gamma/G=\gamma R \tag{11-10}$$

式中，γ 为电导率；G 为电导，是电阻 R 的倒数。

电导池常数通常是通过实验方法来确定的。在实际中都是采用氯化钾（KCl）溶液作为标准溶液进行标定，因为纯的 KCl 容易得到，同时它的浓度与电导率之间的数据关系准确已知。

只要依表配制某一浓度的溶液，就可以知道它的电导率 γ，然后将待测的电极插入配得的溶液中，用一台精密的交流电桥测出两极间的电阻 R，由式（11-10）即可计算出该电极的电导池常数 k 值。得到电导池常数值之后，就可以通过测定溶液的电阻 R 来确定不同浓度对应的电导率 γ，也就可以确定溶液的浓度。

溶液的电阻 R 可用惠斯顿电桥电路测量。

1. 电导法测定 CO

电导法测定 CO 首先用 I_2O_2将 CO 氧化成 CO_2，然后用氢氧化钠溶液吸收 CO_2，即

$$2\,NaOH + CO_2 \longrightarrow Na_2CO_3 + 2H_2O$$

由于氢氧根离子的当量电导大于碳酸根离子的当量电导，吸收 CO_2后，（氢氧化钠）溶液的当量电导降低，所以通过测量氢氧化钠溶液电导的变化量，可确定吸收的 CO_2量，即 CO 量（在一定范围内，氢氧化钠溶液电导的变化与 CO 量呈线性关系）。

仪器由取样系统、分析器和测量显示部分组成。被分析的大气气样经取样系统进行初步处理，除去干扰组分后，进入分析器。气样首先进入 I_2O_2氧化炉，在氧化炉中将 CO 氧化成 CO_2，即

$$5CO + I_2O_2 \rightleftharpoons 5CO_2 + I_2 \tag{11-11}$$

反应所产生的碘分子随气流一起被带出，经过硫脲过滤器后，碘分子被吸收。接着气样被送入液气混合器，与从参比电导池来的电导液按一定比例混合，经蛇形管充分接触，CO_2被溶液吸收，完成式（11-11）的反应。残余气体被排空，随后电导液进入测量电导池，被测出的溶液电导与参比电导池的溶液电导比较，得出电导率因存在 CO_2而降低的量，由显示测量电路以 CO 含量的形式指示出来。

该仪器适用于测量含微量的 CO 和 CO_2组分的气体。可以测量气体中 CO_2及 CO 的量，也可测量气体中 CO 和 CO_2的总量。

2. 电导法测定 SO_2

用电导法测定 SO_2时，首先要用过氧化氢水溶液吸收二氧化硫，即

$$SO_2 + H_2O_2 \longrightarrow H_2SO_4 \rightleftharpoons 2H^+ + SO_4^{2-}$$

反应所生成的硫酸，使吸收液电导率增加，其增加值决定于气样中 SO_2含量，故通过测量吸收 SO_2前后电导率的变化，就可以得知气样中 SO_2的浓度。

根据电导法原理制造的电导式 SO_2自动监测仪，有间歇式和连续式两种类型。间歇式测量结果为采样时段的平均浓度；连续式测量结果为不同时间的瞬时值。电导成分分析仪的核心部件是电导池。它有两个电导池，一个是参比池，用于测定空白吸收液的电导率 γ_1，另一个是测量池，用于测定吸收 SO_2后吸收液的电导率 γ_2。由于空白吸收液的电导率在一定温度下是恒定的，因此，通过测量电路测可知两种电导液的电导率差值（$\gamma_1-\gamma_2$），得到任何

时刻气样中 SO_2 的浓度。

3. 影响电导测量的主要因素

1）电极化问题。电极在电解质溶液中会产生电极化现象。为防止电极化现象，电导测量设计都选用交流电源，且频率越高，效果越好。

2）温度影响。温度是电导法测量仪器的最重要的环境条件，因为电导测量法是利用溶液的电导率来测量浓度的，而溶液的电导率受温度影响很大。如果安装环境温度比较平稳，则可减少仪器的附加误差。通常仪器都采用参比电导池来抵消温度的影响。

11.5　热磁测量法

介质处于外磁场中，受到力和力矩的作用而显出磁性的现象称为磁化。当气体处在外磁场中间时，如果能被磁场所吸引，则该种气体为顺磁性气体；如果能被磁场所排斥，则该种气体为逆磁性气体。在具有温度梯度和磁场梯度的环境中，当顺磁性气体存在时，由于气体局部温度升高，而使这些气体的磁化率下降，这种利用磁化率与温度间的关系测定气体中的某种成分含量的方法称为热磁法。

气体的磁化强度与外磁场强度之比称为磁化率 x。x 是一个量纲为一的常数。当介质的 $x>0$，则表明该介质是顺磁性物质，在外磁场中表现为被磁场吸引。反之，则是逆磁性物质，在外磁场中表现为被磁场排斥。

顺磁性气体的磁化率 x 与气体体积磁化率 k 之间的关系为

$$x=\frac{C}{T+\Delta}=\frac{k}{\rho} \tag{11-12}$$

式中，C 为居里常数；T 为气体的热力学温度；Δ 为修正常数，对于每种物质来说是固定不变的，大多数顺磁性物质的 $\Delta=0$；ρ 为气体的密度。

表 11-1 列出了部分气体的体积磁化率。由表可知，O_2 的磁化率 $x>0$，是顺磁性物质。而且 O_2 的体积磁化率远高于气体的体积磁化率。

表 11-1　某些气体 0℃时的体积磁化率

气　体	$k\times10^{-9}$	气体	$k\times10^{-9}$	气体	$k\times10^{-9}$
O_2	146	NO_2	9	H_2	−0.164
NO	53	CH_4	−1.8	水蒸气	−0.58
空气	30.8	N_2	−0.58	CO_2	−0.84

根据波义耳定律，气体密度为

$$\rho=\frac{pM}{RT} \tag{11-13}$$

式中，p 为气体压力；M 为气体的摩尔质量；R 为气体常数。

由式（11-12）及式（11-13）可得

$$k=\frac{CM}{R}\frac{p}{T^2} \tag{11-14}$$

或

$$k=k_0\frac{p}{p_0}\frac{T_0^2}{T^2} \tag{11-15}$$

式中，k_0为标准状态下，气体体积磁化率；p_0、T_0分别为标准状态下气体的压力和热力学温度。

互不发生化学反应的多组分混合气体，其体积磁化率k_{mix}等于各单独组分体积磁化率k_i的加权和。

$$k_{mix} = \sum_{i=1}^{n} k_i \varphi_i = k\varphi + (1-\varphi)\kappa' \tag{11-16}$$

式中，k为某种气体的体积磁化率；φ为某种气体的体积分数；k_i为混合气体中i组分的体积磁化率；φ_i为混合气体中i组分的体积分数；κ'为混合气体中非氧组分的体积磁化率。

在具有磁场梯度和温度梯度的环境中，若混合气体中含氧量变化，则其磁化率会随之变化，从而引起热磁对流强度变化，处于磁场中的热电阻温度传感器（铂丝）因对流换热量变化而温度发生变化。铂丝的温度与含氧量之间的关系可近似地表示为

$$t = A\varphi_{O_2} k_{O_2} I^2 \frac{p\rho C_p}{T^2 \eta\lambda} H \frac{dH}{dx} \tag{11-17}$$

式中，k_{O_2}为纯氧的体积磁化率；A为与仪器结构有关的常数；I为通过热敏元件的电流；φ_{O_2}为氧的含量；H为磁场强度；$\frac{dH}{dx}$为在给定方向上的磁场梯度；p、T为大气压力和温度；ρ、C_p、η、λ分别为混合气体的密度、热容、粘度和热导率。

铂丝的温度变化引起其阻值改变，通过电桥将传感器的阻值变化以电势的形式反映出来，则该电势读数变化就与混合气体中的含氧量有关。热磁式氧分析仪就利用在不均匀磁场中，受热含氧混合气体的体积磁化率变化而产生的热磁对流变化进行间接测量。热磁式氧分析仪由取样装置、传感器和显示仪表组成。传感器是仪器的核心，也称为检测器或分析室，其作用是把混合气体中含氧量变化转化为电压信号。传感器分为外对流式和内对流式两种。

内对流式传感器如图11-9所示。传感器是中间有通道的环形气室，整个传感器壳体由不导磁的材料（如黄铜）做成，永久磁铁的2个锥形极靴偏心地放在中间通道的一侧，产生非均匀磁场。待测气体经预处理后，由气体入口进入（见图11-9），当无磁场作用时，气体沿两边对称上行，并由气体出口流出，中间通道无气体通过。中间通道外侧绕有铂质热电阻，该电阻既起加热中间通道的作用，又起温度敏感元件的作用。该铂电阻丝被中间一个抽头分成R_1和R_2两个电阻（$R_1 = R_2$），作为惠斯通电桥的桥臂，与R_3和R_4共同构成电桥。

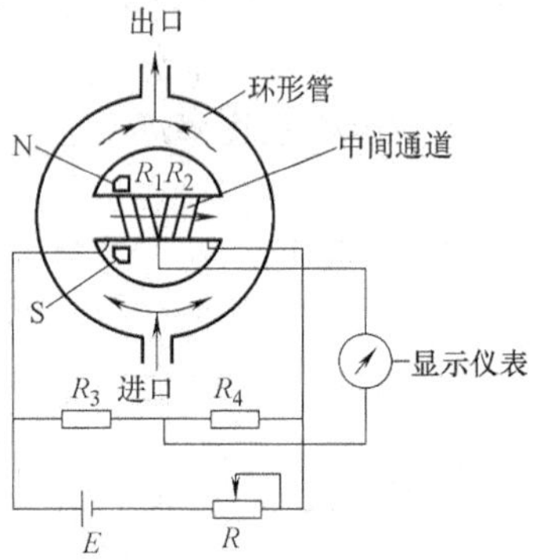

图11-9　内对流式热磁气体分析仪

当不含氧气的被测气体由环形室两侧通过时，敏感元件环绕的空间没有气流。

当温度为T的含氧气体沿环道流经中间通道左侧时，因为顺磁性介质被吸引到中间通道并被铂丝电阻加热到T_1，而磁化率因温度上升而减小；同时，通道左侧尚未加热的气体则继续受磁场作用而被吸入中间通道，即产生热磁对流现象，通常称为磁风现象。当气样的流量、温度、压力和磁场强度等外界条件恒定时，磁风的大小仅随气样中的含氧量变化而变化。

内对流式传感器适合于含氧量为 0～40% 的气体，当气体含氧量超过 40% 时，中间通道的气流速度较大，气体与 R_1 和 R_2 的冷却程度接近，使 R_1 和 R_2 阻值之差减小，从而导致检测灵敏度减小。

磁风将带走铂丝电阻 R_1、R_2 上的部分热量，但因气体首先流经 R_1 处，故 $T_{R_1} < T_{R_2}$，从而电阻值 $R_1 < R_2$，电桥则有一个不平衡电势输出，输出信号的大小取决于 R_1 与 R_2 之间的差值，即磁风的大小，也即反映了待测气体中的含氧量的大小。

气体含氧量超过 40% 时，宜采用外对流式热磁氧传感器。

图 11-10 所示为外对流式热磁氧传感器。传感器有参比气室 F_1 和测量气室 F_2，每个气室都设有热电阻丝，但测量气室气样进口处设有一对磁极，而参比气室不设磁极。气样流经水平管道时，在测量气室既有表面对流换热，也有热磁对流换热。而在参比气室只有表面对流换热，换热量的差别造成两个气室中的平衡温度不同，因此两个气室中的热电阻也不同。将两个热电阻接在电桥上，电桥的不平衡信号输出就可以反映出气样中的氧气的含量。

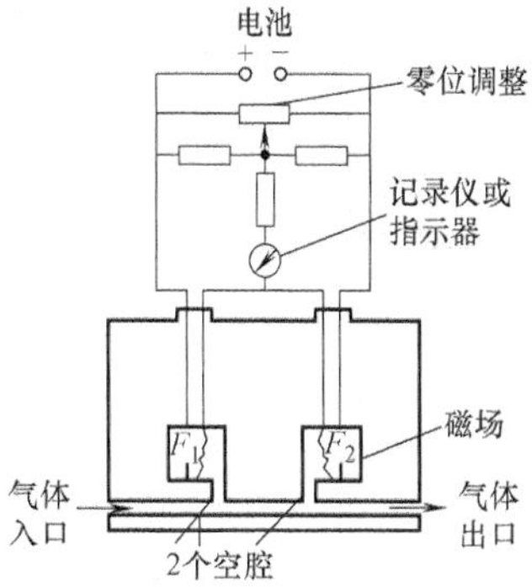

图 11-10　外对流式热磁气体分析仪

11.6　烟尘气的测量

凡是使用煤或石油燃料的地方，都会产生粉尘。工厂排出的烟气中就有大量的煤烟飞散在天空中，其中粒径大于 10ppm 的尘粒缓慢地下落，而粒径小于 10ppm 的粒子不易降落，会在大气中形成飘游的粉尘。空气中“霾”的发生，就与烟尘气的存在密切相关。

1. 过滤称重法

用已知重量的集尘管（或滤膜）抽吸一定体积的含尘空气，使空气中的灰尘沉淀于集尘管中的滤料（或滤膜）上，然后再称出集尘管（或滤膜）的重量，根据集尘管（或滤膜）增加的重量，可求出单位体积空气中的灰尘量。

集尘管中的滤料分为吸湿的脱脂棉和不吸湿的玻璃棉、矿物棉或聚苯乙烯棉两种，用脱脂棉作滤料，适于测量温度为 105℃ 以下的各种灰尘。

先将标准集尘管用水（必要时用重铬酸钾溶液）洗净擦干，然后添加滤料。要求当抽气流量为 10～20L/min 时，保证集尘管滤料有 1500～2000Pa 的阻力；随后再用高流量气流（一般为 25L/min）抽 2～3min，除去滤料中的棉尘，完成上述调试后将集尘管放入温度为 105℃ 的烘箱内烘至恒重，除去滤料中的水分。

采样装置如图 11-11 所示。将流量计调至水平，检查流量计的液面是否停留在零点位置。检查采样装置是否漏气：用橡皮塞塞住集尘管入口，接通吸风机后，如装置严密不漏气，流量计的读数应保持在零点。

先接上阻力相等的两个空白集尘管（要求装有滤料，阻力合乎要求），装好后接通电流，将流量调至采样流量（通常为 15L/min）。

再换上两个恒重后的集尘管，然后接通电流开始采样，同时记录采样时间，在采样期间，应随时观察和调整流量计的读数，使其保持恒定的流量。

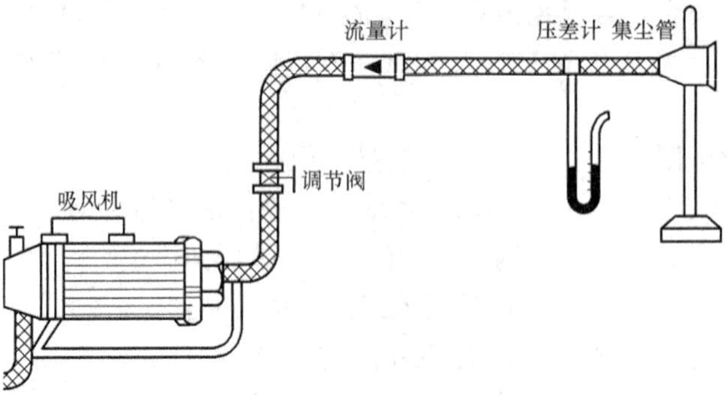

图 11-11　采样装置

灰尘浓度 c 的计算公式为

$$c=\frac{m_2-m_1}{V}\times 1000 \tag{11-18}$$

式中，m_2为采样后集尘管的质量；m_1为采样前集尘管的质量；V为换算成标准状况后的采样空气体积。

称重法准确度高，精密度好，许多国家和地方都将此方法作为标准测量方法。但该方法是手动间隙测量，对测量生产过程的粉尘的连续变化情况，必须用能连续测量的粉尘在线测量仪。

2. 光电测试法

（1）透射光法　光电透射法测定粉尘的原理是根据朗伯-比尔定律设计。利用悬浮在烟气中的粉尘对入射光的吸收，测定入射光与接收光强弱的比值，获得气体中烟尘的相对浓度的方法。

其原理是：一定强度的测定光线射向一定间距外的光电传感器。光线透过烟尘引起测定光线减弱，使之产生与含尘浓度成正比的电信号，此信号经放大处理，并经过浓度标定后，即可测定烟尘的浓度。

$$T=\frac{I}{I_0}=e^{-\alpha Lc} \tag{11-19}$$

式中，T为光的烟气透过率；I为接收光强度；I_0为入射光强度；L为光束在含尘气体中通过的距离；c为烟尘的浓度；α为光的吸光系数。

可见，烟尘的浓度为

$$c=-\alpha L\times\ln\frac{I}{I_0} \tag{11-20}$$

透射光法按照光学系统区分，可分为单光程尘度仪和双光程尘度仪，光源有钨灯、石英卤素灯和激光光源。钨灯的使用寿命较短，激光光源因使用寿命长、稳定性好等优点而得到广泛应用。

（2）散射光法　散射光法利用烟气中的颗粒物对激光的散射作用来测量烟尘浓度。当入射光束照射颗粒时，颗粒物对光所在方向散射，某一方向的散射光经聚集后由检测器检测，在一定范围内，检测信号与颗粒物浓度成正比。光源通常采用近红外或激光二极管，与透光法相比，其仪器安装及使用更简单方便。

光电测尘法不需抽气即可直接测量烟尘浓度，较过滤称重法检测速度快、使用方便，但测量值受颗粒物的直径、分布烟气湿度等因素影响较大，需在现场进行浓度标定。

思考题与习题

11-1　简述色谱法的近代意义。

11-2　画出气相色谱分析流程框图，并简述气相色谱法的特点。

11-3　在色谱图上，哪些数据可以作为定性参量？哪些数据可以作为定量参量？

11-4　气相色谱分析中为什么把分离度作为色谱柱的总分离效能指标？

11-5　简述热导池检测器工作原理并指出影响其灵敏度的因素。

11-6　简述氢火焰离子化检测器工作原理并指出影响其灵敏度的因素。

11-7　简述气相色谱定性分析依据及局限性。

11-8　通常有哪几种色谱定性方法？简述之。

11-9　何谓红外吸收光谱？简述其特点。

11-10　何谓归一化法、内标法、外标法？它们各有什么特点？

11-11　简述红外吸收光谱产生的条件。

11-12　何谓库仑滴定法？简述其特点。

11-13　简述电导测量法原理。

11-14　简述热磁测量法原理。

11-15　简述烟尘气的测量方法，简述其各自特点。

第 12 章　自 动 检 测

随着自动控制、微电子与计算机技术的高速发展，自动检测技术已经日趋成熟。眼观手记、人工操作的传统仪器在许多场合已被计算机测试设备所取代。由于计算机测试系统具有检测速度快、信息处理功能强、结果显存方便、程控化程度及性价比高等优势，已被广泛地应用在经济建设、科学研究和国防军工等各领域，成为推动科技创新和经济发展的重要技术手段。

在测试仪器行业，智能仪表和虚拟仪器已成为计算机测试的主流技术，并已形成不少技术规范。计算机测试系统一般包括硬件及软件两大部分。硬件部分主要是由信号调理、采样/保持、模数转换、定时/计数器、总线接口电路和微型计算机组成；软件部分除了必要的计算机操作系统软件外，主要包括信号的采集、处理与分析等功能模块软件。本章首先阐述计算机测试中的基本原理，然后概论智能仪表、虚拟仪器及应用实例。

12.1　计算机测试系统

1. 计算机测试系统的基本结构

计算机测试系统主要由传感器（S）、信号调理器（SC）、多路转换开关（MUX）、采样保持器（S/H）、模-数转换器（A-D）以及微型计算机（PC）组成。硬件结构框图如图 12-1 所示。传感器可把被测量转换成模拟电压信号。在模拟电压信号转换成数字信号的过程中，A-D 转换器是核心的器件，用来完成采样值的量化工作。采样保持器配合 A-D 转换器工作，它将连续的被测信号电压采样成离散信号并保持稳定，A-D 转换器则将这个稳定的模拟信号量化为数码形式的数字信号。多路转换开关在程控下完成多路的分时检测，微型计算机通过输入/输出（I/O）接口控制相关部件协调工作。下面分别介绍各部分，重点阐述 A-D 转换器的工作原理及性能。

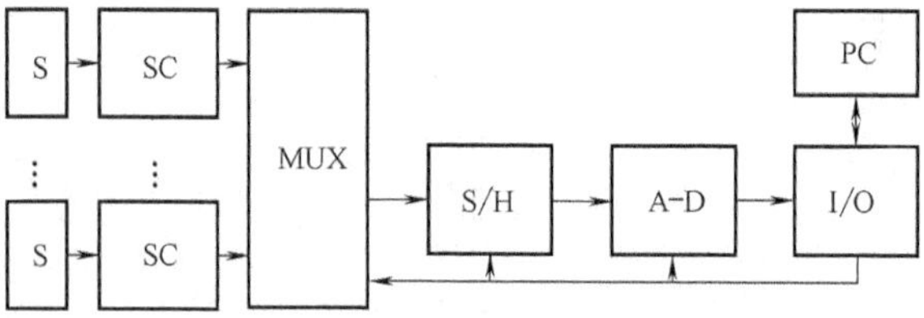

图 12-1　计算机测试系统硬件结构框图

2. 信号调理器

由于传感器输出的信号各不相同，而模-数转换器对于输入的模拟信号（大小、波形）有一定的要求，因此由传感器输出的信号需要进行调理，如放大、整形、滤波等，以保证传感器输出信号成为 A-D 转换器能接受的电信号，具有这一功能的设备称为信号调理器。信号调理器主要包括放大器、整形器、滤波器、电源以及辅助电路、调零电路、量程调节电路、温度补偿电路、校准电路等。信号调理器中放大器是重要部分，而且种类很多。下面介绍最常用的缓冲放大器、测量放大器和隔离放大器。

（1）缓冲放大器　信号调理电路中对缓冲放大器最基本的要求是电平转换和阻抗匹配。A-D 转换器的输入信号范围通常要求单极性的有限电压，而连接外界传感器的数据采集电路的输入往往需要提供更宽的电平选择，而且常有双极性输入的要求。在图 12-2 所示的缓冲放大器中，要求满足 ±10V 的输入信号动态范围，输出信号则要求连接到量程为 0 ~ 2V 的 A-D 转换器。

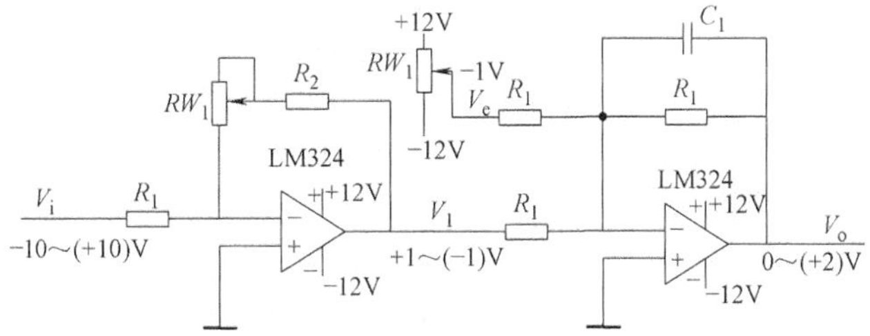

图 12-2　用于电平转换和增益调整的信号调理电路

缓冲放大器的主要器件是两个运算放大器，接成反相输入形式是为了更容易实现放大增益和偏置电平的调整。其输入信号 V_i 与输出信号 V_o 的关系为

$$V_o = \frac{R_2}{R_1}V_i - V_e \tag{12-1}$$

式中，R_2 为反馈电阻；R_1 为输入电阻；V_e 为节点电位。

为了确保测量电路不会影响被测电路的工作状态，应使信号调理电路具有足够高的输入阻抗。由于反相输入方式形成的“虚地”作用使缓冲放大器的输入阻抗可以简单地看做输入电阻 R_1。因此，为了进一步提高输入阻抗特性和共模信号抑制特性，通常采用测量放大器。

（2）测量放大器　传感器在现场环境中工作，两输出端经常会产生较大的噪声干扰信号，有时噪声是与信号完全相同的，被称为共模干扰信号。测量放大器仅对输入端的电压信号源的差值放大，（若两输入端有相等的共模干扰信号时，共模信号放大输出为零），并且具有较高抑制共模干扰能力。

测量放大器电路如图 12-3 所示，它由一组放大器构成。前面两个运算放大器采用正向输入方式，从而可以得到很大的输入阻抗特性。同时，两个运算放大器接成差分方式结构可以有效地提高电路抑制共模干扰的能力。另外，为了保持电路的对称性，改变增益最简单的方法是改变分压电阻 R_1 和 R_3 的值，即增益

$$K = 1 + \frac{2R_3}{R_1} \tag{12-2}$$

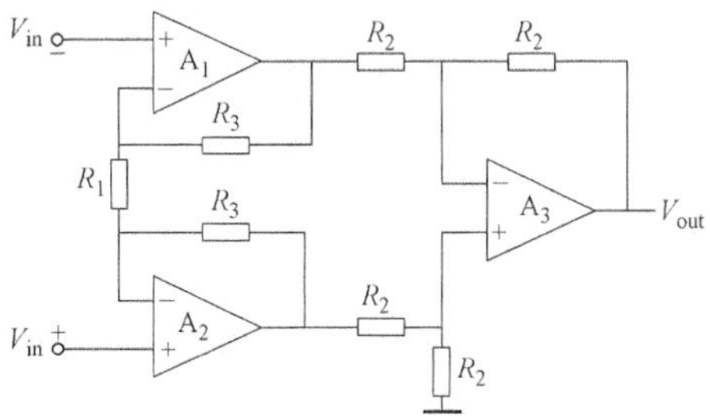

图 12-3　测量放大器电路

AD612/614 是实现这种测量放大器的一种典型芯片，其内部原理如图 12-4 所示。这种芯片可以通过改变引脚 1 与引脚 2 之间的电阻阻值来调整放大器的增益。由于芯片内置高精

度的薄膜电阻，并采用了激光自动修刻工艺，还将电阻阻值做了精心安排，故将引脚 1 分别连接到引脚 3 ~ 10 后就可分别形成 2^1 ~ 2^8 的增益关系。而若得到 2^9 和 2^{10} 的增益关系，则需分别连接引脚 1、引脚 10、引脚 11 和引脚 1、引脚 10、引脚 11、引脚 12。此外，引脚 15 用于驱动屏蔽，即将其驱动后连接到输入电缆的屏蔽层可以提高共模抑制比，减少噪声的影响。引脚 13 作为参考信号，可为输出并提供希望的任意直流电平偏置。从引脚 16 引入输出反馈信号，可将输出引线也包括在输出级的控制闭环内，从而在根本上提高放大器带动负载的能力。

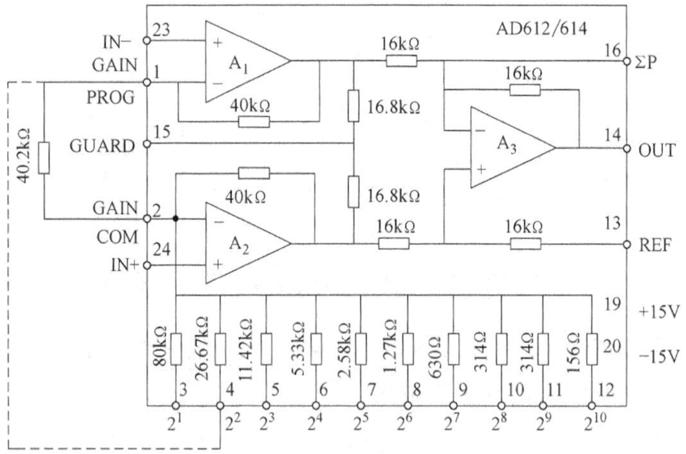

图 12-4　测量放大器 AD612/614 电路原理

另外，测量放大器也有较低的失调电压，低的温度漂移系数以及稳定的放大倍数和低输出阻抗等优点。测量放大器被广泛应用在热电偶、应变电桥、流量计、生物测量以及一些提供微弱信号而有较大共模干扰的检测场合。

（3）隔离放大器　直流放大器本身的共模电压通常受电源电压的限制，一般不会超过 ±15V。然而在信号调理电路实际工作的复杂环境中，由于用电设备绝缘不良、分布电容及静电感应等因素的影响，以及测量原理本身的需要，被测信号就有可能被加入一个很高的共模电压。为了避免元件在这种情况下发生损坏，同时也为了保证被采集数据的测量精度不受共模电压的影响，采用隔离放大器是一种安全可靠和简单有效的方法。

隔离放大器的作用是将输入信号、输出信号和供电电源三者相互之间电的联系完全隔断，而同时又要将被测输入信号正确地传递到输出。通常采用光隔离器和磁电隔离器两种方法来实现隔离。光隔离器由发光二极管和光敏晶体管组成；而磁电隔离器常采用磁耦合的办法来进行磁电隔离，放大器的输入端与输出端没有电路的联系，它常用于微弱信号的隔离放大。

隔离放大器主要包括高性能输入运放、调制器和解调器、信号耦合变压器、输出运放等。下面以 AD 公司的产品 Model 277 隔离放大器为例作简要介绍。

Model 277 的输入回路主要由精密运算放大器组成，如图 12-5 所示。6、8、7 端用于零位调整，放大器的输出端引到 2 端，供组成各种反馈放大器使用。3、4 端是运算放大器的差动输入端。直流信号经放大后由调制器变为交流信号，通过耦合变压器传递给输出电路。输入电路的电源由逆变器提供，电源的交流信号用于调制器，直流稳压源输出的电压

（±15V）除了供运算放大器（1）使用外，还可供用户使用。

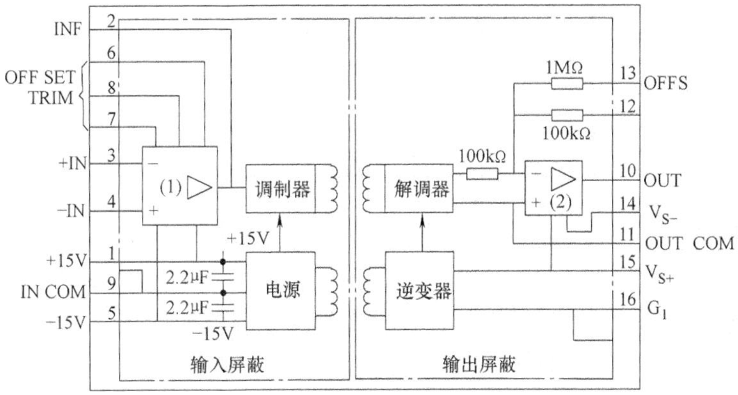

图12-5　Model 277 隔离放大器的功能引脚和内部组成原理图

Model 277 的输出电路中，解调器（相敏）把输入回路传递的信号转换为直流信号，经过滤波器后输送到输出运算放大器（2）。与运算放大器（2）的反相输入端连接的是100kΩ的电阻，用来调整输出运算放大器的放大倍数（在10、12端串接不同电阻可得到不同的闭环增益）。13端连接的是1MΩ的电阻，用于调整零点，无需调零时，应将13端接地，以减少外部干扰。277的全部电源由外部电源通过引脚14、15、16提供。运算放大器（2）的同相输入端11，必须与外接的电源（G_1，16端）构成通路。通常将11端 OUT COM 接地。图12-6所示是277的实际连接电路，图中放大器的输入端接成同相输入方式，其增益为$(1+R_F)/R_1$，277输出端10与12端短接，故增益为1。

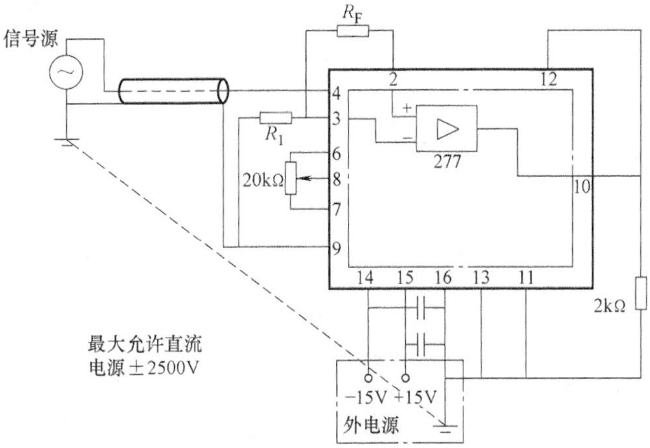

图12-6　Model 277 隔离放大器的实际接线图

（4）滤波器功能　滤波器用于信号的处理，它可以选通输入信号的某些频率分量，同时抑制另外一些频率分量。一般称被选通的频段为通带，被抑制的频段为阻带。根据不同的通带和阻带要求，滤波器可分为低通、高通、带通和带阻等几种不同的类型，其特性如图12-7所示。

在信号调理电路中，滤波器主要用来消除信号中的有害成分。这些有害成分主要是噪

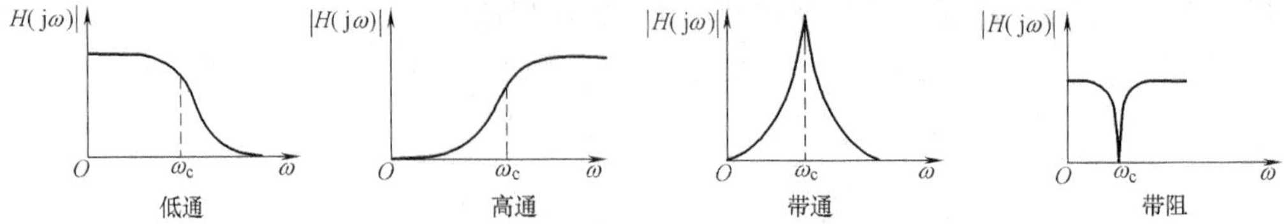

图 12-7 用于低通、高通、带通和带阻的滤波器特性

声，可能来自外部环境，如从传感器连接线耦合的电磁干扰；也可能来自数据采集器内部器件，如电子放大器内部热噪声。噪声信号通常是随机信号，而且其频率范围往往高出正常有用信号的带宽范围很多，因此可以使用低通滤波器进行有效的抑制。对于某些特殊的干扰，如 50Hz 电源交流噪声，则可用相应的带阻滤波器处理。对动态信号的数据采集来说，还有由于采样引起的“混叠”问题，也需用低通滤波器改善。

理想低通滤波器要求通带增益恒为 1，阻带增益为 0，通带与阻带之间的过渡带则要求越窄越好。然而，用线性电子器件构成的滤波器不可能如此理想。一般说来滤波器传递函数的阶次越高，则幅频特性可以做得越陡，但相应的相频滞后就会越大，导致通带和阻带的频段内有可能出现波动。

3. A-D 转换器的量化功能

A-D 转换器的作用是将经过信号调理后的模拟电压信号转换成计算机能接受的数字信号（二进制编码）。数字信号可以用数字量序列来描述，其中每个数字量用有限位的二进制码来表示。A-D 转换器常常是单极性工作方式，如 0～5V 的量程范围，这时可采用直接二进制方式编码。这种编码以单位 1 表示满量程范围 FSR，用二进制数字表示 FSR 的分数部分。即对 0～FSR 之间的任何实际值，均可用 0～1 之间的数值表示，并写成二进制码 a_1、a_2、a_3、…、a_n的形式，且与十进制小数 N 有下列关系

$$N = a_1 2^{-1} + a_2 2^{-2} + a_3 2^{-3} + \cdots + a_n 2^{-n} = \sum_{i=1}^{n} a_i \cdot 2^{-i} \tag{12-3}$$

式中，n 为二进制码的字长；a_i取值 0 或 1。

如

$$0.1101\text{B} = 1 \cdot 2^{-1} + 1 \cdot 2^{-2} + 0 \cdot 2^{-3} + 1 \cdot 2^{-4} = 0.5 + 0.25 + 0 + 0.0625 = 0.8125\text{D}$$

式中，B 表示二进制数；D 表示十进制数。通常将二进制小数点省去，直接写成

$$1101\text{B} = 0.8125\text{D}$$

该式所表示的实际值为 0.8125 · FSR。

同理可以得到：0100B = 0.25D，0001B = 0.0625D 等数值关系，表示的实际值分别为 0.25 倍和 0.0625 倍的满量程值。

考虑到一般情况下，若一个量化器件的满量程范围为 FSR，二进制码的字长为 n，则有如下一些量化的术语和概念

量化电平 $$Q = \text{FSR}/2^n \tag{12-4}$$

最低位权值 $$\text{LSB} = \text{FSR}/2^n = Q \tag{12-5}$$

最高位权值 $$\text{MSB} = \text{FSR}/2 \tag{12-6}$$

量化器所能表示的最大码为 $$\text{FSR}(1 - 2^{-n}) \tag{12-7}$$

例如，某 A-D 转换器的满量程范围 FSR 为 5V，字长 n 为 8，则有量化电平 $Q=0.0195V$（5V/256）；LSB = 0.0195V；MSB = 2.5V（FSR 的一半）。且最小码 00 000 001 的对应值为 0.0195V（$FSR/2^n$）；最大码 11 111 111 的对应值为 4.98V（5V×255/256）。

由于字长 n 总是有限的，因此量化总是存在误差。显然 n 增加时 Q 减少，导致量化误差减小。如图 12-8 所示，量化误差属随机性质，被视为量化噪声，量化噪声具有在 $-Q/2 \sim Q/2$ 之间均匀分布的特性，其最大值为量化电平的一半。量化噪声的方差也很重要，它反映噪声的平均功率，可计算其值为 $Q^2/12$。显然，A-D 转换器的字长越长，量化引起的误差越小。常见 A-D 转换器字长为 8、10、12、16、20 和 24 等，对于 10 位字长的 A-D 转换器，其分辨率可以做到满量程信号的 1‰。

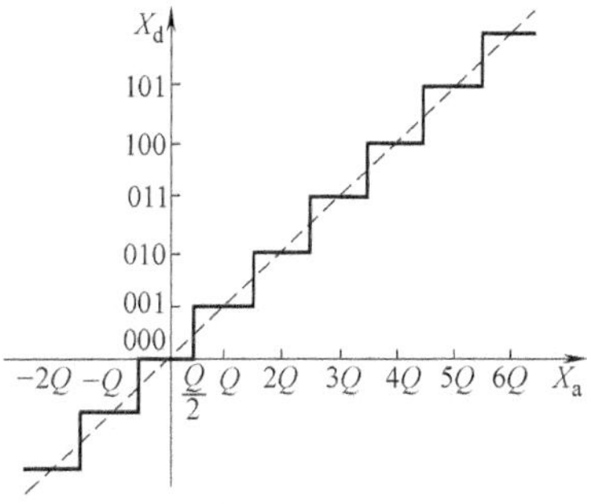

图 12-8　量化误差示意图

A-D 转换器的工作原理分为逐次比较式、双积分式、并行闪烁式和Δ/∑式等几种常用的类型。这里介绍前三种工作原理和控制方式。

（1）逐次比较式 A-D 转换器　逐次比较式的 A-D 转换器最为常见，如图 12-9 所示。这种 A-D 转换器通过内部数据寄存器连接的一个 D-A 转换器产生逐次改变的比较电压量，数据寄存器各位自高至低依次置 1 试探，对应 D-A 转换器输出的比较电压量则按参考电压的 1/2、1/4、…、$1/2^n$的大小逐次改变增量后与被测信号电压进行比较试探，相当于天平称重过程中逐次添加从大到小的比较砝码。在逐次比较的每个工作节拍下，信号电压大于比较电压时保持数据寄存器试探位为 1 的取值；反之将该位置 0，比较电压量恢复到试探前的状态，相当于拿掉刚加的砝码。最终数据寄存器的码值即为 A-D 转换的输出结果。

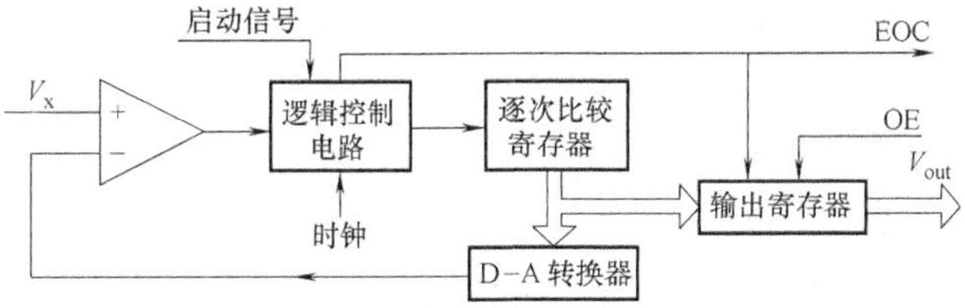

图 12-9　逐次比较式 A-D 转换器原理

由于逐次比较需要进行 n 次，所以整个 A-D 转换的速度不是很快，但转换器所用器件的数量较少，能以较低的成本获得较高的分辨率，其性能价格比最好。

A-D 转换器已经是做在单一芯片上的集成电路。例如，型号为 AD1674 的逐次比较式 A-D 转换器主要性能指标为：字长 12 位，1 路，速度 1MHz，并行输出接口。

（2）双积分式 A-D 转换器　双积分式 A-D 转换器的工作原理如图 12-10 所示，控制逻辑电路将 A-D 转换分为 t_1 和 t_2 两个积分过程，即未知的被测输入信号 V_x在固定的 t_1 区间将积分电容 C 充电到一定数值，再由已知的直流参考电压 V_{ref}在 t_2 区间反向积分（恒流放电）到初始值。

输入信号电压和参考电压之间的关系为

$$\frac{1}{RC}\int_0^{t_1} V_x(t)\,dt = \frac{1}{RC}\int_0^{t_2} V_{ref}\,dt = \frac{1}{RC}V_{ref}t_2 \qquad (12\text{-}8)$$

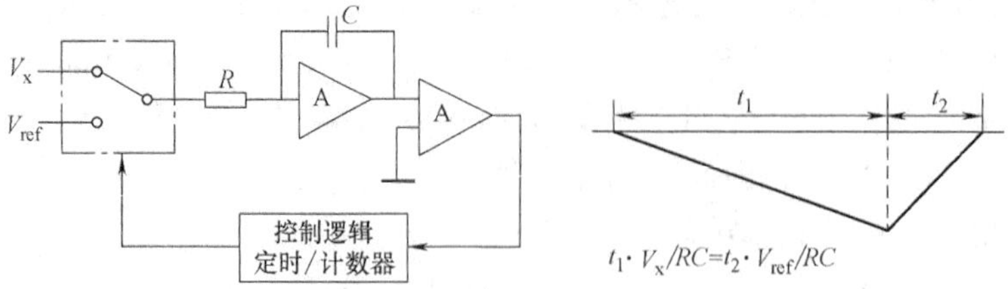

图 12-10　双积分式 A-D 转换器原理

从而得到
$$V_{xAve} = \frac{1}{t_1}\int_0^{t_1} V_x(t)\,dt = \frac{1}{t_1}\int_0^{t_2} V_{ref}dt = V_{ref}\frac{n_2}{n_1} \tag{12-9}$$
式中，RC 为充放电时间常数；n_1 和 n_2 分别为测量两次积分时间 t_1 和 t_2 的时钟计数值。

由于积分式 A-D 转换器实际上是在测取被测信号的平均值，因此对于随机干扰具有很好的抑制能力，可以得到很高的精度，但所需的转换时间较长。

例如，型号为 ICL7135 的双积分式 A-D 转换器主要性能指标为：字长 4.5D，1 路，速度 50MHz，并行输出接口，数字万用表专用。

（3）并行闪烁式 A-D 转换器　并行闪烁式 A-D 转换器原理如图 12-11 所示，参考电压被电阻分压后直接产生各级标准电压，它们同时与被测信号 V_{in} 比较，低于 V_{in} 者为 1，反之为 0。然后通过数字编码电路将这 2^n 个表示比较结果的逻辑信号归纳成 n 位二进制数码。

并行闪烁式的整个 A-D 转换过程只受比较器本身和编码电路的影响，因此可以得到很高的转换速度。但 n 位字长需要 $2n$ 个比较器，故此种 A-D 的成本会随其分辨率的提高而急剧增加，而且所有比较器都在相当的功耗下同时工作，因此这种 A-D 一般只是用于高速、低分辨率的场合。

例如，型号为 AD9252 的并行闪烁式 A-D 转换器主要性能指标为：字长 14 位，8 路，速度 50MHz，串行输出接口，用于高速采集。

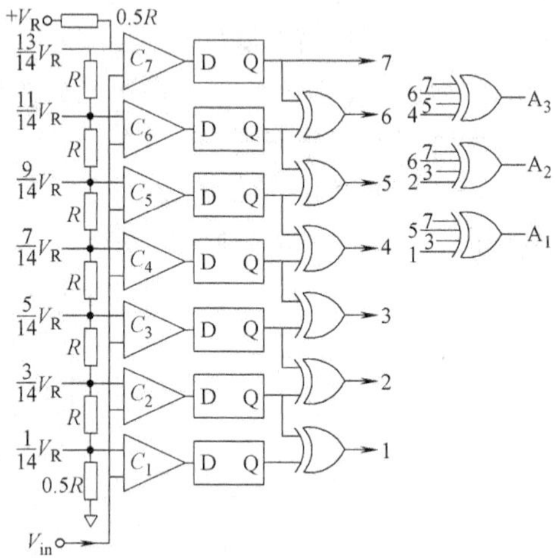

图 12-11　并行闪烁式 A-D 转换器原理

（4）A-D 转换器的控制方式　通常 A-D 转换器的控制方式如图 12-12 所示。应正确选择适当的电源电压，并尽可能确保参考电压信号的准确和稳定，因为这关系到比较得出的最终结果。启动输入信号 Start 用于通知 A-D 转换的进行，通常为一个脉冲信号。状态输出信号 State 则表示一次转换已经完成，所提供的数据有效。输出选通 OE 用于选通数据输出的三态门。

一种微处理器操作的典型过程为：首先通过写端口产生的脉冲信号启动 A-D 转换器；然后通过读端口反复查询转换状态；最后通过读数据信号选通 OE 读出转换好的数据（详见本节微型计算机与接口技术部分内容）。

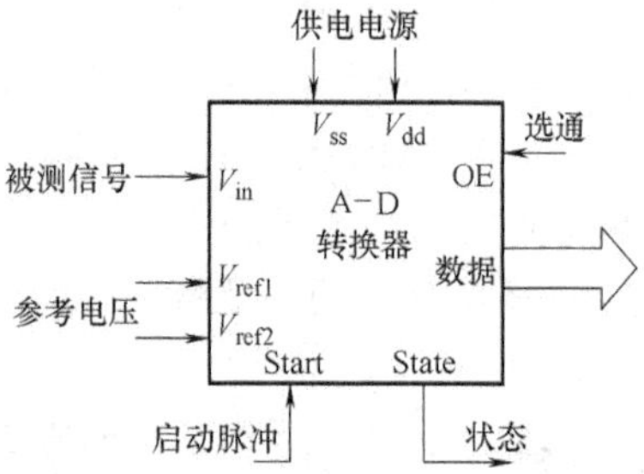

图 12-12　A－D 转换器的控制方式

4. 采样保持器工作原理

在计算机测试系统中，必须将连续的输入模拟信号转变成离散的数字信号，即对连续的模拟信号进行定时采样。采样保持器的作用是保证采样信号在 A-D 转换过程中不发生变化。其性能的好坏对测量精度起着决定性的作用。

采样保持电路通常由保持电容器、输入输出缓冲放大器、逻辑输入控制的开关电路等组成，如图 12-13 所示。采样期间，逻辑输入控制的模式开关是闭合的。A_1是高增益放大器，它的输出通过开关给电容器快速充电。保持期间，开关断开，由于运算放大器 A_2输入阻抗很高，理想情况下，电容器将保持充电时的最终值。目前采样保持电路大都是集成在单一芯片内，芯片内不包含保持电容器，保持电容是由用户根据需要选择的。

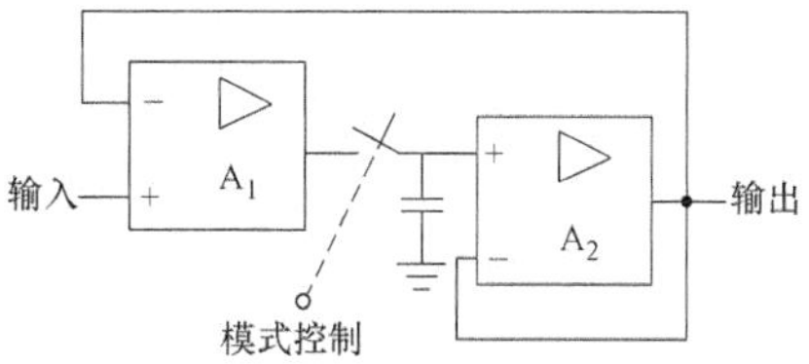

图 12-13　采样保持器原理图

采样保持器集成芯片可分为以下三类：

1）用于通用目的的芯片，如 AD583K，AD582K/S。

2）高速芯片，如 HTS-0025，THS-0060，HTC- 0300，THC-1500 等。

3）高分辨率芯片，如 SHA1144 等。

5. 多路转换开关

在计算机测试系统中，被测量往往有几十路。这些信号在进行 A-D 转换时，常采用公共的一个 A-D 转换器来实现转换。因此，在对各路进行转换时就有分时占用 A-D 转换器的问题。利用多路转换开关来轮流切换被测量与 A-D 转换器的连接，以达到分时的目的。多路开关的切换控制信号由计算机发出。

多路转换开关的切换开关有机械触点的继电器和模拟电子开关两类。两者相比，前者的特点是通/断电阻特性好、接通电阻小、关断电阻高，缺点是工作速度低、体积较大。

干簧继电器作为前者的代表，曾被广泛应用在早期巡回监测一类的测试系统中。它的接通电阻 $R_{on}<0.1\Omega$，关断电阻 $R_{off}>10^{10}\Omega$，击穿电压可达上千伏；同时，其可靠耐用，额定电流负载下可重复工作 10^{10} 次。然而，干簧继电器的簧片在与铜线接触时会产生一个大约 200μV/℃的温差电动势，而且开关的速度被限制在 250 次/s 左右。

与此相对应的是近年来电子技术的快速发展，使模拟电子开关应用得越来越多。其中最常使用的是 CMOSFET 开关，它具有功耗小、速度快的特点。由于并联的 P 沟道和 N 沟道器件提供对称的电阻，故当输入信号变化时仍能保持导通电阻的稳定。特别是半导体工艺可以把开关的驱动电路和译码控制电路、甚至 A-D 转换器都集成到一个芯片中，因此使用起来十分方便。

例如，AD7501（7503）多路转换开关是一种具有 8 路输入通道的芯片，1 路公共输出的多路开关 CMOS 集成芯片，图 12-14 所示的是其功能引脚图。它由三个地址线（A_0、A_1、A_2）的状态及 EN 端来确定 8 路通道中哪一路开通，芯片上所有的逻辑输入端电路均与 TTL/DTL 及 CMOS 电路兼容。AD7501 与 AD7503 除了在 EN 端的控制逻辑电平相反外，其他引脚功能及接法完全一样。

6. 微型计算机与接口技术

在自动检测时，微型计算机的作用是控制数据采集电路的测试过程。主要包括操作 A-D 转换器、控制通道切换、采样/保持电路和传输测试数据等任务。微型计算机利用自有的程

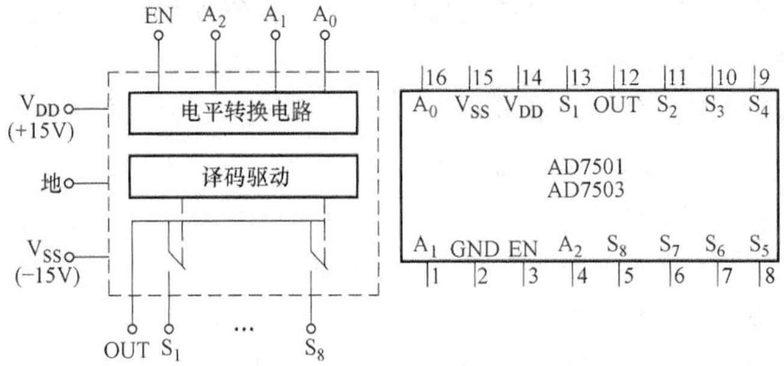

AD 7501

A_2	A_1	A_0	EN	"ON"
0	0	0	1	1
0	0	1	1	2
0	1	0	1	3
0	1	1	1	4
1	0	0	1	5
1	0	1	1	6
1	1	0	1	7
1	1	1	1	8
×	×	×	0	无

图 12-14　AD7501 功能引脚图

序存储器（数据采集指令）、数据存储器、串/并行接口等功能配置完成这些操作。单片机、单板机、微型机等都可在计算机测试系统中选用。一般来讲，对“微机内置式”系统，需要选择微处理器、外围芯片等构成嵌入在系统之中的测试设备，如智能仪器；对“微机扩展式”系统，则需要选择适用的微型计算机系统作为开发和应用平台，组建虚拟仪器系统。

在计算机测试系统中，微机是通过 I/O 接口与测量电路连接，接口电路主要由锁存器组成。A-D 转换器与单片机（CPU）的接口电路有两种基本形式。一种是通过 I/O 接口（或锁存器）与 CPU 的数据总线相连；另一种是与数据总线直接连接。采用哪一种接口电路主要取决于 A-D 转换器芯片内部是否配置了数据锁存器。对于芯片内部已有锁存器的芯片，则可采用直接连接。但内部没用锁存器的 A-D 转换器，必须使用单片机的并行接口或锁存器进行连接。

CPU 对 A-D 转换器控制的基本过程为：当模拟信号加到输入端之后，CPU 发出启动信号，A-D 转换器开始工作，转换结束后，经一输出引脚给出转换结束信号，通知 CPU 可以读取转换后的数据。为实现此过程，A-D 转换器芯片必须有如下功能引脚：启动转换引脚；转换结束标志引脚；数据输出引脚。A-D 转换器和 CPU 的接口电路就是处理上述 3 种引脚和 CPU 的连接方法。

下面通过一简单实例说明 CPU 与 A-D 转换器的接口电路及其驱动程序的工作原理。

A-D 转换器（ADC0809）为 8 位 A-D 转换器，与 8 位 CPU（8031）连接，以程序查询方法工作时，连接电路如图 12-15 所示。

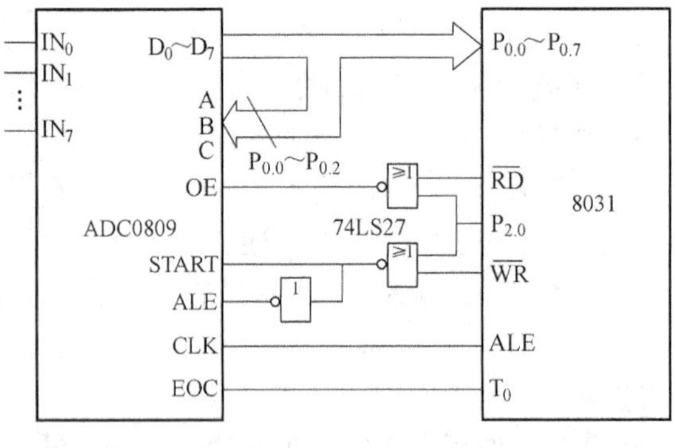

图 12-15　程序查询方式时 ADC0809 与 8031 的连接电路

用汇编语言编写的程序如下：

```
SAMPL:  MOV    R0, #40H        ; 置数据缓冲区地址
CWM:    MOV    R1, #0AH        ; 置数据个数
MAIN:   MOV    DPTR, #0FEFFH   ; 送 A-D 的地址
MOV     A,     #00H
MOVX    @DPTR, A               ; 启动 0809 的 IN0 通道
MOM     R6, #03H               ; 设置延时时间
DL:     DJNZ   R6, DL
WAIT:   JNB    P3.4 , WAIT     ; 测试 T0 位
MOV     DPTR , #0FFFFH
MOVX    A, @DPTR
MOVX    @R0, A                 ; 读入转换结果
INC     R0
DJNZ    R1, MAIN
```

这里通过写信号 $\overline{WR}$ 和片选信号 $\overline{CS}$ 启动 A-D 转换（这两个信号通过输出指令都可以得到）。如何将转换好的数据送给 CPU，根据 A-D 转换器本身的结构特点而定。因 ADC0809 转换数据通过自带的锁存器输出，故其数据线与 CPU 数据总线直接相连。

CPU 与 A-D 转换器的接口技术以及中断输入等方式的连接方式与程序都有所不同。上面举例仅是数据采集过程的一部分，不包括多路转换开关、采样保持器的控制。完整的计算机测试系统程序还包括量值标度、数据处理、人机界面、初始化管理、中断服务程序、监控主程序等。

12.2　智能仪表

1. 智能仪表概述

从电测仪器的工作原理看，其发展过程经历了三个阶段：即模拟式电子仪表、数字式电子仪表和智能仪表。智能仪表是计算机技术与电测技术相结合的产物。它是含有微型处理器的测量仪表，利用微处理器进行测量过程管理、数据处理和传输，使仪表具有运算、逻辑判断、数据存储能力，并能根据被测参数的变化自选量程；可自动校正、自动补偿、自寻故障等，即具备了一定的初级智能，故被称为智能仪表。这类仪表将朝着具有自适应和自学习等高级智能的方向发展。

智能仪表所具有的软件功能意味着可将人的智能嵌入其中，极大地扩充了传统仪器的应用范围。智能仪器凭借其强大的数据处理能力、丰富的测试功能、可靠的通信技术和性价比等优势，在各行业的测试中得到了广泛的应用。

2. 智能仪表的基本组成

（1）硬件系统组成　智能仪表的硬件组成如图 12-16 所示。主要包括微处理器、输入输出接口、人机接口和通信接口四大部分。

微处理器系统一般由单片机或微处理器芯片与存储器、时钟系统及其他接口电路组成，可接收各种外部输入信息，如测量信息、键盘信息、其他仪表系统传输的信息，并加以处

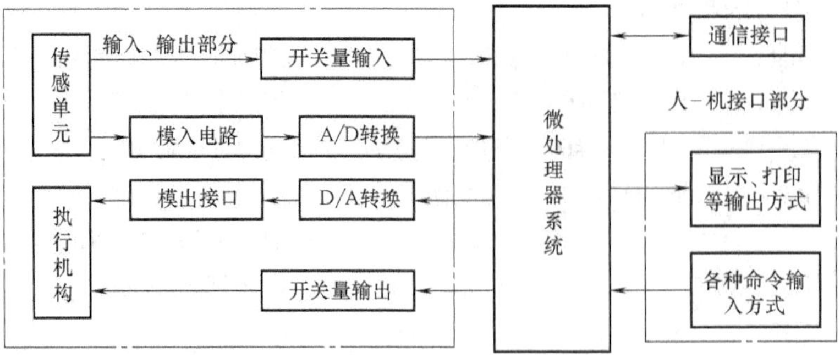

图 12-16　智能仪表硬件结构框图

理，再将处理结果以不同的方式输出；另外，该系统还负责对智能仪表各部分的运行进行调度和监控。整个工作过程在可擦只读存储器（EPROM）内固化程序的控制下自动完成。这一部分是智能仪表的核心。

输入、输出电路实现测量信号的传输和数字化转换、模拟量输出和驱动及开关量的输入、输出等功能，主要由模拟量输入电路（包括电量和非电量信号测量、模拟信号放大与处理、滤波、变换与线性补偿等）、A-D 转换电路（采样、保持、A-D 转换器、转换器接口、基准电压、隔离等）、开关量输入电路（信号测量、放大、整形、隔离等）、数字量输入输出电路（整形、隔离、接口与驱动等）、D-A 转换电路（隔离、D-A 转换器、转换器接口，基准电源、信号转换等）、模拟量输出接口（放大驱动、滤波）和开关量输出电路（驱动、保护）及执行机构（继电器、固态继电器、晶闸管、电磁阀、电动机、液压装置、电力电子元器件等）组成。

人机接口电路主要实现使用者和仪表间的信息交流功能。包括操作命令的发布、参数的设置、检测信息的显示和打印、报警、测控过程的人工干预等功能，由键盘、鼠标、触摸屏、按钮、图形或数字显示器、指示灯和打印机及其接口电路组成。在由单片机系统构成的智能仪表的人机接口中，键盘以独立式按键或矩阵式键盘为主；显示器一般由多个 LED 数码管或小型液晶显示器构成，在工业仪表应用中，有时也用 CRT 显示器；打印机一般选用微型打印机。近年来，触摸屏技术日益成熟，越来越多地应用到智能仪表中，成为智能仪表人机交互接口的发展方向。

通信接口电路将仪表的测量数据和状态信息传输给上位机或其他仪表系统，以便进行信息共享、数据分析和处理。常用的仪器通信接口有 GPIB 通信接口、RS-232 接口、RS-485 接口，以太网接口及应用于网络控制系统中的 CAN 总线接口等。无线通信技术的迅速发展，使无线网络仪表将能够成为现实。

（2）软件系统组成　智能仪表的软件部分主要包括监控程序和功能执行程序两部分。

监控程序结构如图 12-17 所示。它是专门用来协调各个功能执行模块和操作者关系的程序。智能仪表软件运行各变量初始值的设置之后，就进入一个无限循环的过程，在这个过程中，主程序模块将调用键盘模块管理人工输入的信息；调用显示模块显示仪表的状态；调用时钟管理模块使仪表处于时间有序状态；调用自诊断模块，监控仪表自身的状态；调用中断模块，对仪表运行中的外界触发信息进行管理。

其他所有的功能执行程序的运行都通过时钟管理模块、按键管理模块和中断管理模块来调用。

功能执行程序由实现各种仪表的实质性功能的软件模块组成，如初始化、自检、时钟、测量、数据处理、控制决策、人机交互、信号输出和通信等。

监控程序的组织调度方式有作业顺序调度型、作业优先调度型、键码分析作业调度型和作业中断调度型等多种形式。几种调度方式可按照实际要求，综合使用。

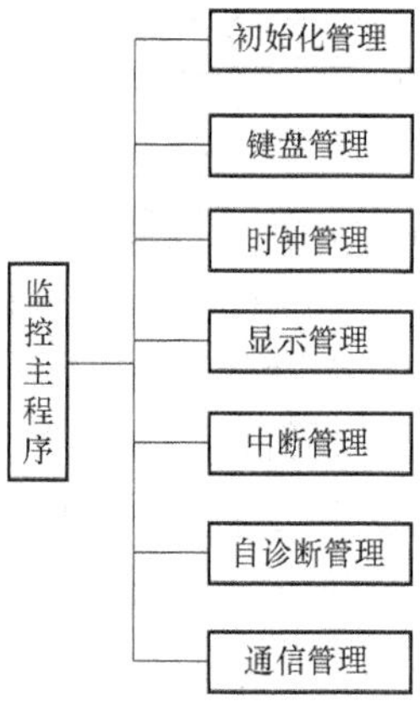

图12-17 监控程序的基本组成

智能仪表程序编写语言通常选择汇编语言或高级语言。汇编语言是一种用助记符来表示的面向机器的程序设计语言。用这种语言编写的程序执行速度快，运行效率高，占用内存空间小，但程序编制过程较烦琐。高级语言是一种面向过程而独立于计算机硬件结构的通用计算机语言。现在已有专为单片机和微处理器设计的C语言编译调试系统（如keil、IAR等），采用C语言编程来解决单片机系统的程序设计问题比采用汇编语言容易得多。

近年来，嵌入式实时操作系统（RTOS）逐步进入智能仪表领域。RTOS是一种可以嵌入到智能仪表内部的操作系统，通常包括与硬件相关的底层驱动软件、系统内核、设备驱动接口、通信协议、图形界面、标准化浏览器（Browser）等。RTOS的应用使智能仪表的软件开发得到简化。

3. 智能仪表的功能特点

与传统仪表相比，智能仪表具有以下特点：

（1）测量过程的软件控制　在电测数字仪表中，虽然已能实现自稳零放大、自动量程、巡回检测等功能，但这些功能都是由硬件电路实现的。仪表的硬件结构越来越复杂，成本上升，可靠性降低。而在智能仪表中，这些测量过程的功能都通过软件来实现。这不仅简化了硬件结构，减小了体积和功耗，提高了可靠性，还能够使仪表的自动化程度提高。

智能仪表的软件作用还体现在仪表构成的柔性化方面。传统仪表的功能是固定的，而智能仪表则通过编制不同的软件，来构成不同功能的仪表。

（2）数据处理功能强大　对测量数据进行存储和运算的数据处理功能是智能仪表最突出的特点，主要表现在改善测量的精度和对测量结果的再加工两个方面。

在智能仪表中采用软件对测量结果进行实时的、在线的处理可以方便地消除由于漂移、增益改变和外界干扰等因素所引起的误差，从而提高了仪表测量的准确度，方便快捷。由于可以实现各种算法进行各种误差的计算及补偿，使得非线性校准等问题很容易得到解决。

对测量结果的再加工，可使智能仪表提供更多高质量的信息。目前，有些智能仪表还运用了专家系统、数据挖掘、融合决策、模糊逻辑、神经网络和混沌控制等技术，使仪表具有更深层次的分析能力。例如，可对所采集的数据样本进行数字滤波，将淹没在噪声中的信号提取出来，也可对样本进行时域（如相关分析、卷积、反卷积等）或频域（如幅值谱、功率谱等）分析。

（3）功能多样化　智能仪表测量过程中的软件控制及数据处理功能使一机多用的多功能化易于实现。能够实现简单人机对话、上电自检、故障自诊断、自动调零、自动校准、量程自动转换、触发电平自动调整等功能，还具有图形显示、输出打印等能力。例如，一种用于电力系统电能管理的智能化电力需求分析仪器，可以测量单相或三相电源的有功功率、无功功率、视在功率、功率因数、电能、频率、各相电压、电流等，还可以测出电能利用的峰值、峰时、谷值、谷时，可以分析用电趋势，预置电力需求计划，还具有时钟和日历、自动记录、打印、报警及控制等许多功能。

（4）通信能力　智能仪表一般都配有 GPIB、RS-232 等通信接口或现场总线，这些使智能仪器具有远程操作的能力，可以很方便地与计算机或其他仪器构成所需要的各种功能的自动测控系统，来完成更加复杂的任务。局域网技术和通信技术相结合构成网络化仪表，使其能够方便地利用网络中的其他软件、硬件资源，并将自身的各种信息及时回馈到网络。

目前，采用各种现场总线技术，如 HART、CAN、PROFIBUS 等协议的网络化智能仪表已经广泛应用，它们在网络测控系统中的作用日益彰显。随着无线网络应用技术的逐步成熟，可以预见，无线网络化的智能仪表将会成为仪表发展的主流。

4. 智能仪表比传统仪表提高测量准确度的工作过程

传统电子仪表的测量准确性取决于仪表内部各功能部件的精密性和稳定性水平。以一台普通数字电压表为例，其内部的滤波器、衰减器、放大器、A-D 转换器以及参考电压源的温度漂移电压和时间漂移电压都将反映到测量结果中去。另外，如果传统仪表在内部某部件出现隐含问题时仍然进行测量，往往给出不正常的测量结果值。而这些问题在智能仪表中都得到解决。

智能仪表采用自动校准技术来消除仪器内部器件所产生的漂移电压。如图 12-18 所示，在每次进行实际测量之前，单片机发出指令，使开关 S 接地，此时仪器的输入为零，仪器的测量值即是仪表内部器件（滤波器、衰减器、放大器和 A-D 转换器等）所产生的零点漂移值，将此值存入单片机的内部数据存储器 RAM 中，然后单片机发出指令使开关 S 接入被测电压进行实际测量，由于漂移的存在，实际测量值中包含有零点漂移值，因此，只要将测量值与零点漂移值相减，即可获得准确的被测电压值。

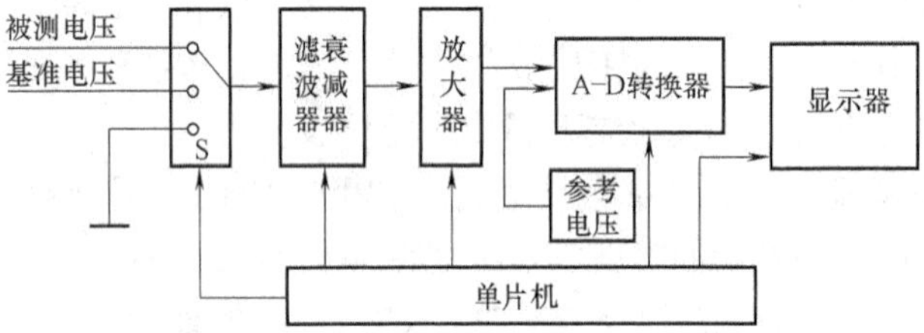

图 12-18　智能化数字电压表的原理框图

根据计量溯源原则，任何仪表都必须进行周期性的校准，以保证其额定精度的合法性。传统仪表的校准通常是采用与更高一级的同类仪表进行对比测量来实现的。这种校准方法费时费力，而且校准后，在使用时还要反复查对检定部门给出的误差修正值表，给用户造成很大的不便。智能仪表提供了一种先进而方便的自动校准方法（见图 12-18），校准时，单片机发出指令，使开关 S 接到基准源上（基准源可以是从仪器外部加入的标准量，也可以是仪器自带的标准基准电压），此时仪器的输入为标准电压，仪器将对这一标准电压的测量值存入表内的非易失性 RAM 中，作为表内标准，从而可以在以后的各次实际测量中，用这一标准值对测量值进行修正。这种校准方法完全基于单片机的计算与存储功能，校准时间短，操作方便，不用打开机盖，不需调整任何元件，使用者也可操作。

通常智能仪表都具有自检功能（仪器开启时自动完成对自身各主要部件进行检测并显示故障信息的过程），一般有开机自检、周期性自检和键控自检三类。

另外，智能仪表可利用单片机的数据处理能力，还能消除仪器的随机误差。智能仪表对被测量进行了 N 次采样之后，用这 N 次采样值的平均值作为一次测量结果，使示值更接近真值。

5. 智能仪表实例

本节通过一台安捷伦仪表（Agilent34970A/34972A）实例，来说明实际智能仪表中的主机、输入输出接口、人机接口以及通信接口四部分的有机联系，了解此类仪表的选用和一般使用方法。

（1）安捷伦仪表（Agilent34970A/34972A）的组成　主机以一台智能化数字万用表为基础，配有能保存5万个读数的非易失存储器和已固化了测控程序的只读存储器。内置积分式A-D转换22位，显示读数6 1/2位（最小分辨率0.1μV），最大扫描速率250通道/s，主机箱内含3个插槽，作为输入输出电路的接口，嵌入选配的输入输出电路，扩展成多功能自动测控系统，如图12-19所示。

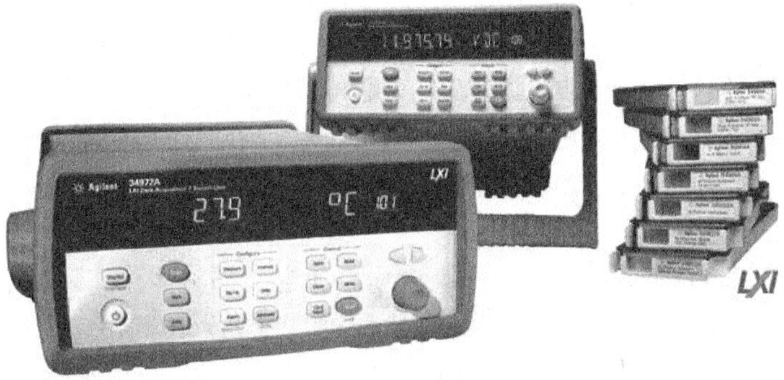

图12-19　Agilent34970A/34972A主机与输入/输出电路模块

该仪表的输入输出接口由模拟量输入/输出、开关量输入/输出等8种模块电路供选配，包括低频和射频多路复用、矩阵开关、通用开关、数字输入/输出、模拟输出等多种功能。例如，主机加一块34901A多路复用模块的配置，即可测量温度（热电偶、RTD和热敏电阻）、直流/交流电压、直流/交流电流、频率和周期多种参量。一块多路复用模块（34901A）内含20路电枢转换开关、热电偶冷端补偿、放大、恒流激励源等多种信号调理电路，实现不同种类输入信号的转换、调理，符合A-D转换前的电平要求，如图12-20所示。

图12-20　34901A多路复用模块

人机接口由主机前面板上的一组按键（设置、控制和专用键）和数显屏两部分组成。配置测量、定义和执行扫描列表，或监控等操作一般靠专门设计在面板上的设置键“Measure”/“Interval”等完成。测试结果等输出通过数显屏上的数码管和符号灯指示。另外，还可利用该表的通信接口和随机软件，通过 PC 机实现测试功能的配置及实时数据的显示和分析。

在通信接口方面，凭借制造商领先的仪器通信接口技术，该表通信接口比较丰富，包括：GPIB、RS-232、LAN 和 USB 接口。在主机（34970A）的后板上配置了 GPIB 和 RS-232 两个接口。RS-232 是计算机标准接口（串型），可直接与计算机相连。GPIB（通用数据总线）是仪器与计算机通信的标准接口（并口），与计算机相连时需配 GPIB 卡，组成经典的计算机自动测试系统。在主机（34972A）的后板上配置了以太网（1 Gbit LAN）和 USB 2.0 两个接口，可直接连接计算机。内置的 USB 接口，支持在没有计算机的情况下，用 U 盘下载测试配置和记录数据。通过标准的 LAN 口连接计算机，可以利用图形 Web 界面的浏览器，配置测量、执行扫描，实现远程监控。

（2）安捷伦仪表（Agilent34970A/34972A）的特点　自动测控程度高。该表除具有智能仪表的开电自检、故障自诊断、自动调零、自动校准、量程转换等一般功能外，还可利用通信接口，用外接 PC 监控，许多功能得到扩展。例如：当表内存储器存满时，可把结果存入 PC（或 U 盘）中，还可用 PC 分析处理结果。尤其是以太网连接，支持该表远程操作功能。如在 PC 浏览器 URL 上输入仪器的 IP 地址，便可在浏览器中用单击操作来获得仪器的功能。包括设定每个通道的测量配置、定义和执行开关扫描、监测测量读数和查看保存数据等，实现远程设置和控制检测过程。

仪表功能强大。该表除数字万用表测量电压电流电阻的功能外，还能直接测量温度、频率等参量，内含热电偶（B/E/J/K/N/R/S/T 八种分度号）、铂电阻 RTD 和热敏电阻的标度软件。仪表还具有自定义线性转换（Mx + B）的功能，即压力等其他传感器也能接入使用，只要事先为该测试通道输入压力传感器的标度系数（M）即可。这样，主机配三块多路复用模块即可构成 60 路多功能自动测控系统，使其在同类仪表选配中有性价比优势。

测量准确可靠。该表不仅可以用程控方法消除漂移引起的仪表系统误差，而且在硬件上做了可靠保证。例如，用积分式 A/D 转换器，有效抑制随机噪声干扰；在数字万用表的输入端与接地参考电路和计算机接口等处应用光隔离与屏蔽技术，减少共模干扰的影响；通过内置信号调理的紧凑设计，减少不必要的电缆、接线盒，与外接信号调理电路相比减少电缆及潜在的引入噪声影响，提高了仪表运行可靠性。给出的仪表直流电压测量基本误差为 0.004%（1 年期）。

（3）一般使用方法　与普通万用表的使用一样，除电压电流电阻直接接入通道测量外，其他参量（如温度）测量需外接传感器。

输入/输出电路模块的插、拔时确保主机在断电状态（除非支持即插即用的器件，如 U 盘），传感器或执行器正确接入输入/输出模块的相关通道后，模块嵌入主机的插槽内（记住相关传感器接在第几槽第几通道）。

该表用作便携测量时，一般从面板按键设置测量功能。主机上电，参照说明，用相关按键和旋钮完成模块号、通道号、测量等功能的设置，必要时用“Mx + B”等键设定传感器标度系数或修正偏移量。这些操作也可用随机软件，在 PC 上完成。

根据测试实际需要，设定测量扫描时间间隔。

需要保存结果时，确保开启内置非易失存储器或USB存储器。

启动扫描键，执行自动巡回检测。

必要时，用“View”或“Step”键查看数据，用“Mon”键定点监视，确保设定操作无误、数据量值可信。

12.3 虚拟仪器

1. 虚拟仪器的概念

所谓虚拟仪器（Virtual Instrumentation，VI），是由计算机硬件资源、模块化仪器硬件和人机图形界面等应用软件组成的测控系统，是一种计算机操纵的模块化仪器系统。它充分利用通用的计算机资源（如PC中的内存、显示器、输入输出接口等）、加配必要的模块化硬件（如数据采集卡，已包含A-D、D-A、数字I/O、定时器、信号调理等功能），集成虚拟仪器的硬件系统。使用者利用应用软件将计算机资源和仪器硬件结合起来，通过友好的图形界面来操作计算机，完成对测试信号的采集、分析、判断、显示和数据处理等功能。虚拟仪器中的硬件主要用于解决信号的调理以及输入、输出问题。而软件主要用于实现对数据的读取、分析处理、显示以及对硬件的控制等功能。虚拟仪器突出软件在仪器中的作用，普通用户也能利用虚拟仪器软件开发专用工具（如LabVIEW）开发自用的测控应用软件。形象地讲，虚拟仪器是把仪器嵌入计算机中，这也是它与智能仪表的区别。

例如：在虚拟仪器中，借助于通用的PC或LabVIEW开发工具，仪器面板（包括：数码管、指针仪表、指示灯、开关、旋钮等器件）全用软件仿真（数字化），不仅达到传统的仪器面板器件的功能效果，而且在可靠、经济、修改等方面更优异。又如：通用计算机在进行数据分析处理（频谱分析、小波分析等）、仿真激励信号产生（脉冲、正弦波、随机波等）、多媒体功能、数据库功能、电子表格功能、TCP/IP网络通信功能等诸方面能够比智能仪表更方便和更圆满地处理这类问题。

总之，虚拟仪器尽可能地采用通用计算机（台式PC、手提电脑等）及其软件的功能来取代主要通过硬件实现各种功能的传统仪器。目前，构建虚拟仪器的模块化仪器硬件与接口（PC-DAQ、VXI、PXI等）大多已标准化，结构形式多样，已成为各种测试场合柔性组合大、中、小及微型自动检测系统。组建虚拟仪器的常见方案如图12-21所示。

2. 虚拟仪器特点

1）虚拟仪器的软件和硬件具有开放性、模块化、互换性以及可重复使用等特点。如为了提高仪器的性能，可加入一个通用的仪器模块，或者更换一个仪器模块，而不需重新购买整个仪器。

2）在通用硬件平台组建后，由软件来实现仪器的具体功能，软件在虚拟仪器中具有重要的作用，并且具有友好、灵活的人机图形界面。

3）用户根据需要编写应用软件来定义虚拟仪器的功能，而不是事先由仪器厂商定义功能。

4）虚拟仪器研制的周期较传统仪器大为缩短。由虚拟仪器组建的多测点、多参数测试系统成本较低且性价比较高。

5）虚拟仪器还具有技术更新较快、测试自动化程度较高，可与网络及其他设备互联等特点。

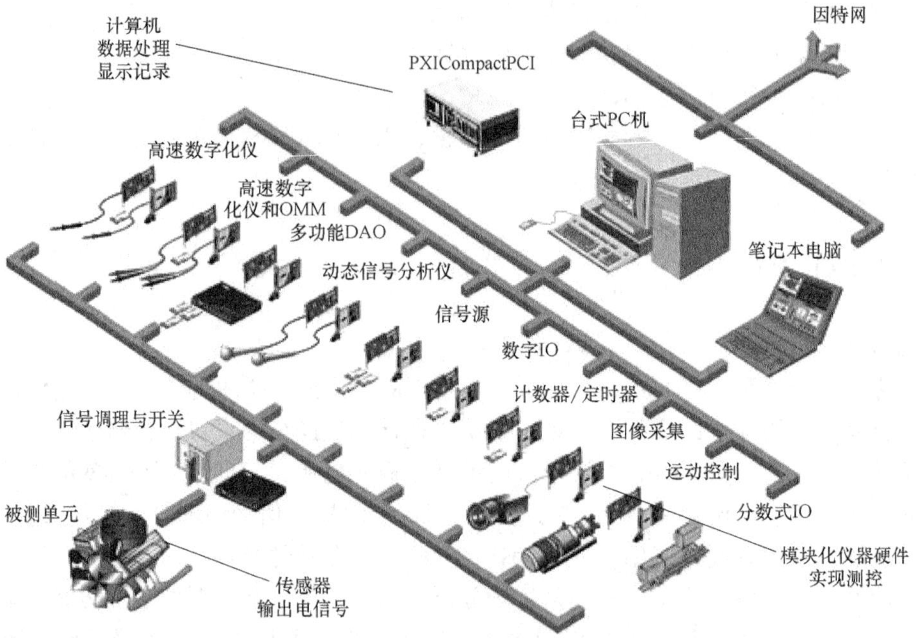

图 12-21　虚拟仪器组建方案示意图

3. 虚拟仪器硬件系统

虚拟仪器硬件系统主要由传感器、信号调理电路、数据采集设备（包括各种 I/O 接口设备、通信适配器、模块化仪器机箱等）以及通用计算机组成。其中，计算机是虚拟仪器硬件平台的核心；传感器是虚拟仪器系统中的前置部件，它将被测的非电量转化为电量。

根据所使用的仪器硬件不同，虚拟仪器硬件系统可以与接口技术分为 PC-DAQ 系统、GPIB 系统、VXI/PXI/LXI 系统、串口系统、现场总线系统等。

（1）PC-DAQ 系统　这是一个具有仪器特征的数据采集系统。该系统将具有信号调理、数据采集电路的硬件板（卡）插入 PC 的 ISA 或 PCI 总线的槽口上，再配合各种功能的软件，便可实现具有电压测量、示波器、频率计、频谱仪等多种功能的仪器。这是最基本的虚拟仪器硬件系统，性价比较高。其缺点是受 PC 机箱和总线的限制，电源功率有可能不足，机箱内部噪声电平较高，插槽数目有限、尺寸较小，机箱内无屏蔽等。

（2）GPIB（General Purpose Interface Bus）系统　这是一类仪器控制系统，出现于 20 世纪 70 年代。基本的 GPIB 系统由一台 PC、一块 GPIB 接口卡和若干台含 GPIB 接口的仪器通过电缆连接而成。在标准配置下，一块 GPIB 接口卡可以带 14 台仪器，电缆长度可达 40m。GPIB 具有广泛的软、硬件支持，测量系统的结构和命令简单，可以方便地将多台仪器组合起来形成自动测试系统。GPIB 系统的缺点是无法提供多台仪器同步和触发的功能，在传输大量数据时带宽不足。

（3）VXI/PXI/LXI 系统　都属模块化的仪器系统，各都标准化的机箱，其硬件结构与工控机类似。每种仪器都是一个计算机插件，每种仪器都没有硬件构成的仪器面板，而用计算机显示屏幕及软件实现。

VXI（VMEbus eXtensions for Instrumentation）总线技术出现于 20 世纪 80 年代。VXI 总

线的出现将高级测量与测试设备引入模块化时代。目前这类系统已逐渐退出市场。

PXI（PCI eXtensions for Instrumentation）总线技术出现于20世纪90年代。该总线是在PCI总线内核技术上增加了成熟的技术规范和要求而形成的，具有高度的可扩展性（有8个扩展槽），传输速率可达到132Mbit/s。PXI系统是目前使用较多的一类模块化虚拟仪器系统。

LXI（LAN eXtensions for Instrumentation）总线技术出现于2004年，是继GPIB技术、VXI/PXI技术之后的新一代基于以太网络LAN的自动测试系统模块化构架平台标准。以太网的错误检测、故障定位、长距离互联、树状拓扑结构以及网络传输速度等都比现有的总线技术优越。因此，LXI系统将有可能成为虚拟仪器系统发展的主流方向。

（4）串口系统　串口式虚拟仪器系统所采用的总线包括RS232串口总线、USB通用串行总线和IEEE1394总线。RS232串口总线是传统的串口总线方式，技术已相当成熟，适用于测量要求不高的场合。USB通用串行总线和IEEE1394总线具有传输速率高、可以热插拔、联机使用方便等特点，具有很好的发展前途。

（5）现场总线系统　现场总线（Field Bus）是指用于现场仪表与控制系统和控制室之间的一种全分散、全数字化的智能双向、多变量、多点、多站的通信系统，其可靠性高、稳定性好、抗干扰能力强、通信速率快、造价低、维护成本低。随着现场总线技术的广泛应用，基于现场总线的虚拟仪器系统的开发具有广阔的市场前景。

4. 虚拟仪器软件系统

与虚拟仪器硬件模块在世界范围内的开放与标准化相适应，虚拟仪器软件结构也要求具有开放的、统一的格式与标准。为此，1993年VPP（VXIPlug ~ Play）联盟成立，其目的在于补充和发展VXI总线规范中对虚拟仪器软件结构的定义。目前，VPP规范已被广大的仪器生产厂家所接受和使用。

根据VPP系统规范的定义，虚拟仪器的软件结构分为三个层次。从底层到顶层分别为：输入输出接口层、仪器驱动程序层和应用软件层。

（1）输入输出接口层　该层位于仪器与仪器驱动程序之间，是实现开放、统一的虚拟仪器系统的基础与核心。在VPP系统规范中详细规定了虚拟仪器I/O接口软件的特点、组成、内部结构与实现规范，并将符合VPP规范的虚拟仪器I/O接口软件定义为VISA（Virtual Instrument Software Architecture）软件。对于仪器驱动程序开发者来说，VISA是个可调用的操作函数集，其一般驻留在计算机资源管理器中，仪器驱动程序对它的调用可以通过动态链接库的形式来实现。

（2）仪器驱动程序层　在虚拟仪器系统中，每个仪器模块均有自己的仪器驱动程序。仪器驱动程序的实质是为用户提供较抽象的仪器操作函数集。应用程序对仪器的操作是通过仪器驱动程序来实现的；而仪器驱动程序对于仪器的操作与管理是通过调用VISA库函数来实现的。对于应用程序设计人员来说，一旦有了仪器驱动程序，即使在不十分了解仪器内部操作过程的情况下，也可以开展虚拟仪器的设计工作。

（3）应用软件层　应用软件层建立在仪器驱动程序层之上，直接面向使用者，通过提供直观友好的仪器操作界面、丰富的数据分析与处理功能等来实现自动测试任务。

目前，虚拟仪器应用软件开发工具大致分为两类：

1）利用通用编程语言进行编写，主要有Microsoft公司的Visual Basic与Visual C + +、Borland公司的Delphi和C + + Builder等。为了降低利用通用编程语言开发虚拟仪器应用软件的难度，NI 推出了 Measurement Studio，其包含了一些面向 Visual Basic 和 Visual C + +、专门用于测控领域的 ActiveX，以便用户采用通用语言开发虚拟仪器应用软件。

2）利用专用测控语言开发平台进行编写，可以分为两种：一种是基于图形化的编程语言，如 HPVEE 和 NI 公司的 LabVIEW；另一种是可视化编程语言，如 NILabWindows/CVI。

5. LabVIEW 简介

LabVIEW（Laboratory Virtual Instrument Engineering Workbench）是一种图形化的编程开发环境。它把复杂、繁琐、费时的语言编程简化成“用图标提示的方法选择功能块、用线将各种功能块连接起来”的过程。即用户编程过程就好像在“绘制”程序流程图。这种编程方式已被科技人员所接受，LabVIEW 已成为功能最强、最流行的虚拟仪器开发平台。

LabVIEW 的编程环境和程序可概括为：

LabVIEW 的编程环境是三类选项卡，包括工具（用于创建、修改和调试程序）、控制（包含人机图形界面所有的输入输出控件）和功能（包含框图程序能调用的所有函数及元素）选项卡，如图 12-22 所示。

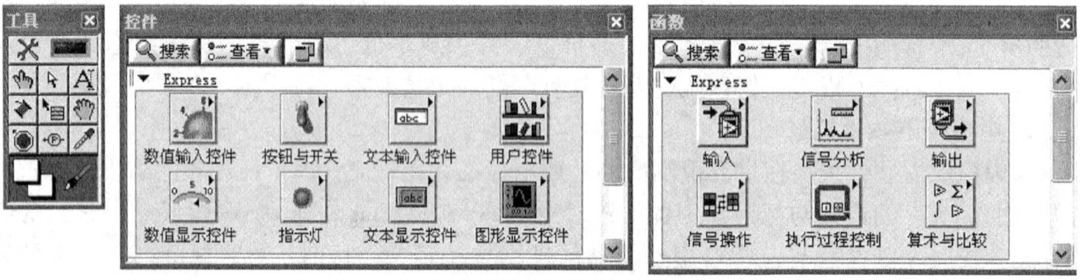

图 12-22　LabVIEW 的编程环境是三类选项卡

LabVIEW 程序（VI）有三个要素，包括前面板（用户图形界面）、框图程序（图形化源代码）和图标和连接器（程序标识和接口参数），如图 12-23 所示。

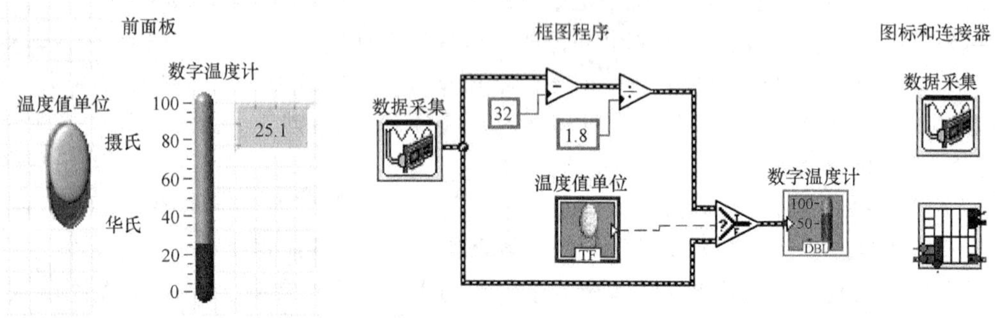

图 12-23　LabVIEW 程序的三个要素

LabVIEW 编程工具的功能可概括为：

1）实现了仪器控制与数据采集的完全图形化编程，设计者无须编写任何文本形式的代码。

2）提供大量的面向测控领域应用的库函数，如面向数据采集的 DAQ 库函数、内置 GPIB、VXI、串口等数据采集驱动程序；面向分析的高级分析库，可进行信号处理、统计、曲线拟合以及复杂的分析工作；还有面向显示的大量仪器面板，如按钮、滑尺、二维和三维图形等。

3）提供了大量与外部代码或应用软件进行链接的机制，如动态链接库（DLL）、动态数据交换（DDE）、各种 ActiveX 等。

4）具有强大的网络连接功能，支持常用网络协议，便于用户开发各种网络测控、远程虚拟仪器系统。

5）LabVIEW 应用程序具有可移植性，适用于多种操作系统。

6）可生成可执行文件，脱离 LabVIEW 开发环境运行。

6. 虚拟仪器应用举例

（1）组合冷库库体漏热系数测定简介　为评价冷库库体保温性能，可测定库体漏热状况。一般采用热平衡测试法，即在库内加热，当库内外建立一定的温差并相对平衡时，记录库内、外温度和库内加热量，通过计算得到漏热系数。由于漏热系数测定属间接测量法，实测电功率、温度二种参量，而且温度测点有十多点，测试过程比较费时，所以应用虚拟仪器技术，实现自动检测。

漏热系数（K）计算公式为

$$K = \frac{p}{\frac{1}{8}\sum_{i=0}^{7} t_{n} - \frac{1}{6}\sum_{i=8}^{13} t_{w}} \tag{12-10}$$

式中，P 为库内电热功率总和；t_n 为六面体库内 8 个内角温度；t_w 为库外六个几何面中心温度。

（2）测试系统组成　采用 PC-DAQ 结构组建虚拟仪器，如图 12-24 所示。普通 PC 插入 NI PCI-6221M 型数据采集卡（A-D 分辨率 16 位，采样速率为 250kS/s）。信号调理电路由 SCXI-1000 4 槽信号调理箱和 SCXI-1102 多路热电偶放大模块（具有冷端补偿、调理热电势信号的功能）、SCXI-1100 多路转换放大模块组成。PC 中安装 LabVIEW8. 5 for Windows 图形化编程平台，用作开发应用软件。MAX4. 3（NI 公司硬件随机带配）是测试与自动化资源管理软件，提供数据采集卡的驱动和采集任务初始化等。温度传感器选用 T 型热电偶（连接 SCXI-1102），功率传感器选用 WB3P414R1 型，三相有功功率量程为 0 ~ 33kW，0 ~ 20mA 输出（连接 SCXI-1100，若用 I/V 转换电阻 249Ω，则标度系数 6. 63kW/V）。

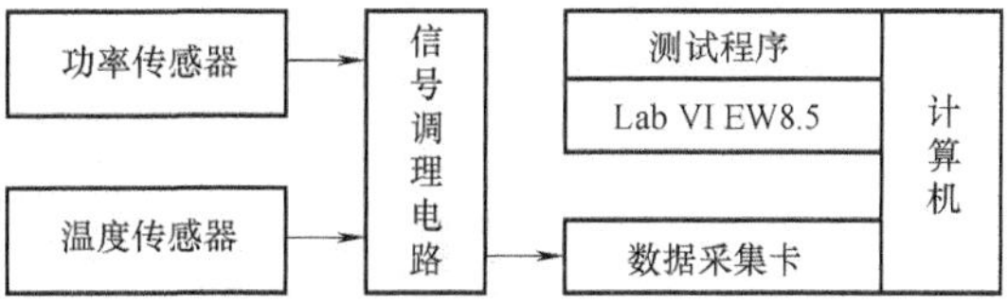

图 12-24　漏热系数测试系统组成框图

（3）软件开发　用 LabVIEW 图形化编程平台开发测试应用软件。调用功能选板上的 DAQ Assistant（数据采集助手）函数，在 MAX4. 3（测试与自动化资源管理软件）中选定本次测量的物理通道定址（通道端口、信号调理模块、调理箱和数据采集卡代码）和信号连接方式、测量参数类型和标度等信息。设置的物理通道定址代码如图 12-25 所示；虚拟通道相关信息如图 12-26 所示；电热功率标度设置如图 12-27 所示，基于这些初始化设置之后，DAQ Assistan 函数即能驱动硬件实现数据采集任务。开发的漏热系数测定虚拟仪器的前面板（人机图形界面），如图 12-28 所示；漏热系数自动检测软件（框图程序源代码）及简注如图 12-29 所示。

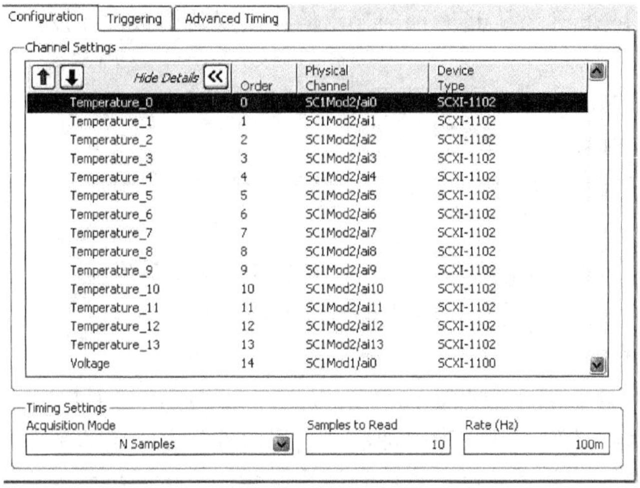

图 12-25　物理通道定址代码

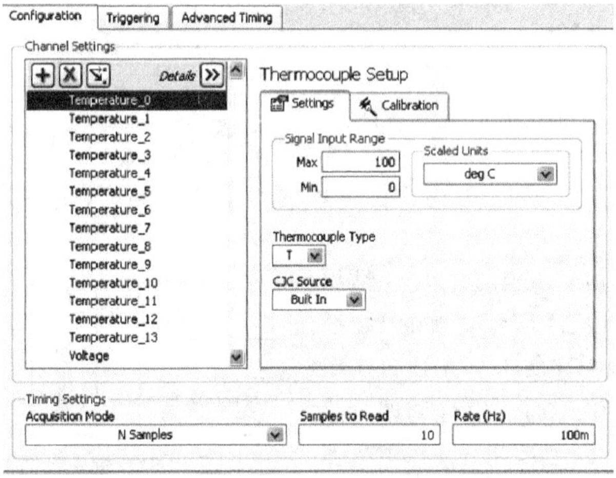

图 12-26　虚拟通道相关设置信息

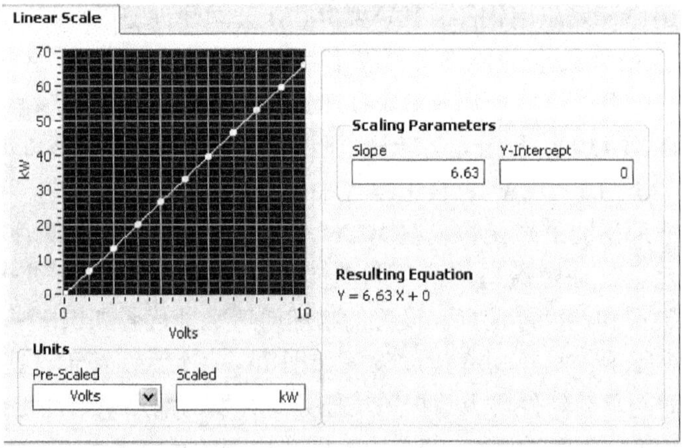

图 12-27　电热功率标度设置

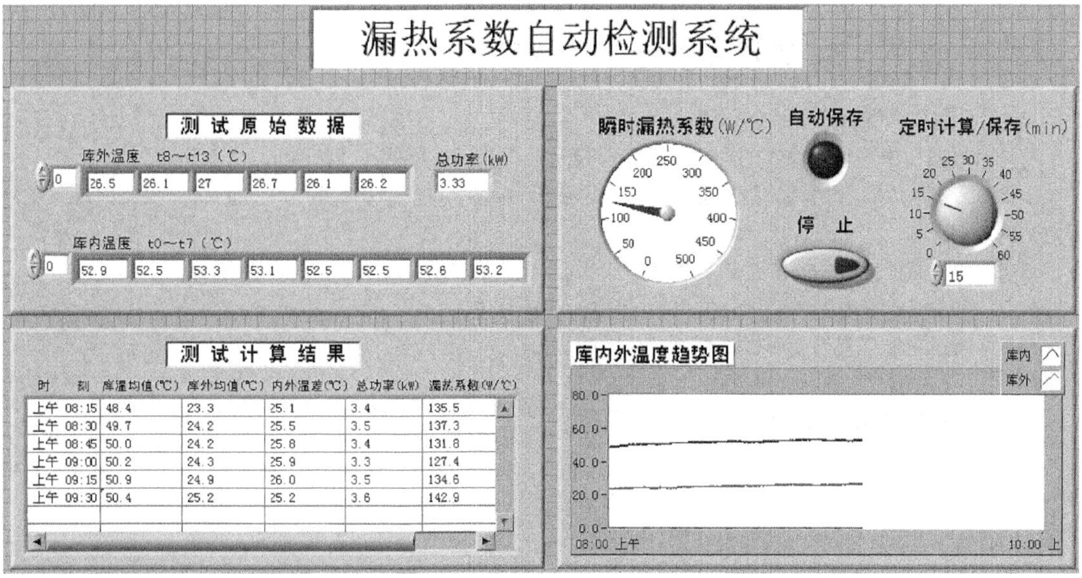

图 12-28　漏热系数测定虚拟仪器前面板

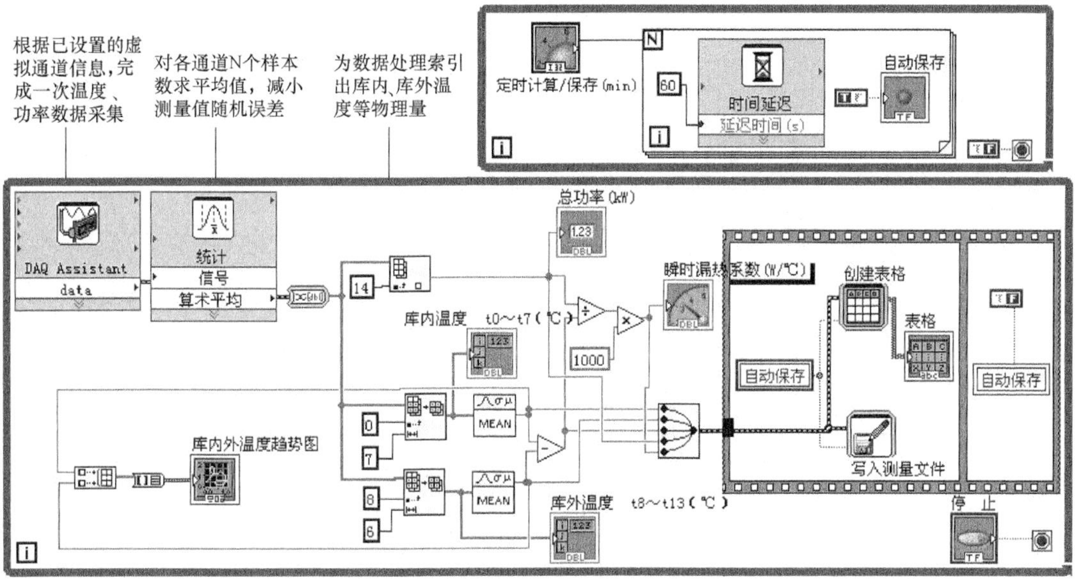

图 12-29　漏热系数自动检测程序框图

为了便于理解，文中所列举的漏热系数自动检测系统已被简化，但已具有测试过程监视、趋势图示、检测结果处理、定时计算和自动保存等功能。虚拟仪器开发容易、用软件来实现仪器的功能及友好的人机图形界面等特点已显而易见，它正在以不可逆转的力量推动测试技术的革新。

思考题与习题

12-1　简述计算机测试系统基本组成及各部分的作用。

12-2　信号调理器的作用是什么？并用具体的信号调理电路举例说明。

12-3　测量放大器有哪些特点和用途。

12-4　列举几种 A-D 转换器的类型，叙述双积分式 A-D 转换器的工作原理。

12-5　已知某 A-D 转换器的量程范围 0 ~ 5V，字长 16 位（bit），求量化电平、最高位权值和最大量化误差估值。

12-6　叙述智能仪表的基本组成和各部分的功能。

12-7　简述智能仪表程序编写时常用的计算机语言。

12-8　简述智能仪表是如何提高测量准确度的。

12-9　什么是虚拟仪器？它有哪些主要特点？

12-10　LabVIEW 是什么，它有哪些特点？

附　　录

附录 1　铂铑 10-铂热电偶分度表

分度号：S　　参比端温度：0℃

测量端温度/℃	0	1	2	3	4	5	6	7	8	9
	热电势/mV									
-10	-0.053	-0.058	-0.063	-0.068	-0.073	-0.078	-0.083	-0.088	-0.093	-0.098
-0	-0.000	-0.005	-0.011	-0.016	-0.021	-0.027	-0.032	-0.037	-0.042	-0.048
0	0.000	0.005	0.011	0.016	0.022	0.027	0.033	0.038	0.044	0.050
10	0.055	0.061	0.067	0.072	0.078	0.084	0.090	0.095	0.101	0.107
20	0.133	0.119	0.125	0.131	0.137	0.142	0.148	0.154	0.161	0.167
30	0.173	0.179	0.185	0.191	0.197	0.203	0.210	0.216	0.222	0.228
40	0.235	0.241	0.247	0.254	0.260	0.266	0.273	0.279	0.286	0.292
50	0.299	0.305	0.312	0.318	0.325	0.331	0.338	0.345	0.351	0.358
60	0.365	0.371	0.378	0.385	0.391	0.398	0.405	0.412	0.419	0.425
70	0.432	0.439	0.446	0.453	0.460	0.467	0.474	0.481	0.488	0.495
80	0.502	0.509	0.516	0.523	0.530	0.537	0.544	0.551	0.558	0.566
90	0.573	0.580	0.587	0.594	0.602	0.609	0.616	0.623	0.631	0.638
100	0.645	0.653	0.660	0.667	0.675	0.682	0.690	0.697	0.704	0.712
110	0.719	0.727	0.734	0.742	0.749	0.757	0.764	0.772	0.780	0.787
120	0.795	0.802	0.810	0.818	0.825	0.833	0.841	0.848	0.856	0.864
130	0.872	0.879	0.887	0.895	0.903	0.910	0.918	0.926	0.934	0.942
140	0.950	0.957	0.965	0.973	0.981	0.989	0.997	1.005	1.013	1.021
150	1.029	1.037	1.045	1.053	1.061	1.069	1.077	1.085	1.093	1.101
160	1.109	1.117	1.125	1.133	1.141	1.149	1.158	1.166	1.174	1.182
170	1.190	1.198	1.207	1.215	1.223	1.231	1.240	1.248	1.256	1.264
180	1.273	1.281	1.289	1.297	1.306	1.314	1.322	1.331	1.339	1.347
190	1.356	1.364	1.373	1.381	1.389	1.398	1.406	1.415	1.423	1.432
200	1.440	1.448	1.457	1.465	1.474	1.482	1.491	1.499	1.508	1.516
210	1.525	1.534	1.542	1.551	1.559	1.568	1.576	1.585	1.594	1.602
220	1.611	1.620	1.628	1.637	1.645	1.654	1.663	1.671	1.680	1.689
230	1.698	1.706	1.715	1.724	1.732	1.741	1.750	1.759	1.767	1.776
240	1.785	1.794	1.802	1.811	1.820	1.829	1.838	1.846	1.855	1.864
250	1.873	1.882	1.891	1.899	1.908	1.917	1.926	1.935	1.944	1.953
260	1.962	1.971	1.979	1.988	1.997	2.006	2.015	2.024	2.033	2.042
270	2.051	2.060	2.069	2.078	2.087	2.096	2.105	2.114	2.123	2.132
280	2.141	2.150	2.159	2.168	2.177	2.186	2.195	2.204	2.213	2.222
290	2.232	2.241	2.250	2.259	2.268	2.277	2.286	2.295	2.304	2.314

（续）

测量端温度/℃	0	1	2	3	4	5	6	7	8	9
	热电势/mV									
300	2.323	2.332	2.341	2.350	2.359	2.368	2.378	2.387	2.396	2.405
310	2.414	2.424	2.433	2.442	2.451	2.460	2.470	2.479	2.488	2.497
320	2.506	2.516	2.525	2.534	2.543	2.553	2.562	2.571	2.581	2.590
330	2.599	2.608	2.618	2.627	2.636	2.646	2.655	2.664	2.674	2.683
340	2.692	2.702	2.711	2.720	2.730	2.739	2.748	2.758	2.767	2.776
350	2.786	2.795	2.805	2.814	2.823	2.833	2.842	2.852	2.861	2.870
360	2.880	2.889	2.899	2.908	2.917	2.927	2.936	2.946	2.955	2.965
370	2.974	2.984	2.993	3.003	3.012	3.022	3.031	3.041	3.050	3.059
380	3.069	3.078	3.088	3.097	3.107	3.117	3.126	3.136	3.145	3.155
390	3.164	3.174	3.183	3.193	3.202	3.212	3.221	3.231	3.241	3.250
400	3.260	3.269	3.279	3.288	3.298	3.308	3.317	3.327	3.336	3.346
410	3.356	3.365	3.375	3.384	3.394	3.404	3.413	3.423	3.433	3.442
420	3.452	3.462	3.471	3.481	3.491	3.500	3.510	3.520	3.529	3.539
430	3.549	3.558	3.568	3.578	3.587	3.597	3.607	3.616	3.626	3.636
440	3.645	3.665	3.665	3.675	3.684	3.694	3.704	3.714	3.723	3.733
450	3.743	3.752	3.762	3.772	3.782	3.791	3.801	3.811	3.821	3.831
460	3.840	3.840	3.860	3.870	3.879	3.889	3.899	3.909	3.919	3.928
470	3.938	3.948	3.958	3.968	3.977	3.987	3.997	4.007	4.017	4.027
480	4.036	4.046	4.056	4.066	4.076	4.086	4.095	4.105	4.115	4.125
490	4.135	4.145	4.155	4.164	4.174	4.184	4.194	4.204	4.214	4.224
500	4.234	4.243	4.253	4.263	4.273	4.283	4.293	4.303	4.313	4.323
510	4.333	4.343	4.352	4.362	4.372	4.382	4.392	4.402	4.412	4.422
520	4.432	4.442	4.452	4.492	4.472	4.482	4.492	4.502	4.512	4.522
530	4.532	4.542	4.552	4.562	4.572	4.582	4.592	4.602	4.612	4.622
540	4.632	4.642	4.652	4.662	4.672	4.682	4.692	4.702	4.712	4.722
550	4.732	4.742	4.752	4.762	4.772	4.782	4.792	4.802	4.812	4.812
560	4.832	4.842	4.852	4.862	4.873	4.883	4.893	4.903	4.913	4.923
570	4.933	4.943	4.953	4.963	4.973	4.984	4.994	5.004	5.014	5.024
580	5.034	5.044	5.054	5.065	5.075	5.085	5.095	5.105	5.115	5.125
590	5.136	5.146	5.156	5.166	5.176	5.186	5.197	5.207	5.217	5.227
600	5.237	5.247	5.258	5.268	5.278	5.288	5.298	5.309	5.319	5.329
610	5.339	5.350	5.360	5.370	5.380	5.391	5.401	5.411	5.421	5.431
620	5.442	5.432	5.462	5.473	5.483	5.493	5.503	5.514	5.524	5.534
630	5.544	5.555	5.565	5.575	5.586	5.596	5.606	5.617	5.627	5.637
640	5.648	5.658	5.668	5.679	5.689	5.700	5.710	5.720	5.731	5.741
650	5.751	5.752	5.772	5.782	5.793	5.803	5.814	5.824	5.834	5.845
660	5.855	5.866	5.876	5.887	5.897	5.907	5.918	5.928	5.939	5.949
670	5.960	5.970	5.980	5.991	6.001	6.012	6.022	6.033	6.043	6.054
680	6.064	6.075	5.085	6.096	6.106	6.117	6.127	6.138	6.148	6.159
690	6.169	6.180	6.190	6.201	6.211	6.222	6.232	6.243	6.253	6.264

（续）

测量端温度/℃	0	1	2	3	4	5	6	7	8	9
	热电势/mV									
700	6.274	6.285	6.295	6.306	6.316	6.327	6.338	6.348	6.359	6.369
710	6.380	6.390	6.401	6.412	6.422	6.433	6.443	6.454	6.465	6.475
720	6.486	6.496	6.507	6.518	6.528	6.539	6.549	6.560	6.571	6.581
730	6.592	6.603	6.613	6.624	6.635	6.645	6.656	6.667	6.677	6.688
740	6.699	6.709	6.720	6.731	6.741	6.752	6.763	6.773	6.784	6.795
750	6.805	6.816	6.827	6.838	6.848	6.859	6.870	6.880	6.891	6.902
760	6.913	6.923	8.934	6.945	6.956	6.966	6.977	6.988	6.999	7.009
770	7.020	7.031	7.042	7.053	7.063	7.074	7.085	7.096	7.107	7.117
780	7.128	7.139	7.150	7.161	7.171	7.182	7.193	7.204	7.215	7.225
790	7.236	7.247	7.258	7.269	7.280	7.291	7.301	7.312	7.323	7.334
800	7.345	7.356	7.367	7.377	7.388	7.399	7.410	7.421	7.432	7.443
810	7.454	7.465	7.476	7.486	7.497	7.508	7.519	7.530	7.541	7.552
820	7.563	7.574	7.585	7.596	7.607	7.618	7.629	7.640	7.651	7.661
830	7.672	7.683	7.694	7.705	7.716	7.727	7.738	7.749	7.760	7.771
840	7.782	7.793	7.804	7.815	7.826	7.837	7.848	7.859	7.870	7.881
850	7.892	7.904	7.915	7.926	7.937	7.948	7.959	7.970	7.981	7.992
860	8.003	8.014	8.025	8.036	8.047	8.058	8.069	8.081	8.092	8.103
870	8.114	8.125	8.136	8.147	8.158	8.169	8.180	8.192	8.203	8.214
880	8.225	8.236	8.247	8.258	8.270	8.281	8.292	8.303	8.314	8.325
890	8.336	8.348	8.359	8.370	8.381	8.392	8.404	8.415	8.426	8.437
900	8.448	8.460	8.471	8.482	8.493	8.504	8.516	8.527	8.538	8.549
910	8.560	8.572	8.583	8.594	8.605	8.617	8.628	8.639	8.650	8.662
920	8.673	8.684	8.695	8.707	8.718	8.729	8.741	8.752	8.763	8.774
930	8.786	8.797	8.808	8.820	8.831	8.842	8.854	8.865	8.876	8.888
940	8.899	8.910	8.922	8.933	8.944	8.956	8.967	8.978	8.990	9.001
950	9.012	9.024	9.035	9.047	9.058	9.069	9.081	9.092	9.103	9.115
960	9.126	9.138	9.149	9.160	9.172	9.183	9.195	9.206	9.217	9.229
970	9.240	9.252	9.263	9.275	9.282	9.298	9.309	9.320	9.332	9.343
980	9.355	9.366	9.378	9.389	9.401	9.412	9.424	9.435	9.447	9.458
990	9.470	9.481	9.493	9.504	9.516	9.527	9.539	9.550	9.562	9.573
1000	9.585	9.596	9.608	9.619	9.631	9.642	9.654	9.665	9.677	9.689
1010	9.700	9.712	9.723	9.735	9.746	9.758	9.770	9.781	9.793	9.804
1020	9.816	9.828	9.839	9.851	9.862	9.874	9.886	9.897	9.909	9.920
1030	9.932	9.944	9.955	9.967	9.979	9.090	10.002	10.013	10.025	10.037
1040	10.048	10.060	10.072	10.083	10.095	10.107	10.118	10.130	10.142	10.154
1050	10.165	10.177	10.189	10.200	10.212	10.224	10.235	10.247	10.259	10.271
1060	10.282	10.294	10.306	10.318	10.329	10.341	10.353	10.364	10.376	10.388
1070	10.400	10.411	10.423	10.435	10.447	10.459	10.470	10.482	10.494	10.506
1080	10.517	10.529	10.541	10.553	10.565	10.576	10.588	10.600	10.612	10.624
1090	10.635	10.647	10.659	10.671	10.683	10.694	10.706	10.718	10.730	10.742

（续）

测量端温度/℃	0	1	2	3	4	5	6	7	8	9
	热电势/mV									
1100	10.754	10.765	10.777	10.789	10.801	10.813	10.825	10.836	10.848	10.860
1110	10.872	10.884	10.896	10.908	10.919	10.931	10.943	10.955	10.967	10.979
1120	10.991	11.003	11.014	11.026	11.038	11.050	11.062	11.074	11.086	11.098
1130	11.110	11.121	11.133	11.145	11.157	11.169	11.181	11.193	11.205	11.217
1140	11.229	11.241	11.252	11.264	11.276	11.288	11.300	11.312	11.324	11.336
1150	11.348	11.360	11.372	11.384	11.396	11.408	11.420	11.432	11.443	11.455
1160	11.467	11.479	11.491	11.503	11.515	11.527	11.539	11.551	11.563	11.575
1170	11.587	11.599	11.611	11.623	11.635	11.647	11.659	11.671	11.683	11.695
1180	11.707	11.719	11.731	11.743	11.755	11.767	11.779	11.791	11.803	11.815
1190	11.827	11.839	11.851	11.863	11.875	11.887	11.899	11.911	11.923	11.935
1200	11.947	11.959	11.971	11.983	11.995	12.007	12.019	12.031	12.043	12.055
1210	12.067	12.079	12.091	12.103	12.116	12.128	12.140	12.152	12.164	12.176
1220	12.188	12.200	12.212	12.224	12.236	12.248	12.260	12.272	12.284	12.296
1230	12.308	12.320	12.332	12.345	12.357	12.369	12.381	12.393	12.405	12.417
1240	12.429	12.441	12.453	12.465	12.477	12.489	12.501	12.514	12.526	12.538
1250	12.550	12.562	12.574	12.586	12.598	12.610	12.622	12.634	12.647	12.659
1260	12.671	12.683	12.695	12.707	12.719	12.731	12.743	12.755	12.767	12.780
1270	12.792	12.804	12.816	12.828	12.840	12.852	12.864	12.876	12.888	12.901
1280	12.913	12.925	12.937	12.949	12.961	12.973	12.985	12.997	13.010	13.022
1290	13.034	13.046	13.058	13.070	13.082	13.094	13.107	13.119	13.131	13.143
1300	13.155	13.167	13.179	13.191	13.203	13.216	13.228	13.240	13.252	13.264
1310	13.276	13.288	13.300	13.313	13.325	13.337	13.349	13.361	13.373	13.385
1320	13.397	13.410	13.422	13.434	13.446	13.458	13.470	13.482	13.495	13.507
1330	13.519	13.531	13.543	13.555	13.567	13.579	13.592	13.604	13.616	13.628
1340	13.640	13.652	13.664	13.677	13.689	13.701	13.713	13.725	13.737	13.749
1350	13.761	13.774	13.786	13.798	13.810	13.822	13.834	13.846	13.859	13.871
1360	13.883	13.895	13.907	13.919	13.931	13.944	13.956	13.968	13.980	13.992
1370	14.004	14.016	14.028	14.040	14.053	14.065	14.077	14.089	14.101	14.113
1380	14.125	14.138	14.150	14.162	14.174	14.186	14.198	14.210	14.222	14.235
1390	14.247	14.259	14.271	14.283	14.295	14.307	14.319	14.332	14.344	14.356
1400	14.368	14.380	14.392	14.404	14.416	14.429	14.441	14.453	14.465	14.477
1410	14.489	14.501	14.513	14.526	14.538	14.550	14.562	14.574	14.586	14.598
1420	14.610	14.622	14.635	14.647	14.659	14.671	14.683	14.695	14.707	14.719
1430	14.731	14.744	14.756	14.768	14.780	14.792	14.804	14.816	14.828	14.840
1440	14.852	14.865	14.877	14.889	14.901	14.913	14.925	14.937	14.949	14.961
1450	14.973	14.985	14.998	15.010	15.022	15.034	15.046	15.058	15.070	15.082
1460	15.094	15.106	15.118	15.130	15.143	15.155	15.167	15.179	15.191	15.203
1470	15.215	15.227	15.239	15.251	15.263	15.275	15.287	15.299	15.311	15.324
1480	15.336	15.348	15.360	15.372	15.384	15.396	15.408	15.420	15.432	15.444
1490	15.456	15.468	15.480	15.492	15.504	15.516	15.528	15.540	15.552	15.564
1500	15.576	15.589	15.601	15.613	15.625	15.637	15.649	15.661	15.673	15.685
1510	15.697	15.709	15.721	15.733	15.745	15.757	15.769	15.781	15.793	15.805
1520	15.817	15.829	15.841	15.853	15.865	15.877	15.889	15.901	15.913	15.925
1530	15.937	15.949	15.961	15.973	15.985	15.997	16.009	16.021	16.033	16.045
1540	16.057	16.069	16.080	16.092	16.104	16.116	16.128	16.140	16.152	16.164

附录2 镍铬-镍硅热电偶分度表

分度号：K 参比端温度:℃

测量端温度/℃	0	1	2	3	4	5	6	7	8	9
	热电势/mV									
-40	-1.527	-1.563	-1.600	-1.636	-1.673	-1.709	-1.745	-1.781	-1.817	-1.853
-30	-1.156	-1.193	-1.231	-1.268	-1.305	-1.342	-1.379	-1.416	-1.453	-1.490
-20	-0.777	-0.816	-0.854	-0.892	-0.930	-0.968	-1.005	-1.043	-1.081	-1.118
-10	-0.392	-0.431	-0.469	-0.508	-0.547	-0.585	-0.624	-0.662	-0.701	-0.739
-0	-0.000	-0.039	-0.079	-0.118	-0.157	-0.197	-0.236	-0.275	-0.314	-0.353
0	0.000	0.039	0.079	0.119	0.158	0.198	0.238	0.277	0.317	0.357
10	0.397	0.437	0.477	0.517	0.557	0.597	0.637	0.677	0.718	0.758
20	0.798	0.838	0.879	0.919	0.960	1.000	1.041	1.081	1.122	1.162
30	1.203	1.244	1.285	1.325	1.366	1.407	1.448	1.489	1.529	1.570
40	1.611	1.652	1.693	1.734	1.776	1.817	1.858	1.899	1.940	1.981
50	2.022	2.064	2.105	2.146	2.188	2.229	2.270	2.312	2.353	2.394
60	2.436	2.477	2.519	2.560	2.601	2.643	2.684	2.726	2.767	2.809
70	2.850	2.892	5.933	2.975	3.016	3.058	3.100	3.141	3.183	3.224
80	3.266	3.307	3.349	3.390	3.432	3.473	3.515	3.556	3.598	3.639
90	3.681	3.722	3.764	3.805	3.847	3.888	3.930	3.971	4.012	4.054
100	4.095	4.137	4.178	4.219	4.261	4.302	4.343	4.384	4.426	4.467
110	4.508	4.549	4.590	4.632	4.673	4.714	4.755	4.796	4.837	4.878
120	4.919	4.960	5.001	5.042	5.083	5.124	5.164	5.205	5.246	5.287
130	5.327	5.368	5.409	5.450	5.490	5.531	5.571	5.612	5.652	5.693
140	5.733	5.774	5.814	5.855	5.895	5.936	5.976	6.016	6.057	6.097
150	6.137	6.177	6.218	6.258	6.298	6.338	6.378	6.419	6.459	6.499
160	6.539	6.579	6.619	6.659	6.699	6.739	6.779	6.819	6.859	6.899
170	6.939	6.979	7.019	7.059	7.009	7.139	7.179	7.219	7.259	7.299
180	7.338	7.378	7.418	7.458	7.498	7.538	7.578	7.618	7.658	7.697
190	7.737	7.777	7.817	7.857	7.897	7.937	7.977	8.017	8.057	8.097
200	8.137	8.177	8.216	8.256	8.296	8.336	8.376	8.416	8.456	8.497
210	8.537	8.577	8.617	8.657	8.697	8.737	8.777	8.817	8.857	8.898
220	8.938	8.978	9.018	9.058	9.099	9.139	9.179	9.220	9.260	9.300
230	9.341	9.381	9.421	9.462	9.502	9.543	9.583	9.624	9.664	9.705
240	9.745	9.786	9.826	9.867	9.907	9.948	9.989	10.029	10.070	10.111
250	10.151	10.192	10.233	10.274	10.315	10.355	10.396	10.437	10.478	10 519
260	10.560	10.600	10.641	10.682	10.723	10.764	10.805	10.846	10.887	10 928
270	10.969	11.010	11.051	11.093	11.134	11.175	11.216	11.257	11.298	11 339
280	11.381	11.422	11.463	11.504	11.546	11.587	11.628	11.669	11.711	11.752
290	11.793	11.835	11.876	11.918	11.959	12.000	12.042	12.083	12.125	12.166
300	12.207	12.249	12.290	12.332	12.373	12.415	12.456	12.498	12.539	12.581
310	12.623	12.664	12.706	12.747	12.789	12.831	12.872	12.914	12.955	12.997
320	13.039	13.080	13.122	13.164	13.205	13.247	13.289	13.331	13.372	13.414
330	13.456	13.497	13.539	13.581	13.623	13.665	13.706	13.748	13.790	13.832
340	13.874	13.915	13.957	13.999	14.041	14.083	14.125	14.167	14.208	14.250

（续）

测量端温度/℃	0	1	2	3	4	5	6	7	8	9
	热电势/mV									
350	14.292	14.334	14.376	14.418	14.460	14.502	14.544	14.586	14.628	14.670
360	14.712	14.754	14.796	14.838	14.880	14.922	14.964	15.006	15.048	15.090
370	15.132	15.174	15.216	15.258	15.300	15.342	15.384	15.426	15.468	15.510
380	15.552	15.594	15.636	15.679	15.721	15.763	15.805	15.847	15.889	15.931
390	15.974	16.016	16.058	16.100	16.142	16.184	16.227	16.269	16.311	16.353
400	16.305	16.438	16.480	16.522	16.564	16.607	16.649	16.691	16.733	16.776
410	16.818	16.860	16.902	16.945	16.987	17.029	17.072	17.114	17.156	17.199
420	17.241	17.283	17.326	17.368	17.410	17.453	17.495	17.537	17.580	17.622
430	17.664	17.707	17.749	17.792	17.834	17.876	17.919	17.961	18.004	18.046
440	18.088	18.131	18.173	18.216	18.258	18.301	18.343	18.385	18.428	18.470
450	18.513	18.555	18.598	18.640	18.683	18.725	18.768	18.810	18.853	18.895
460	18.938	18.980	19.023	19.065	19.108	19.150	19.193	19.235	19.278	19.320
470	19.363	19.405	19.448	19.490	19.533	19.576	19.618	19.661	19.703	19.746
480	19.788	19.831	19.873	19.916	19.959	20.001	20.044	20.086	20.129	20.172
490	20.214	20.257	20.299	20.342	20.385	20.427	20.470	20.512	20.555	20.508
500	20.640	20.683	20.725	20.768	20.811	20.853	20.896	20.938	20.981	21.024
510	21.066	21.109	21.152	21.194	21.237	21.280	21.322	21.365	21.407	21.450
520	21.493	21.535	21.578	21.621	21.663	21.706	21.749	21.791	21.834	21.876
530	21.919	21.962	22.004	22.047	22.090	22.132	22.175	22.218	22.260	22.303
540	22.346	22.388	22.431	22.473	22.516	22.559	22.601	22.644	22.687	22.729
550	22.772	22.815	22.857	22.900	22.942	22.985	23.028	23.070	23.113	23.156
560	23.198	23.241	23.284	23.326	23.369	23.411	23.454	23.497	23.539	23.582
570	23.624	23.667	23.710	23.752	23.795	23.837	23.880	23.923	23.965	24.008
580	24.050	24.093	24.136	24.178	24.221	24.263	24.306	24.348	24.391	24.434
590	24.476	24.519	24.561	24.604	24.646	24.689	24.731	24.774	24.817	24.859
600	24.902	24.944	24.987	25.029	25.072	25.114	25.157	25.109	25.242	25.284
610	25.327	25.369	25.412	25.454	25.497	25.539	25.582	25.624	25.666	25.709
620	25.751	25.794	25.836	25.879	25.921	25.964	26.006	26.048	26.091	26.133
630	26.176	26.218	26.260	26.303	26.345	26.387	26.430	26.472	26.515	26.557
640	26.599	26.642	26.684	26.726	26.769	26.811	26.853	26.896	26.938	26.980
650	27.022	27.065	27.107	27.149	27.192	27.234	27.276	27.318	27.361	27.403
660	27.445	27.487	27.529	27.570	27.614	27.656	27.698	27.740	27.783	27.825
670	27.867	27.909	27.951	27.993	28.035	28.078	28.120	28.162	28.204	28.246
680	28.288	28.330	28.372	28.414	28.456	28.498	28.540	28.583	28.625	28.667
690	28.709	28.751	28.793	28.835	28.877	28.919	28.961	29.002	29.044	29.086
700	29.128	29.170	29.212	29.254	29.296	29.338	29.380	29.422	29.464	29.505
710	29.547	29.589	29.631	29.673	29.715	29.756	29.798	29.840	29.882	29.924
720	29.965	30.007	30.049	30.091	30.132	30.174	30.216	30.257	30.290	30.341
730	30.383	30.424	30.466	30.508	30.549	30.591	30.632	30.674	30.716	30.757
740	30.799	30.840	30.882	30.924	30.965	31.007	31.048	31.090	31.131	31.173

（续）

测量端温度/℃	0	1	2	3	4	5	6	7	8	9
	热电势/mV									
750	31.214	31.256	31.297	31.339	31.380	31.422	31.463	31.504	31.546	31.587
760	31.629	31.670	31.712	31.753	31.794	31.836	31.877	31.918	31.960	32.001
770	32.042	32.084	32.125	32.166	32.207	32.249	32.290	32.331	32.372	32.414
780	32.455	32.496	32.537	32.578	32.619	32.661	32.702	32.743	32.784	32.825
790	32.866	32.907	32.948	32.990	33.031	33.072	33.113	33.154	33.195	33.236
800	33.277	33.318	33.359	33.400	33.441	33.482	33.523	33.561	33.604	33.645
810	33.686	33.727	33.768	33.809	33.850	33.891	33.931	33.972	34.013	34.054
820	34.095	34.136	34.176	34.217	34.258	34.299	34.339	34.380	34.421	34.461
830	34.502	34.543	34.583	34.624	34.665	34.705	34.746	31.787	34.827	34.868
840	34.909	34.990	34.990	35.030	35.071	35.111	35.152	35.192	35.233	35.270
850	35.314	35.354	35.395	35.435	35.476	35.516	35.557	35.597	35.637	35.678
860	35.718	35.758	35.799	35.839	35.880	35.920	35.960	36.000	36.041	36.081
870	36.121	36.162	36.202	36.242	36.282	36.323	36.363	36.403	36.443	36.483
880	36.524	36.564	36.604	36.644	36.684	36.724	36.764	36.804	36.844	36.885
890	36.925	36.965	37.005	37.045	37.085	37.125	37.165	37.205	37.245	37.285
900	37.325	37.365	37.405	37.445	37.484	37.524	37.564	37.604	37.644	37.684
910	37.724	37.764	37.803	37.843	37.883	37.923	37.963	38.002	38.042	38.082
920	38.122	38.162	38.201	38.241	38.281	38.320	38.360	38.400	38.439	38.479
930	38.519	38.558	38.598	38.638	38.677	38.717	38.756	38.796	38.836	38.875
940	38.915	38.954	38.994	39.033	39.073	39.112	39.152	39.191	39.231	39.270
950	39.310	30.349	39.388	39.428	39.467	39.507	39.546	39.585	39.625	39.664
960	39.703	39.743	39.782	39.821	39.861	39.900	39.939	39.970	40.018	40.057
970	40.096	40.136	40.175	40.214	40.253	40.292	40.332	40.371	40.410	40.449
980	40.488	40.527	40.566	40.605	40.645	40.684	40.723	40.762	40.801	40.840
990	40.879	40.918	40.957	40.996	41.035	41.074	41.113	41.152	41.191	41.230
1000	41.269	41.308	41.347	41.385	41.424	41.463	41.502	41.541	41.580	41.619
1010	41.657	41.696	41.735	41.774	41.813	41.851	41.890	41.929	41.968	42.006
1020	42.045	42.084	42.123	42.161	42.200	42.239	42.277	42.316	42.355	42.303
1030	42.432	42.470	42.509	42.548	42.586	42.625	42.663	42.702	42.740	41.779
1040	42.817	42.856	42.894	42.933	42.971	43.010	43.048	43.087	43.125	43.164

（续）

测量端温度/℃	0	1	2	3	4	5	6	7	8	9
	热电势/mV									
1050	43.202	43.240	43.279	43.317	43.356	43.394	43.432	43.471	43.500	43.547
1060	43.585	43.624	43.662	43.700	43.739	43.777	43.815	43.853	43.891	43.930
1070	43.968	44.006	44.044	44.082	44.121	44.159	44.197	44.235	44.273	44.311
1080	44.349	44.387	44.425	44.463	44.501	44.539	44.577	44.615	44.653	44.691
1090	44.729	44.767	44.805	44.843	44.881	44.919	44.957	44.995	45.033	45.070
1100	45.108	45.146	45.184	45.222	45.260	45.297	45.335	45.373	45.411	45.448
1110	45.486	45.524	45.561	45.599	46.637	45.675	45.712	45.750	45.787	45.825
1120	45.863	45.900	45.938	45.975	46.013	46.051	46.088	46.126	46.163	46.201
1130	46.238	46.275	46.313	46.350	46.388	46.425	46.463	46.500	46.537	46.575
1140	46.612	46.649	46.687	46.724	46.761	46.799	46.836	46.873	46.910	46.948
1150	46.985	47.022	47.059	47.096	47.134	47.171	47.208	47.245	47.282	47.319
1160	47.356	47.393	47.430	47.468	47.505	47.542	47.579	47.616	47.653	47.689
1170	47.726	47.763	47.800	47.837	47.874	47.911	47.948	47.985	48.021	48.058
1180	48.095	48.132	48.169	48.205	48.242	48.279	48.316	48.352	48.389	48.426
1190	48.462	48.499	48.536	48.572	48.609	48.645	48.682	48.718	48.755	48.792
1200	48.828	48.865	48.901	48.937	48.974	49.010	49.047	49.083	49.120	49.156
1210	49.192	49.229	49.265	49.301	49.338	49.374	49.410	49.446	49.483	49.519
1220	49.555	49.591	49.627	49.663	49.700	49.736	49.772	49.808	49.844	49.880
1230	49.916	49.952	49.988	50.024	50.060	50.096	50.132	50.168	50.204	50.240
1240	50.276	50.311	50.347	50.383	50.419	50.455	50.491	50.526	50.562	50.598
1250	50.633	50.669	50.705	50.741	50.776	50.812	50.847	50.883	50.919	50.954
1260	50.990	51.025	51.061	51.096	51.132	51.167	51.203	51.238	51.274	51.309
1270	51.344	51.380	51.415	51.450	51.486	51.521	51.556	51.592	51.627	51.662
1280	51.697	51.733	51.768	51.803	51.838	51.873	51.908	51.943	51.979	52.014
1290	52.049	52.084	52.119	52.154	52.189	52.224	52.259	52.294	52.329	52.364
1300	52.398	52.433	52.468	52.503	52.538	52.573	52.608	52.642	52.677	52.712
1310	52.747	52.781	52.816	52.851	52.886	52.920	52.955	52.989	53.024	53.059
1320	53.093	53.128	53.162	53.197	53.232	53.266	53.301	53.335	53.370	53.404
1330	53.439	53.473	53.507	53.542	53.576	53.611	53.645	53.679	53.714	53.748
1340	53.782	53.817	53.851	53.885	53.920	53.954	53.988	54.022	54.057	54.091
1350	54.125	54.159	54.193	54.228	54.262	54.296	54.330	54.364	54.398	54.432
1360	54.466	54.501	54.535	54.569	54.603	54.637	54.671	54.705	54.739	54.773
1370	54.807	54.841	54.875							

附录3　铜-康铜热电偶分度表

分度号：T　　参考端温度：0℃

t/℃	E/μV	S/(μV/℃)	dS/dt/(μV/℃)	t/℃	E/μV	S/(μV/℃)	dS/dt/(μV/℃)
-170	-5069.41	19.776	130.07	-125	-4051.24	25.419	121.92
-169	-5049.57	19.906	129.79	-124	-4025.76	25.541	121.74
-168	-5029.60	20.036	129.51	-123	-4000.16	25.662	121.55
-167	-5009.50	20.165	129.24	-122	-3974.43	25.784	121.35
-166	-4989.27	20.294	128.96	-121	-3948.59	25.905	121.15
-165	-4968.91	20.423	128.70	-120	-3922.62	26.026	120.94
-164	-4948.43	20.551	128.43	-119	-3896.54	26.147	120.72
-163	-4927.81	20.680	128.17	-118	-3870.33	26.268	120.49
-162	-4907.07	20.808	127.91	-117	-3844.00	26.388	120.26
-161	-4886.20	20.936	127.67	-116	-3817.56	26.508	120.02
-160	-4865.20	21.063	127.42	-115	-3790.99	26.628	119.77
-159	-4844.07	21.190	127.19	-114	-3764.30	26.748	119.52
-158	-4822.81	21.318	126.96	-113	-3737.49	26.867	119.26
-157	-4801.43	21.444	126.74	-112	-3710.57	26.986	119.00
-156	-4779.93	21.571	126.52	-111	-3683.52	27.105	118.73
-155	-4758.29	21.697	126.31	-110	-3656.36	27.224	118.46
-154	-4736.53	21.824	126.12	-109	-3629.07	27.342	118.19
-153	-4714.64	21.950	126.92	-108	-3601.67	27.460	117.91
-152	-4692.63	22.075	125.74	-107	-3574.15	27.578	117.64
-151	-4670.49	22.201	125.57	-106	-3546.52	27.695	117.36
-150	-4648.23	22.327	125.40	-105	-3518.76	27.812	117.08
-149	-4625.84	22.452	125.23	-104	-3490.89	27.929	116.80
-148	-4603.33	22.577	125.08	-103	-3462.90	28.046	116.52
-147	-4580.69	22.702	124.93	-102	-3434.80	28.162	116.24
-146	-4557.92	22.827	124.79	-101	-3406.58	28.278	115.96
-145	-4535.03	22.952	124.65	-100	-3378.24	28.394	115.69
-144	-4512.02	23.076	124.51	-99	-3349.79	28.510	115.42
-143	-4488.88	23.201	124.38	-98	-3321.22	28.625	115.15
-142	-4465.62	23.325	124.26	-97	-3292.54	28.740	114.88
-141	-4442.23	23.449	124.13	-96	-3263.74	28.855	114.62
-140	-4418.72	23.573	124.01	-95	-3234.83	28.969	114.37
-139	-4395.08	23.697	123.89	-94	-3205.80	29.084	114.12
-138	-4371.32	23.821	123.77	-93	-3176.66	29.198	113.87
-137	-4347.44	23.945	123.65	-92	-3147.41	29.311	113.63
-136	-4323.43	24.068	123.52	-91	-3118.04	29.425	113.40
-135	-4299.30	24.192	123.40	-90	-3088.56	29.538	113.17
-134	-4275.05	24.315	123.27	-89	-3058.96	29.651	112.95
-133	-4250.67	24.438	123.14	-88	-3029.26	29.764	112.73
-132	-4226.17	24.561	123.01	-87	-2999.44	29.877	112.51
-131	-4201.55	24.684	122.87	-86	-2969.50	29.989	112.30
-130	-4176.81	24.807	122.73	-85	-2939.46	30.101	112.10
-129	-4151.94	25.930	122.58	-84	-2909.30	30.213	111.89
-128	-4126.95	25.052	122.42	-83	-2879.03	30.325	111.70
-127	-4101.83	25.175	122.26	-82	-2848.65	30.437	111.50
-126	-4076.60	25.297	122.09	-81	-2818.16	30.548	111.31

（续）

t/℃	E/μV	S/(μV/℃)	dS/dt/(μV/℃)	t/℃	E/μV	S/(μV/℃)	dS/dt/(μV/℃)
-80	-2787.55	30.659	111.11	-35	-1298.94	35.407	99.52
-79	-2756.84	30.770	110.92	-34	-1923.49	35.507	99.38
-78	-2726.01	30.881	110.73	-33	-1227.93	35.606	99.26
-77	-2695.08	30.992	110.54	-32	-1192.27	35.705	99.16
-76	-2664.03	31.102	110.35	-31	-1156.52	35.804	99.07
-75	-2632.87	31.213	110.15	-30	-1120.67	35.903	98.99
-74	-2601.61	31.323	109.96	-29	-1084.71	36.002	98.91
-73	-2570.23	31.432	109.76	-28	-1048.66	36.101	98.84
-72	-2538.74	31.542	109.55	-27	-1012.51	36.200	98.76
-71	-2507.14	31.652	109.34	-26	-976.26	36.299	98.69
-70	-2475.44	31.761	109.12	-25	-936.91	36.397	98.60
-69	-2443.62	31.870	108.90	-24	-903.47	36.496	98.50
-68	-2411.70	31.979	108.67	-23	-866.92	36.594	98.37
-67	-2379.67	32.087	108.43	-22	-830.23	36.693	98.23
-66	-2347.52	32.195	108.19	-21	-793.54	36.791	98.05
-65	-2315.27	32.303	107.94	-20	-756.70	36.889	97.83
-64	-2282.92	32.411	107.68	-19	-719.76	36.986	97.58
-63	-2250.45	32.519	107.41	-18	-682.73	37.081	97.27
-62	-2217.88	32.626	107.13	-17	-645.59	37.181	96.91
-61	-2185.20	32.733	106.85	-16	-608.36	37.273	96.50
-60	-2152.41	32.840	106.55	-15	-571.04	37.374	96.03
-59	-2119.52	32.946	106.25	-14	-533.62	37.470	95.49
-58	-2086.52	33.052	105.94	-13	-496.10	37.565	94.90
-57	-2053.42	33.158	105.63	-12	-458.49	37.659	94.25
-56	-2020.21	33.264	105.31	-11	-420.78	37.753	93.54
-55	-1986.89	33.369	104.98	-10	-382.98	37.846	92.79
-54	-1953.47	33.474	104.66	-9	-345.09	37.939	92.01
-53	-1919.94	33.578	104.32	-8	-307.10	38.030	91.26
-52	-1886.31	33.682	103.99	-7	-269.03	38.121	90.41
-51	-1852.58	33.786	103.66	-6	-230.86	38.211	89.64
-50	-1818.74	33.889	103.33	-5	-192.61	38.301	88.94
-49	-1784.80	33.993	103.00	-4	-154.26	38.389	88.53
-48	-1750.75	34.095	102.68	-3	-115.83	38.477	87.92
-47	-1716.61	34.198	102.36	-2	-77.31	38.565	87.70
-46	-1682.36	34.300	102.05	-1	-38.70	38.653	87.79
-45	-1648.01	34.402	101.75	0	+0.00	38.741	66.38
-44	-1613.55	34.504	101.46	1	+38.8	38.808	67.60
-43	-1579.00	34.605	100.18	2	+77.6	38.876	68.76
-42	-1544.34	34.706	100.92	3	+116.5	38.945	69.88
-41	-1509.59	34.807	100.67	4	+155.5	39.016	70.94
-40	-1474.73	34.907	100.43	5	+194.6	39.087	71.96
-39	-1439.77	35.008	100.22	6	+233.7	39.160	72.94
-38	-1404.72	35.108	100.01	7	+272.9	39.233	73.86
-37	-1369.56	35.208	99.83	8	+312.1	39.307	74.70
-36	-1334.30	35.308	99.66	9	+351.5	39.382	75.59

（续）

t/℃	E/μV	S/(μV/℃)	dS/dt/(μV/℃)	t/℃	E/μV	S/(μV/℃)	dS/dt/(μV/℃)
10	390.9	39.458	76.39	55	2250.3	43.231	84.21
11	430.4	39.535	77.15	56	2293.6	43.315	84.02
12	470.0	39.613	77.86	57	2336.9	43.399	83.83
13	509.6	39.691	78.55	58	2380.4	43.483	83.62
14	549.4	39.770	79.19	59	2423.9	43.566	83.41
15	589.2	39.849	79.80	60	2467.5	43.649	83.20
16	629.1	39.929	80.37	61	2511.2	43.733	82.98
17	669.0	40.010	80.91	62	2555.0	43.815	82.75
18	709.1	40.091	81.41	63	2598.8	43.898	82.52
19	749.2	40.173	81.88	64	2642.8	43.930	82.28
20	789.4	40.255	82.33	65	2686.8	44.063	82.04
21	829.7	40.328	82.74	66	2730.9	44.145	81.79
22	870.1	40.420	83.12	67	2775.1	44.226	81.55
23	910.6	40.504	83.47	68	2819.3	44.308	81.29
24	951.1	40.587	83.80	69	2863.7	44.389	81.04
25	991.7	40.671	84.10	70	2908.1	44.470	80.78
26	1032.5	40.756	84.37	71	2952.6	44.550	80.52
27	1073.3	40.840	84.62	72	2997.2	44.631	80.26
28	1114.1	40.925	84.84	73	3041.9	44.711	79.99
29	1155.1	41.010	85.04	74	3086.6	44.791	79.73
30	1196.2	41.095	85.22	75	3131.5	44.870	79.46
31	1237.3	41.180	85.37	76	3176.4	44.950	79.19
32	1278.5	41.266	85.50	77	3221.4	45.029	78.92
33	1319.8	41.351	85.62	78	3266.4	45.107	78.65
34	1361.2	41.437	85.71	79	3311.6	45.186	78.38
35	1402.7	41.523	85.79	80	3356.8	45.264	78.10
36	1444.3	41.608	85.84	81	3402.1	45.342	77.82
37	1485.9	41.694	85.88	82	3447.5	45.420	77.56
38	1527.7	41.780	85.90	83	3492.9	45.497	77.29
39	1569.5	41.866	85.91	84	3538.5	45.574	77.01
40	1611.4	41.952	85.89	85	3584.1	45.651	76.74
41	1653.4	42.038	85.87	86	3629.8	45.728	76.47
42	1695.5	42.124	85.83	87	3675.5	45.804	76.20
43	1737.6	42.209	85.77	88	3721.4	45.880	75.93
44	1779.9	42.295	85.70	89	3767.3	45.956	75.66
45	1822.2	42.381	85.62	90	3813.2	46.032	75.39
46	1864.6	42.466	85.53	91	3859.4	46.107	75.13
47	1907.1	42.552	85.42	92	3905.5	46.182	74.86
48	1949.7	42.637	85.31	93	3951.7	46.257	74.60
49	1992.4	42.723	85.18	94	3998.0	46.331	74.34
50	2035.2	42.808	85.04	95	4044.4	46.405	74.08
51	2078.0	42.893	84.89	96	4090.8	46.479	73.82
52	2121.0	42.977	84.74	97	4137.4	46.553	73.56
53	2164.0	43.062	84.57	98	4183.9	46.626	73.30
54	2207.1	43.147	84.40	99	4230.6	46.700	73.05

（续）

t/℃	E/μV	S/(μV/℃)	dS/dt/(μV/℃)	t/℃	E/μV	S/(μV/℃)	dS/dt/(μV/℃)
100	4277.3	46.773	72.80	150	6702.4	50.149	63.20
101	4324.2	46.845	72.55	151	6752.5	50.212	63.06
102	4371.0	46.918	72.30	152	6802.8	50.275	62.92
103	4418.0	46.990	72.06	153	6852.1	50.338	62.78
104	4465.0	47.062	71.81	154	6903.5	50.400	62.65
105	4512.1	47.133	71.57	155	6953.9	50.463	62.51
106	4559.3	47.205	71.34	156	7004.4	50.526	62.37
107	4606.5	47.276	71.10	157	7054.9	50.588	62.24
108	4653.8	47.347	70.87	158	7105.6	50.650	62.11
109	4701.2	47.418	70.64	159	7156.2	50.712	61.98
110	4748.7	47.488	70.41	160	7207.0	50.774	61.84
111	4796.2	47.559	70.18	161	7257.8	50.836	61.71
112	4843.8	47.629	69.96	162	7308.7	50 897	61.58
113	4891.4	47.699	69.74	163	7359.6	50.959	61.46
114	4939.2	47.768	69.52	164	7410.6	51.020	61.33
115	4987.0	47.838	69.30	165	7461.6	51.082	61.20
116	5034.9	47.907	69.09	166	7512.7	51.143	61.07
117	5082.8	47.976	68.88	167	7563.9	51.204	60.94
118	5130.8	48.045	68.67	168	7615.2	51.265	60.82
119	5178.9	48.113	68.46	169	7666.4	51.325	60.69
120	5227.0	48.181	68.26	170	7717.8	51.386	60.57
121	5275.3	48.250	68.06	171	7769.2	51.446	60.44
122	5323.5	48.318	67.86	172	7820.7	51.507	60.32
123	5371.9	48.385	67.67	173	7872.2	51.567	60.19
124	5420.3	48.453	67.47	174	7928.8	51.627	60.07
125	5468.8	48.520	67.28	175	7975.5	51.687	59.94
126	5517.3	48.587	67.09	176	8027.2	51.747	59.82
127	5566.0	48.654	66.91	177	8079.0	51.807	59.69
128	5614.7	48.721	66.72	178	8130.8	51.886	59.57
129	5683.4	48.788	66.54	179	8182.7	51.926	59.44
130	5712.2	48.854	66.36	180	8234.7	51.985	59.32
131	5761.1	48.921	66.19	181	8286.7	52.045	59.19
132	5810.1	48.987	66.01	182	8338.8	52.104	59.07
133	5859.1	49.053	65.84	183	8390.9	52.163	58.94
134	5908.2	49.118	65.67	184	8443.1	52.222	58.81
135	5957.3	49.184	65.50	185	8495.3	52.280	58.69
136	6006.5	49.249	65.33	186	8547.6	52.339	58.56
137	6055.8	49.315	65.17	187	8600.0	52.397	58.43
138	6105.2	49.380	65.01	188	8652.4	52.456	58.31
139	6154.6	49.445	64.85	189	8704.9	52.514	58.18
140	6204.1	49.509	64.69	190	8757.5	52.572	58.05
141	6253.6	49.574	64.53	191	8810.1	52.630	57.92
142	6303.2	49.639	64.38	192	8862.7	52.688	57.79
143	6352.9	49.703	64.23	193	8915.4	52.746	57.66
144	6402.6	49.767	64.07	194	8968.2	52.803	57.53
145	6452.4	49.831	63.93	195	9021.1	52.861	57.40
146	6502.3	49.895	63.78	196	9073.9	52.918	57.27
147	6552.2	49.959	63.63	197	9126.9	52.975	57.13
148	6602.2	50.022	63.49	198	9179.9	53.032	53.00
149	6652.2	50.086	63.34	199	9233.0	53.089	56.87
				200	9286.1	53.146	56.73

附录4　铂电阻温度计分度表

分度号：Pt100　　$R_0 = 100.00\Omega$　　（单位：Ω）

温度/℃	0	1	2	3	4	5	6	7	8	9
-200	17.28	—	—	—	—	—	—	—	—	—
-190	21.65	21.21	20.78	20.34	19.91	19.47	19.03	18.59	18.16	17.72
-180	25.98	25.55	25.12	24.69	24.25	23.82	23.39	22.95	22.52	22.08
-170	30.29	29.86	29.43	29.00	28.57	28.14	27.71	27.28	26.85	26.42
-160	34.56	34.13	33.71	33.28	32.85	32.43	32.00	31.57	31.14	30.17
-150	38.80	38.38	37.95	37.53	37.11	36.68	36.26	35.83	35.41	34.98
-140	43.02	42.60	42.18	41.76	41.33	40.91	40.49	40.07	39.65	39.22
-130	47.21	46.79	46.37	45.96	45.53	45.12	44.70	44.28	43.86	43.44
-120	51.38	50.96	50.54	50.13	49.71	49.29	48.88	48.46	48.04	47.63
-110	55.52	55.11	54.69	54.28	53.87	53.45	53.04	52.62	52.21	51.79
-100	59.65	59.23	58.82	58.41	58.00	57.59	57.17	56.76	56.35	55.93
-90	63.75	63.34	62.93	62.52	62.11	61.70	61.29	60.88	60.47	60.06
-80	67.84	67.43	67.02	66.61	66.21	65.80	65.39	64.98	64.57	64.16
-70	71.91	71.50	71.10	70.69	70.28	69.88	69.47	69.06	68.65	68.25
-60	75.96	75.56	75.15	74.75	74.34	73.94	73.53	73.13	72.72	72.32
-50	80.00	79.60	79.20	78.79	78.39	77.99	77.58	77.18	76.77	76.37
-40	84.03	83.63	83.22	82.82	82.42	82.002	81.62	81.21	80.81	80.41
-30	88.04	87.64	87.24	86.84	86.44	86.04	85.63	85.23	84.83	84.43
-20	92.04	91.64	91.24	90.84	90.44	90.04	89.64	89.24	88.84	88.44
-10	96.03	95.63	95.23	94.83	94.43	94.03	93.63	93.24	92.84	92.44
-0	100.00	99.60	99.21	98.81	98.41	98.01	97.62	97.22	96.82	96.42
0	100.00	100.40	100.79	101.19	101.59	101.98	102.38	102.78	103.17	103.57
10	103.96	104.36	104.75	105.15	105.54	105.94	106.33	106.73	107.12	107.52
20	107.91	108.31	108.70	109.10	109.49	109.88	110.28	110.67	111.07	111.46
30	111.85	112.25	112.64	113.03	113.43	113.82	114.21	114.60	115.00	115.39
40	115.78	116.17	116.57	116.96	117.35	117.74	118.13	118.52	118.91	119.31
50	119.70	120.09	120.48	120.87	121.26	121.65	122.04	122.43	122.82	123.21
60	123.60	123.99	124.38	124.77	125.16	125.55	125.94	126.33	126.72	127.10
70	127.49	127.88	128.27	128.66	129.05	129.44	129.82	130.21	130.60	130.99
80	131.37	131.76	132.15	132.54	132.92	133.31	133.70	134.08	134.47	134.86
90	135.24	135.63	136.02	136.40	136.79	137.17	137.56	137.94	138.33	138.72
100	139.10	139.49	139.87	140.26	140.64	141.02	141.41	141.79	142.18	142.56
110	142.95	143.33	143.71	144.10	144.48	144.86	145.25	145.63	146.01	146.40
120	146.78	147.16	147.55	147.93	148.31	148.69	149.07	149.46	149.84	150.22
130	150.60	150.98	151.37	151.15	152.13	152.51	152.89	153.27	153.65	154.03
140	154.41	154.79	155.17	155.55	155.93	156.31	156.69	157.07	157.45	157.83
150	158.21	158.59	158.97	159.35	159.73	160.11	160.49	160.86	161.24	161.62
160	162.00	162 38	162.76	163.13	163.51	163.89	164.27	164.64	165.02	165.40
170	165.78	166.15	166.53	166.91	167.28	167.66	168.03	168.41	168.79	169.16
180	169.54	169.91	170.29	170.67	171.04	171.42	171.79	172.17	172.54	172.92
190	173.29	173.67	174.04	174.41	174.79	175.16	175.54	175.91	176.28	176.66
200	177.03	177.40	177.78	178.15	178.52	178.90	179.27	179.64	180.02	180.39
210	180.76	181.13	181.51	182.18	182.25	182.62	182.99	183.36	183.74	184.11
220	184.48	184.85	185.22	185.59	185.96	186.33	186.70	187.07	187.44	187.81
230	188.18	188.55	188.92	189.29	189.66	190.03	190.40	190.77	191.14	191.51

（续）

温度/℃	0	1	2	3	4	5	6	7	8	9
240	191.88	192.24	192.61	192.98	193.35	193.72	194.09	191.45	194.82	195.19
250	195.56	195.02	196.29	196.66	197.03	197.39	197.76	198.13	198.50	198.86
260	199.23	199.54	199.96	200.33	200.69	201.06	201.42	201.79	202.16	202.52
270	202.89	203.25	203.62	203.98	204.35	204.71	205.08	205.44	205.80	206.17
280	206.53	206.90	207.26	207.63	207.99	208.35	208.72	209.08	209.44	209.81
290	210.17	210.53	210.89	211.26	211.62	211.98	212.34	212.71	213.07	213.43
300	213.79	214.15	214.51	214.88	215.24	215.60	215.06	216.32	216.68	217.04
310	217.40	217.76	218.12	218.49	218.85	219.21	219.57	219.93	220.29	220.64
320	221.00	221.36	221.72	222.08	222.44	222.80	223.16	223.52	223.88	224.23
330	224.59	224.95	225.331	225.67	226.02	226.38	226.74	227.10	227.45	227.81
340	228.17	228.53	228.88	229.24	229.60	229.95	230.31	230.67	231.02	231.38
350	231.73	232.09	232.45	232.80	233.16	233.51	233.87	234.22	234.58	234.93
360	235.29	235.64	236.00	236.35	236.71	237.06	237.41	207.77	238.12	238.48
370	238.83	239.18	239.54	239.89	240.24	240.60	240.95	241.30	241.65	242.01
380	242.36	242.17	243.06	243.42	243.77	244.12	244.47	244.82	245.17	245.53
390	245.88	246.23	246.58	246.93	247.28	247.63	247.98	248.33	248.68	249.03
400	249.38	249.73	250.08	250.43	250.78	251.13	251.48	251.83	252.18	252.53
410	252.88	253.23	253.58	253.92	254.27	254.62	254.97	255.332	255.67	256.01
420	256.36	256.71	257.08	257.40	257.75	258.10	258.45	258.79	259.14	259.49
430	259.83	260.18	260.53	260.87	261.22	261.57	261.91	262.26	262.60	262.95
440	263.29	263.64	263.98	264.33	264.67	265.02	265.36	265.71	266.05	266.40
450	266.74	267.09	267.43	267.77	268.12	268.46	268.80	269.15	269.49	269.83
460	270.18	270.52	270.86	271.21	271.89	271.89	272.23	272.58	272.92	273.26
470	273.60	273.94	274.29	274.63	274.97	275.31	275.65	275.99	276.33	276.67
480	277.01	277.36	277.70	278.04	278.38	278.72	279.06	279.40	279.74	280.08
490	280.41	280.75	281.08	281.42	281.76	282.10	282.44	282.78	283.12	283.46
500	283.80	284.14	284.48	284.80	285.15	285.50	285.83	286.17	286.51	286.85
510	287.18	287.52	288.20	288.86	288.53	288.87	289.20	289.54	289.88	290.21
520	290.55	290.89	291.22	291.22	291.89	292.23	292.56	292.90	293.223	203.57
530	293.91	294.24	294.57	294.57	295.24	295.58	295.91	296.25	296.58	296.91
540	297.25	297.58	297.92	298.25	298.58	298.91	299.25	299.58	299.91	300.25
550	300.58	300.91	301.24	301.58	301.91	302.24	302.57	302.90	303.23	303.57
560	303.90	304.23	304.56	304.89	305.22	305.55	305.88	306.22	306.55	306.88
570	307.21	307.54	307.87	308.20	308.53	308.86	309.18	309.51	309.84	310.17
580	310.50	310.83	311.16	311.49	311.82	312.15	312.47	312.80	313.13	313.46
590	313.79	314.11	314.44	314.77	315.10	315.42	315.75	316.08	316.41	316.73
600	317.06	317.39	317.71	318.04	318.37	318.69	319.01	319.34	319.67	319.90
610	320.32	320.65	320.07	321.30	321.62	321.95	322.27	322.60	322.92	323.25
620	323.57	323.89	324.22	324.54	324.87	325.19	325.51	325.84	326.16	326.48
630	326.80	327.13	327.45	327.78	328.10	328.42	328.74	329.06	329.39	329.71
640	330.03	330.35	330.68	331.00	331.32	331.64	331.96	332.28	332.60	332.93
650	333.25	—	—	—	—	—	—	—	—	—

附录 5　铜电阻温度计分度表

分度号：Cu50　　R_0 = 50.00Ω　　（单位：Ω）

温度/℃	0	1	2	3	4	5	6	7	8	9
-50	39.24									
-40	41.40	41.18	40.97	40.75	40.54	40.32	40.10	39.89	39.67	39.46
-30	43.55	43.34	43.12	42.91	42.69	42.48	42.27	42.05	41.83	41.61
-20	45.70	45.49	45.27	45.06	44.84	44.63	44.41	44.20	43.93	43.77
-10	47.85	47.64	47.42	47.21	46.99	46.78	46.56	46.35	46.13	45.92
-0	50.00	49.78	49.57	49.35	49.14	48.92	48.71	48.50	48.28	48.07
0	50.00	50.21	50.43	50.64	50.86	51.07	51.28	51.50	51.71	51.93
10	52.14	52.36	52.57	52.78	53.00	53.21	53.43	53.64	53.86	54.07
20	54.28	54.50	54.71	54.92	55.14	55.35	55.57	55.73	56.00	56.21
30	56.42	56.64	56.85	57.07	57.28	57.49	57.71	57.92	58.14	58.35
40	58.56	58.78	58.99	59.20	59.42	59.63	59.85	60.06	60.27	60.49
50	60.70	60.92	61.13	61.34	61.56	61.77	61.98	62.20	62.41	62.62
60	62.84	63.05	63.27	63.48	63.70	63.91	64.12	64.34	64.55	64.76
70	64.98	65.19	65.41	65.62	65.83	66.05	66.26	66.48	66.69	66.90
80	67.12	67.33	67.54	67.76	67.97	68.19	68.40	68.62	68.83	69.04
90	69.26	69.47	69.68	69.90	70.11	70.33	70.54	70.76	70.97	71.18
100	71.40	71.61	71.83	72.04	72.25	72.47	72.68	72.90	73.11	73.33
110	73.54	73.75	73.97	74.19	74.40	74.61	74.83	75.04	75.26	75.47
120	75.68	75.90	76.11	76.33	76.54	76.76	76.97	77.19	77.40	77.62
130	77.83	78.05	78.26	78.48	78.69	78.91	79.12	79.34	79.55	79.77
140	79.98	80.20	80.41	80.63	80.84	84.06	81.27	81.49	81.70	81.92
150	82.13									

参考文献

[1] 万金庆. 建筑环境测试技术 [M]. 武汉：华中科技大学出版社，2009.
[2] 郑正泉，姚贵喜，马芳梅，等. 热能与动力工程测试技术 [M]. 武汉：华中科技大学出版社，2001.
[3] 厉彦忠，吴筱敏. 热能与动力机械测试技术 [M]. 西安：西安交通大学出版社，2007.
[4] 刘自放，刘春蕾. 热工检测与自动控制 [M]. 北京：中国电力出版社，2007.
[5] 丁力行，屈高林，郭卉. 建筑热工及环境测试技术 [M]. 北京：机械工业出版社，2006.
[6] 戴自祝，刘震涛，韩礼钟. 热流测量与热流计 [M]. 北京：中国计量出版社，1986.
[7] 王玲生. 热工检测仪表 [M]. 北京：冶金工业出版社，1994.
[8] 胡芃，陈则韶. 量热技术和热物性的测定 [M]. 合肥：中国科学技术大学出版社，2009.
[9] 刘思久，张礼勇. 自动测试系统与虚拟仪器原理·开发·应用 [M]. 北京：电子工业出版社，2009.
[10] 方彦军，孙健. 智能仪器技术及其应用 [M]. 北京：化学工业出版社，2004.
[11] 周亦武. 智能仪表原理与应用技术 [M]. 北京：电子工业出版社，2009.
[12] 黄松岭，吴静. 虚拟仪器设计基础教程 [M]. 北京：清华大学出版社，2008.
[13] 王国强，等. 测量太阳辐射能虚拟仪器的设计和实现 [J]. 现代科学仪器，2009（2）：31-33.
[14] 吕崇德. 热工参数测量与处理 [M]. 北京：清华大学出版社，2001.
[15] 王一平，等. 化工测试技术 [M]. 天津：天津大学出版社，2005.
[16] 梁述忠. 仪器分析 [M]. 2 版. 北京：化学工业出版社，2008.
[17] 达式奎，等. 食品工程测试 [M]. 上海：上海交通大学出版社，1987.
[18] 梁汉昌. 气相色谱法 [M]. 北京：化学工业出版社，2008.
[19] 董文宾. 食品工厂环境检测 [M]. 北京：化学工业出版社，2004.
[20] 范治刚. 火力发电厂烟尘检测技术与仪器 [J]. 仪表技术，2005（5）：71-72.
[21] 阎峻昆. 热磁式气体分析仪浅析 [J]. 大化科技，2008（1）：35-36.
[22] 黄素逸. 动力工程现代测试技术 [M]. 武汉：华中科技大学出版社，2001.
[23] 邢桂菊，黄素逸. 热工实验原理与技术 [M]. 北京：冶金工业出版社，2007.
[24] 黄素逸，周怀春，等. 现代热物理测试技术 [M]. 北京：清华大学出版社，2008.
[25] 王子延. 热能与动力工程测试技术 [M]. 西安：西安交通大学出版社，1998.
[26] 何希才，薛永毅，姜余祥. 传感器技术及应用 [M]. 北京：北京航空航天大学出版社，2005.
[27] 张迎新，等. 非电量测量技术基础 [M]. 北京：北京航空航天大学出版社，2002.
[28] 叶大均. 热力机械测试技术 [M]. 北京：机械工业出版社，1981.
[29] 周霞萍. 工业热工设备及测量 [M]. 上海：华东理工大学出版社，2007.
[30] 师祥洪. 工业热工设备及测量 [M]. 北京：石油工业出版社，2003.
[31] 柳金海. 热工仪表与热力工程便携手册 [M]. 北京：机械工业出版社，2007.
[32] 张惠荣. 热工仪表及其维护 [M]. 北京：冶金工业出版社，2005.
[33] 李良贸. 温度、压力、流量、液位、常用测量仪表实用指南 [M]. 北京：中国计量出版社，1988.
[34] 张华，赵文柱. 热工测量仪表 [M]. 北京：冶金工业出版社，2006.
[35]《工业自动化仪表与系统手册》编辑委员会. 工业自动化仪表与系统手册 [M]. 北京：中国电力出版社，2008.
[36] 张子慧. 热工测量与自动控制 [M]. 北京：中国建筑工业出版社，1996.
[37] 潘汪杰. 热工测量及仪表 [M]. 北京：中国电力出版社，2005.
[38] 叶江祺. 热工测量和控制仪表的安装 [M]. 北京：水利电力出版社，1992.
[39] 张子栋. 锅炉自动调节 [M]. 哈尔滨：哈尔滨工业大学出版社，1994.
[40] 冯圣一. 热工测试新技术 [M]. 北京：水利电力出版社，1995.
[41] 唐经文. 热工测试技术 [M]. 重庆：重庆大学出版社，2007.
[42] 盛森芝，等. 流速测量技术 [M]. 北京：北京大学出版社，1987.